Julia Dellnitz, Jan Gentsch, Sascha Demarmels,
Dina Sierralta Espinoza, Uwe Vigenschow

AF549789

Fokus!

Das Handbuch für Product Owner

Liebe Leserin, lieber Leser,

dieses Buch geht im April 2023 in den Druck. In diesen Wochen geht die These durch die IT-Welt, Softwareentwickler*innen werde man bald nicht mehr brauchen – oder doch zumindest nicht mehr viele Programmierer*innen. Künstliche Intelligenz lernt gerade beim Coden schneller dazu, als wir die Ergebnisse ausprobieren und »krass« sagen können. Auch Doku, Tests, Refactoring uvm. hat sie im Repertoire.

Um eins geht es dabei aber nicht, nämlich herauszufinden, was eigentlich entwickelt werden soll. Beim Lesen dieses Buches habe ich etwas gelernt: Ziele zu definieren, das scheint eine zutiefst menschliche Aufgabe zu sein, auch in der technischen Produktentwicklung. Und zwar, weil wir dabei Menschen einbeziehen und mit ihnen zusammenarbeiten. Außerdem, weil wir dabei am besten wertschätzend und umsichtig kommunizieren. Und schließlich, weil es die beteiltigten Menschen sind, um deren Ziele es überhaupt geht. Ziele können wie Anforderungen entwickelt werden, manchmal werden sie während der Arbeit im Team erst entdeckt, und fast immer treten sie im Plural auf.

Und wer bringt all das für ein IT-Projekt in einem einzigen Backlog zusammen? Wer sorgt sich um Termine und Kosten, priorisiert und ändert den Kurs, wenn es nötig ist? Klar – die Person in der Product-Owner-Rolle, also du. Herzlichen Glückwunsch zu dieser anspruchsvollen Aufgabe!

Der Titel »Fokus!« ist eine Botschaft an dich: Du lenkst die Aufmerksamkeit auf das Produkt, um das es geht, und behältst es fest im Blick. Viel Erfolg dabei!

Eins noch zum Schluss: Wie hat dir das Handbuch gefallen? Hast du Fragen oder Anmerkungen, Lob oder Kritik? Dann schreibe mir eine E-Mail, Feedback ist mir jederzeit willkommen.

Deine Almut Poll
Lektorat Rheinwerk Computing

almut.poll@rheinwerk-verlag.de
www.rheinwerk-verlag.de
Rheinwerk Verlag · Rheinwerkallee 4 · 53227 Bonn

Auf einen Blick

Wir hoffen, dass Sie Freude an diesem Buch haben und sich Ihre Erwartungen erfüllen. Ihre Anregungen und Kommentare sind uns jederzeit willkommen. Bitte bewerten Sie doch das Buch auf unserer Website unter **www.rheinwerk-verlag.de/feedback**.

An diesem Buch haben viele mitgewirkt, insbesondere:

Lektorat Almut Poll
Korrektorat Sibylle Feldmann, Düsseldorf
Herstellung Nadine Preyl
Typografie und Layout Vera Brauner
Einbandgestaltung Mai Loan Nguyen Duy
Coverbild Unsplash: Nathan Dumlao
Satz SatzPro, Krefeld, gesetzt aus der TheAntiquaB (9,35/13,7 pt) in FrameMaker
Druck Beltz Grafische Betriebe, Bad Langensalza

Dieses Buch wurde mit mineralölfreien Farben auf chlorfrei gebleichtem und FSC®-zertifiziertem Offsetpapier (90 g/m²) gedruckt.

Der Umwelt zuliebe wurde auf die Einschweißfolie verzichtet.

Hergestellt in Deutschland.

Das vorliegende Werk ist in all seinen Teilen urheberrechtlich geschützt. Alle Rechte vorbehalten, insbesondere das Recht der Übersetzung, des Vortrags, der Reproduktion, der Vervielfältigung auf fotomechanischen oder anderen Wegen und der Speicherung in elektronischen Medien.

Ungeachtet der Sorgfalt, die auf die Erstellung von Text, Abbildungen und Programmen verwendet wurde, können weder Verlag noch Autor*innen, Herausgeber*innen oder Übersetzer*innen für mögliche Fehler und deren Folgen eine juristische Verantwortung oder irgendeine Haftung übernehmen.

Die in diesem Werk wiedergegebenen Gebrauchsnamen, Handelsnamen, Warenbezeichnungen usw. können auch ohne besondere Kennzeichnung Marken sein und als solche den gesetzlichen Bestimmungen unterliegen.

Bibliografische Information der Deutschen Nationalbibliothek:
Die Deutsche Nationalbibliothek verzeichnet diese Publikation in der Deutschen Nationalbibliografie; detaillierte bibliografische Daten sind im Internet über *http://dnb.dnb.de* abrufbar.

ISBN 978-3-8362-9269-6

1. Auflage 2023
© Rheinwerk Verlag, Bonn 2023

Informationen zu unserem Verlag und Kontaktmöglichkeiten finden Sie auf unserer Verlagswebsite **www.rheinwerk-verlag.de**. Dort können Sie sich auch umfassend über unser aktuelles Programm informieren und unsere Bücher und E-Books bestellen.

Inhalt

Anhang 423

Vorwort

Kennst du das Spiel *Fang den PeOh* aus unserem Buch *Daily Play. Agile Spiele für Coaches und Scrum Master*? Es ist ein kurzes Abenteuer-Rollenspiel für Scrum Teams: Die Product Ownerin eines fiktiven E-Bike-Projekts bei einem regionalen Energiedienstleister ist auf dem Weg zum Mittagessen. Unterwegs wird sie von verschiedenen Personen auf ihr Produkt angesprochen. Alle haben ein dringendes Anliegen, wollen eine noch nicht erfüllte Anforderung einbringen, ein Feedback geben, den Stand der Dinge erfahren oder gar einen Einwand erheben gegen irgendetwas, das im Projekt passiert. Die Spielerin in der Product-Owner-Rolle muss reagieren:

- Wie geht sie mit dem Anliegen um?
- Wie nutzt sie die Anforderungen dahinter?
- Wie agil reagiert sie in der Kommunikation?
- Wie nutzt sie die Möglichkeiten von Scrum?

Das Spiel bringt die Komplexität der Product-Owner-Rolle auf den Punkt: Dein Job ist es, aus einer Vielzahl von Anliegen herauszufiltern, was zu einem nützlichen und wertvollen Produkt gehört. Dazu Anforderungen zu formulieren und sie so zu sortieren, dass ein Entwicklungsteam sinnvoll damit arbeiten kann. Dabei das große Ganze nicht nur im Blick zu behalten, sondern allseits zu vermitteln. Und das nicht selten in einem Umfeld konkurrierender Interessen von Kundschaft, Anwender*innen und anderen Stakeholdern.

Wir haben versucht, ein persönliches Buch über die Product-Owner-Rolle zu schreiben. Wir hoffen, dass es sich für dich wie ein Gespräch über gute Entwicklungsarbeit liest.

Darin teilen wir mit dir, was wir in über 20 Jahren Projekt-, Führungs- und Beratungsarbeit in der Praxis erprobt und für gut gefunden haben. Julia und Jan als agile Projektexpert*innen in vielen verschiedenen IT- und Digitalisierungsvorhaben. Dina als langjährige Führungskraft, Lean-Expertin und heute Agile Coach in der öffentlichen Verwaltung. Sascha als Coaching-Expertin für Kommunikation, Führung und Zusammenarbeit und Uwe als IT-Führungskraft und langjähriger Fachautor für alle Aspekte agiler Softwareentwicklung. An der einen oder anderen Stelle findest du deswegen auch persönliche Tipps und Denkanstöße aus unserem Erfahrungsschatz.

Wir haben dieses Buch so praktisch wie möglich geschrieben. Es ist gefüllt mit bewährten Herangehensweisen, pragmatischen Lösungen und Methoden, die du sofort anwenden kannst. Ab und an laden wir dich auch auf eine Vertiefungsrunde ein, um ausgewählte Aspekte wie Kommunikation, Product Discovery oder Technologiemanagement ausführlicher zu beleuchten. Der Rahmen für alle Überlegungen ist der Scrum Guide in seiner Fassung von 2020 (deutsche Übersetzung).

Wenn du deine Arbeit als Product Owner*in gezielt professionalisieren möchtest, lies das Buch einfach von vorne nach hinten und probiere alles aus, was zu deinem Kontext passt. Damit schaffst du dir beim Lesen ein solides Grundgerüst für deine tägliche Arbeit. Du kannst aber auch von Kapitel zu Kapitel springen, einzelne Aspekte vertiefen oder dich einfach querbeet inspirieren lassen, wenn dich ein konkretes Anliegen aus deinem Produktalltag beschäftigt.

An vielen Stellen begegnen dir auch Kolleg*innen, die aus der Praxis berichten. In Form von kurzen Alltagsberichten und kurzen Beispielen, an denen wir Zusammenhänge verdeutlichen. Für diese Beispiele haben wir uns ein Scrum Team ausgedacht. Die Product Ownerin heißt Ellen. Ihr Herz brennt dafür, Lösungen zu entwickeln, die die Welt ein bisschen besser machen. Vielleicht arbeitet sie gerade an dem E-Bike, vielleicht an einem Digitalisierungsprojekt in der öffentlichen Verwaltung, vielleicht an einem Onlineshop. Wir haben uns nicht festgelegt, damit du deine eigene Fantasie entwickeln kannst. Ihre Produktvision setzt sie mit einem sehr vielseitigen Entwicklungsteam um. Anna und Bernd, Rhia und Kim, Egon und Ünal bringen alles mit, was es für ein echtes Scrum Team braucht, von der Backend-Expertise bis zur User Experience. Außerdem gibt Rami als zertifizierter Scrum Master und systemischer Coach sein Bestes, gutes Scrum zu vermitteln und alle in ihren Rollen optimal zu unterstützen. Ihr Chef heißt Benno, Karla leitet die IT. Und manchmal mischt sich auch Frau Dr. Peters ein, die CFO des Unternehmens.

Viel Freude bei Lesen und Ausprobieren!

Dein Autor*innen-Team

Julia, Jan, Sascha, Dina und Uwe

Kapitel 1
Gesucht: Product Owner (m/w/d)

*Ende 2022 listet Google ca. 1,4 Milliarden Einträge zu dem Suchbegriff »Product Owner«. In diesem Kapitel erfährst du deutlich kompakter, was die Rolle ausmacht und wie du deine Arbeit als Product Owner*in von Anfang an erfolgreich gestalten kannst.*

Karla und Benno stehen nebeneinander am Fenster. Hamburg im Nebel, nur ein paar Gebäude lassen sich schemenhaft erahnen. Speicherstadt, moderne Wohn- und Bürohäuser, eine Brücke. »Wen suchen wir eigentlich genau? Für mich hört sich das wie eine Eier legende Wollmilchsau an. Die Person muss das Produkt gut kennen, viel Erfahrung im Projektmanagement haben und sich mit Digitalisierung bis ins technische Detail auskennen«, sagt Benno mehr zu sich selbst als zu Karla. »Sie sollte vor allem gut kommunizieren können, empathisch sein, den Markt kennen. Entscheidungsfreudig sein. Und sich durchsetzen können«, ergänzt Karla. »Ich bin nur froh, dass wir hier niemanden allein lassen. Das Produkt ist anspruchsvoll, aber wir haben ein erfahrenes Entwicklungsteam am Start, und Rami wird die Scrum-Master-Rolle exzellent ausfüllen.«

Karla und Benno suchen: jemanden wie dich. Die beiden sind Führungskräfte in einem mittelgroßen Unternehmen, das sich mitten in der digitalen Transformation befindet. Sie stehen vor einer schwierigen Personalentscheidung: In Bennos Bereich soll eine Product-Owner-Position besetzt werden, zum ersten Mal. Für Benno sind Scrum und agiles Arbeiten noch recht neu. Gleichwohl hat er schon verstanden, dass die Product-Owner-Rolle recht umfassende fachliche Kompetenzen erfordert. Er weiß nur noch nicht, wer sie mitbringen soll, zumal von der Entwicklung des neuen Produkts die Zukunft des Unternehmens maßgeblich abhängt. Karla hat als IT-Leitung schon viel Erfahrung mit agilem Vorgehen und deswegen auch einen guten Blick für die persönlichen Kompetenzen, die ein*e Product Owner*in braucht. Sie ist zuversichtlicher, auch weil sie auf Rami vertraut, der das Team als erfahrener Scrum Master in Vollzeit begleiten wird.

Die Product-Owner-Rolle ist ein Konzept aus Scrum. Und Scrum ist eine – vielleicht die bekannteste – Möglichkeit, einen funktionierenden Arbeitsprozess im Sinne des Agilen Manifests und der zwölf agilen Prinzipien umzusetzen. Und sie hat ein vielschichtiges Kompetenzprofil: Da wird eine analytische und visionäre Person gesucht, die fachlichtechnisch Ahnung von ihrer Domäne hat, stark in der Kommunikation nach innen und außen ist, agiles und klassisches Projektmanagement aus dem Effeff beherrscht und auch noch unternehmerisch handelt.

Zum Einstieg in dieses Buch laden wir dich deswegen ein, die Rolle intensiv kennenzulernen und dir deine eigenen Stärken bewusst zu machen. Du richtest den Blick zunächst auf das große Ganze – Scrum beziehungsweise das agile Vorgehen im Allgemeinen und deine Rolle als Product Owner*in im Besonderen. Dabei lernst du die Herausforderungen der Rolle an einem praktischen Beispiel kennen und kannst gleichzeitig auch deine eigenen Kompetenzen reflektieren.

Im Anschluss raten wir dir zu fünf Dingen, um die du dich als Product Owner*in unbedingt kümmern solltest – insbesondere wenn du neu mit einem Team startest. Sie sind ein Ausblick auf die vielfältigen Möglichkeiten, die du in diesem Buch findest, um deine Rolle bewusst zu gestalten und dich weiterzuentwickeln.

1.1 Scrum – eine agile Allzweckmethode?

Unternehmen nutzen Scrum, weil sie flexibler werden wollen. Sie möchten schneller auf Veränderungen reagieren, Chancen nutzen und sich besser auf die Anforderungen ihrer Kundschaft einstellen. Vor dem Hintergrund des Fachkräftemangels spielt Scrum auch oft eine Rolle, um als Unternehmen attraktive Arbeitsbedingungen bieten zu können. Kaum ein*e Wissensarbeiter*in möchte heutzutage noch streng hierarchisch oder fremdbestimmt arbeiten. Gefragt sind Selbstorganisation und lebenslanges Lernen, mobile Arbeit entlang individueller Wertvorstellungen und Führung nur da, wo sie auch wirklich dienlich ist.

Scrum ist in diesem Zusammenhang schon fast zum Synonym für agile Vorgehensmodelle geworden. Scrum wurde in den frühen 1990er-Jahren von den Softwareentwicklern Jeff Sutherland und Ken Schwaber entworfen und überzeugt heute viele durch seine vermeintlich einfache Struktur (siehe Abbildung 1.1), die sich mit den Jahren nicht nur in der Softwareentwicklung, sondern auch in vielen anderen Feldern bewährt hat. Wer Scrum implementieren will, braucht kein aufwändiges Prozess- oder Rollenmodell. Es reichen:

- 3 Rollen: *Product Owner*in*, *Scrum Master*in* und *Entwickler*in*
- 5 Events: *Sprint*, *Daily*, *Planning*, *Review* und *Retrospektive*
- 3 Artefakte: *Product Backlog*, *Sprint Backlog* und *Produkt-Inkrement*

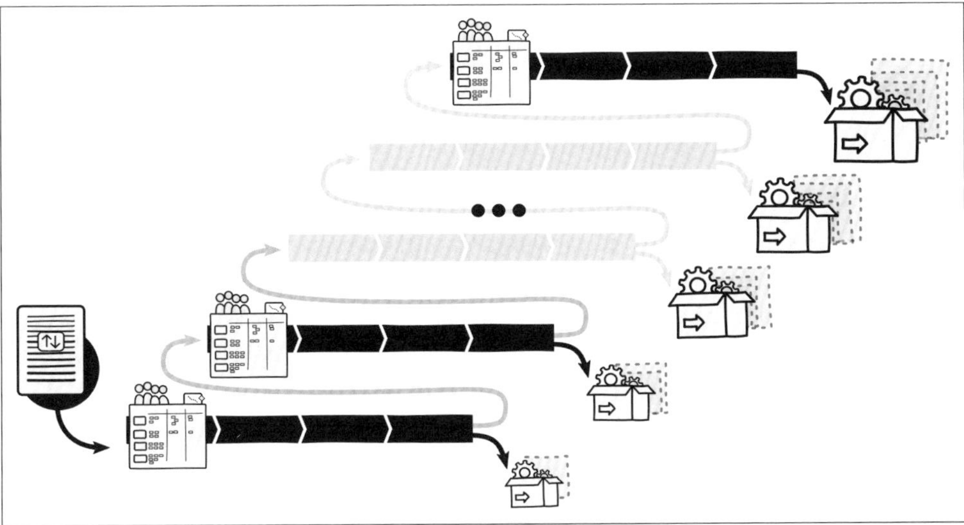

Abbildung 1.1 Der Scrum-Prozess steht für eine iterativ-inkrementelle Auslieferung mit fest etablierten Planungs- und Lernmomenten.

Eingerahmt wird das Ganze durch die fünf Werte Commitment, Mut, Fokus, Offenheit und Respekt. Wer dann noch seine Vorstellungen in *Produkt-Ziel* und *Sprint-Ziel* zu übersetzen weiß und die gemeinsamen Qualitätsvorstellungen in einer *Definition of Done* festhält, ist auf dem besten Weg, nach Scrum zu arbeiten.

Commitment

Der englische Begriff *Commitment* lässt sich leider nicht eindeutig ins Deutsche übertragen. Viele übersetzen ihn mit Engagement, Einsatzbereitschaft oder auch Entschlossenheit. Gemeint ist in Scrum, dass ein Team sich eigenverantwortlich und motiviert in die Pflicht nimmt, die vereinbarten Ziele zu erreichen und nicht darauf zu bauen, dass jemand von außen für Motivation sorgt, etwa indem Druck aufgebaut wird oder Belohnungen in Aussicht gestellt werden. Um dieser Definition gerecht zu werden, verwenden wir den englischen Begriff in diesem Buch.

Der Begriff *agil* ist in der Geschäftswelt nicht trennscharf definiert. Manche sprechen von *Business Agility* und meinen damit, dass sich in einem dynamischen Markt doch schneller Geld verdienen lassen müsse. Andere sind stolz auf die *Agilität* in der eigenen Logistikkette, und dritte setzen das *agile Vorgehensmodell* Scrum gleich mit agilem Vorgehen, ohne jemals vom Agilen Manifest (siehe Abbildung 1.2) und seinen zwölf agilen

Prinzipien gehört zu haben. Sie alle geben dem Modewort agil eine unterschiedliche Bedeutung und sprechen über völlig verschiedene Dinge.

In diesem Buch meinen wir mit Agilität ein Vorgehen, das sich an den Werten des *Agilen Manifests* orientiert und nach dessen *zwölf agilen Prinzipien* organisiert ist. Wir betrachten Scrum dabei als eine besonders geeignete Möglichkeit, die Arbeit in einem Produktteam auf diese Art zu bewältigen, und nutzen die Definitionen der Meetings, Rollen und Artefakte als Referenzpunkte. Viele Produktteams kombinieren Scrum mit *Kanban*. Sie organisieren dann beispielsweise die Arbeit während des Sprints mit einem Kanban-Board oder verzichten ganz auf die Sprint-Logik, etablieren über Kanban eine kontinuierliche Auslieferung und passen die Meetings, Rollen und Artefakte aus Scrum entsprechend an. Dieses Vorgehen wird häufig auch als *Scrumban* bezeichnet.

Die Herangehensweisen in diesem Buch eignen sich für agiles Vorgehen im Allgemeinen, orientieren sich aber an Scrum als Blaupause.

Abbildung 1.2 Das Agile Manifest im Original dient seit den späten 1990ern vielen agilen Teams als Grundlage ihrer Arbeit.

Der Scrum Guide oder auch die agilen Prinzipien fassen kurz zusammen, worum es geht. In der Praxis ist es nicht so einfach. Nicht umsonst hieß es lange im Scrum Guide – also den knapp zwölf Seiten, die Scrum in der englischen Version offiziell beschreiben –, Scrum sei zwar leicht zu verstehen, aber schwierig anzuwenden. In der aktuellen Version des Scrum Guide kommt der Satz etwas aufmunternder daher: *»Scrum ist einfach. Probiere es aus.«*

Und darin steckt das Wesentliche. Scrum ist ein einfaches Rahmenwerk für komplexe Fragestellungen. Es ermöglicht einem Team oder einer Organisation während einer Produktentwicklung, kontinuierlich und früh zu liefern, kontinuierlich und früh Feedback zu den Ausbaustufen des Produkts zu bekommen und damit kontinuierlich zu lernen und das eigene Vorgehen frühzeitig anzupassen. In einem dynamischen Umfeld ist das eine strategische Kompetenz. Sie stellt einen Wettbewerbsvorteil dar gegenüber Unternehmen mit starren Strukturen oder langsamen, bürokratischen Prozessen. Die WirtschaftsWoche schreibt dazu im Juli 2017 sogar: *»Je agiler ein Unternehmen im Ganzen, desto größer ist sein wirtschaftlicher Erfolg.«* und belegt diese Aussage mit Daten aus dem Agile Performer Index (Dämon, 2017).

Scrum ist dabei eine Möglichkeit, das Agile Manifest praktisch umzusetzen, das heißt insbesondere im Projektmanagement und in der Produktentwicklung ein agiles Vorgehensmodell zu etablieren. Das lässt sich leicht nachvollziehen, wenn die Rollen, Meetings und Artefakte aus Scrum neben die zwölf agilen Prinzipien gelegt werden. So dient zum Beispiel das Konzept Sprint – also das Arbeiten in Etappen – der kontinuierlichen und frühzeitigen Auslieferung, die in den Prinzipien gefordert ist. Es ermöglicht einen flexiblen, schrittweisen Planungsansatz, hilft bei der Fokussierung auf das Wesentliche und gibt auch den Takt für regelmäßige Reflexionen im Team vor. Ähnlich ist es mit den Meetings. Sie unterstützen den geforderten täglichen Informationsaustausch (*Daily Scrum*) genauso wie die Feedback-Schleifen mit Kundschaft und Nutzenden (*Review*) oder das gemeinsame Lernen zum Vorgehen im Team (*Retrospektive*).

Die zwölf agilen Prinzipien

Die agilen Prinzipien ergänzen das Agile Manifest um Hinweise, wie agiles Vorgehen praktisch aussieht. Das Manifest und die Prinzipien wurden für die Softwareentwicklung geschrieben, sie lassen sich aber leicht für andere Entwicklungsvorhaben übersetzen, indem »Software« etwa durch »Produkt«, »Dienstleistung« oder auch »Angebot« ersetzt wird.

Hier zitieren wir den Originaltext:

1. Unsere höchste Priorität ist es, die Kundschaft durch frühe und kontinuierliche Auslieferung wertvoller Software zufriedenzustellen.

2. Heiße Anforderungsänderungen selbst spät in der Entwicklung willkommen. Agile Prozesse nutzen Veränderungen zum Wettbewerbsvorteil der Kundschaft.
3. Liefere funktionierende Software regelmäßig innerhalb weniger Wochen oder Monate und bevorzuge dabei die kürzere Zeitspanne.
4. Fachexpert*innen und Entwickler*innen müssen während des Projekts täglich zusammenarbeiten.
5. Errichte Projekte rund um motivierte Individuen. Gib ihnen das Umfeld und die Unterstützung, die sie benötigen, und vertraue darauf, dass sie die Aufgabe erledigen.
6. Die effizienteste und effektivste Methode, Informationen an und innerhalb eines Entwicklungsteams zu übermitteln, ist im Gespräch von Angesicht zu Angesicht.
7. Funktionierende Software ist das wichtigste Fortschrittsmaß.
8. Agile Prozesse fördern nachhaltige Entwicklung. Die Auftraggeber*innen, Entwickler*innen und Benutzer*innen sollten ein gleichmäßiges Tempo auf unbegrenzte Zeit halten können.
9. Ständiges Augenmerk auf technische Exzellenz und gutes Design fördert Agilität.
10. Einfachheit – die Kunst, die Menge nicht getaner Arbeit zu maximieren – ist essenziell.
11. Die besten Architekturen, Anforderungen und Entwürfe entstehen durch selbstorganisierte Teams.
12. In regelmäßigen Abständen reflektiert das Team, wie es effektiver werden kann, und passt sein Verhalten entsprechend an.

In der deutschen Übersetzung von 2020 endet der Scrum Guide mit diesem Hinweis:

> *Das Scrum-Rahmenwerk, wie es hier beschrieben wird, ist unveränderlich. Es ist zwar möglich, nur Teile von Scrum zu implementieren, aber das Ergebnis ist nicht Scrum. Scrum existiert nur in seiner Gesamtheit und funktioniert gut als Container für andere Techniken, Methodiken und Praktiken.*

Darin steckt Weisheit aus über 20 Jahren Entwicklungsarbeit mit Scrum, die nicht nur in der Softwareentwicklung weiterhilft. Die Elemente des Scrum-Prozesses sind so aufeinander abgestimmt, dass sie alle wesentlichen Aspekte agilen Projektmanagements und agiler Produktentwicklung abdecken. Wenn aus welchen organisatorischen oder persönlichen Gründen auch immer auf einzelne Elemente verzichtet wird, verliert Scrum unter Umständen seine Wirksamkeit, und das Team verliert substanziell Chancen auf Entwicklung und Erfolg. Das Gleiche gilt auch für die zwölf agilen Prinzipien. Sie ergänzen einander vielschichtig. Wer einen agilen Arbeitsprozess jenseits von Scrum einführen will, ist also gut beraten, sicherzustellen, dass alle zwölf Prinzipien berücksichtigt werden und dass regelmäßig reflektiert wird, wie diese in der Praxis angewendet werden.

Vorsicht vor Scrum light

Natürlich kann es sinnvoll sein, Elemente von Scrum auszuwählen, um auch in einem Nicht-Projekt-Umfeld agiles Arbeiten einzuführen. Dabei werden oft diese drei Konzepte aus Scrum entliehen und angepasst:

- täglicher Austausch (Daily)
- regelmäßige Reflexion zur Zusammenarbeit (Retrospektive)
- Fokussierung der Arbeit über eine sortierte Aufgaben- oder Anforderungsliste (Backlog)

Doch es ist Vorsicht geboten vor »Scrum light«. Wer nur ausgewählte Elemente umsetzt, riskiert, dass zentrale Lernmomente übersprungen werden, die das Wesen von einem wirksamen und wirtschaftlich sinnvollen Scrum-Prozess ausmachen.

Wenn dann noch – wie schon häufig geschehen – etablierte Rollen wie Produktmanagement oder Projektleitung nur in Produkt Owner umbenannt werden und ansonsten wie gewohnt weitergearbeitet wird, sind Konflikte und Missverständnisse vorprogrammiert.

1.2 Product Owner*in – was ist das eigentlich?

Wenn du als Product Owner*in arbeitest, geben dir Scrum, das Agile Manifest und die zwölf agilen Prinzipien viele Hinweise, wie du die Rolle gestalten und ausfüllen kannst. Wir laden dich in den folgenden Abschnitten ein, dich ausführlich mit deiner (neuen) Rolle als Product Owner*in auseinanderzusetzen und sie entlang dieser drei Quellen zu reflektieren.

Dabei wirst du vielleicht neue Aspekte der Rolle entdecken und deine individuelle Herangehensweise schärfen und weiterentwickeln. Die Product-Owner-Rolle ist dabei nach unserer Erfahrung die anspruchsvollste Rolle in Scrum. Du musst dafür fundiertes Produkt- und Fachwissen haben, dich in vielen komplexen Gesprächssituationen bewähren und immer wieder trickreiche Entscheidungen treffen.

Die Product-Owner-Rolle im Unternehmen

Die Product-Owner-Rolle kann von Unternehmen zu Unternehmen und sogar von Team zu Team unterschiedlich ausgeprägt sein. So macht etwa der Scrum Guide kaum Vorgaben, welche Methoden, Techniken und Praktiken zur Erledigung der Aufgaben eingesetzt werden sollen, sondern lädt vielmehr dazu ein, eigene Wege für den individuellen Anwendungsfall zu finden. Auch der Unternehmenszweck und die Art des Produkts, für das du verantwortlich bist, spielen eine wichtige Rolle (siehe dazu auch Abschnitt 3.5,

»Produktarten und ihre Herausforderungen«): Wer in einem Start-up eine App entwickelt, steht rein fachlich vor anderen Herausforderungen als jemand, der in einer großen Verwaltung für das Backend verantwortlich ist.

Und natürlich dürfen auch Unternehmenskultur und Veränderungsbereitschaft nicht außer Acht gelassen werden: Ist dein Unternehmen ernsthaft entschlossen, agil zu arbeiten? Testet ihr eher zaghaft aus, wie Scrum funktionieren könnte? Oder handelt es sich gar um einen Fall von »Scrum Washing«, in dem zwar alle gut klingende neue Rollen bekommen, aber im Prinzip alles beim Alten bleibt?

1.2.1 Die Herausforderungen in der Praxis

Ein Beispiel verdeutlicht die Vielschichtigkeit der Rolle: Hedi ist Product Ownerin in der öffentlichen Verwaltung. Mit ihrem Entwicklungsteam digitalisiert sie Prozesse, die den Leistungsempfänger*innen das Leben leichter machen sollen und Leistungen für die Bürger*innen kostengünstiger. Um Zugang zu den Prozessen zu haben, brauchen die potenziellen Nutzenden ein Log-in. Das Team baut auf diese Anforderung hin eine anwendungsfreundliche Lösung, wie sie aus der freien Wirtschaft bekannt und bei vielen insbesondere jungen Menschen bereits verbreitet ist. Leider hat die Gesetzgebung hier aber andere Ideen zu Datenschutz und Barrierefreiheit. Um eine gute Entscheidung zu treffen, muss Hedi nun Aspekte wie diese abwägen:

- Welche sicheren Log-in-Technologien gibt es überhaupt?
- Wie verbreitet sind sie und wie nachhaltig? Darf sie sich auf eine Zielgruppe (Smartphone-Nutzende zwischen 15 und 20 Jahren) fokussieren?
- Wie kann sie für die künftige digitale Dienstleistung Barrierefreiheit herstellen, sodass auch wirklich alle Bürger*innen Zugang haben?
- Wie viel Geld und Zeit kann sie ins Log-in investieren, das ja für sich genommen noch keinen Mehrwert schafft?

Und damit nicht genug. Denn Hedi wird diese Entscheidung zwar allein treffen (müssen), aber vorher eine Reihe von Menschen konsultieren, die sich vermutlich auch in einem hochpolitischen Umfeld bewegen:

- die Behördenleitung, die in Richtung Politik schnell liefern will,
- die mit Datenschutz beauftragte Person, die im Review valide Einwände vorbringt,
- das Entwicklungsteam, das berechtigt auf die Perspektive der Nutzenden pocht und auch die technischen Aufwände kritisch mit einschätzt,

- die Haushaltsabteilung, die sie auf das schon überzogene Budget hinweist,
- den Product Owner aus dem Nachbarprojekt, der schon seit sechs Wochen auf die Lösung wartet, um eigene Themen voranzubringen.

Und natürlich hat Hedi auch eigene Interessen, die sei leiten. Sie hat sich aus der Sachbearbeitung zur Fachwirtin im Sozialwesen hochgearbeitet hat. Seit 20 Jahren fährt sie auf jede Tagung zu moderner Verwaltung, weil ihr Herz dafür brennt, die Digitalisierung zu nutzen, um die Verwaltung für die Menschen besser zu machen und Gelder besser einzusetzen als in Papiertürmen. Soll ihre Vision vom »Spotify für Onlinedienste«, ihre Idee von einer modernen Bürger*innen-Community etwa am sperrigen Log-in-Prozess scheitern?

Irgendwie ist sie da ganz schön in der Klemme. Und das Entwicklungsteam macht einfach nicht, was sie anfordert, weil es so überzeugt von der eigenen Lösung ist. Auch in der Organisation redet sie sich den Mund fusselig. Weil niemand so richtig versteht, was sie da macht als Product Ownerin. Oder braucht. Hätte sie doch nur Weisungsbefugnis. Dann wäre alles gut. Oder?

1.2.2 Deine Aufgabe im Unternehmen

Vielleicht kommt dir Hedis Dilemma vertraut vor. Du hast eine wegweisende Vorstellung von deinem Produkt, du hast alle Anforderungen und Kosten im Blick und eine gute *Road Map* vor Augen. Und dann tauchen plötzlich Hindernisse auf. Dabei kommst du dir unter Umständen ziemlich exponiert vor. Und keine*r versteht so genau, was du eigentlich willst und brauchst als Product Owner*in.

Wie ist deine Rolle definiert?

In vielen Unternehmen gibt es Rollenbeschreibungen für die jeweiligen Positionen. Sie werden für Stellenanzeigen, Arbeitsverträge, Gehaltsentscheidungen oder Entwicklungspfade genutzt. Mach dich kurz auf die Suche danach, wie die Product-Owner-Rolle offiziell bei euch im Unternehmen beschrieben wird.

Die Art und Weise, wie du selbst deine Rolle als Product Owner*in erfüllst, setzt sich vermutlich aus verschiedenen Aspekten zusammen (Maltz & Krantz, 1997):

- was du an Fähigkeiten und Expertise mitbringst,
- was andere von dir in dieser Rolle fordern,
- was es an ausgesprochenen und unausgesprochenen Erwartungen gibt und
- was sich aus bewussten oder unbewussten Aushandlungsprozessen ergeben hat.

Gerade wenn du neu in der Rolle bist oder wenn du in bestimmten Situationen mit ihr haderst, kann es helfen, dir diese Aspekte bewusst zu machen und zu entdecken, wie ihr Zusammenspiel dich in deinem Handeln beeinflusst.

Beantworte dir dazu die folgenden Fragen:

- Welche Ziele verfolgst du in deiner Rolle als Product Owner*in?
- Welche Aufgaben erfüllst du konkret?
- Welche deiner Fertigkeiten setzt du im Moment aktiv für deine Product-Owner-Aufgaben ein?
- Mit welcher Haltung übernimmst du Verantwortung?
- Was wird von außen an dich herangetragen?
- Wo kommt es immer wieder zu Missverständnissen, was deine Aufgaben oder deinen Verantwortungsbereich angeht?

Es ist sehr erhellend, das als Schnittmenge darzustellen, was von anderen an dich herangetragen wird und was du selbst wählst (siehe Abbildung 1.3). Für die Selbstreflexion kannst du dann diese Fragen nutzen:

- Wie sieht die Schnittmenge aus?
- Welche Gestaltungsmacht geht von dir selbst aus?
- Welchen Teil deiner Rolle gestalten andere?
- Welche Aspekte werden ausgehandelt oder entstehen aus der Zusammenarbeit?
- Was bedeutet das für dich?
- Willst du etwas daran verändern? Wenn ja, was?

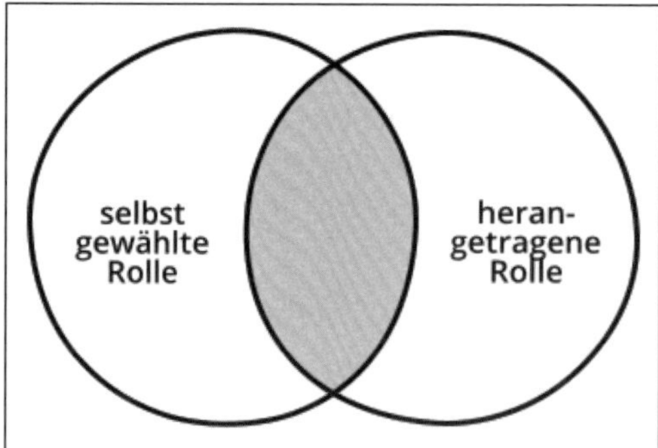

Abbildung 1.3 Die Schnittmenge (grau) zwischen eigenen und fremden Rollenzuschreibungen muss miteinander ausgehandelt werden (nach Maltz & Krantz, 1997).

Vermutlich hast du schon gemerkt, dass eine Rolle immer im Zusammenspiel mit anderen entsteht. Im Scrum Guide mag zwar sehr klar stehen, was du als Product Owner*in zu leisten hast, aber erst im Zusammenspiel von Produktidee, Entwicklungsteam und Unternehmenskontext zeigt sich, was das bedeutet und wie du es auslegen willst.

Dennoch hilft es, sich die Aspekte der Rolle »so, wie sie sein soll,« bewusst zu machen. Dann nämlich kannst du bewusst abweichen oder andere darauf hinweisen, was in deiner Verantwortung liegt und was nicht. Schauen wir uns das Ganze also mal an (Zitate aus dem Scrum Guide 2020 in der deutschen Übersetzung sind kursiv gesetzt):

Laut Scrum Guide ist es deine Aufgabe, die anstehende *Arbeit für ein komplexes Problem in ein sogenanntes Product Backlog einzusortieren* und diesen Arbeitsvorrat anzupassen, sobald du durch Überprüfung, beispielsweise im Review Meeting, etwas Neues lernst. Dabei handelst du nach den Scrum-Werten: Einsatzbereitschaft, Fokus, Offenheit, Respekt und Mut (siehe dazu auch Abschnitt 6.3, »Agil kommunizieren«).

Dabei bist du Teil eines interdisziplinären Teams, das heißt, die Mitglieder verfügen über alle Fähigkeiten, die erforderlich sind, um in jedem Sprint Wert zu schaffen. Sie managen sich außerdem selbst, was bedeutet, sie entscheiden intern, wer was wann und wie macht.

Innerhalb eines Scrum Teams gibt es keine Teilteams oder Hierarchien. Es handelt sich um eine geschlossene Einheit von Fachleuten, die sich auf ein Ziel konzentrieren, das Produkt-Ziel.

Alte Rolle in neuen Flaschen?

Das hierarchiefreie Arbeiten in einem Scrum Team wird in der Praxis schon mal vernachlässigt. Da wird im Zuge einer agilen Transformation die Projektleitung oder das Produktmanagement in Product Owner*in umbenannt und davon ausgegangen, dass das so schon stimmen wird. Und schon ist eine schwierige Rollenkonstellation entstanden, weil die Verantwortlichen in der Organisation dazu neigen, Product Ownership mit Projektleitung gleichzusetzen, und die Person in dieser Rolle entsprechend fordern – von innen und außen.

Gedacht ist es anders: Die Product Owner*in trägt ihre Fähigkeit, Produktvisionen zu entwickeln, wertvolle Anforderungen zu erkennen, inhaltliche Arbeit zu strukturieren und Ideen in die Welt zu tragen, mit in das interdisziplinäre Team ein. Diese Person ist weder die Chefin des Teams noch die Untergebene der Organisation. Sie ist im besten deutschen Wortsinn der oder die Eigentümer*in des Produkts. Damit ist sie immer noch für viele Aufgaben einer klassischen Projektleitung zuständig, aber eben nicht für alle und, viel entscheidender, nicht allein.

Als Product Owner*in bist du ergebnisverantwortlich dafür,

- *den Wert des Produkts, der sich aus der Arbeit des Scrum Teams ergibt, zu maximieren,*
- *das Produkt-Ziel zu entwickeln und explizit zu kommunizieren,*
- *die Product-Backlog-Einträge zu erstellen und klar zu kommunizieren,*
- *die Reihenfolge der Product-Backlog-Einträge festzulegen,*
- *sicherzustellen, dass das Product Backlog transparent, sichtbar und verstanden ist, und*

im Extremfall einen Sprint abzubrechen (Scrum Guide, online). Du kannst diese Arbeiten selbst machen oder sie an andere delegieren. Für das Ergebnis – also das Product Backlog und den Wert deines Produkts – bleibst du verantwortlich. Alle müssen deine diesbezüglichen Entscheidungen respektieren. Du machst sie anhand deines Backlogs und – in der Folge – anhand der Ausbaustufen des Produkts sichtbar, die das Entwicklungsteam entwickelt. Wer die Inhalte oder die Sortierung deines Product Backlogs ändern will, muss dich zunächst davon überzeugen.

Zu deiner Rolle gehört es, das Planning inhaltlich vorzubereiten und, im Gespräch mit dem Entwicklungsteam, Inhalte und Umfang des Sprints abzustecken. Entsprechend nimmst du auch am Review Meeting und an der Retrospektive teil und wirkst bei deren Vorbereitung mit. Während des Sprints hilfst du den Entwickler*innen in deinem Team, unklare Product-Backlog-Einträge zu verstehen und gegebenenfalls auch Kompromisse zu finden. Dabei entwickelt ihr außerdem eure gemeinsame *Definition of Done* weiter.

Du kannst dir auch Hilfe von der Scrum-Master-Rolle holen, etwa

- um geeignete Techniken für deine Aufgaben zu finden,
- die Verständlichkeit der Backlog-Einträge zu verbessern,
- bei der Produktplanung in einem empirischen Entwicklungsvorhaben oder
- bei der Moderation von Veranstaltungen und Treffen mit Stakeholder*innen.

Zusammengefasst, heißt das, dass du eine ganze Reihe von praktischen Aufgaben hast:

- deine Vorstellungen kommunizieren,
- Arbeit erkennen ...
- ... und in machbare Häppchen zerlegen,
- Prioritäten setzen,
- Lösungen und Kompromisse im Gespräch aushandeln,
- Entscheidungen treffen,
- andere Sachthemen motivieren,

- für Wertschöpfung sorgen,
- Qualität sichern sowie
- Workshops und Meetings vorbereiten.

1.3 Fünf Dinge, um die du dich wirklich kümmern musst

In diesem Buch geben wir dir viele verschiedene Anregungen, wie du deine eigene Rolle als Product Owner*in aktiv gestalten kannst. Wir zeigen dir, worin du wirklich gut werden musst und wie du die unterschiedlichen Herausforderungen im Verlauf eines agilen Entwicklungsvorhabens meisterst – vom ersten Überblick über eine geeignete Vorgehensstrategie bis hin zu den alltäglichen Aufgaben während eines Sprints. Du kannst die Themen individuell vertiefen und an vielen Stellen auch über deine Rolle hinausblicken, deine Kommunikations- und Führungskompetenz erweitern oder dein Portfolio um eher technische Themen ergänzen (siehe Abbildung 1.4).

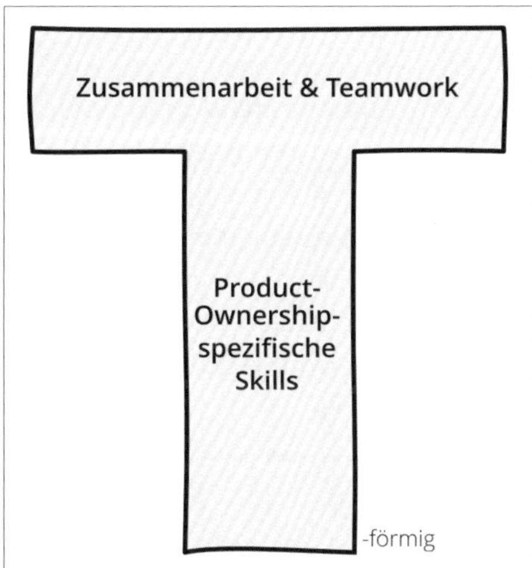

Abbildung 1.4 Die Product-Owner-Rolle ist geprägt durch T-förmige Fähigkeiten (Brown, 2009) – mit allgemeinen Kompetenzen zur Zusammenarbeit und spezifischen Kompetenzen zu Produktentwicklung/-management.

An dieser Stelle wollen wir dir das Leben leichter machen, insbesondere wenn du gerade neu in der Rolle bist. Deswegen greifen wir vor und legen dir die fünf Aktivitäten aus dem Buch ans Herz, um die du dich am Anfang wirklich kümmern musst. Hier sind sie:

- deine Vision klar haben
- einen guten Draht zu deinem Team aufbauen

- mit den Stakeholder*innen ins Gespräch kommen
- Konflikte ins Positive drehen
- nach dem ersten Sprint liefern

1.3.1 Deine Vision klar haben

Der englische Begriff *Product Owner* kann übersetzt werden mit Inhaber*in, Eigentümer*in oder Betreiber*in eines Produkts. Es geht also um eine Person, die einen Besitzanspruch an ein Produkt hat. Es ist ihr Produkt. Sie bestimmt, wie es gestaltet ist und was damit geschieht. Sie will, dass es existiert und sich gut verkauft beziehungsweise den Anwender*innen wirklich weiterhilft. Und sie ist auch verantwortlich dafür, das heißt, sie sorgt dafür, dass sich das Produkt gut entwickeln kann und möglichst kein Schaden entsteht – nicht bei der Entwicklung, nicht bei der Anwendung, nicht im Team, nicht im Umfeld und auch nicht unter wirtschaftlichen Gesichtspunkten. Diese Person bist du.

Es ist dein Job, alle diese Aspekte immer wieder zu durchdenken und deine Erkenntnisse wirksam zu kommunizieren. Du gibst die Richtung vor. Wenn du das gut machst, kann sich dein Team an dieser Richtung orientieren, Entscheidungen eigenverantwortlich treffen, Probleme vorausschauend ansprechen, sein Wissen zielführend zusammentragen. Das gilt genauso für dein Umfeld. Deine Stakeholder*innen gewinnen Vertrauen in das, was ihr entwickelt, und werden euch mehr Freiraum geben. Deine Kundschaft und Nutzenden bekommen frühzeitig mit, welchen Nutzen dein Produkt bietet, und tragen mit Feedback und Ideen möglicherweise zu echten Innovationen bei. Euer Produkt wird finanziell erfolgreich. Deine Vision beziehungsweise deine Fähigkeit, all diese Informationen in einer motivierenden und konsistenten Vision zusammenzuführen und zu kommunizieren, ist maßgeblich für euren gemeinsamen Erfolg.

Tipp: Deine 10-Minuten-Vision

Vermutlich weißt du mehr über deine Vision, als dir bewusst ist. Der erste Schritt ist es, sie zu Papier zu bringen. So wird sie sichtbar für andere, du kannst dir Feedback dazu einholen und sie weiter ausarbeiten. Etwas Komplexeres aufzuschreiben, stellt für viele Menschen eine Hürde dar.

Um diese Hürde zu überwinden, gibt es den sogenannten *#10min Trick*. Er besteht darin, sich einen Timer auf 10 Minuten zu stellen und dann 10 Minuten unsortiert aufzuschreiben, was dir durch den Kopf geht – zu dem gesetzten Thema und auch sonst alles.

Stelle dir einen Timer auf 10 Minuten und schreibe 10 Minuten frei aus dem Kopf auf, was deine Produktvision im Moment ist:

- Warum gibt es dieses Produkt?
- Was willst du damit erreichen?
- Welchen Nutzen stiftet es?
- Was macht es so wunderbar, einzigartig oder hilfreich für deine Zielgruppe?

Dein Text muss nicht perfekt formuliert sein. Es geht eher darum, einen ersten Schritt zu machen, deine Ideen zu Papier zu bringen und sie damit sichtbar zu machen. Nicht lange nachdenken, sondern einfach anfangen zu schreiben. Wenn dir nicht gleich etwas Inhaltliches einfällt, kannst du auch so starten: »Ich sitze hier gerade und versuche, meine Gedanken aufs Papier zu bringen. Mir fällt nichts ein, die Uhr tickt, oh, ich habe Hunger, ist gleich Mittag, da treffe ich mich mit Sven, dem könnte ich mal erzählen, wie wir unseren Lieferdienst jetzt optimieren wollen. Ich hatte mir gedacht, dass es echt revolutionär wäre, wenn…«

Bringe den Text nach den 10 Minuten gern in Form und teste ihn mit ausgewählten Personen:

- Wie reagieren sie?
- Welches Feedback bekommst du?
- Wo passt deine Vision schon gut?
- Was könntest du noch besser formulieren?

In Abschnitt 2.3, »Deine Vision zählt«, geben wir dir verschiedene Werkzeuge an die Hand, mit denen du allein oder im Team deine Vision weiter ausarbeiten und kompakt auf den Punkt bringen kannst.

1.3.2 Einen guten Draht zu deinem Entwicklungsteam aufbauen

Die Menschen in deinem Entwicklungsteam sorgen dafür, dass deine Produktvision Wirklichkeit wird. Ohne sie entsteht nichts; ihr seid gemeinsam verantwortlich für alle produktbezogenen Aktivitäten. Deswegen ist es wichtig, dass ihr einen guten Draht zueinander aufbaut – auch und gerade weil ihr doch sehr unterschiedliche Aufgaben habt. Du bestimmst, wo es inhaltlich langgeht, dein Entwicklungsteam entwickelt die Lösung, die am ehesten zu deinen Vorstellungen passt, und legt Tempo und Vorgehen fest. Das Besondere daran ist, dass ihr euch die dafür notwendigen Führungsaufgaben teilt. Und das ist nicht immer ganz einfach. Vor allem für dich, denn deine Rolle im Unternehmen ist viel exponierter als die der anderen. Du bist die Person, die zumeist außerhalb des Teams unterwegs ist, die vorwiegend mit der Kundschaft und dem Stakeholder-Umfeld spricht und weitreichende Entscheidungen trifft:

- Was liefern wir zuerst/als Nächstes?
- Was liefern wie erst viel später?
- Und was liefern wir nicht?

Du musst deine Entscheidungen laufend transparent machen, gut argumentieren (das ist im Übrigen auch ein guter Test, ob sie gut sind, deine Entscheidungen) und deinem Team vermitteln, worauf es im Moment – also im nächsten Sprint oder Release – ankommt und aus welchen Gründen. Und dein Team muss mitgehen (können).

Du hast viele Möglichkeiten, diese Zusammenarbeit beginnend mit deinem Einstieg ins Team aktiv zu gestalten.

Ganz gleich, ob alle zusammen neu in einem Team anfangen oder ob du in ein bestehendes Team einsteigst, die Anfangsphase sollte immer unter der Überschrift »Wir lernen uns kennen.« stehen.

- Führt kurze, wertschätzende Interviews, zum Beispiel als Einstieg in eure nächste Retrospektive: Was kannst du besonders gut? Was magst du an diesem Team? Weshalb arbeitest du für dieses Unternehmen? Was motiviert dich, unser Produkt zu entwickeln?
- Macht euch eure unterschiedlichen Rollen bewusst: Welche Aufgaben sind damit verbunden? Welcher Verantwortlichkeiten? Wo gibt es Überlappungen, und wie wollt ihr damit umgehen?
- Legt euch Profilseiten in eurem Intranet/Wiki an. Teilt darin Informationen zu euren fachlichen und persönlichen Fähigkeiten und Vorlieben.
- Macht gemeinsam Mittagspause.

Tipp: Rollenklärung spielerisch gestalten

Das »Rollenpuzzle« ist eine schöne Möglichkeit, Rollenklärung spielerisch zu gestalten. Dazu braucht ihr viele kleine Karteikarten. Auf jede Karte schreibt ihr eine Aufgabe oder Verantwortlichkeit zu den drei Rollen aus dem Scrum Guide. Dann mischt ihr die Kärtchen und versucht sie gemeinsam wieder richtig zuzuordnen. Am Ende überprüft ihr das Ergebnis anhand des Scrum Guides. Falsch zugeordnete Karten zeigen euch, wo noch Unklarheit herrscht und damit Gesprächsbedarf besteht. Einen fertigen Kartensatz für dieses Spiel kannst du bei den Materialien zum Buch herunterladen (*https://rheinwerk-verlag.de/5616*).

Nimm an allen Zusammenkünften des Teams teil – ob Planungstreffen, Review, Daily oder Retrospektive. Du bist ein Teil dieses Teams, und es ist wichtig, dass ihr regelmäßig auf eure unterschiedlichen Aufgaben schaut und dabei auch reflektiert, wie ihr sie besser aufeinander abstimmen könnt.

Mach während der Zusammenkünfte transparent, wie du zu deinen Entscheidungen kommst, und erzähle im Team von deinem Alltag in der Product-Owner-Rolle. Du übernimmst in der Außenabstimmung eine wichtige Aufgabe für dein Team und sorgst so unter anderem dafür, dass sich die Entwickler*innen weitgehend ungestört auf die Entwicklungsarbeit konzentrieren können. Es gibt keinen Grund, das für dich zu behalten. Teile deine Erfahrungen aus dem Produktumfeld, erzähle, was du erlebst, wie du die Arbeit des Teams verwendest und worauf du dich verlässt. Nur so kann dein Team deine Sicht besser nachvollziehen, und ihr könnt gemeinsam Wege finden, zuverlässig gute Produkte zu liefern.

Eine Metapher für das Zusammenspiel mit dem Entwicklungsteam

Almut Schult, deutsche Fußballnationalspielerin und Welttorhüterin des Jahres 2014, beschreibt in Vorbereitung auf die Fußballeuropameisterschaft 2022 sehr passend, wie ein Erfolg versprechendes Zusammenspiel zwischen Mannschaft und Trainer*in funktioniert: »(...) wenn wir in [einem] dreiviertel Jahr bei [einer] Europameisterschaft erfolgreich sein wollen, müssen wir etwas verändern. (...), es gibt zwei Arten. Entweder arbeiten alle zusammen und kriegen sich dadurch in ein Hoch und man gewinnt. Es gibt auch die Lösung, dass [eine] Mannschaft bisschen gegen das Trainerteam arbeitet und daraus seine Eigenmotivation und seine Leistung zieht und dann erfolgreich ist.« (sportschau.de, 2022, Folge 2 ab 15:29), und merkt danach noch an, dass eine Mischung von beidem nicht weiterhilft. Ob im Miteinander oder im konstruktiven Widerstreit – beide Strategien bewähren sich auch im Zusammenspiel zwischen Entwicklungsteam und Product-Owner-Rolle. Es sollte nur klar sein, welches Modell ihr miteinander verfolgt und dass ihr am Ende jeden Tages gemeinsam für euren Erfolg (oder euer Scheitern) verantwortlich seid.

1.3.3 Mit den Stakeholder*innen ins Gespräch kommen

Als Product Owner*in bist du die Drehscheibe. Du bist erste Ansprechperson für alle Anliegen an das Produkt – nicht nur für das Team, sondern auch für alle Stakeholder*innen. Deine Aufgabe ist es, die Ideen von vielen Menschen miteinander zu verbinden, Kommunikation über das Produkt zu ermöglichen und tragfähige Anforderungen herauszukristallisieren. Dabei geht es für dich immer darum, das Beste für dein Produkt herauszuholen.

Tipp: Fünf Kaffeepausen

Scrum ritualisiert die Einbeziehung von Stakeholder*innen über gemeinsame Planungs- und Review Meetings. Und vermutlich wirst du dir im Laufe deiner Tätigkeit eine Reihe von Formaten schaffen, um systematisch mit euren Stakeholder*innen zu kommunizieren. Dabei wirst du auch feststellen, dass viele Informationen auf informellen Wegen weitergegeben werden. Du kannst dir das zunutze machen, indem du Raum schaffst für informelle Begegnungen wie zum Beispiel Kaffeepausen, Mittagessen oder auch kurze Spaziergänge zum Gedankenaustausch.

Schreibe dir dazu die Namen von fünf Personen auf, die du aktuell für wichtige Stakeholder*innen hältst, und lade sie jeweils auf einen Kaffee in der nächsten Woche ein, damit ihr euch in dieser Rollenkonstellation kennenlernen könnt und du vorfühlen kannst, wie deine ersten Ideen vom Produkt ankommen und welche Erwartungen es an dich aus dem Umfeld gibt.

Der Austausch mit Stakeholder*innen ist wertvoll, er ist aber nicht unbedingt immer einfach. Oft wissen künftige Nutzende noch nicht, was sie sich vom Produkt genau wünschen. Und oft wollen nicht alle Stakeholder*innen dasselbe beziehungsweise priorisieren es nicht übereinstimmend. Damit sie ihre Bedürfnisse und Wünsche verstehen lernen und damit auch du deine Stakeholder*innen mit ihren Bedürfnissen und Wünschen kennenlernen kannst, musst du immer wieder mit ihnen ins Gespräch kommen. Unter Umständen musst du sie sogar zu agiler Zusammenarbeit anleiten, falls sie das noch nicht gewohnt sind. Dies braucht Empathie und Geduld – wir stellen dir dazu in diesem Buch auch immer wieder konkrete Instrumente und Hilfsmittel vor. Erinnere das ganze Team daran, sich immer wieder empathisch in die Perspektive von Kundschaft und Nutzenden zu versetzen, und ermuntere sie aktiv, das zu tun. Deren Sichtweise stellt nämlich einen großen Schatz für eure Entwicklungsarbeit dar (vgl. z. B. Sharma, 2017).

Verliere aber durch all die Bedürfnisse und (Sonder-)Wünsche nicht dein eigentliches Ziel aus den Augen: ein wertvolles Produkt mit einem konkreten Nutzen. Du wirst niemals alle Wünsche aller Stakeholder*innen bedienen können und gleichzeitig ein erfolgreiches Produkt auf den Markt bringen. Dein Job ist es, all diese Wünsche so zu priorisieren, dass am Ende ein wirklich gutes und wirtschaftlich sinnvolles Produkt rauskommt. Du brauchst dazu den Überblick über dein Produkt, und du brauchst außerdem auch das nötige Selbstvertrauen, für dieses – dein! – Produkt einzustehen (vgl. Schuurman, 2017). Auch dazu wirst du in diesem Buch konkrete Hinweise für die Umsetzung finden.

Wie du gut mit den Stakeholder*innen im Management und den Auftraggebenden umgehen kannst, erfährst du in Kapitel 5, »Product Discovery: Raten oder Daten?«. Zu den

Stakeholder*innen gehören daneben oftmals auch externe Personen. Sehr wichtig sind dabei die Nutzenden deines Produkts. Von ihnen kannst du schon während der Entwicklung wertvolle Hinweise für die Verbesserung des Produkts erhalten. Davon hängt am Ende ab, ob sich das Produkt verkauft.

Tipp: Fang den PeOh

Spiele werden in agilen Teams gern verwendet, um sich auf Situationen vorzubereiten, Methoden zu lernen oder auch konkrete Arbeit zu erledigen. Sie sorgen dafür, dass die kontinuierliche Verbesserung auch langfristig Spaß macht, und wecken die Kreativität der Teammitglieder.

Das Spiel »Fang den PeOh« ist ein Mini-Abenteuerspiel, das wir für angehende Product Owner*innen entwickelt haben (Dellnitz, 2021). Es bietet dir die Möglichkeit, dich spielerisch auf die vielfältigen Kommunikationsaufgaben der Product-Owner-Rolle vorzubereiten. Du brauchst dazu zwei Mitspielende und diese Spielkarten: *https://www.smidig.de/fang-den-peoh/*.

Im Spiel erlebst du verschiedene Stakeholder*innen mit Wünschen und Bedürfnissen, eingebettet in typische Jobsituationen. Das Spiel zeigt dir nicht unbedingt »richtige« oder »falsche« Verhaltensweisen auf, sondern es bietet dir ein Übungsfeld, in dem du direkt an deinem Umgang mit verschiedenen Stakeholder*innen arbeiten kannst.

1.3.4 Konflikte ins Positive drehen

Konflikte werden oft als etwas Negatives bewertet. Gerade am Arbeitsplatz haben viele das Gefühl, die Zusammenarbeit müsse immer harmonisch verlaufen, sonst liefe etwas falsch. Und natürlich ist eine gute Arbeitsatmosphäre wichtig für jeden Erfolg. Konflikte nur negativ zu sehen, ist aber eine Sackgasse – insbesondere dann, wenn es um Projektarbeit geht. Denn dort entstehen Konflikte ja gewollt und sollen für die Entwicklungsarbeit genutzt werden! Hier kommen nämlich engagierte Menschen zusammen, die ihre interdisziplinäre Expertise zusammenbringen wollen, um neue und innovative Lösungen zu finden. In einem Projekt sind Reibung und Irritation vielmehr ein Zeichen dafür, dass das auch passiert. Es geht also eher darum, einen guten Umgang mit Konflikten zu finden und das Potenzial, das in ihnen liegt, für kreative und innovative Lösungen zu nutzen.

Je ähnlicher sich Personen in einer Gruppe sind, desto reibungsloser können sie meist zusammenarbeiten – das gilt sowohl für ein Team wie auch für eine Gruppe von Stakeholder*innen. Ähnliche Personen nehmen die Welt auch ähnlich wahr – sie gewichten ähnlich, sie beurteilen ähnlich, sie haben ähnliche Bedenken. Das lässt die Zusammenarbeit harmonisch erscheinen. Aber weil der Blickwinkel solch homogener Gruppen sich praktisch auf eine schmale Ansicht verengt, ergeben sich ganz viele blinde Flecken. Je heterogener sich eine Gruppe zusammensetzt, desto mehr verschiedene, unterschiedliche Perspektiven kommen zusammen. Dafür muss sich die Gruppe mit diesen verschiedenen Perspektiven auch auseinandersetzen. Das braucht Zeit, es macht das Produkt und die Lösungen aber robuster.

Beispiel: Ein blinder Fleck im homogenen Team

Im Internet kursierte vor einiger Zeit ein Video von einem Handtrockner, wie du ihn an vielen öffentlichen Orten finden kannst. Das Video zeigt, wie jemand mit dunkler Hautfarbe den Trockner anschalten möchte. Die Person hält ihre Hand unter den Sensor und ... es passiert nichts. Das Team hatte sein Produkt offenbar nur mit einer sehr homogenen Gruppe von Menschen getestet, die alle eine helle Hautfarbe hatten.

Beispiele wie diese gibt es leider zuhauf, ob im Bereich der Barrierefreiheit oder der Nichtberücksichtigung von Hautfarbe, Geschlecht, Körpergröße und Kraft. Nicht diverse Teams entwickeln hier Lösungen für sich selbst. Das ist nicht nur wenig umsichtig mit Blick auf die Vielfalt in unserer Gesellschaft, sondern unter Umständen auch geschäftsschädigend, weil ein substanzieller Teil der potenziellen Zielgruppe das hergestellte Produkt nicht nutzen kann. Und deswegen auch nicht kaufen wird.

Der erste Schritt hin zu einem fruchtbaren Austausch ist darum nicht, ein Team möglichst zu vereinheitlichen und damit Konflikte zu unterbinden, sondern das Team zu befähigen, mit Irritationen und Konflikten umzugehen.

Meine Sicht, deine Sicht

Jeder Mensch lebt in einer eigenen Realität. Sie wird konstruiert von den Sinneswahrnehmungen, der eigenen Grundstimmung, den gemachten Erfahrungen und den Möglichkeiten, einzugreifen und mitzugestalten. Dass es so ist, haben wir dabei selten vor Augen. Auch weil wir uns meistens mit Menschen umgeben, welche die Wirklichkeit ähnlich wahrnehmen wie wir selbst, oder weil wir uns unbewusst auf ihren Umgang mit der Wirklichkeit eingestellt haben. Konflikte und Meinungsverschiedenheiten können dann auch als Indiz dafür gelesen werden, dass hier zwei Realitätsgebäude auf den ersten Blick nicht zusammenpassen. Die Clean-Language-Expertinnen Wendy Sullivan und Judy Rees (2008) schlagen eine einfache Übung vor, mit der du deine Wahrnehmung für die Realitäten anderer Menschen schulen kannst:

- Höre jemandem aufmerksam zu, der seine Meinung kundtut – einer Kollegin in der Kantine, einem Talkshow-Gast im Fernsehen, einem Politiker.
- Stelle dir vor, dass diese Person das, was sie sagt, auch wirklich und ehrlich meint.

- Stelle dir dann die Frage: »Was muss diese Person glauben/welche Werte muss sie haben, damit sie das hier ehrlich sagen kann?« und schreibe ein paar deiner Annahmen auf.

Du wirst überrascht sein, was für Vermutungen und Zusammenhänge hinter ganz üblichen Aussagen stecken können.

Wie du als Product Owner*in aus Konflikten lernst und welche Gesprächs- und Reflexionstechniken dir weiterhelfen, kannst du in Kapitel 15, »Heiße Konflikte willkommen!«, vertiefen.

1.3.5 Nach deinem ersten Sprint liefern

Das erste agile Prinzip besagt: »*Unsere höchste Priorität ist es, die Kundschaft durch frühe und kontinuierliche Auslieferung wertvoller Software zufriedenzustellen.*« Und genau darum sollte es dir als Product Owner*in in jedem agilen Vorhaben gehen: Versuche als Product Owner*in, darauf hinzuwirken, dass ihr regelmäßig liefert und regelmäßig von relevanten Personen Feedback sammelt und lernt, was eure Lieferungen bedeuten. Am besten fangt ihr damit in eurem ersten Sprint an. Denn er spielt eine wichtige Rolle für dich in deiner neuen Aufgabe, ganz gleich, ob es der erste Sprint für das gesamte Scrum Team ist oder dein erster Sprint in einem laufenden Projekt.

In diesem ersten Sprint lernt ihr euch in der Arbeit kennen: Du kommunizierst zum ersten Mal deine Sicht auf euer gemeinsames Produkt, indem du mit dem Team deine Vision oder das Produkt-Ziel teilst. Du übersetzt eure Vorgehensstrategie (siehe dazu auch Kapitel 3, »Das Fundament: Projektmanagement«) in konkrete Backlog-Einträge und stellst zum ersten Mal den Arbeitsvorrat für das Team zusammen. Ihr formuliert gemeinsam ein Sprint-Ziel und setzt alles daran, es auch zu erreichen. Im Daily fangt ihr an, euch gegenseitig zu unterstützen und Transparenz in eure gemeinsame Vorgehensweise zu bringen. Zum Sprint-Ende hin entsteht zum ersten Mal in eurem Zusammenspiel eine potenzielle lieferfähige Ausbaustufe eures Produkts. Eine bessere Gelegenheit für Team-Building gibt es nicht.

Und deswegen ist es wichtig, dass ihr liefert und dass du dem Team zeigst, dass es dir ernst ist. Spring ins kalte Wasser und lade Kundschaft und Stakeholder in dein erstes Review Meeting ein. Guckt euch gemeinsam an, was ihr leisten könnt und wo ihr euch noch weiterentwickeln und verbessern müsst.

Je nachdem, wie agil euer Umfeld schon ist, kann es hier sinnvoll sein, die geladenen Gäste auf das Review Meeting vorzubereiten. Das kannst du gut in Zusammenarbeit mit dem*der Scrum Master*in eures Teams tun:

1. Überlegt zunächst im Team, wen ihr einladen wollt: Wer kann sinnvolles Feedback zu dieser ersten Ausbaustufe geben?
2. Bereitet eine kleine Präsentation zu eurem agilen Arbeitsprozess vor: Was müssen Gäste über euer Vorgehen wissen, um einen hilfreichen Beitrag im Review Meeting zu leisten?
3. Formuliert eine Einladung, in der ihre eure Motivation und eure Erwartungen transparent macht. Oder noch besser: Dreht eine kleine Runde und führt persönliche Gespräche zur Vorbereitung dieses ersten Review Meetings (siehe auch Kapitel 12, »Kurs anpassen: das Review«).

1.4 Was ist NICHT dein Job?!

Je nachdem, aus welcher Rolle du dich in die Product-Owner-Rolle entwickelt hast, bist du verschiedenen Versuchungen ausgesetzt, Aufgaben zu übernehmen, die nicht mehr zu deiner Rolle gehören.

Wenn du vorher selbst als Entwickler*in gearbeitet hast, passiert es leicht, dass du selbst an der Lösung mitarbeitest. Sei es, dass du Anforderungen im Product Backlog schon sehr weit vordenkst und dabei Lösungen oder Herangehensweisen vorschlägst. Sei es, dass du dich im Planning Meeting nicht zurückhalten kannst und munter bei der Planung der Umsetzung mitmischst. Oder sei es, dass du dich während des Sprints selbst hinsetzt und Lösungen entwickelst. Alle drei Verhaltensweisen sind verständlich und leider: kontraproduktiv. Du beschränkst damit die Kreativität und Lösungskompetenz des Entwicklungsteams. Du verhinderst die Fähigkeit zum Selbstmanagement und sorgst im schlimmsten Fall dafür, dass alle Arbeit über dich laufen muss. Dadurch entsteht ein Flaschenhals, der euch einerseits in der Entwicklung langsamer macht – alle warten auf dich – und andererseits dich von deinen originären Aufgaben ablenkt.

Kommst du aus der Projektleitungs- oder Führungsrolle, ist die Versuchung ähnlich gelagert. Du bist es vermutlich gewohnt, Arbeit für andere vorzudenken und so zu zerlegen, dass sie sich gut delegieren und abnehmen lässt. Verabschiede dich davon. Jetzt. Delegation ist ein Konzept, das nicht zu der Art von Teamarbeit passt, die in einem Scrum Team gefordert ist. Denn ein Scrum Team ist gemeinsam verantwortlich für die Lösungen, die es erarbeitet. Es teilt sich nur die Aufgaben auf dem Weg dorthin. Du bist Teil dieses Teams, und deine Aufgabe ist, die Richtung der Entwicklung vorzudenken: In welchen Etappen entsteht das Produkt? Was wollt ihr liefern? In welcher Reihenfolge? Das Entwicklungsteam kümmert sich parallel darum, die passenden Lösungen zu entwickeln, und zwar auf die Art, die es für sich am sinnvollsten erachtet. Dabei kann es je nach Situation auch unterschiedliche Organisationsformen wählen. Es handelt eher wie ein Vogelschwarm, der immer wieder neue Konstellationen findet, ohne das große Ganze durcheinanderzubringen.

Von Projektleitungen und Führungskräften wird häufig auch erwartet, dass sie geeignete Abläufe schaffen, ihr Team motivieren, die Arbeitsatmosphäre positiv beeinflussen und Konflikte im Team oder mit anderen Teams oder Abteilungen lösen. Auch diese Aufgaben sind in einem Scrum Team vergemeinschaftet und werden in entsprechenden Ritualen wie Daily, Review Meeting und Retrospektive gemeinsam bewältigt. Die Scrum-Master-Rolle unterstützt hier als dienende Führungskraft, etwa indem sie geeignete Methoden anbietet, als Coach oder Mentor*in dient oder auch moderierend eingreift.

Formelle und disziplinarische Aufgaben sind meistens außerhalb des Scrum Teams gelagert. Je nach Organisationsstruktur gibt es dann zum Beispiel Pools oder Chapter mit Entwickler*innen, die ähnliche fachliche Kompetenzen haben und die jeweils von einer Pool- oder Chapter-Leitung geführt werden. Hier bist du also nicht diejenige Person, die insbesondere disziplinarisch kritische Situationen direkt beurteilen muss, aber deine Einschätzung wird möglicherweise herangezogen, um eine Lösung zu finden.

Nachdem du jetzt also die ersten Schritte als Product Owner*in erfolgreich gegangen bist, erfährst du im nächsten Kapitel, wie du dir eine Übersicht über dein Produkt verschaffen kannst.

Kapitel 2
Alles im Blick: die Produktübersicht

Wer ein neues digitales Produkt entwickeln und erfolgreich im Markt etablieren will, braucht zunächst einmal eine gute Übersicht über das Produkt und die damit verbundenen Herausforderungen, Ideen und Menschen.

Ellen gleitet mit der rechten Hand an ihrem Bildschirm entlang und sucht nach dem kleinen Ausschalter. Über all die Fenster, Alerts und Widgets auf ihrem Desktop legt sich ein altmodischer Dialog: »Bildschirm wirklich ausschalten? [Ja] [Abbrechen]«. Sie drückt den Knopf noch mal, ja, wirklich ausschalten. Es ist Montagmorgen 8:47, genau zwei Minuten nach dem Daily Call. Alle sind gut gestartet, und sie hat den Rest des Tages Zeit für eine wichtige Aufgabe: ihre Ideen zum Produkt auf einem großen Blatt zusammenzutragen. Und einen Tipp von ihrer Freundin Hedi umzusetzen, die den Job schon länger macht: die Vision von dem Produkt so mitreißend zu formulieren, dass alle im Unternehmen mitziehen wollen. Gut, dass sie im Homeoffice Muße dazu hat. Und einen leeren Schreibtisch.

Ellens Teamleiter Benno und Karla, die IT-Leiterin, haben eine gute Personalentscheidung getroffen. Mit Ellen haben sie ein erfahrene UX/UI-Designerin aus dem Unternehmen gefunden, die seit über zehn Jahren in der Branche vernetzt ist und jetzt auch schon drei Jahre in den ersten Digitalisierungsprojekten im Haus mitgearbeitet hat. Ellen bringt vieles mit, das es braucht: Sie ist gelernte Grafikerin, hat Wirtschaftsinformatik studiert und sich aus Leidenschaft für diese Branche entschieden. Sie vertieft sich gern in komplexe Probleme und ist gleichzeitig kreativ und eine engagierte Netzwerkerin. Sie hat auch schon eine ganze Zeit in Karlas Bereich in einem Scrum Team mitgearbeitet, ist also mit dem Vorgehen bestens vertraut. In den letzten zwei Wochen hat sie viel Zeit investiert, um einen guten Draht zu allen Teammitgliedern aufzubauen, und angefangen, sich mit den Stakeholder*innen zu vernetzen. Jetzt will sie ihre Vision aufs Papier bringen, damit alle fokussiert arbeiten können. Dazu hat auch Ellen eine gute Entscheidung getroffen: Sie nimmt sich Zeit zum Denken und klinkt sich dazu aus dem täglichen Trubel aus. Gut gemacht!

In diesem Kapitel erfährst du, wie du eine gute Übersicht über dein Produkt bekommst. Die vorgeschlagenen Schritte sind hilfreich – ganz egal, zu welchem Zeitpunkt du das Produkt übernimmst: ganz am Anfang der Entwicklung oder mittendrin. Sie nützen dir, um dich auf die vielen Gespräche und Entscheidungen vorzubereiten, die dich als Product Owner*in erwarten.

Je nachdem, wie erfahren du bist, wirst du das eine oder andere schon intuitiv oder implizit tun. Ein guter Rat aus Erfahrung: Lege dir eine eigene Übersichtsroutine zu, die du regelmäßig, etwa zu Meilensteinen oder Release-Wechseln, wiederholst. Die Methoden aus diesem Kapitel können dir dabei helfen. So hast du immer alle Informationen, die du brauchst, um dein Produkt erfolgreich zu machen, auf dem aktuellen Stand und zur Hand, wenn du sie brauchst.

2.1 Viele verschiedene Perspektiven einbeziehen

Um eine Übersicht zu bekommen, betrachte den Gegenstand deines Interesses aus vielen verschiedenen Perspektiven. Bei einer Produktentwicklung ist das etwa die Perspektive der Kundschaft, die Situation am Markt, technologische Entwicklungen und einiges mehr. Du wirst schnell feststellen, dass du als Product Owner*in Teil eines vielschichtigen Netzwerks bist, das bespielt und gestaltet werden will. Dabei bleibt nicht aus, dass sich bestimmte Informationen doppeln oder wiederholen. Und das ist gewünscht. Durch die immer wieder neue Zusammenstellung von Daten und Blickweisen entstehen nämlich auch viele neue Verbindungen in deinem Kopf. Möglicherweise werden sie zum Schlüssel für eine kreative Lösung oder einen innovativen Ansatz. Lass dich also bewusst auf diese Redundanz ein!

Du kannst die Methoden aus diesem Kapitel auf verschiedene Art und Weise einsetzen:

- allein im stillen Kämmerlein, um deine Gedanken zu sortieren oder Informationen zu recherchieren,
- zusammen mit deinem (Entwicklungs-)Team, um eure verschiedenen Sichtweisen zusammenzutragen und abzugleichen,
- mit Menschen, die dein Produkt nutzen (werden), also deine Kundschaft und Nutzende, die dir wichtige Erkenntnisse zu ihren Bedürfnissen und Anwendungsfällen geben können,
- mit einem größeren Kreis von Personen, die den Erfolg deines Produkts maßgeblich beeinflussen können, den sogenannten Stakeholder*innen, weil sie wichtige Ressourcen – Geld, Technologie, Know-how und vieles mehr – beitragen.

Beziehe dein Team, deine Kundschaft und den größeren Kreis der Stakeholder*innen oft und frühzeitig in die Entwicklungsarbeit ein. Denn nicht ohne Grund lautet das erste agile Prinzip:

> *Unsere höchste Priorität ist es, Kund*innen durch frühe und kontinuierliche Auslieferung wertvoller Software (bzw. Produkte oder Dienstleistungen) zufriedenzustellen.*

Agile Entwicklungsprozesse messen dem Nutzen, den ein fertiges (Teil-)Produkt für die Kundschaft hat, einen hohen Wert zu. Ihre Bedürfnisse und ihr Feedback sind ein wichtiges Fortschrittsmaß. Nutze diese Erfahrungen, um die Entwicklungsarbeit auf das zu fokussieren, was wirklich Wert liefert. Denn das ist dein Job als Product Owner*in!

Vorsicht, Kundschaft!

Es kommt immer mal wieder vor, dass agile Teams es mit dem Fokus auf die Bedürfnisse der Kundschaft übertreiben. Gerade unerfahrenen Teams passiert es dann, dass sie vom einen Extrem, die Kundschaft überhaupt nicht einbeziehen, ins andere Extrem schalten: alles tun, was die Kundschaft will. Dein Job als Product Owner*in ist hier, die Balance herzustellen: Welche von den Dingen, die unsere Kundschaft braucht, können wir mit unseren spezifischen Ressourcen und Kompetenzen wertbringend liefern?

2.2 Alles auf einem Blatt

Ein gutes Produkt entsteht im Spannungsfeld von Kundenbedürfnissen, Geschäftswert und dem, was du als Product Owner*in daraus machen willst (und wirst!). Wenn du es schaffst, deine Überlegungen dazu kompakt aufs Papier zu bringen, hast du schon einen wichtigen Teil deiner Übersichtsroutine erledigt.

2.2.1 Elemente der Produktvisionstafel

Die Produktvisionstafel (siehe Abbildung 2.1) erfüllt diesen Zweck praktisch und sachdienlich (Pichler, 2016). Sie ist ein visuelles Managementwerkzeug und dient dazu, fünf wesentliche Elemente deines Produkts auf einem Blatt Papier systematisch zusammenzustellen. Diese sind:

- Die *Vision*: Wohin willst du mit deinem Produkt? Was bezweckt es? Wofür soll es das Produkt geben?
- Die *Zielgruppe*: Für wen entwickelst du das Produkt?
- Die *Hauptbedürfnisse* der Zielgruppe: Welche Bedürfnisse soll das Produkt befriedigen?

- Die *Kernfunktionalität*: Was ist die Kernfunktionalität? Welchen Job erledigt es (vor allen anderen)?
- Die *Geschäftszahlen*: Welchen Geschäftswert willst du mit dem Produkt schaffen? Welche Zahlen positiv beeinflussen?

Abbildung 2.1 Die Produktvision für ein firmeninternes E-Bike-System (aus unserem Spiel »Fang den PeOh!«)

2.2.2 Die Produktvisionstafel füllen

Dein Anliegen sollte sein, diese fünf Fragen zu jeder Zeit präzise und gut fundiert beantworten zu können. Die Antworten helfen dir nämlich, Richtung zu geben, wichtige Aspekte des Produkts kompakt zu erläutern und Entscheidungen schlüssig zu treffen. Nimm dir also Zeit, sie am Anfang und zu wichtigen *Releases* oder *Meilensteinen* zu beantworten und gute, eingängige Formulierungen zu finden.

Dazu kannst du dich verschiedener Quellen und Formate bedienen:

- Setz dich an einen Ort, an dem du gut denken kannst, und schreibe deine eigenen Ideen zusammen.
- Fertige eine kurze Marktrecherche zu vergleichbaren Produkten an.

- Lade dein Team ein, Ideen für die einzelnen Kategorien beizutragen.
- Veranstalte einen Workshop mit deiner potenziellen Kundschaft, um deren Bedürfnisse besser zu verstehen.
- Beziehe Kolleg*innen aus dem Finanzbereich, dem Controlling und der Datenanalyse ein, um deine Erkenntnisse mit Zahlen zu unterlegen und geeignete Kennzahlen zu finden.

Der Clou liegt nicht nur in den einzelnen Antworten zu den fünf Fragekategorien, sondern vor allem in den Zusammenhängen. Nutze das Schema, um die Logik deiner Antworten zu prüfen und daraus Erkenntnisse über dein Produkt zu gewinnen. Dazu kannst du dir Fragen wie diese stellen:

- Findet die Zielgruppe die Vision attraktiv?
- Ist die Vision in der Sprache der Zielgruppe formuliert?
- Passen Vision und Bedürfnisse zusammen?
- Bedient die Kernfunktionalität die Hauptbedürfnisse eindeutig?
- Entsprechen die Zahlen den finanziellen Möglichkeiten der Zielgruppe?
- Entsprechen die Zahlen den finanziellen Möglichkeiten der Geldgebenden, beziehungsweise bilden sie relevante Geschäftsparameter ab?

Vorsicht vor »If you build it, they will come.«

Viele Produktentwicklungen sind beseelt von Ideen, die sich in der Realität als nicht verkaufbar herausstellen. Das bezieht sich sowohl auf Produkte, die gegen Geld verkauft werden, als auch auf Produkte, für die intern um Akzeptanz geworben wird, etwa im Rahmen von Digitalisierungs- oder Change-Vorhaben. Für dieses Phänomen hat sich in der Start-up-Szene das Sprichwort »If you build it, they will come.«, zu Deutsch »Wenn du es baust, werden sie kommen.«, etabliert. Es stammt aus dem Baseball-Film »Field of Dreams« mit Kevin Costner, der darin als Farmer ein Baseball-Stadion auf seinen Feldern baut, weil ihm eine innere Stimme dazu rät und zunächst niemand begreift, weshalb er das tut. Gemeint ist, dass eine interessante Idee noch lange kein tragfähiges Produkt ist.

Wenn du als Product Owner*in an deiner Idee arbeitest, ist es wichtig, dass du nicht in diese Falle tappst. Sorge dafür, dass du frühzeitig Feedback von Kundschaft und Anwendenden erhältst und es systematisch auswertest. Nutze die Expertise aus deinem Stakeholder*innen-Umfeld, um dir regelmäßig ein fundiertes Bild von der Marktsituation oder der Stimmung im Unternehmen einzuholen. Und: Lass los, wenn Dinge sich einfach nicht bewähren wollen, auch wenn sie zu deinen Lieblingsideen gehören.

2.2.3 Die Produktvisionstafel erarbeiten

Du erarbeitest die Produktvisionstafel am besten schrittweise. Beginne mit einer ersten Skizze und trage die Informationen zusammen, die du schon hast. Das Ergebnis muss nicht perfekt sein. Auch wenn du das Gefühl hast, noch gar nichts zu wissen, wird es deinem Team und deinem Umfeld helfen, zu sehen, was schon da ist, wie es sich entwickelt und wie individuelle Vorstellungen dazu passen. Es hilft, die Tafel mit einer Versionsnummer zu markieren. Bei 0.2a oder 0.8f zum Beispiel verstehen die Menschen in deinem Team sicher, worauf du hinauswillst. Wenn du die 1.0 erreicht hast, ist das ein guter Moment, die Produktvisionstafel allen relevanten Beteiligten zu präsentieren und Feedback einzuholen.

Je nachdem, wie umfassend dein Produkt ist, kann es sinnvoll sein, dass du dich mit den einzelnen Feldern auf deiner Tafel ausführlicher auseinandersetzt. Deswegen steigen wir in den folgenden Abschnitten etwas tiefer in die unterschiedlichen Aspekte ein.

2.3 Deine Vision zählt

Du bist Product Owner*in, weil du mit hoher Wahrscheinlichkeit die fachliche Expertise, die Kreativität und die Weitsicht hast, um dein Produkt erfolgreich zu machen. Du kennst euren Markt, du hast die Technologie im Griff, und deine Ideen sind wegweisend. Deine Vision zählt. Und deswegen ist der erste Schritt deiner Übersichtsroutine, dass du deine Vision wirklich gut auf den Punkt bringst.

2.3.1 Ein berühmtes Beispiel

Schauen wir uns zunächst ein berühmtes Beispiel an: »1,000 Songs in Your Pocket«, zu Deutsch »1.000 Songs in deiner Tasche« – mit dieser Vision hat Steve Jobs 2001 den iPod angekündigt. Und damit die mobile, digitale Musikrevolution losgetreten (Schwan, 2016).

Die »1.000 Songs«-Vision ist heute legendär. Sie umfasst in wenigen Worten eine attraktive und weitreichende Idee. In einer Zeit der Schallplatten und CDs als Tonträger, der Kassettenrekorder, Walkmen und Ghettoblaster beschreibt sie ein bestechendes Kundenbedürfnis: Du kannst alle deine Tonträger auf einem Gerät mit dir herumtragen – und die Musik darauf damit auch hören –, das so klein ist, dass es in deine Hosentasche passt. Sie verspricht der Zielgruppe, ihren gesamten Klangraum und Stimmungsraum an jedem Ort der Welt öffnen zu können. Und impliziert dabei – neben hoher Speicherkapazität und geringer Produktgröße – auch noch Einfachheit. In der Hosentasche eben, nicht kompliziert. Sie motiviert so nicht nur die Zielgruppe damit zum Kauf, sondern auch die Entwickler*innen und Designer*innen dazu, über die bestehenden Möglichkeiten hinauszuwachsen zur echten Innovation.

2.3.2 Die SHIELD-Kriterien

Auch wenn an der Formulierung der »1.000 Songs«-Vision vermutlich eine ganze Reihe von Werbeexpert*innen gefeilt haben und nicht jedes Produkt gleich einen Markt revolutionieren muss – wie der iPod –, solltest du nicht davor zurückschrecken, ähnlich groß und selbstbewusst zu formulieren, was du mit deinem Produkt bewirken willst. Kannst du auf den Punkt bringen, weshalb es dein Produkt geben muss? Und warum ich es kaufen soll?

Die SHIELD-Kriterien (Hoffmann, 2020, S. 32) helfen dir dabei, zu prüfen, wie überzeugend eine Vision schon ist:

- **Simple**: Ist deine Vision *einfach* zu verstehen? Kann sie schnell erfasst werden?
- **Huge**: Ist sie *groß*? Drückt sie aus, was alles in deiner Idee steckt, und lässt sie Raum für noch mehr?
- **Important**: Ist sie *wichtig*? Bedient sie eine relevante Fragestellung deiner Zielgruppe? Adressiert sie ein echtes Problem?
- **Engaging**: Ist sie *motivierend*? Fordert sie auf, mitzumachen? Weckt sie Sehnsüchte?
- **Long-term**: Ist sie *langfristig*? Behält sie langfristig Bestand? Sorgt sie für eine langfristige Nachfrage?
- **Distributed**: Ist sie *veröffentlicht*? Kann dein Team die Vision so nachvollziehen? Stehen die Stakeholder*innen hinter ihr?

Tipp: Deine Vision überarbeiten

Wenn du den Tipp »10-Minuten-Vision« in Kapitel 1 umgesetzt hast, ist jetzt der richtige Zeitpunkt, deine Vision hervorzuholen und sie zu überarbeiten. Gehe dazu durch die sechs SHIELD-Kriterien und bewerte jeweils auf einer Skala von 1 bis 5, wie gut deine Vision sie erfüllt (1 = gar nicht, 5 = optimal). Verbessere deine Vision sprachlich und inhaltlich überall da, wo du weniger als drei Punkte vergeben hast. Natürlich kannst du die Übung auch mit dem gesamten Team machen. Je öfter ihr euch – insbesondere in der Anfangsphase eurer Zusammenarbeit – mit eurer gemeinsamen Vision auseinandersetzt, umso besser.

2.4 Die Bedürfnisse der Kundschaft kennenlernen

Ein Product Owner, der den Job gerade neu angefangen hat, fragte einen befreundeten Agile Coach, was das Wichtigste sei, um ein erfolgreiches Produkt zu entwickeln. Die Antwort kam flugs: »Vergiss alles, was du weißt, und frag deine Kundschaft, was sie weiß!«

Darin steckt eine Menge Erfahrung, die du dir abgucken kannst. Allzu oft sind wir als ehemalige Produktexpert*innen, Fachabteilungen oder Business Analyst*innen nämlich sehr davon überzeugt, genau zu wissen, was unsere Kundschaft von unserem Produkt erwartet. Und irren uns gewaltig.

Tipp: Kaufentscheidung

Überlege kurz selbst einmal, wann du zuletzt eine größere Kaufentscheidung getroffen hast, und schreibe zehn Kriterien auf, die dich maßgeblich dabei beeinflusst haben. Ordne die Kriterien nun den folgenden drei Kategorien zu (strategyzer, online):

- funktional
- emotional
- sozial

Produkte erfüllen verschiedene Funktionen für ihre Käufer*innen. Da geht es vielleicht vordergründig darum, das richtige Produkt zu finden, um eine bestimmte Aufgabe zu erfüllen, zum Beispiel ein tragbares Mikrofon für einen Podcast. Aber diese funktionale Komponente, die sich auf Gewicht, Schnittstellen und Klangqualität beziehen mag, steuert den Kauf und die Nutzung nur anteilig. Hinzu kommt eine emotionale Komponente: Sieht das neue Mikrofon auch auf die richtige Art schick aus (das ist absolut subjektiv), vielleicht erinnert es dich an die Mikrofone, die du auf der tollen Veranstaltung letztes Mal gesehen hast. Vielleicht muss das Mikrofon auch eine bestimmte Marke haben. Die richtige Marke sorgt dafür, dass du dich zur Gruppe der Podcaster zugehörig fühlen kannst, denen du schon folgst. Es übernimmt also auch eine soziale Funktion für dich.

Ein Ansatz, diese verschiedenen Funktionen systematisch zu entdecken und bei der Produktentwicklung zu bedenken, bietet *Design Thinking*, das auch eine wichtige Rolle in der datengetriebenen Produktentwicklung spielt (siehe Abschnitt 5.5, »Design Thinking«). Der Design-Thinking-Ansatz sieht vor, dass du konsequent die Perspektive deiner Kundschaft und Anwendenden einnimmst. Eine Möglichkeit, das zu tun, bieten die sogenannten *Empathy Maps* (dt. Empathie-Landkarten). Sie helfen dir, deine Zielgruppe besser kennenzulernen, indem du dich systematisch in Menschen – echte oder erfundene – aus dieser Zielgruppe hineinversetzt und ihre Wahrnehmungen anhand der Fragen in Abbildung 2.2 erfasst. Du kannst das Werkzeug nutzen, um dich selbst in eine andere Person hineinzuversetzen und die Fragen aus ihrer Perspektive zu beantworten oder um die andere Person strukturiert zu befragen.

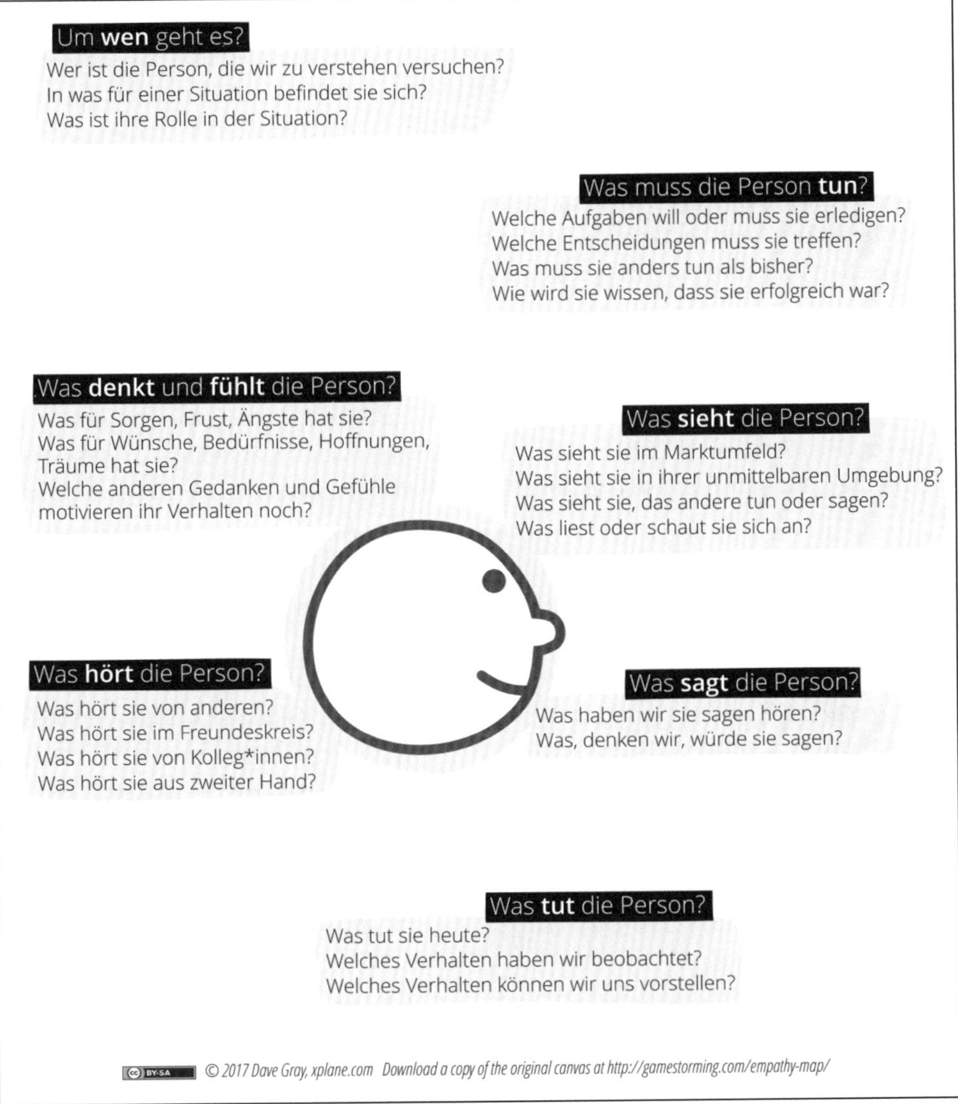

Abbildung 2.2 Die Fragen aus der Empathy Map helfen dabei, sich strukturiert in eine andere Person einzufühlen (eigene Darstellung nach Dave Gray).

2.5 Die Produktstruktur entwickeln

Jetzt geht es darum, wie du Struktur in all die Informationen bekommst, die wichtig für deine Arbeit als Product Owner*in sind. Vermutlich hast du zu diesem Zeitpunkt schon viele Ideen und Anforderungen gesammelt. Du führst Gespräche mit deiner Kundschaft, Stakeholder*innen und Expert*innen, und in deinem Kopf entsteht ein Bild davon, wie wohl alles ineinandergreifen könnte oder sollte. Diese Fülle an Informationen kann sich manchmal überwältigend anfühlen. Lass dich davon nicht beirren. Du musst kein*e Schach-Großmeister*in sein und alle Aspekte, Abhängigkeiten und Möglichkeiten im Kopf haben. Denn du hast verschiedene und durchaus bewährte Struktur- und Visualisierungswerkzeuge zur Hand. Sie helfen dir zum einen, deine eigenen Gedanken zu sortieren, und zum anderen, dein Bild vom Produkt an dein Entwicklungsteam, deine Nutzerschaft und deine Geldgeber*innen zu kommunizieren.

2.5.1 Der Produktstrukturplan: Was muss ich alles liefern?

Der *Produktstrukturplan*, auch *PSP* genannt, ist ein Projektmanagementwerkzeug für produktbasierte Planung. Er ist eine hierarchisch gegliederte Darstellung all der Gegenstände, die während eines Projekts geliefert werden, oder aus Produktentwicklungssicht eine hierarchisch gegliederte Übersicht all der Dinge, die das Produkt ausmachen beziehungsweise zum Produkt gehören.

Projektstruktur oder Produktstruktur?

Der PSP ist eine Variante des aus dem klassischen Projektmanagement bekannten *Projektstrukturplans* , also einer hierarchischen Übersicht aller Aufgaben beziehungsweise Arbeitspakete, die das Projektteam erledigen muss, um sein Projektziel zu erreichen. In einem klassischen Projektstrukturplan kann diese zu erledigende Arbeit nach beteiligten Unternehmensfunktionen, nach Projektphasen oder nach Objekten gegliedert werden. Die Projektmanagementmethode *Prince2* setzt Letzteres, also die objektorientierte Planung, konsequent um. Dort wird das Projekt konsequent um die Ausbaustufen des Produkts strukturiert. Aus dem Projektstrukturplan wird eine Produktstrukturplan.

Du kannst dir den Produktstrukturplan für unsere Zwecke wie eine große Mindmap oder ein Organigramm vorstellen (siehe unser Beispiel in Abbildung 2.3).

Du hast im Grunde zwei Möglichkeiten, dir so einen Plan anzufertigen. Du brauchst dazu jeweils eine große, weiße Wand und Post-its in verschiedenen Farben oder ein Whiteboard wie Miro, Mural oder Conceptboard.

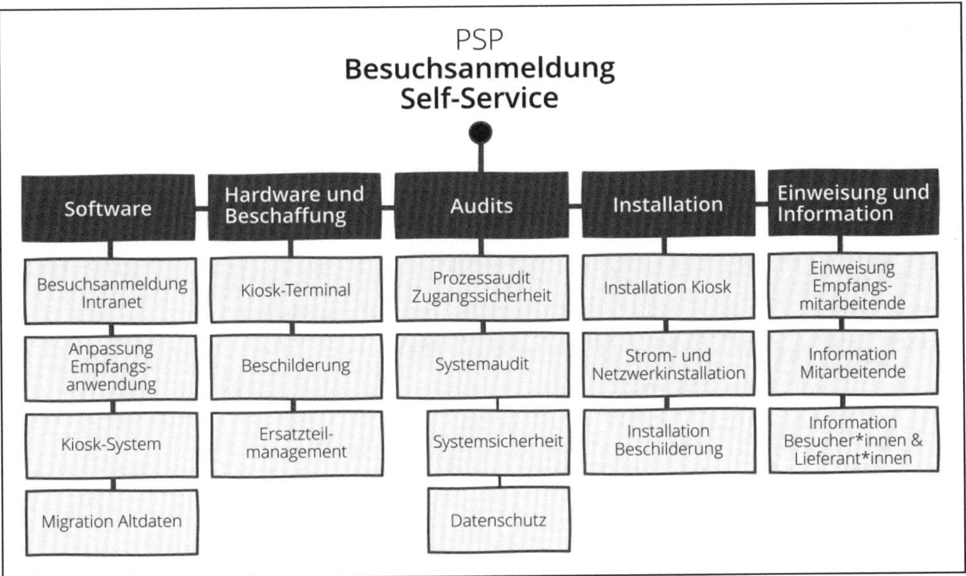

Abbildung 2.3 Der Produktstrukturplan für die Besuchsanmeldung im Intranet und das Erstellen von Besuchsausweisen

Von oben herab

Diese Herangehensweise bietet sich an, wenn du die grobe Struktur deines Produkts schon kennst oder sie sich leicht ableiten lässt.

1. Schreibe den Namen deines Produkts auf eine Karte und hänge sie oben in die Mitte deiner Wand (1. Strukturebene).
2. Fertige nun Karten für die groben Teilaspekte deines Produkts an. Das können Teilprodukte sein oder auch Schritte entlang einer Customer Journey (2. Strukturebene).

   Auf der 3. Ebene kannst du das Produkt jetzt noch weiter zerlegen.

Customer Journey

Die *Customer Journey* (dt. Kundenreise) beschreibt den Weg, den einzelne Kund*innen durchlaufen, bevor sie dein Produkt kaufen beziehungsweise in der Folge dein Produkt nutzen, also zur sogenannten *User Journey* übergehen. Sie dient dazu, besser zu verstehen, welche Entscheidungen deine Kundschaft im Kaufprozess trifft und welche Informationen diese Entscheidung optimal beeinflussen. Methodisch gibt es viele verschiedene Herangehensweisen, eine Customer Journey zu erstellen. Allen ist gemeinsam, dass sie dir helfen, die Schritte, welche die potenzielle Kundschaft macht, systematisch zu beobachten und herauszufinden, was dein Produkt an den Touchpoints (Berührungspunkten) liefern muss.

Ein altbewährtes und einfaches Modell, um die verschiedenen Abschnitte der Kontaktaufnahme mit deinem Produkt zu beschreiben, ist *AIDA* (Esch, online) für *Attention* (Aufmerksamkeit), *Interest* (Interesse), *Desire* (Wunsch) und *Action* (Handeln).

Für jeden Schritt wird dabei jeweils beantwortet:

- Was tut potenzielle Kundschaft in der jeweiligen Kontaktphase?
- An welchen Kontaktpunkten erlebt sie dein Produkt?
- Welche Informationen bekommt sie, um die Kaufentscheidung weiter voranzubringen?

Das AIDA-Modell ist über 100 Jahre alt und damit nur bedingt geeignet für digitale Produkte. Aber es liefert dir zumindest die Grundlagen für eine ausgefeilte Customer Journey.

Die Entscheidungsmomente werden auch häufig als *Moments of Truth* (dt. Momente der Wahrheit) bezeichnet: Gelingt es dir, dein Produkt im Moment of Truth so zu platzieren, dass die Person, die gerade eine Entscheidung trifft, sich für dein Produkt entscheidet?

Sammeln, Ordnen, Verdichten

Bei neuartigen Produkten erschließt sich die Produktstruktur manchmal noch nicht auf den ersten Blick, oder die Struktur scheint zwar ersichtlich, schränkt aber die Kreativität ein. Dann gehst du einfach andersherum vor:

1. Du sammelst zunächst alles, was dir/euch dazu einfällt, was ihr herstellen wollt – sei es auch noch so feingranular –, auf Karten. Das Zauberwort ist hier Fülle. Sammelt also so viele Ideen und Aspekte wie möglich, gern auch in parallelen Teams, denn Dopplungen sind ein wesentliches Merkmal von schöpferischen Prozessen.
2. Dann ordnest du die Karten in Haufen oder Clustern an. Nimm dir dafür Zeit und teste so lange verschiedene Ordnungskriterien, bis du die innere Logik deines Produkts verstehst. Das erkennst du meistens gut daran, wenn du sie einer unbeteiligten Person flüssig und überzeugend erklären kannst.
3. Jetzt verdichtest du deine Kartenhaufen: Welche Karten meinen dasselbe? Findest du für jeden Haufen eine sprechende Überschrift? So entsteht deine zweite Strukturebene. Die erste Strukturebene ist auch hier das Produkt selbst.

Bei besonders großen Produkten kann es sein, dass du noch ein bis zwei Strukturebenen mehr brauchst, bis du diese Ebene der Zerlegung erreichst. Möglicherweise bist du dann nur für einen sogenannten Stream, also ein Teilprodukt, verantwortlich. Hier hilft euch der Produktstrukturplan, die Zusammenarbeit mit mehreren Product Owner*innen zu koordinieren.

2.5.2 User Stories und Story Mapping

Digitale Produkte werden häufig mithilfe von *User Stories* entwickelt. Das sind kurze Narrative, die in einem Satz zusammenfassen, was Nutzer*innen mit der Software oder der App zu tun gedenken. Sie werden meistens anhand von Wortschablonen entwickelt:

In meiner Rolle als <...>

möchte ich tun <...>

um zu bewirken <...>

Diese kurzen Narrative haben viele Vorteile. Sie beschreiben Anforderungen konsequent aus der Sicht derjenigen Person, die die Anforderung stellt und die dein Produkt künftig einsetzen wird. Sie setzen diese Anforderung in den Kontext von Rolle und Nutzen für die Person und bieten so oftmals wichtige Hinweise für die Qualität der Anforderung. Außerdem sorgt die Vorgehensweise für eine allgemein verständliche Form der Anforderung, sodass du auch leicht abgleichen kannst, ob die Anforderung zunächst gut verstanden und zuletzt gut umgesetzt wurde. Eine ausführliche Darstellung zur Arbeit mit User Stories findest du in Kapitel 7, »Frisch sortiert ist halb gewonnen: das Refinement«.

Auf der Basis von User Stories kannst du nun ein ganz ähnliches Artefakt herstellen wie den Produktstrukturplan: die sogenannte *Story Map*, also eine Art Landkarte der Anforderungen (siehe Abbildung 2.4). Du gehst dazu genauso vor wie beim »Sammeln, Ordnen, Verdichten« oben und ordnest zusammen, was inhaltlich zusammenpasst. Die Stories bieten dafür ja schon Anknüpfungspunkte wie:

- alles, was zu einer Rolle gehört
- ähnliche Aktivitäten
- ähnlicher Nutzen

Wenn du die Stories so vorstrukturiert hast, ordnest du sie in Zeilen und Spalten an. Die Überschriften in der ersten Zeile bilden den Erzählfluss deiner Story Map ab. Du solltest sie von links nach rechts wie eine Geschichte oder zumindest einen sinnvollen Zusammenhang lesen können (siehe Abbildung 2.5).

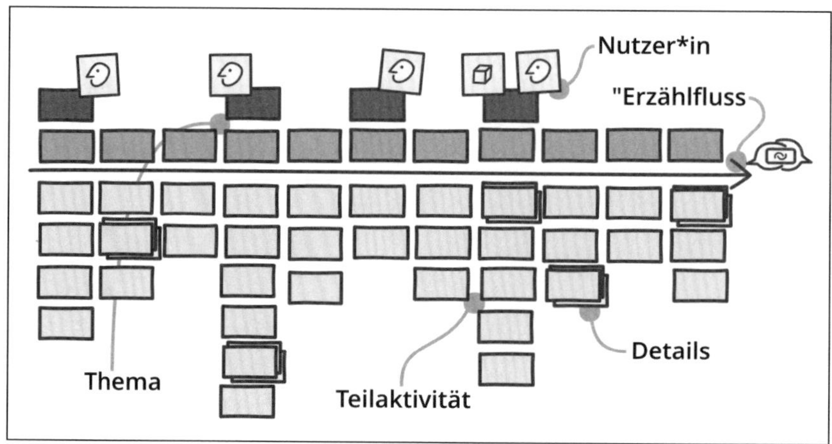

Abbildung 2.4 Die Story Map erzählt die Geschichte deines Produkts aus der Perspektive der Nutzerschaft.

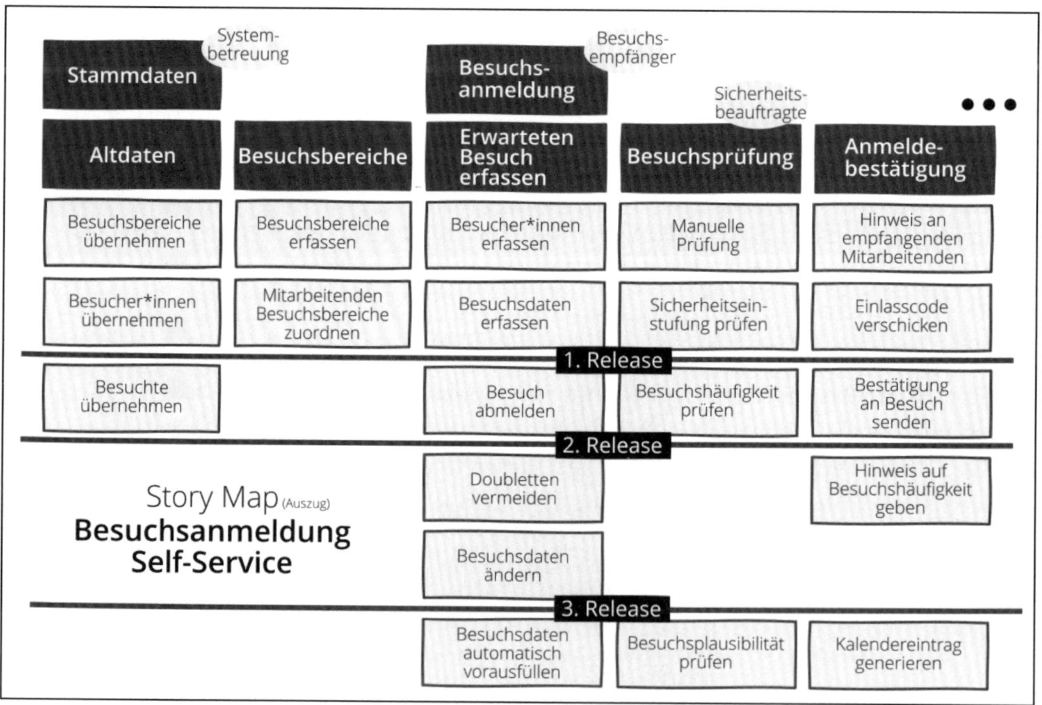

Abbildung 2.5 Bei der Release-Planung bringst du mehrere Stories in einen sinnvollen Zusammenhang, sodass auslieferbare Ausbaustufen entstehen (vgl. Abbildung 2.3).

Auf diese Art erkennst du schnell, ob noch Anwendungsfälle fehlen, beziehungsweise deckst Lücken auf, um sie entsprechend zu füllen.

Innerhalb jeder Spalte nimmst du nun eine Sortierung vor, zum Beispiel anhand der Nützlichkeit oder des Entwicklungsrisikos.

- Welche Stories sind besonders nützlich aus Perspektive der Kundschaft?
- Welche Stories bergen hohe Entwicklungsrisiken (und sollten deswegen frühzeitig umgesetzt werden)?

Je weiter oben eine Story in der Spalte steht, umso eher willst du sie von deinem Team entwickeln lassen und von deiner Nutzerschaft Feedback dazu einholen. Wenn du deine Story Map so sortierst, kristallisieren sich schon deine ersten Releases oder Meilensteine heraus (siehe unser Beispiel in Abbildung 2.5): Welche Auswahl an User Stories bildet eine erste sinnvolle Ausbaustufe deines Produkts ab?

Tipp: Sammeln, Ordnen, Verdichten

»Sammeln, Ordnen, Verdichten« ist ein Allrounder unter den Moderationsmethoden und sehr vielseitig einsetzbar. Du kannst es immer einsetzen, wenn du das Wissen von vielen Menschen einbeziehen und gemeinsam Strukturen entdecken willst. Die Methode hat allerdings einen Fallstrick, über den unerfahrene Moderator*innen gern stolpern und der die Methode zäh und langwierig macht. Davor will ich dich mit diesem Tipp bewahren.

Es ist keine gute Idee, alle Beteiligten einzeln sammeln zu lassen und dann jede Person einzeln nach vorne treten zu lassen und ihre Karten einzeln vorzulesen. Gestalte das Ordnen lieber bewusst chaotisch, das heißt, wenn die Gruppengröße es zulässt, treten alle gleichzeitig nach vorn und sortieren gemeinsam. Ist die Gruppe zu groß dafür, bittest du einen Teil der Gruppe, die Vorsortierung zu übernehmen, und überprüfst die Cluster dann nur noch im Plenum.

2.5.3 Der Product Pitch

Gratuliere, mit Produktstrukturplan oder Story Map bist du an einem Punkt angekommen, an dem du dir eine gute Übersicht über die Funktionalität deines Produkts erarbeitet hast. Du hast das Produkt in seiner Breite erforscht und herausgefunden, welche Aspekte du bedienen willst und wie sie zusammenhängen.

Ein guter Abschluss dieser Arbeit ist, zu versuchen, jetzt für die Außenkommunikation zusammenzufassen, worum es dir geht. Dafür eignet sich der *Product Pitch*, eine Wortschablone, die dir hilft, wesentliche Elemente deines Produkts in zwei Sätzen zusammenzustellen (Highsmith, 2004):

Für alle (Zielgruppe),

die (Bedarfe, Wünsche, Probleme des Kunden),

ist (das Produkt/das Vorhaben)

ein (Art des Produkts/des Vorhabens, Produktkategorie),

das (Nutzenversprechen, überzeugendes Kaufargument).

Im Gegensatz zu (anderen/bisherigen Produkten oder Angeboten)

bietet (das Produkt/das Vorhaben) (Alleinstellungsmerkmal).

Angewendet auf das E-Bike-Systems aus Abbildung 2.1), liest sich das so:

Für alle Mitarbeiter*innen,

die regelmäßig zwischen unseren Standorten pendeln,

ist das Firmen-E-Bike

eine Mobilitätslösung,

die das schnelle, unkomplizierte und umweltfreundliche Pendeln ermöglicht.

Im Gegensatz zum eigenen Pkw oder dem ÖPNV

bietet das E-Bike Kosten- und Zeitersparnis und sorgt gleichzeitig für ausreichend Bewegung während des Arbeitstags.

2.6 Der Return muss stimmen: Nutzen und wirtschaftliche Anreize

Jede Produktentwicklung basiert auf Annahmen. Irgendjemand vermutet, dass es einen bestimmten Markt für das Produkt gibt oder dass sich so ein Markt schaffen lässt. Das gilt für Produkte, die direkt Geld einbringen sollen, genauso wie für Angebote, die Dienstleistungen oder interne Prozesse vereinfachen oder verschlanken sollen:

- Werden wir ausreichend Geld und Zeit bekommen, um unser Produkt nachhaltig zu entwickeln?
- Kriegen wir unser Investment wieder rein?
- Werden ausreichend Menschen unser Produkt nutzen, um wirklich eine Kosten- oder Zeitersparnis zu erreichen?
- Bewirken wir einen Zweck, der so gut ist, dass wir ausreichend Drittmittel, beispielsweise Spenden, bekommen?

Nur dann nämlich wird dein Produktteam mittel- und langfristig existieren, und nur dann werdet ihr die Gelegenheit bekommen, aus einer Produktidee auch wirklich ein funktionierendes Produkt zu machen. Und als Product Owner*in bist du dafür verantwortlich, diese Fragen von Anfang an und immer wieder zufriedenstellend zu beantworten: Du sorgst mit all deinen kleinen und großen Entscheidungen dafür, dass euer Produkt Wert stiftet.

Neben deiner Vision und den Bedürfnissen der Zielgruppe brauchst du deswegen auch einen Überblick über die wirtschaftlichen Anreize, die dein Unternehmen veranlassen, euer Produkt zu entwickeln. Dazu musst du deine Vision in einen geeigneten Satz von Indikatoren übersetzen, die dir Auskunft darüber geben, ob ihr das Richtige entwickelt und wie effizient ihr das tut. Im Idealfall verbindest du dazu qualitative Ziele mit konkreten und messbaren Ergebnisdimensionen, etwa in Form von *Objectives* und *Key Results*, abgekürzt auch *OKR* (siehe dazu auch Abschnitt 17.2, »Vom ersten Scrum Team zum agilen Unternehmen«).

So kannst du die Annahmen, die ihr implizit oder explizit in eure Produktentwicklung einfließen lasst, überprüfen und empirisch herausfinden, welche Wege es sich lohnt zu verfolgen und welche Pfade du eher verlassen solltest (siehe Kapitel 5, »Product Discovery: Raten oder Daten?«). Die zentrale Frage hierbei lautet immer: Wie kannst du feststellen, ob es sich lohnt, dein Produkt herzustellen?

Für eine Übersicht kannst du die folgenden Schritte unternehmen:

1. Sichte, was schon da ist, und nimm Kontakt zu den verschiedenen Datenlieferant*innen in deinem Unternehmen auf. Ob Buchhaltung, Controlling, Risikomanagement oder Vertrieb, sie werden alle mehr oder weniger standardisiert Daten erheben und mit dir teilen können.
2. Viele Unternehmen haben heute auch eigene Datenanalyseteams, die dir eine Vielzahl von Informationen bereitstellen können. Lerne von ihnen und verschaffe dir Zugang zu ihrem Business-Intelligence-System – entweder direkt oder indirekt über eine kompetente Ansprechperson.
3. Zerlege deine Vision in Ziele und fang an, diese systematisch in OKRs oder anderweitig überprüfbare Hypothesen zu übersetzen.
4. Mach deine Indikatoren für dein Team und euer Umfeld sichtbar und erkläre bei jeder Gelegenheit, welche Daten du wie verwendest und wie sie deine Entscheidungen leiten.

Wenn du tiefer einsteigen willst, findest du eine ausführliche Darstellung in Kapitel 5, »Product Discovery: Raten oder Daten?«.

2.7 Unwägbarkeiten und Risiken konstruktiv wenden

Jetzt hast du deine Produktvisionstafel erarbeitet und dich vermutlich ausführlich mit der Zielgruppe, der Produktfunktionalität und der Wirtschaftlichkeit deines Produkts beschäftigt. Die Ergebnisse liegen in Papierform oder digital vor dir, und für einen kurzen Moment fühlt es sich vielleicht so an, als sei die Welt planbar. Du weißt, was du (entwickeln) willst, du weißt, für wen, du hast eine Idee, wie, und die Zahlen hast du (auf dem Papier) auch schon im Griff.

Im Agilen Manifest heißt es aber nicht ohne Grund: »Reaktion auf Veränderung ist wichtiger als das Befolgen eines Plans« – viele deiner Überlegungen fußen erst mal auf Annahmen, die nicht zwingend Bestand haben müssen. Ganz formal sind all die Dinge, die (noch) nicht zu 100 % sicher sind, *Risiken*, und die Projektmanagementtechnik, diese zu erheben und zusammenzutragen, ist die *Risikoanalyse*. Sie ist deine entscheidende Zutat für die Erarbeitung einer soliden Vorgehensstrategie, wie wir sie dir im folgenden Kapitel vorstellen werden.

Was ist ein Risiko?

Mit Risiko meinen wir alle Fragen und Ereignisse, die sich aus der Unvorhersehbarkeit der Zukunft ableiten. Im Allgemeinen sind sie mit der Gefahr einer negativen Entwicklung oder eines finanziellen Verlusts verbunden. Sie sind mögliche Ereignisse, du kannst mit ihnen rechnen und Eintrittswahrscheinlichkeiten angeben, aber sie müssen nicht eintreten. Damit unterscheiden sie sich von Problemen, also gegebenen Schwierigkeiten, die sicher früher oder später eintreten werden.

Es ist ein Risiko, dass Teammitglieder für ein anderes Projekt abgezogen werden *könnten* und euch ihr Know-how dann fehlen würde. Es ist ein Problem, das Teammitglieder *immer* in mehreren Projekten gleichzeitig eingesetzt werden und daher dem Team nicht verlässlich mit ihrem Know-how und ihrer Arbeitskraft zur Verfügung stehen.

2.7.1 Risiken erheben

Der erste Schritt der Risikoanalyse besteht darin, Risiken zu sammeln. Triff dich dazu mit deinem Team oder sogar noch im größeren Kreis zu einem kleinen Workshop. Die Vielfalt der Perspektiven macht es leichter, einen breiten Überblick zu bekommen, und sorgt gleichzeitig dafür, dass alle Beteiligten einen Eindruck von den existierenden Risiken bekommen.

Wir sind es häufig nicht gewohnt, in Risiken zu denken und sie zu benennen. Du erkennst dies, wenn du dich beispielsweise mit deinem Team unterhältst und Sätze hörst wie: »Das müssen wir uns noch angucken, aber das kriegen wir schon hin.« Natürlich ist es die Aufgabe deines Teams, die Dinge hinzukriegen, und das werden sie bestimmt auch. In der Aussage steckt aber auch drin, dass ihnen noch Informationen fehlen für eine endgültige Bewertung. Das ist okay und normal, ist aber ein Risiko. Manchmal wird es nach dem Angucken leichter, manchmal schwieriger. So oder so gehört der Punkt auf eure Risikoliste.

Um es allen leichter zu machen, Risiken zu benennen, nutze die folgende Eröffnungsformel zu eurem Workshop, die wir angelehnt an DeMarco & Lister, 2003 formuliert haben:

»Wir sind zusammen eine Gruppe mit enormer Expertise, und die Wahrscheinlichkeit, dass wir scheitern, ist extrem gering. Aber wenn wir uns vorstellen, das Projekt ist abgeschlossen und wir wären doch gescheitert, wir hätten am Ende noch richtig Probleme bekommen: Welche Dinge wären dann wohl aus dem Ruder gelaufen, hätten doch nicht funktioniert oder wären einfach aufwändiger geworden als gedacht?

Lasst uns jetzt einmal diese Dinge sammeln, unabhängig davon, für wie wahrscheinlich oder unwahrscheinlich wir sie im Augenblick halten. Die unwahrscheinlichen werden wir dann auch schnell wieder zur Seite packen können. Und für die anderen haben wir jetzt noch genügend Zeit, um uns rechtzeitig und in Ruhe um sie zu kümmern.«

Verteile dann Karten oder Post-its und bitte alle darum, alles aufzuschreiben, wozu sie noch Fragen haben oder was schiefgehen könnte. Gerade zum Beginn eurer Arbeit werden das naturgemäß eher grobe Punkte sein. Ihr könnt diese im Laufe der Zeit immer noch weiter verfeinern.

Tipp: Rote Karte für Unklarheiten

Im Laufe der Zeit solltet ihr im Team einen Reflex dafür entwickeln, dass ihr, wann immer ihr über Punkte stolpert, die noch unklar sind, bei denen ihr »noch mal schauen müsst« oder denkt, »das müsste funktionieren«, eine rote Karte schreibt und sie in eure Risikoliste aufnehmt.

In der Produktentwicklung gibt es immer noch vieles, was unklar ist, bis ihr es ausprobiert habt. Eine größere Risikoliste ist keine Schande, sondern ein wertvoller Input für eure Planung. Sei daher immer bereit, diese Punkte festzuhalten, um sie bei deiner Planung zu berücksichtigen.

2.7.2 Risiken bewerten

Sobald euch erst mal keine weiteren Risiken einfallen, beginnt ihr, die Risiken grob zu bewerten. Am einfachsten malst du dazu zwei Achsen auf, in die ihr alle gefundenen Risiken einordnet (siehe Abbildung 2.6):

- x-Achse: Wie hoch schätzt ihr die Eintrittswahrscheinlichkeit ein (von »sehr unwahrscheinlich« bis »nahezu sicher«)?
- y-Achse: Wie hoch schätzt ihr den Schaden ein, der für euch oder eure Kundschaft dabei entstehen könnte (von »kriegen wir kaum mit« bis »dann müssten wir aufhören«)?

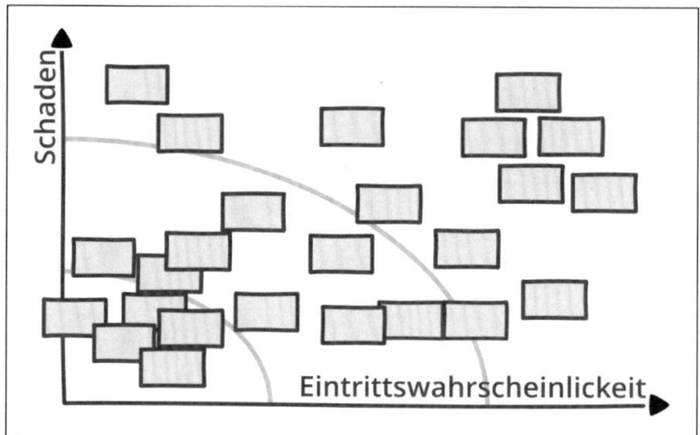

Abbildung 2.6 Risikobewertung nach Eintrittswahrscheinlichkeit und Schadenshöhe

Sucht euch am besten zum Start ein Risiko aus, das eine sehr geringe Eintrittswahrscheinlichkeit hat und auch nur einen geringen Schaden verursachen würde. Ihr solltet davon relativ viele gefunden haben. Sucht außerdem ein Risiko am anderen Extrem, ein relativ wahrscheinliches und mit erheblichen Auswirkungen. Von dieser Art Risiko sollte ihr nur wenige, aber dennoch einige haben. Mit diesen Risiken als Ankerpunkte sortiert ihr die restlichen Risiken dazu.

Nachdem ihr alle Risiken einsortiert habt, solltest du einmal kurz kontrollieren, wie sich die Risiken verteilen. In Abbildung 2.7 findest du entsprechende beispielhafte Verteilungen.

Im linken Beispiel (siehe Abbildung 2.6) gibt es sehr viele hohe Risken (hohe Eintrittswahrscheinlichkeit und hohe Schadensauswirkungen). Das ist ein Warnzeichen! Prüfe gemeinsam mit deinem Team, ob

- ihr euch tatsächlich zu viel zumutet,
- das Team die niedrigeren Risiken nicht so wichtig findet und sie deshalb nicht aufgeschrieben hat (wenn sie es täten, würde das Bild balancierter aussehen),
- dein Team Angst hat, dass es mit den zu erwartenden Problemen allein gelassen wird und daher schon mal präventiv nach Hilfe ruft, indem es die Risiken größer macht, als sie vielleicht sind.

Achte dabei darauf, die Risiken nicht wegzudiskutieren. Es geht darum, dass ihr gemeinsam ein möglichst realistisches Bild davon bekommt, worauf ihr euch einlasst.

Sieht eure Verteilung eher aus wie im rechten Bild, solltest du dir auch Gedanken machen:

- Traut ihr euch nicht, die großen Risiken anzusprechen?
- Oder gibt es tatsächlich keine großen Risiken? Dann stellt sich ein wenig die Frage, ob eure Unternehmung eigentlich den Aufwand wert ist.

Wenn euer Produkt einen echten Mehrwert zu existierenden Lösungen liefern soll, wird es irgendeine Art von Neuartigkeit aufweisen müssen. Und genau darin sollte normalerweise auch euer größtes Risiko liegen – in dem, was es bisher noch nicht gab, aber euer Produkt auszeichnet. Daher sollte eure Risikoverteilung dem Bild in der Mitte ähneln. Ein paar hohe Risiken, die sich aus dem ableiten, was euer Produkt neuartig und wertig macht, gepaart mit den durchschnittlichen und kleinen Risiken und Schwierigkeiten, die eine Entwicklung so mit sich bringen.

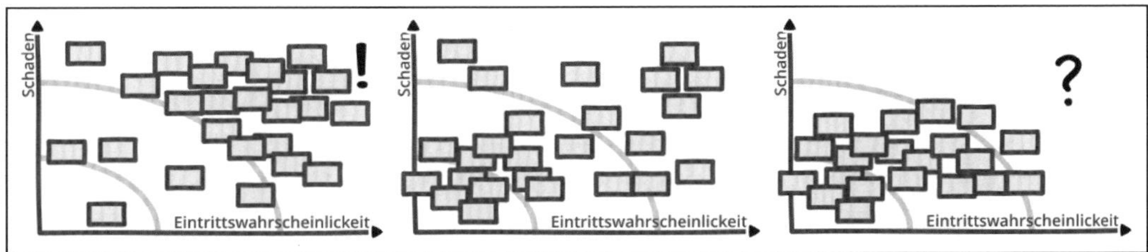

Abbildung 2.7 Risikoverteilungen mit einem Überhang schwerwiegender Risiken (links), einer ausgeglichenen Verteilung (Mitte) sowie ausschließlich geringen und mittleren Risiken (rechts)

Im Mehrwert deines Produkts steckt das größte Risiko

Es mag dir und deinen Stakeholder*innen erst mal nicht richtig vorkommen, dass ausgerechnet in dem Mehrwert, den ihr erreichen wollt, das größte Risiko stecken soll. Sollte der nicht sicher sein, und sollten die Probleme woanders liegen?

Es ist aber recht logisch: Der Mehrwert eines neuen Produkts besteht darin, dass es etwas leistet, das bisher nicht realisiert werden konnte. Wenn ihr es schafft, werdet ihr die ersten sein, die es geschafft haben! Aber dafür müsst ihr auch die Probleme aus dem Weg schaffen, die bisher dafür gesorgt haben, dass es die Lösung noch nicht fertig zu kaufen gab.

Die Risikoanalyse soll dir und deinem Team dabei helfen, die Risiken so gut zu verstehen, dass ihr gerechtfertigerweise das Vertrauen haben könnt, sie zu bewältigen und erfolgreich zu sein.

2.7.3 Mit Risiken umgehen

In traditionalem Projektmanagement werden Risiken im Grunde als Störungen gesehen. Du würdest jetzt deine Liste durchgehen und schauen, welche Maßnahmen du aufsetzen könntest, um die Risiken wieder loszuwerden. Das ist erfahrungsgemäß aber für viele der Risiken schwierig, häufig sind die Risiken dafür erst mal noch zu diffus.

Agil vorzugehen, heißt, mit den Risiken zu arbeiten, sie als das Salz in der Suppe zu sehen, das euer Vorhaben erst zum Leben erweckt. Agiles Arbeiten ist im Kern eine Risikomanagementstrategie, in der ihr kontinuierlich und systematisch daran arbeitet, Wissen über Risiken aufzubauen, sie zu bewältigen und möglichst Wettbewerbsvorteile daraus zu ziehen.

In Abschnitt 3.1, »Meilensteine, Iterationen und das Produkt-Ziel«, findest du erläutert, wie du aus deiner Risikoliste eine Vorgehensstrategie für dein Produkt entwickelst. Das Ziel dabei ist, möglichst bei den größten Risiken anzufangen und zu schauen, was es dort zu lernen gibt. Im besten Fall findet ihr im Team einen guten Weg, mit ihnen umzugehen, und arbeitet euch von dort weiter voran. Im zweitbesten Fall scheitert ihr an ihnen, und zwar so frühzeitig, dass es nicht zu sehr wehtut, eure Verluste überschaubar sind und ihr eventuell noch genügend Zeit und Ressourcen habt, um einen neuen anderen Ansatz auszuprobieren.

!

Alibi-Risiken

Wenn ich als Coach zu einem Projekt neu hinzustoße, frage ich mit als Erstes nach der Risikoliste. Mittlerweile gibt es fast immer eine, nur ist diese in der Regel sehr kurz und meist auch gnadenlos veraltet. Auf ihr findet sich ein Satz von Risiken, die größtenteils meist eher Probleme als Risiken waren und um die sich nach Projektstart dann auch nie wieder jemand zu richtig gekümmert hat. Diese Alibi-Risiken werden meist zum Projektstart einmal aufgeschrieben, um die Vorgaben für die Projektfreigabe zu erfüllen, aber danach verschwinden sie in der Versenkung.

Im agilen Vorgehen steht die Arbeit an den Risiken im Zentrum. Sorge dafür, dass du deine Risikoliste mit jedem Sprint wieder auf den neuesten Stand bringst und die Punkte wie in Kapitel 3, »Das Fundament: Projektmanagement«, beschrieben mit in die Planung einfließen lässt.

2.8 Rechtliche Rahmenbedingungen einbeziehen

In vielen Bereichen gelten gesetzliche Vorgaben oder technische Normen, die du bei der Produktentwicklung berücksichtigen musst. Selbst wenn dein Produkt davon auf den ersten Blick nicht betroffen ist, wirst du vermutlich mindestens die Datenschutzgrundverordnung (DSGVO) beachten müssen. Selbst bei internen Produkten, also solchen, die nur innerhalb deines Unternehmens eingesetzt werden, hat vermutlich der Betriebs- oder Personalrat ein berechtigtes Mitspracherecht.

Digitale Gesundheitsanwendungen illustrieren das besonders gut, weil sie viele rechtliche Rahmenbedingungen erfüllen müssen (Kruspig, 2019):

- Gesundheitsdaten gelten als hochsensibel und müssen entsprechend besonders geschützt werden. Die DSGVO ist hier besonders streng und sieht weitreichende Schutz- und Transparenzpflichten vor.
- Wenn die Anwendung eigenständig einen diagnostischen oder therapeutischen Zweck erbringt, kann es sein, dass sie unter die gesundheitsrechtliche Regulierung fällt. Hier müssen unter anderem das Medizinproduktegesetz, das Produkthaftungsgesetz, die Verordnung über das Errichten, Betreiben und Anwenden von Medizinprodukten (MPBetreibV), die europäische Medizinprodukteverordnung (Medical Device Regulation, EU 2017/745) und das digitale Versorgungsgesetz berücksichtigt werden.
- Hinzu kommen bei *computerimplementierten Erfindungen* Aspekte des Patent-, Lizenz- oder Urheberrechts.
- Sollte es sich zudem um einen innerbetrieblichen Einsatz handeln, können auch personalrechtliche Aspekte oder das Betriebsverfassungsgesetz eine Rolle spielen.

Verschaffe dir also rechtzeitig einen Überblick darüber, welche Vorgaben, Normen und Gesetze du bei der Produktentwicklung einhalten musst.

Die Arbeitsweise von Jurist*innen, Datenschutzbeauftragten oder Betriebsrät*innen hat meistens einen ganz anderen Schwerpunkt als die Produktentwicklung und bedient sich auch einer ganz eigenen Sprache. Missverständnisse und anspruchsvolle Kommunikationssituationen sind vorprogrammiert.

Wenn du also bei der Produktentwicklung auf deren Zuarbeit und Wohlwollen angewiesen bist, baue früh im Entwicklungsprozess eine gute Beziehung auf und pflege diese aufmerksam. Stimme dich mit den Kolleg*innen zu Fragen wie diesen ab:

- Welche Vorgaben sind heute schon bekannt?
- Wo kannst du die entsprechenden Regeln und Gesetze nachlesen?

- Zu welchen Zeitpunkten sind Überprüfungen sinnvoll oder gesetzlich vorgeschrieben?
- Reicht es, wenn deine Ansprechpartner*innen regelmäßig am Review teilnehmen, oder brauchen sie gesonderte Termine für Audits?
- Welche Aspekte deines Produkts sind gegebenenfalls sogar genehmigungspflichtig (etwa durch den TÜV, das BaFin, das Bundesinstitut für Arzneimittel und Medizinprodukte)?
- Was musst du bei der Produkthaftung berücksichtigen?

Das agile Vorgehen mag für die Kolleg*innen aus diesen eher *Governance*-orientierten Bereichen ungewohnt sein. Hier hat es sich bewährt, dass du die geplante Vorgehensweise zu Beginn der Zusammenarbeit erläuterst und die gegenseitigen Erwartungen geklärt werden.

2.9 Die Abhängigkeiten ermitteln

Zum Überblick gehören nicht nur die Dinge an sich, sondern auch ihre Beziehungen zueinander. Gerade in komplexen Systemen musst du davon ausgehen, dass alles irgendwie zusammenhängt. Das heißt, Veränderungen an einer Stelle können sich unerwartet an anderen Stellen auswirken und andersherum. Manchmal sind Veränderungen an der Stelle, an der du gerade arbeitest, auch nicht möglich, solange sich an anderer Stelle nichts verändert. Das nennt man, lax gesagt, systemisch.

Deswegen kann es sinnvoll sein, dass du dein Augenmerk auch auf die Zusammenhänge in deinem Kontext legst. Dazu kannst du eines der Visualisierungswerkzeuge wählen, die wir dir hier kurz vorstellen.

2.9.1 Das Rich Picture

Rich Pictures sind visuelle Darstellungen einer Situation. Sie gehören zur sogenannten *Soft-Systems-Methode* nach Peter Checkland (Martin, 2000b) und dienen dazu, unklare und/oder vielschichtige Situationen visuell darzustellen und Elemente des Systems, wie Akteur*innen, Prozess, Strukturen, zu identifizieren (siehe Abbildung 2.8). Damit sind sie perfekt geeignet, um dir auch visuell eine Übersicht zu erstellen.

1. Dazu nimmst du dir ein großes Blatt Papier (mindestens A3, besser noch Flipchart-Größe in quer) und zeichnest erst mal unstrukturiert alle Aspekte des Systems, die dir auffallen. Verwende einfach Strichfiguren, Symbole oder Icons, es kommt hier nicht auf künstlerische Fähigkeiten an, denn diese Zeichnung ist nur für dich.

2. Dann untersuchst du das Bild auf unterschiedliche Kategorien wie
   - Strukturen,
   - Prozesse oder Zustandsänderungen,
   - Verbindungen zwischen Strukturen und Prozessen,
   - Daten und Fakten,
   - soziale Rollen.
3. Zur weiteren Auswertung kannst du dir diese Fragen stellen:
   - Welche Verbindungen und Zusammenhänge entdeckst du?
   - Wo bist du in diesem Bild sichtbar? Zeichne dich gern ein, falls du nicht auftauchst. Beobachtest du eher, oder bist du aktiv in deiner Darstellung?
   - Welche Stimmung löst das Bild in dir aus?
4. Ergänze das Bild um knappe Kommentare, die deine Auswertung widerspiegeln.
5. Gib dem Bild schließlich einen Titel.

Du wirst sehen, dass sich insbesondere unübersichtliche Situationen durch die Darstellung in einem Rich Picture lichten und du vermutlich auf die eine oder andere Idee zur Weiterarbeit kommst. Das Rich Picture bildet ab, wie du die Situation erfasst und was sie für dich bedeutet. Wenn du es anderen zeigen willst, sollte das immer im Rahmen eines Gesprächs stattfinden, in dem du deine Gedanken und Erkenntnisse erläuterst.

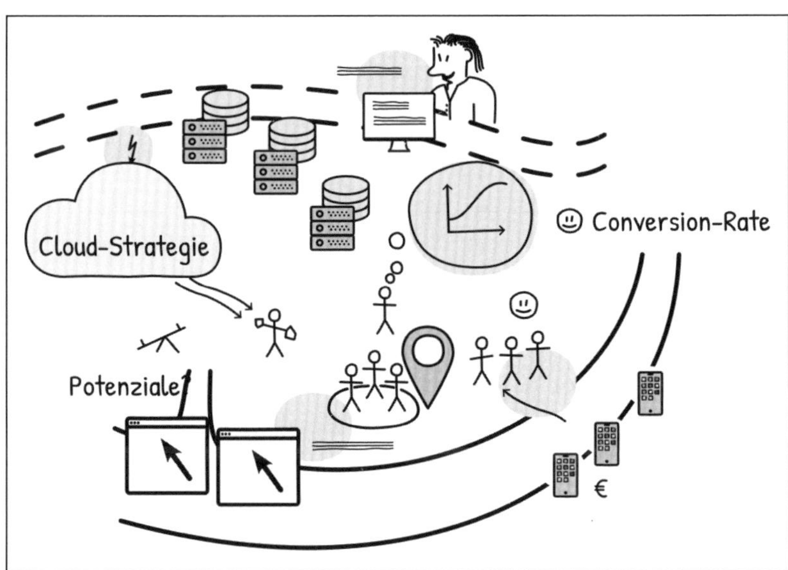

Abbildung 2.8 Ein Rich Picture hilft dir, deine Wahrnehmung einer komplexen Situation zu Papier zu bringen und zentrale Aspekte zu erkennen (eigene Darstellung nach Martin, 2000b).

2.9.2 Der Fisch und seine Gräten

Das *Fischgrät-Diagramm* (nach Kaoru Ishikawa auch Ishikawa-Diagramm genannt) kannst du einsetzen, wenn du in deiner Recherche zur Übersicht komplexere Probleme identifiziert hast und nach deren Ursachen suchen willst (Martin, 2000a).

1. Lege dir auch hier ein großes Blatt Papier zurecht und übertrage die Zeichnung aus Abbildung 2.9. Beschrifte den Kopf des Fischs, indem du das Problem, um das es geht, kurz beschreibst.
2. Die Gräten stehen für mögliche Ursachen des Problems. Sammle zu jeder Gräte feinere Gräten, die Ursachen dieser Ursachen sind.
3. Wenn ihr das Diagramm in der Gruppe ausfüllt, was ratsam ist, erläutert euch gegenseitig die Bedeutung der Ursachen.
4. Nummeriert die Hauptgräten einmal durch: Welches Thema scheint euch am bedeutsamsten mit Blick auf das Problem zu sein?
5. Umrandet dann Schlüsselursachen: Was könntet ihr tun, um diese zu verändern oder zu beheben?

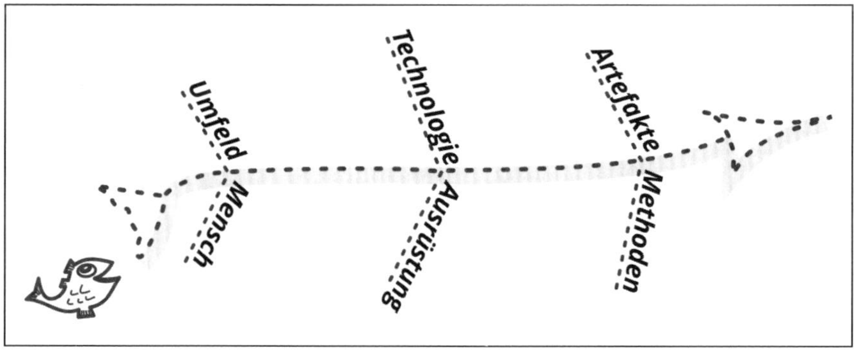

Abbildung 2.9 Mit dem Fischgrät-Diagramm kannst du Ursache-Wirkung-Zusammenhänge analysieren und Hypothesen bilden (eigene Darstellung nach Martin, 2000a).

Auch in dieser Darstellung entfaltet sich eine unübersichtliche Situation, und es wird deutlicher, was zusammenwirkt oder sich wechselseitig beeinflusst. Gerade wenn du viele konkurrierende Themen als Ursache vermutest, ist es hilfreich, das in Form eines Fischgrät-Diagramms sichtbar zu machen und dann priorisiert an die Lösung zu gehen.

Tipp: Ein Experiment nach dem anderen

Ein empirisches Vorgehen lebt von Experimenten, also dem systematischen Testen von Hypothesen. Wichtig ist, dass du dir einmal klarmachst, dass eine Produktentwicklung ein komplexes System darstellt mit vielen Elementen, die sich gegenseitig beeinflussen. Wenn du dich dem empirisch näherst, darfst du nur ein Experiment gleichzeitig machen. Sonst kannst du nicht feststellen, was hier eigentlich geholfen hat, und dein Lernerfolg ist null. Denn auch wenn die Situation sich verbessert, kannst du nicht sagen, woran es gelegen hat, und damit ist es nicht wiederholbar.

2.9.3 Vernetztes Denken

Auch ein *Vernetzungsdiagramm* (nach Mayrshofer und Kröger, 2001) kann hilfreich sein, um Zusammenhänge zu verstehen. Hierbei handelt es sich ebenfalls um eine visuelle Darstellung einer Situation. Der Fokus dieser Darstellung liegt aber im Gegensatz zum Rich Picture auf den Verbindungen der Aspekte untereinander (siehe unser Beispiel in Abbildung 2.8). Du kannst es also gut einsetzen, wenn du ein Beziehungsgeflecht oder viele Wechselwirkungen entwirren willst.

1. Lege dir wieder ein großes Blatt Papier zurecht.
2. Zunächst schreibst du alle Aspekte, die dir auffallen, auf. Achte darauf, dass du sie gut auf dem Blatt verteilst und eher Stichwörter benutzt. Du kannst auch darauf achten, verwandte Aspekte nahe beieinander zu schreiben.
3. Dann beginnst du, Pfeile zwischen den Elementen einzuzeichnen. Die Richtung des Pfeils gibt vor, welches Element hier auf das andere wirkt. Wechselwirkungen werden mit Pfeilen in beide Richtungen markiert.
4. Zum Schluss wertest du das Diagramm aus:
   - An welchen Stellen bündeln sich besonders viele Wirkungen?
   - Welcher Aspekt wirkt sich auf besonders viele Aspekte aus?
   - Welche Wirkungen bedingen einander?
   - Welche Nebenschauplätze entdeckst du?

Auch diese Darstellungsform hilft dir, dein Verständnis einer Situation zu klären, das Zusammenwirken vieler unterschiedlicher Aspekte besser zu verstehen und Ausgangspunkte für Experimente zu finden.

Tipp: Chaos ist in Ordnung

Es ist in Ordnung, wenn deine Systembilder chaotisch anmuten. Es geht hier nicht so sehr um eine ordentliche oder übersichtliche Darstellung für andere, sondern vielmehr darum, dass du dir selbst die Zusammenhänge anschaust und bewusst machst.

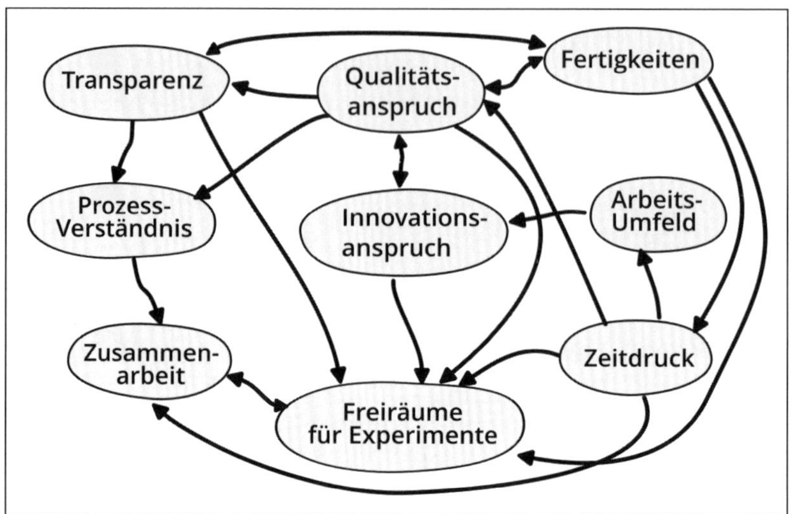

Abbildung 2.10 Ein ausgefülltes Vernetzungsdiagramm nach Mayrshofer & Kröger, 2001. Es zeigt dir, wo zentrale Verknüpfungen liegen und was Nebenschauplätze sind.

Allen diesen Darstellungen liegt die Systemtheorie zugrunde. In dieser Theorie versuchst du, Phänomene zu verstehen, indem du sie nach bestimmten Prinzipien in ihre Subsysteme zerlegst und dir die Wechselwirkungen der Systeme untereinander genauer ansiehst. So entsteht ein Modell, also eine Reduktion des Systems, mit dessen Hilfe du etwas über das Verhalten des Systems lernen kannst.

2.10 Die Kommunikation mit den Stakeholder*innen aufbauen

Als Product Owner*in bist du die Person, die für euer Produkt und euer Team alle inhaltlichen und strategischen Weichenstellungen auf den Weg bringt und verantwortet. Dabei wirst du die Interessen von verschiedenen Interessengruppen, also Stakeholder*innen, abwägen müssen. Und sei es, dass du als Gründer*in »nur« deine Kundschaft und deinen Wettbewerb im Blick haben musst. Sie alle werden dich mit Informationen versorgen, dich vor Herausforderungen stellen, Ansprüche stellen, andere Positionen vertreten, Sorgen, Wünsche und Nöte haben, gut kommunizieren, schlecht kommunizieren, gar nicht kommunizieren. Du wirst sie einladen, mitnehmen, überzeugen müssen. Dabei hilft eine gute Übersicht über dein Produkt (die hast du) und über dein Stakeholder*innen-Umfeld. Die fertigst du jetzt gleich noch an.

Und auch hier bietet es sich an, eine Darstellungsweise zu wählen, die es dir erleichtert, dein Stakeholder-Umfeld systemisch zu betrachten.

2.10.1 Wer nimmt maßgeblich Einfluss auf dein Produkt?

Die *Umfeldanalyse* dient dazu, die Einstellungen der Stakeholder*innen zu deinem Produkt sichtbar zu machen und daraus Aktivitäten abzuleiten, die es dir erleichtern, eure Stakeholder angemessen einzubeziehen (nach Mayrshofer und Kröger, 2001). Dazu gehst du wie folgt vor, allein oder noch besser im Team:

1. Legt euch ein großes Blatt Papier/eine Metaplanwand/ein Miro-Board bereit.
2. In die Mitte schreibt ihr den Namen eures Produkts und malt einen Kreis darum (siehe Abbildung 2.11).
3. Dann sammelt ihr Stakeholder*innen, also Menschen oder Gruppen von Menschen, die ein berechtigtes Interesse an der Entstehung eures Produkts haben und vermutlich versuchen (werden), eure Arbeit zu beeinflussen, sei es wohlwollend oder ablehnend.
4. Schreibt die Namen dieser Stakeholder um das Produkt herum, wie die Ziffern auf einer Uhr.
5. Dann beginnt ihr oben im Uhrzeigersinn und bewertet die Stärke des Einflusses einer jeden Person oder Gruppe von Personen. Dazu verbindet ihr den jeweiligen Namen mit dem Produktkreis in der Mitte. Die Stärke der Verbindung entspricht dem Einfluss, den ihr wahrnehmt:
   - schwacher Einfluss = gestrichelte oder gepunktete Linie
   - mäßiger Einfluss = durchgezogene Linie
   - starke Einfluss = doppelte Linie
6. In der nächsten Runde beurteilt ihr die Qualität des Einflusses. Dazu markiert ihr die Verbindungslinien mit diesen Symbolen:
   - + oder ++ = wohlwollend/unterstützend
   - - oder — = ablehnend/hinderlich
   - o = neutral
   - Blitz = konfliktgeladen
   - ? = unbekannt

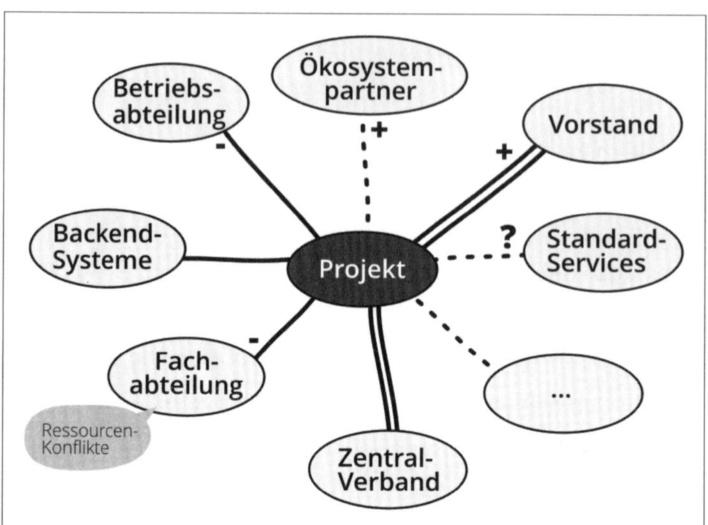

Abbildung 2.11 Beispiel für eine Umfeldanalyse nach Mayrshofer & Kröger, 2001. Sie ist eine Momentaufnahme deines Stakeholder*innen-Umfelds und dient als Grundlage für Kommunikationsmaßnahmen.

Zum Schluss schaut ihr euch das Gesamtergebnis an und leitet Handlungsbedarfe ab:

- Wer unterstützt euch im Moment schon, und wie könnt ihr diese Unterstützung nutzen oder weiter ausbauen?
- Wer agiert eher hinderlich, und wie könnt ihr diese Person geschickt einbeziehen?
- Wer muss seine Meinung ändern, damit euer Produkt erfolgreich wird? Wie könnt ihr diese Person überzeugen?
- Über wessen Einstellung zu eurem Vorhaben müsst ihr mehr lernen?
- Welche Konflikte müsst ihr lösen oder aushalten?

Diese Art der Umfeldanalyse stellt nur eine Momentaufnahme dar und keinesfalls *die* Realität. Alles, was ihr darin zusammentragt, sind Beobachtungen aus eurer aktuellen Sicht und Einschätzung. Eure Erkenntnisse sind Hypothesen, die ihr überprüfen und weiter im Blick behalten müsst.

Umfeldanalysen werden oft in kritischen Projektsituationen eingesetzt. Besprecht dann unbedingt, wie ihr – bei aller agilen Transparenz – mit der Vertraulichkeit der Informationen darin umgehen wollt. Nur so könnt ihr während der Analyse auch kritische Themen ansprechen.

2.10.2 Analysiere deine Beziehungen zu wichtigen Stakeholdern

Im Anschluss an so eine Umfeldanalyse hast du als Product Owner*in ein sehr klares Bild davon, wo im Moment der Gesprächsbedarf liegt. Zücke deinen Kalender, setze dich ans Telefon und sieh zu, dass du dich noch in der kommenden Woche mit allen relevanten Personen triffst beziehungsweise sie zu eurem nächsten Review-Termin einlädst.

In politisch oder persönlich anspruchsvollen Situationen kannst du eine Variante der Umfeldanalyse nutzen, um dir deine eigene Agenda bewusst zu machen. Gehe dazu so ähnlich vor wie oben: Dieses Mal schreibst du deine Rolle in die Mitte eines Blatts oder Boards und kreist sie ein. Sammle dann die Personen/Personengruppen, auf die du angewiesen bist oder die dir die Arbeit schwermachen, und schreibe sie um deinen Namen herum. Jetzt wählst du zwei verschiedenfarbige Stifte, zum Beispiel Rot für Ablehnung und Blau für Zuneigung. In der ersten Runde markierst du, wie du glaubst, dass die Person deine Rolle sieht, und ziehst dafür einen Pfeil in Blau oder Rot von ihr zu deiner Rolle in der Mitte des Blatts. In der zweiten Runde markierst du, wie du die Person siehst, mit einem Pfeil von dir zu ihr (vgl. *Soziales Atom* nach Wirth und Kleve (online)).

Dann wertest du das Gesamtbild aus:

- Welche Beziehungen sind beiderseitig wohlwollend?
- Welche Beziehungen sind beiderseitig ablehnend?
- Wo gibt es Diskrepanzen?
- Wen willst du von dir überzeugen?
- Wer sollte eine Chance kriegen, dich zu überzeugen?
- Welche Beziehung ist vielleicht auch zu harmonisch?

Natürlich ist so eine Umfeldanalyse nicht in Stein gemeißelt. Sie bietet vielmehr eine Momentaufnahme der Möglichkeiten und Befindlichkeiten in eurem Stakeholder-Umfeld. Wiederhole sie regelmäßig, wenn du bemerkst, dass sich der Wind dreht oder du größere Veränderungen am Produkt aktiv angehen willst.

2.11 Experimentiere dich an den Auftrag ran

In Projektmanagementschulungen oder Führungsseminaren wird häufig Wert auf eine gute Auftragsklärung gelegt. Ein sauber geklärter Auftrag gilt als das A und O erfolgreicher Projekte oder guter Auftragsvergabe beziehungsweise Delegation. Und nicht selten sagt man in Projekten, die nicht gut laufen, der Auftrag sei nicht ausreichend geklärt, oder hört über vermeintlich schlechte Führungskräfte, dass sie keine klaren Aufträge gäben. Dann wird viel Zeit und Mühe in Termine gesteckt, um doch nur endlich diesen Auftrag klarzukriegen, im vorauseilenden Gehorsam auch gern ohne die Person, die den Auftrag eigentlich gegeben hat oder geben sollte. »Ich habe da mal ein Konzept gemacht«, heißt es dann.

Wer ein innovatives Produkt entwickeln will, kann keinen klaren Auftrag haben. Eine grobe Idee von der Richtung, in die es ungefähr gehen soll, und eine vage Vorstellung von dem, was dabei herauskommen soll, sind sinnvoll und sollten sich ja auch in deiner Vision ausdrücken. Alles andere ist verlorene Liebesmüh. Viel wichtiger als ein klarer Auftrag ist eine erste Ausbaustufe des Produkts. Eine erste minimale Umsetzung der Grundidee, sodass die Menschen, für die du das Produkt entwickelst, sie ausprobieren können und Feedback dazu geben.

Ein Extremfall: die Post-it-Haftnotizen

Das berühmteste und vielleicht auch extremste Beispiel für so eine experimentelle Entwicklung sind die Post-it-Haftnotizen, die heute fast sinnbildlich für agiles Vorgehen stehen: Der Chemiker Spencer Silver hatte in den späten 1960er-Jahren bei 3M den Auftrag, einen Superkleber zu entwickeln. Geplant war der stärkste Klebstoff überhaupt! Das Ergebnis war, wie wir alle wissen, das Gegenteil: ein Kleber, der sich immer wieder lösen lässt. Und damit konnte 3M erst mal nichts anfangen, wie Silver selbst gesagt hat: *»Damals ging es uns darum, wirkungsvollere, stärkere und kräftigere Klebstoffe zu entwickeln. Diese neue Entdeckung entsprach den Vorgaben überhaupt nicht.«* Das Projekt wurde eingestellt, die Investition in die Entwicklung abgeschrieben, aber Spencer Silver konnte das Projekt nicht loslassen und suchte weiter nach Anwendungsfällen, indem er immer wieder über seinen Kleber sprach. Ein paar Jahre später kam der Kollege Arthur Fry darauf, diesen Kleber für Lesezeichen zu verwenden. Die Idee für das Post-it war geboren. Und um sie zu testen, verteilte Arthur Fry diese neuen Notizen überall im Unternehmen. Alle waren begeistert (3M, 2017). Die Geschichte der Haftnotizen zeigt, wie vielschichtig Produktentwicklung sein kann und wie lange sie dauert. Es gibt einen Auftrag und eine Erfindung, die den Auftrag nicht erfüllt. Dann ist da jemand, der zutiefst an seine Erfindung glaubt und sie über viele Jahre immer wieder Menschen in die Hand gibt, um über Feedback herauszufinden, wozu sie dienen kann. Und schließlich gibt es einen Anwendungsfall – Lesezeichen, die immer wieder aus dem Gebetsbuch von Arthur Fry fallen –, der für viele andere Menschen genauso relevant ist und eine weitergehende Investition, etwa in Produktionsmaschinen, absolut rechtfertigt.

Bei einem innovativen Produkt werden sich Auftrag und Anwendungsfall also unterwegs deutlich weiterentwickeln – aus vielen, vielen Weichenstellungen, die du als Product Owner*in vornimmst. Darum ist es auch so wichtig, dass du immer eine gute Übersicht über alle Entwicklungen hast. So bist du in der Lage, im richtigen Moment gute Entscheidungen zu treffen und den Möglichkeitsraum auszureizen. Und wirf vermeintlich unpassende Erfindungen nicht zu früh weg.

2.12 Deine persönliche Überblicksroutine

Die Methoden aus diesem Kapitel dienen dazu, dir regelmäßig einen strukturierten Überblick über alle relevanten Informationen zu verschaffen. Das ist nützlich zu Beginn eines Projekts oder wenn du selbst neu in ein bereits laufendes Entwicklungsvorhaben einsteigst. Aber auch im Projektverlauf gibt es Zeitpunkte, an denen du innehalten solltest, um dir entweder allein oder mit dem Entwicklungsteam eine aktuelle Übersicht zu verschaffen, zum Beispiel wenn ein wichtiger Meilenstein erreicht ist, ihr ein neues Release plant oder es weitreichende Veränderungen im Markt- oder Technologieumfeld gibt. Welche der vorgestellten Werkzeuge du dabei einsetzen wirst, hängt von deinen persönlichen Vorlieben, der jeweiligen Situation und deinem Produkt ab. In jedem Fall solltest du gute Antworten auf die folgenden Fragen haben:

- Warum entwickeln wir dieses Produkt (Produktvision)?
- Welche Bedürfnisse haben unsere Anwender*innen?
- Was wollen wir alles (im nächsten Release) liefern?
- Welche innere Logik hat unser Produkt?
- Mit welchen Risiken haben wir zu tun? Worüber müssen wir mehr lernen?
- Welche rechtlichen Rahmenbedingungen gilt es zu berücksichtigen?
- Welche Abhängigkeiten gibt es?
- Welche Interessen haben unsere Stakeholder?

Mit den Antworten legst du eine solide Grundlage für eure Vorgehensstrategie. Dazu mehr im folgenden Kapitel.

Kapitel 3
Das Fundament: Projektmanagement

*Agil ist nicht gleich agil. Jedes Vorhaben hat seine Eigenheit, und deswegen brauchst du als Product Owner*in deine individuelle, passende Strategie, wie du bei der Entwicklung deines Produkts vorgehen möchtest.*

»Ich muss das noch anders in Form bringen.« Auf Ellens Schreibtisch liegt ein Bogen Flipchart-Papier mit einer riesigen Mindmap. An den Wänden kleben Post-its in allen Formen und Farben. Auf dem Monitor flimmert ein buntes Analytics-Dashboard. In Ellens Kopf ist alles klar, sie weiß genau, wie das Produkt erfolgreich sein wird. Jetzt muss sie überlegen, wie die einzelnen Aspekte zusammenhängen: Was kommt zuerst? Und was später? Wie lässt sich schnell Nutzen stiften? Und wie kann sie Risiken in den Griff kriegen? Sie braucht einen groben Plan, eine Übersicht, bevor sie sagen kann, was sie im Product Backlog nach oben zieht. Aber ist das agil? Ein Plan? Ellen kaut auf ihrem Bleistift. »Egal«, denkt sie, »ich mache das einfach.«

Ellen hat es gut erfasst: Eine zentrale Aufgabe in deiner Rolle als Product Owner besteht darin, eine gute Strategie zu entwickeln, wie du mit deinem Team vorgehen willst, welche Themen ihr früher oder später bearbeitet und in welcher Tiefe ihr sie bearbeiten wollt. Hier hilft gutes Projektmanagement weiter: Meilensteine identifizieren, Vorgehensstrategien entwerfen und frühzeitig kommunizieren. Deine *Vorgehensstrategie* muss zu deinem Produkt, den verwendeten Technologien, den Rahmenbedingungen sowie den Erfahrungen und Fähigkeiten deines Teams passen. Du ordnest dazu die Ergebnisse aus der Übersichtsphase, um sie in eine agile Planung zu übersetzen. Diese Planung sollte deine Vorgehensstrategie so klar widerspiegeln, dass es dir leichtfällt, dich mit deinem Umfeld und dem Team dazu abzustimmen und den Kurs zu setzen. Du bist dann bereit, dein wichtigstes Arbeitsmittel aufzusetzen und dein Product Backlog initial mit den ersten kleinen Entwicklungsschritten zu füllen, um deine Arbeits- und Planungshypothesen zu überprüfen.

In diesem Kapitel erfährst du, wie du aus Meilensteinen eine angemessene Vorgehensstrategie für dein Produkt ableitest, worauf es bei der Kommunikation in der Planungsphase ankommst und wie du die Besonderheiten deines Produkts bei der Planung berücksichtigen kannst.

3.1 Meilensteine, Iterationen und das Produkt-Ziel

Die Kombination aus Meilensteinen zur Definition von sinnvollen mittel- und langfristigen Planungszielen und Iterationen, um euch an diese heranzuarbeiten, hat sich aus unserer Sicht sehr bewährt. Der Scrum Guide enthält seit November 2020 mit dem neu eingeführten Konzept des *Produkt-Ziels* (engl. Product Goal) eine sehr ähnliche Idee. Wir zeigen dir, wie du diese Werkzeuge nutzt, um eine effektive Vorgehensstrategie zu entwickeln und zu kommunizieren.

3.1.1 Meilensteine

Iterationen, ja klar, aber *Meilensteine* in agilen Projekten? Meilensteine wirken auf viele Menschen wie Konzepte aus der »alten Planungswelt«. Das stimmt, denn häufig werden sie lediglich als Terminvorgaben missbraucht. Und gleichzeitig sind sie immer noch ein nützliches Konstrukt, wenn sie denn gut gemacht werden.

Ein Meilenstein ist ein wichtiger Entscheidungspunkt im Projekt (GPM, 2015). Und Entscheidungen müssen ja auch in agilen Projekten getroffen werden. Er definiert ein *inhaltliches* Ziel, an dem ihr innehaltet und prüft, wo ihr mit eurem Produkt steht und wie es weitergehen kann. Zu einem Meilenstein gehört auch ein grob geschätzter Termin. Er soll sicherstellen, dass ihr, auch wenn ihr eure Ziele nicht zu dem geplanten Zeitpunkt erreicht, ebenfalls innehaltet und schaut, was das bedeutet. Es ist nicht automatisch schlimm, wenn ihr nicht rechtzeitig ankommt. Schließlich läuft nicht immer (eigentlich sehr selten in der Projektarbeit) alles nach Fahrplan, und im Fall der Fälle könnt ihr immer entscheiden, den Meilenstein zu verschieben.

Allerdings sehen leider viele Meilensteinpläne traditionell ungefähr so aus:

1. Fachkonzepte fertig, Start der Entwicklung.
2. Halbzeit des Projekts, wir müssen mal irgendwas zeigen, damit man uns glaubt, dass wir vorankommen.
3. Jetzt sind wir fast fertig, wir sollten noch mal was zeigen und überlegen, wie wir die Einführung machen.
4. Beginn der Testphase, wir entwickeln nichts Neues mehr.
5. Roll-out und Projektabschluss.

Derartig generische Meilensteinpläne sehen auf den ersten Blick nicht verkehrt aus, und wir haben schon Projekte für einige Millionen gesehen, die auf so einer Basis freigegeben und gestartet wurden. Allerdings sagen solche Pläne gar nichts darüber aus, was das Projekt eigentlich leisten will/muss, außer irgendwann irgendwomit fertig zu werden.

Du kannst das besser – mit einem *Meilensteinplan*, der tatsächlich etwas über dein Projekt und die Herausforderungen aussagt, die du erwartest. Der Leitgedanke eines guten Meilensteinplans ist, dass er die Strategie deines Vorgehens erzählt:

- Was glaubst du: Welchen Herausforderungen werdet ihr euch bei der Entwicklung stellen müssen?
- Was wollt ihr daher tun, und in welcher Reihenfolge wollt ihr vorgehen?

In einem derartigen Meilensteinplan liegt der Fokus nicht auf den Terminen, sondern im logischen Aufbau eures Vorgehens.

Agile Meilensteine sind keine zu erfüllenden Featuresets, sondern spiegeln die zentralen zu klärenden Fragen wider. Dadurch lassen sie sich in der Regel bereits sehr früh in der Entwicklung erkennen und beschreiben.

Meilensteine sind fest

Der Kern eines Meilensteins – die zu treffenden Entscheidungen und die dazu zu klärenden Fragen – ist erst mal fest. Wenn der Meilenstein nicht in der geplanten Zeit erreicht wird, wird er verschoben. Die dafür zu realisierenden Inhalte können nach Bedarf angepasst werden.

Wenn ihr einen Meilenstein beschreibt, sollten die folgenden Elemente auftauchen:

- Eine wichtige Frage an euer Produkt – so etwas wie:
  - Will/braucht unsere Kundschaft das (Feature) so?
  - Ist unsere Lösung verständlich und nachvollziehbar für die Nutzerschaft?
  - Reicht die Performance? Müssen wir neue Geräte kaufen?
  - Wie aufwändig wird es wirklich, die Anbindung herzustellen?

  Du kannst diese Fragen aus der Risikoliste ableiten, die du in der Übersichtsphase begonnen hast (siehe dazu auch Kapitel 2, »Alles im Blick: die Produktübersicht«).
- Welche Ausbaustufe des Produkts plant ihr bis zu diesem Punkt zu entwickeln, die euch hilft, diese Frage ganz praktisch zu beantworten? Was vom Produkt wird da sein, was auch nicht, weil es nicht zwingend notwendig ist?

Zu guter Letzt versuche, einen guten, möglichst sprechenden Titel für den Meilenstein zu finden.

Aus unserem Erfahrungsschatz: Der »Einfach kopieren«-Meilenstein

Vor einigen Jahren haben wir in einem Projekt den »Einfach kopieren«-Meilenstein definiert. Der Hintergrund war, dass der Projektauftrag darin bestand, ein aufgekauftes nationales Softwareprodukt »einfach in die bestehende Systemlandschaft des Konzerns zu kopieren« und dabei

- die verwendete Programmiersprache und die Nutzeroberflächen von C# nach Java zu portieren,
- die internationale und länderübergreifende Verwendung an allen Standorten des Konzerns zu ermöglichen,
- die hauseigenen Buchhaltungs- und Verwaltungssysteme anzuschließen.

Das Team hatte als ein zentrales Risiko identifiziert, dass aufseiten des Managements kein ausreichendes Verständnis für die Komplexität und die Konsequenzen aus dem Wechsel der Programmierplattform sowie der Internationalisierung des Produkts bestand.

Den »Einfach kopieren«-Meilenstein haben wir daher grob wie folgt beschrieben:

1. Entwicklung der meistgenutzten Auftragsmaske, um Folgendes abzusichern:
   - Erreichen wir dieselbe Qualität und Geschwindigkeit bei der Eingabe wie im gekauften System – insbesondere im Hinblick auf die Keyboard-Navigation?
   - Wie verändern sich der Platzbedarf und das Layout durch die Internationalisierung im Hinblick auf zusätzlich zu erfassende Informationen und unterschiedliche Textlängen in den unterschiedlichen Sprachen?
   - Müssen gegebenenfalls an einigen Standorten größere Monitore angeschafft werden, um eine effiziente, ergonomische Bedienung zu ermöglichen?
   - Welche Konsequenzen lassen sich aus der neuen länderübergreifenden Verwendung (beispielsweise Zeitzonen, Zollregelungen) an diesem Beispiel bereits erkennen?
   - Was ergibt sich aus dem oben Gelernten für den weiteren Projektverlauf?
2. Bei der Umsetzung der Auftragsmaske fokussieren wir uns
   - auf die Oberflächen und den Eingabe-Flow, es erfolgt keine echte Verarbeitung der Daten im Backend,
   - auf ausgewählte Fehlerfälle bei der Eingabe, um die Anzeige von Fehlern und die Navigation zur Korrektur zu testen, nicht auf eine Abdeckung aller möglichen Konstellationen,
   - auf zwei bis drei ausgewählte Sprachen, nicht auf alle umzusetzenden.

Wenn du dir die Beschreibung des Meilensteins hier im Beispiel anschaust, fällt dir vielleicht auf, dass er positiv formuliert ist. Er stellt dar, was wir planen zu tun, um Erkenntnisse zu generieren und Risiken abzusichern (ohne dass wir die Risiken als solche benannt hätten). Du signalisierst auf diese Art deinen Stakeholder*innen, dass euch klar ist, wo es Probleme geben könnte (und eure Stakeholder*innen wissen es jetzt auch), aber dass ihr die Dinge im Griff habt und einen Plan, wie ihr damit umgehen wollt. Das ist enorm vertrauensbildend.

3.1.2 Sprints (Iterationen)

Sprints (beziehungsweise *Iterationen* in der agilen Begriffswelt außerhalb von Scrum) gehören zu den zentralen Konzepten der agilen Entwicklungsarbeit. Sprints teilen eure Arbeit in Zeitabschnitte fester Länge auf, die immer nach dem gleichen Muster strukturiert sind (siehe Abbildung 3.1).

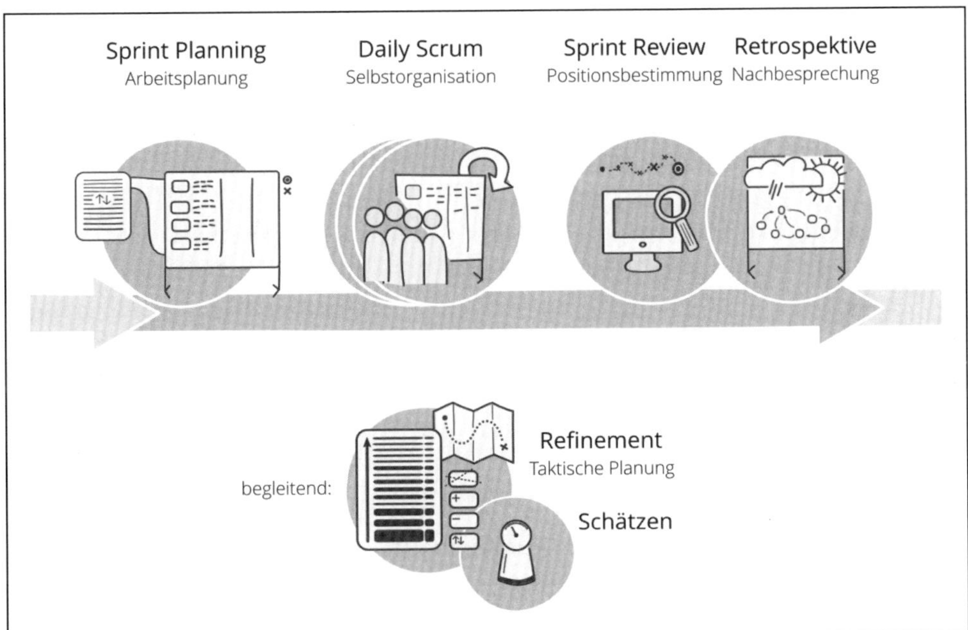

Abbildung 3.1 Die typische Struktur eines Sprints

Zum Start eines Sprints fokussiert ihr euch als Team auf ein (Zwischen-)Ziel, das ihr realistisch mit dem nächsten Sprint erreichen könnt. Das Entwicklungsteam prüft und plant dann gemeinsam, was dazu an Arbeit zu erledigen ist. Während des Sprints organisiert das Entwicklungsteam selbstständig, wie es die Arbeit erledigt. Du kannst dich in der Zeit auf die Vorbereitung des nächsten Sprints konzentrieren. Für Rückfragen oder falls das Team deine Hilfe bei Entscheidungen braucht, solltest du aber stets greifbar sein. Am Ende des Sprints hältst du mit dem Team und ausgewählten Stakeholder*innen kurz inne, ihr schaut euch den erreichten Ausbaustand eures Produkts an und prüft, wie es inhaltlich weitergehen soll.

Wenn ihr am Ende eines Sprints das gesetzte inhaltliche Ziel nicht ganz erreicht habt, prüft ihr, was das bedeutet, und plant die Inhalte um. Umplanen kann bedeuten, dass ihr die fehlende Funktionalität erst mal parkt und mit anderen Sachen weitermacht oder dass ihr direkt in der nächsten Iteration versucht, die Aufgaben abzuschließen. Mehr dazu findest du in Kapitel 12, »Kurs anpassen: das Review«.

Die Länge eines Sprints sollte zwischen zwei und vier Wochen liegen. Tatsächlich haben sich in der Praxis drei Wochen sehr bewährt. Drei Wochen sind ein Zeitraum, in dem das Team genügend Zeit hat, in Ruhe zu arbeiten und auch größere Aufgaben zu bewältigen. Gleichzeitig ist der Zeitraum noch so kurz, dass er überschaubar ist und ihr »einfach machen« könnt, ohne euch zu verlaufen.

Das Iterationsraster

Bei Iterationen ist die Zeitdauer fest. Dadurch entsteht ein Iterationsraster aus immer gleich ablaufenden Intervallen fester Länge. Das Raster erfüllt zwei Funktionen:

- Ihr werdet gezwungen, euch die Arbeit in kleine, überschaubare Schritte aufzuteilen, die in das Raster passen. Das sorgt für Fokussierung und erleichtert die Planung.
- Das Iterationsraster ist auch ein Prüfraster, um Probleme frühzeitig zu erkennen und ein realistisches Bild von eurer Geschwindigkeit zu entwickeln.

Wenn am Ende einer Iteration Inhalte nicht (fertig) umgesetzt werden konnten, wird geprüft, wann und gegebenenfalls ob diese noch ungesetzt werden.

3.1.3 Meilensteine und Iterationen kombinieren

Das klingt erst mal alles sehr ähnlich zu Meilensteinen, nur schlanker und agiler. Weshalb solltest du trotzdem beide Werkzeuge verwenden? Ein Meilenstein beschreibt ein größeres Ziel, auf das ihr als Team hinarbeitet und das von strategischer Bedeutung ist. Sie sind die Leuchtfeuer, zu denen ihr mithilfe einer Reihe von Iterationen navigiert. Mit jeder Iteration prüft ihr, ob ihr noch auf Kurs seid, wie gut ihr vorankommt, und könnt gegebenenfalls nachsteuern (siehe Abbildung 3.2).

Auf dem Weg zu einem Meilenstein liegt also eine Reihe von Iterationen, in denen ihr euch um das Thema des Meilensteins kümmert. Durch die Einbindung von Stakeholder*innen in die Reviews ist bereits unterwegs klar, wie es um den Meilenstein bestellt ist, und die notwendigen Entscheidungen können in Ruhe vorbereitet werden.

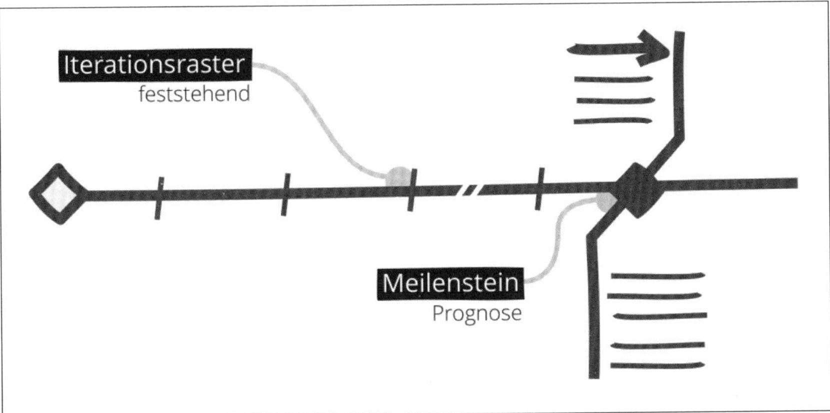

Abbildung 3.2 Das Iterationsraster steht fest, aber die Anzahl der Iterationen nicht.

3.1.4 Produkt-Ziel oder Meilensteine, wo ist der Unterschied?

Im Scrum Guide gibt es seit dem November 2020 das Konzept des *Produkt-Ziels*. Es ist dort definiert als Beschreibung eines Ausbaustands des Produkts von Wert. Das Produkt-Ziel ist ein längerfristiges Planungsziel, wobei ein Scrum Team immer nur genau ein Produkt-Ziel verfolgen darf.

Wenn du unserer Vorgehensweise zur Identifikation und Beschreibung agiler Meilensteine folgst, entspricht der jeweils nächste anstehende Meilenstein einem Produkt-Ziel. In der Praxis gibt es keinen relevanten Unterschied. Die Wahl eines anderen Begriffs im Scrum Guide soll vermutlich vor allem unterstreichen, dass es um ein inhaltliches Ziel geht, während Meilensteine ja leider häufig als Terminziele missverstanden werden.

3.2 Deine Vorgehensstrategie entwickeln

Wie gehst du jetzt am besten vor, um sinnvolle Meilensteine zu finden und auf der Basis eine Vorgehensstrategie zu entwickeln? Du solltest aus der Übersichtsphase eine Liste mit Risiken und offenen Fragen haben. Bei einigen Punkten bist du vermutlich zuversichtlich, dass diese sich im Guten klären werden, andere bereiten dir mehr Sorgen.

Suche dir für den Start zwei bis drei der kniffligsten Punkte heraus, schaue sie dir genauer an und gehe die folgenden Schritte durch.

3.2.1 Woher kommen deine Sorgen?

Schaue dir die Punkte noch einmal genau an: Sind diese bereits so konkret beschrieben, dass dir klar ist, wo genau das Risiko herkommt? Falls nicht, versuche, dich in die Tiefe zu denken, bis du ein möglichst konkretes Problem benennen kannst.

Statt ...	Besser ...
Der Termin ist sportlich und kann möglicherweise nicht gehalten werden.	Die Anbindung an das Archivsystem ist noch unklar, sodass wir unter Umständen dafür mehr Zeit benötigen und den Termin nicht halten können.
Die Anbindung an das Archivsystem ist noch unklar.	Wir wissen noch nicht genau, in welchem Format und mit welcher Antwortzeit wir auf die Dokumente aus dem Archivsystem über die neue Schnittstelle zugreifen können. Das hat unter Umständen Auswirkungen auf die Ausgestaltung der Anwendungsfälle.
	Das Archivsystem wird von einem externen Dienstleister zur Verfügung gestellt, und wir haben noch keine Erfahrungen in der Zusammenarbeit, insbesondere wie schnell er auf Fragen reagiert.

Je besser du darin wirst, konkrete Fragen zu formulieren, desto leichter tust du dich im nächsten Schritt darin, konkrete Ziele für dein Vorgehen zu formulieren.

3.2.2 Was gilt es auszuprobieren? Was muss dein Produkt können?

Um deine Sorgen hinter dir und die Zuversicht in euer Produkt wachsen zu lassen, versuchst du, die zugrunde liegenden Fragen systematisch zu bearbeiten. Welche Teile eures Produkts benötigt ihr, um Antworten zu finden und auszuprobieren, was funktioniert und was nicht? Agile Entwicklung bedeutet so früh und so schnell wie möglich in und mit der Praxis zu lernen.

Hierfür ...	Brauchen wir das ...
Wir wissen noch nicht genau, in welchem Format und mit welcher Antwortzeit wir auf die Dokumente aus dem Archivsystem zugreifen können. Das hat unter Umständen Auswirkungen auf die Ausgestaltung des Anwendungsfall.	Der zeitkritischste Zugriff auf das Archivsystem erfolgt während der Kontoklärung telefonisch. Wir werden daher zu diesem Meilenstein den entsprechenden Anwendungsfall implementieren, um die Schnittstelle anzubinden und damit zu experimentieren, ob die Wartezeiten innerhalb des Ablaufs akzeptabel sind.

3.2.3 Darf es eine Nummer kleiner sein?

Je weniger Erfahrung du und dein Team mit agiler Entwicklung habt, desto größer ist die Wahrscheinlichkeit, dass ihr den Ausschnitt des Produkts im vorherigen Schritt noch größer als nötig gewählt habt.

Was könntet ihr im ersten Schritt noch weglassen, wenn es nur darum geht, mehr über das Risiko zu lernen, und nicht, dass das Umgesetzte komplett und schön ist? Welche Teile des Anwendungsfalls müsst ihr tatsächlich implementieren? Welche Teile der Schnittstellen müsst ihr umsetzen, welche könnt ihr noch weglassen?

3.2.4 Bring alles in einem Meilensteinplan zusammen

Formuliere nun jeweils einen Meilenstein für die von dir ausgewählten Punkte. Ein guter agiler Meilenstein erzählt, was du rund um eine kritische Frage im Projekt zu tun planst. Ein guter *Meilensteinplan* erzählt wiederum, wohin du dein Produkt als Erstes, Zweites, Drittes entwickeln möchtest, um Antworten auf die schwierigen Fragen zu bekommen. Dein Meilensteinplan ist eines der wichtigsten Instrumente, um allen Beteiligten ein Bild von den Risiken und Schwierigkeiten der Entwicklung zu geben, ohne dabei Angst und Schrecken zu verbreiten.

Wiederhole dieses Vorgehen noch ein paar Mal, bis du zumindest für alle großen Risiken ein Meilenstein definiert hast. Wenn du die Meilensteine jetzt in eine Reihenfolge bringst, sollten die größten Risiken möglichst am Anfang auftauchen (das klappt nicht immer zu 100 %, aber du solltest es versuchen). Wenn du sehr viele Meilensteine definiert hast, kann es auch Sinn ergeben, für die Planung einige der Meilensteine zusammenzulegen und so den Plan wieder etwas übersichtlicher zu gestalten.

Wenn du beginnst, Meilensteine zu suchen und in eine Reihenfolge zu bringen, ist es hilfreich, auch die in den folgenden Abschnitten beschriebenen Konzepte zu kennen, die sich in jedem Meilensteinplan wiederfinden lassen sollten.

3.2.5 Das Walking Skeleton

Der erste Meilenstein einer agilen Produktentwicklung sollte im Normalfall ein *Walking Skeleton* (dt. wanderndes Skelett) sein. Das Walking Skeleton besteht, wie der Name schon sagt, fast nur aus Knochen, also der Grundstruktur deines späteren Produkts, lose verbunden, sodass man es gerade so bewegen kann, ohne dass alles auseinanderfällt. Alistair Cockburn (Cockburn, 2008), einer der Urheber des Agilen Manifests, definiert es so:

> *A Walking Skeleton is a tiny implementation of the system that performs a small end-to-end function. It need not use the final architecture, but it should link together*

the main architectural components. The architecture and the functionality can then evolve in parallel.

(übersetzt: *Ein Walking Skeleton ist eine winzige Implementierung des Systems, die eine kleine End-to-End-Funktion ausführt. Es muss nicht die endgültige Architektur verwenden, aber es sollte die wichtigsten Architekturkomponenten miteinander verbinden. Die Architektur und die Funktionalität können dann parallel weiterentwickelt werden.*)

Die Funktion des Walking Skeletons ist nicht, dass es fachlich schon ernsthaft irgendwas könnte – es ist lediglich das technische Gerüst, in das im Weiteren die Features deines Produkts schrittweise eingefügt werden. Das Walking Skeleton sollte dennoch bereits potenziell lieferfähig sein. Das bedeutet, dein Team muss dafür Sorge tragen, dass euer Produkt bereits in diesem Stadium durch alle (automatischen) Qualitätssicherungs- und Bereitstellungsschritte von der Entwicklung bis zur Installation bewegt wird. Das ist initial eine Menge Arbeit, aber es stellt sicher, dass ihr Risiken und Probleme auf dieser Strecke frühzeitig erkennt und gleich zum Start damit beginnt, diese Prozesse robust zu gestalten und zu automatisieren. Agile Entwicklung ist auch die Fähigkeit, mit hoher Geschwindigkeit und Qualität auf Probleme zu reagieren. Das Walking Skeleton bildet dafür die Grundlage.

3.2.6 Das Minimum Viable Product (MVP) und das Minimal Marketable Product (MMP)

Zur agilen Produktentwicklung gehört die Idee eines Minimum-Produkts zentral dazu. Eric Ries (2009) hat dazu initial das Konzept des *Minimum Viable Products* (*MVP*) aufgebracht.

Das MVP ist eine Ausbaustufe eures Produkts, das dir und deinem Team ermöglicht, so viel praktisches Feedback von eurer Kundschaft zu bekommen wie möglich. Praktisches Feedback bedeutet dabei, dass eure Kundschaft in der Lage ist, das Produkt tatsächlich auf irgendeine Art und Weise schon zu benutzen. Auf »irgendeine Art und Weise« bedeutet nicht, dass euer Produkt schön aussehen muss, dass alle Funktionalitäten schon da sind oder dass ihr nicht im Hintergrund die Daten per Hand von einem System ins andere kopieren dürft. Es bedeutet nur, dass eure Kundschaft eine erste Idee davon bekommen kann, was euer Produkt tatsächlich auszeichnet.

Der Punkt des praktischen Ausprobierens ist deshalb so wichtig, weil wir uns als Menschen Neues nur schwer vorstellen können. Der typische Satz in dieser Phase ist immer: »Das ist doch wie (... hier irgendwas Altes, Bekanntes ...).« Erst beim Ausprobieren wird uns klar, was tatsächlich neu ist, und wir fangen an, die Konsequenzen und Möglichkeiten zu verstehen.

Das MVP ist kein Ausbaustand, der wirklich fertig ist und den jemand wirklich haben möchte, aber es ist ein Stand, der euch in die Lage versetzen soll, die Idee eures Produkts zum ersten Mal für alle Beteiligten tatsächlich begreifbar zu machen, und das im Wortsinn.

Der nächste minimale Ausbaustand ist das *Minimal Marketable Product* (*MMP*). Das MMP ist der minimale Ausbaustand eures Produkts, das die zentralen Bedürfnisse eurer Kundschaft erstmalig befriedigt und ihr Problem löst. Dem MMP werden viele Komfortfunktionen noch fehlen, unter Umständen sogar noch ein paar Basisfunktionen, aber wenn die Zeit knapp wird, sollte es in der Lage sein, bei eurer Kundschaft so lange zu funktionieren, bis ihr die fehlenden Teile nachliefern könnt. Abbildung 3.3 zeigt, wie diese zusammenhängen.

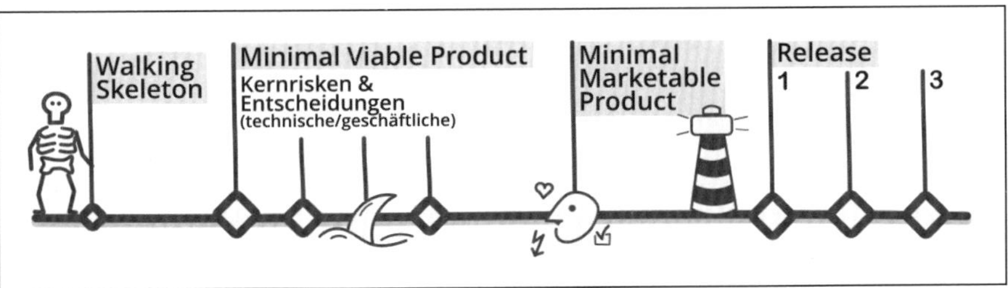

Abbildung 3.3 Die ersten Ausbaustufen eines Produkts bis hin zu den ersten Releases

Überlege dir als Teil deiner Vorgehensstrategie, wie für dein Produkt ein MVP und das MMP aussehen könnten. Unter Umständen ist es sinnvoll, mehrere MVPs für unterschiedliche Aspekte deines Produkts zu entwickeln.

Aus unserem Erfahrungsschatz: »Irgendwas Minimales«

Die Begriffe MVP und MMP stiften immer wieder viel Verwirrung. Insbesondere in Stakeholder-Ohren bleibt häufig nur ein »minimal« hängen bei gleichzeitig geringem Verständnis dafür, welche Ziele damit verbunden werden. Daher empfehlen wir, die Begriffe in der Kommunikation von Plänen nicht zu benutzen, sondern immer nur über die konkreten Inhalte und Ziele der mit dem MVP/MMP verbundenen Meilensteine zu sprechen.

Hinzu kommt, dass der Begriff MVP mittlerweile häufig synonym mit MMP benutzt wird. Daher merk dir vor allem die Ideen hinter den beiden Konzepten und versuche, für dein Produkt lieber eigene sprechende Namen für die jeweiligen Ausbaustufen zu finden.

3.2.7 Erzähle deine Vorgehensstrategie

Sobald du eine Reihe von Meilensteinen für dein Produkt gefunden und in eine sinnvoll erscheinende Reihenfolge gebracht hast, solltest du einmal testweise probieren, entlang der Meilensteine zu erzählen, wie du planst, bei der Entwicklung vorzugehen. Fang vorne an, was ist der erste Meilenstein, weshalb ergibt er an dieser Stelle Sinn? Was werdet ihr dann gelernt, abgesichert, bereitgestellt haben? Wie geht es dann weiter?

Versetze dich dazu in deine Stakeholder*innen und frage dich: Welche Argumente müssen sie hören? Hast du an alle gedacht?

3.3 Wie sag ich es den anderen?

Die Bedürfnisse der künftigen Nutzerschaft deines Produkts sind ausschlaggebend dafür, welche Features und Eigenschaften euer Produkt haben wird. Mindestens genauso wichtig sind deine Auftraggebenden und/oder das Management in deinem Umfeld. Sie entscheiden darüber, ob das Produkt überhaupt entwickelt wird, welche Ressourcen dir zur Verfügung stehen, und sie können dir unter Umständen dabei helfen, Hindernisse aus dem Weg zu räumen.

Ein vorausschauender, aussagekräftiger Meilensteinplan hilft dir, sie in deine Überlegungen einzubeziehen, sie mit den Risiken eures Vorhabens vertraut zu machen und aufzuzeigen, wie ihr plant, mit ihnen umzugehen. Was aus deiner Sicht klar und logisch erscheint, muss bei deinem Gegenüber noch lange nicht so ankommen. Deine Stakeholder*innen werden Menschen unterschiedlicher Expertise sein – von Technik und Betrieb über Recht und Finanzen, Marketing und Vertrieb bis Unternehmensführung und Strategie wird im Zweifel alles mit dabei sein. Alle bringen ihre eigenen Expertisen und Interessen mit ein, und zu deiner Product-Owner-Rolle gehört es, ihnen einerseits ein offenes Ohr zu schenken, ihre Ideen und Anforderungen mit aufzunehmen und andererseits deine Entscheidungen und Strategien klar zu kommunizieren.

In deiner Product-Owner-Rolle solltest du über die Strategie und Ausgestaltung deines Produkts allein entscheiden dürfen. Dazu brauchst du zwei Sachen:

- Das Vertrauen deines Umfelds, dass du ihre Interessen verstehst und berücksichtigst, sodass sie dir tatsächlich erlauben, Entscheidungen zu treffen, die sie mit betreffen.
- Die Fähigkeit, deine Überlegungen und Argumente passend darzulegen und Meinungsverschiedenheiten und Konflikte konstruktiv zu lösen.

Damit bist du nicht allein. In deinem Team hast du Menschen, die dir helfen, und auch dein*e Scrum Master*in wird dir zu Seite stehen. Sie oder er ist insbesondere auch dafür verantwortlich, eurem Umfeld zu helfen, die agile Sicht- und Arbeitsweise zu verstehen. In Kapitel 6, »Zuhören, verstehen, ansprechen: dein Kommunikationsjob«, erfährst du noch mehr über deine Vermittlerrolle zwischen allen Beteiligten.

3.3.1 Die passende Argumentation

Deine Rolle als Product Owner*in bringt es mit sich, dass du immer wieder ganz unterschiedlichen Menschen nachvollziehbar erklären musst, was deine Entscheidungen motiviert, um sie mit an Bord zu holen. Die Entscheidungen, die du vertrittst, sind dabei normalerweise komplexe Entscheidungen, die den gesamten Kontext eures Vorhabens und die grundlegende Ausrichtung betreffen.

In Kontakt mit deinen Stakeholder*innen ist es daher wichtig, ihre jeweilige Perspektive einzunehmen und deine Argumentation auf die jeweilige Person abzustimmen. Eine unpassende Argumentation würde zum Beispiel so lauten:

Product Owner*in: *»Dieses Feature ist wichtig, damit sich das Team auf den neusten Stand der Technik bringen kann. Sie lernen dabei ein neues Framework, das interessant ist.«*

und Reaktionen wie diese hervorbringen:

Team: *»Cool!«*

CFO: *»Dafür kann ich den Preis des Produkts nicht erhöhen. Soll HR doch Leute anstellen, die schon ausgebildet sind.«*

CMO: *»Wie soll ich das denn in den Marketing-Flyer reinkriegen?«*

CEO: *»Nein.«*

Indem du in der Logik der Zielperson argumentierst, wird diese dir und deinen Argumenten besser folgen können. Du veränderst dabei nicht die Sache an sich, sondern du hebst bestimmte Aspekte daran hervor, also beispielsweise finanzielle Vorteile für CFOs oder Wettbewerbsvorteile für Marketing-Vertreter*innen, beispielsweise so

zum Team: *»Dieses Feature können wir mit dem neuen Framework umsetzen, das uns auch später einiges erleichtern sollte, auch wenn ihr euch jetzt erst mal einarbeiten müsst.«*

zum CFO: *»Dieses Feature erfordert die Weiterbildung unseres Teams. Das kostet X €, aber das rechnet sich schnell wieder. Wenn wir es nicht machen, verlieren wir den Anschluss, wenn es um State-of-the-Art-Entwicklung geht. Unsere Produkte werden sich schnell nicht mehr verkaufen lassen.«*

zum CMO: *»Mit der Arbeit an diesem Feature gewinnen wir die Fähigkeit, das Produkt so zu entwickeln, wie es unsere direkten Konkurrenten noch nicht können.«*

zum CEO: *»Mit diesem Feature legen wir die Basis für unsere künftige Vorreiterrolle.«*

Welche Art von Argumenten zu welchen Menschen passen, findest du im Verlauf der Arbeit mit ihnen heraus. Achte im Austausch darauf, auf welche Typen von Argumenten wer gut reagiert, und auch darauf, welche Argumente sie selbst für ihre Anliegen einsetzen. Gebräuchliche Typen sind (Frischherz et al., 2022):

- *Kausalargument* – Aufzeigen von Ursache und Wirkung
- *Induktionsargument* – Beispiele für gewünschte oder unerwünschte Eigenschaften
- *Analogieargument* – Vergleich mit einer ähnlichen Sache
- *Autoritätsargument* – Stützung durch eine Person/Institution, die als Autorität wahrgenommen wird
- *Teil-Ganzes-Argument* – Übertragung von gewünschten/unerwünschten Eigenschaften eines Teils auf die ganze Sache

Was für die Auswahl von Argumentationen gilt, gilt auch für die Auswahl von Beispielen: Bediene dich an Bildern aus dem Kontext deiner Zielperson oder aus dem allgemeinen Alltag, sodass sich alle mit den Beispielen wirklich identifizieren können. Dazu kann es auch hilfreich sein, beispielsweise Hobbys von anderen Personen zu kennen. Möglicherweise lässt sich daraus mal ein gutes Beispiel ableiten.

Ziel solcher Argumentationen ist es nicht nur, dass du deine Stakeholder*innen überzeugst, sondern auch, dass ihr überhaupt erst ins Gespräch kommt und euch offen über das Produkt austauschen könnt.

3.4 Vom ersten Meilenstein zum Product Backlog

Du hast dir jetzt erfolgreich eine Vorgehensstrategie für die Entwicklung deines Produkts erarbeitet. Wenn du im Laufe der Zeit mehr über deine Kundschaft und dein Produkt lernst, wirst du sie anpassen wollen, aber deine strategische Planung wird voraussichtlich recht lange stabil bleiben können. Jetzt ist es also Zeit, dir Gedanken zu machen, worum sich das Team in der nächsten Zeit kümmern soll. In Scrum bildest du das mithilfe des Product Backlogs ab.

3.4.1 Das Product Backlog

Das *Product Backlog* ist eine sortierte Liste der Dinge, die an deinem Produkt in nächster Zeit getan und verbessert werden sollen, damit es nützlich(er) und wertvoll(er) wird. Das Team leitet aus dem Product Backlog ab, was es im Sprint tut.

Um das Product Backlog zu befüllen, schaust du dir den nächsten anstehenden Meilenstein an und fragst dich, wie du die Dinge, die dafür zu tun sind, so runterbrechen kannst, dass sie innerhalb eines Sprints bearbeitet werden können, und in welcher Reihenfolge sie am besten getan werden sollten. Der Prozess des Runterbrechens, Beschreibens und Sortierens der Product-Backlog-Einträge ist das *Refinement*. Als eine deiner zentralen Verantwortungen haben wir dem Refinement ein ganzes eigenes Kapitel gewidmet (siehe dazu auch Kapitel 7, »Frisch sortiert ist halb gewonnen: das Refinement«).

Mit dem Product Backlog als Verfeinerung deiner strategischen Planung ergeben sich drei Planungsebenen.

3.4.2 Die drei Planungsebenen

Es ist hilfreich, dabei die folgenden drei Planungsebenen zu unterscheiden (siehe Abbildung 3.4):

- Die *strategische Planungsebene* – auf ihr liegen deine Produktvision sowie dein Meilensteinplan als Ausdruck deiner Vorgehensstrategie. Die Ziele auf dieser Ebene sind eher groß, grob und längerfristig.
- Die *taktische Planungsebene* – der Planungshorizont auf dieser Ebene umfasst ein paar (etwa drei bis sechs) Sprints auf dem Weg zum nächsten Meilenstein. Dein Product Backlog sollte mit genügend Einträgen dafür gefüllt sein
- Die *operative Planungsebene* – auf dieser Ebene plant das Entwicklungsteam, welche Product-Backlog-Einträge es im nächsten Sprint bearbeitet und wie es dabei vorgehen will. Der Planungshorizont ist beschränkt auf den jeweils anstehenden Sprint.

Du bist für die ersten beiden Planungsebenen verantwortlich. Mit dem Sprint Planning zum Beginn des Sprints geht die Verantwortung auf das Entwicklungsteam über. Das Team entscheidet, wie viel es meint, aus dem Product Backlog im Sprint schaffen zu können, und plant, was dafür zu tun ist. Die für den Sprint ausgewählten Product-Backlog-Einträge sowie der Plan zur Umsetzung (typischerweise einfach eine Sammlung von dafür zu erledigenden Aufgaben) werden als *Sprint Backlog* bezeichnet.

Gemeinsam formuliert ihr noch ein Sprint-Ziel für das Sprint Backlog.

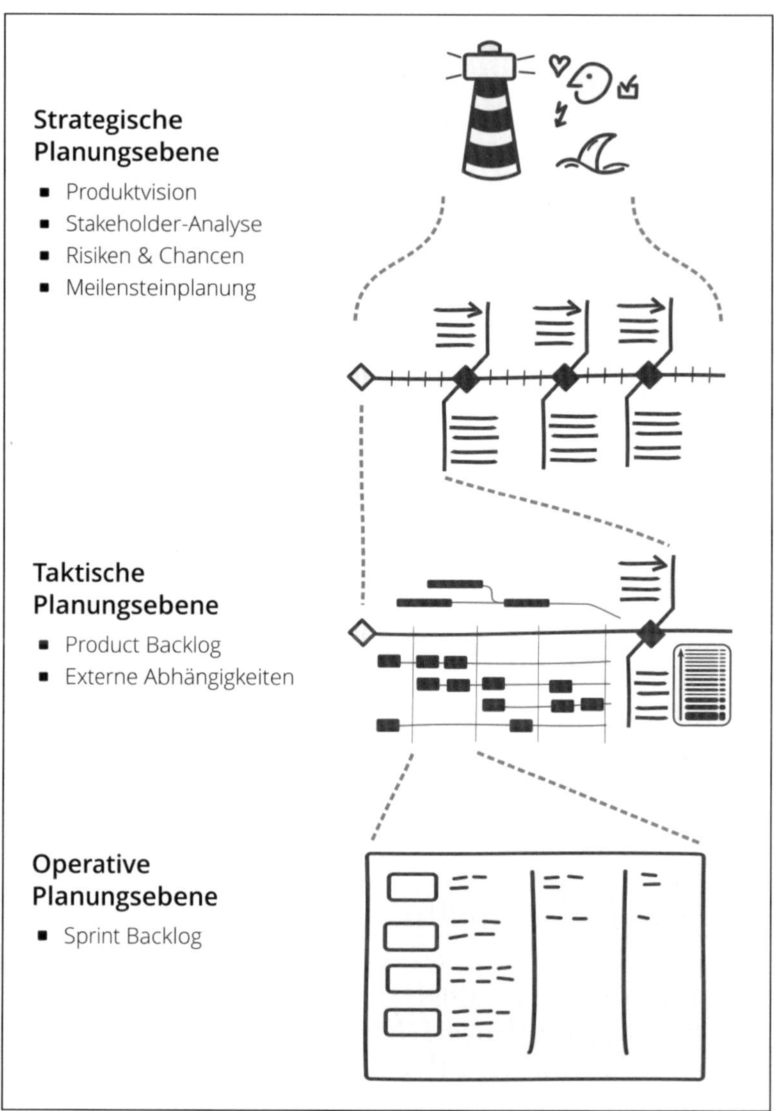

Abbildung 3.4 Die Planungsebenen auf dem Weg zum Product beziehungsweise Sprint Backlog

3.4.3 Sprint-Ziele

Sprint-Ziele verfolgen für den Sprint dasselbe Ziel im Kleinen wie die Meilensteine für dein Vorhaben im Großen: Was hofft ihr mit den ausgewählten Product-Backlog-Einträgen am Ende des Sprints erreicht zu haben?

Hast du dich im Rahmen der strategischen Planung gefragt, welche Fragen und Risiken bei der Entwicklung deines Produkts als Ganzes lauern, fragt ihr euch nun, welche Fragen und Risiken bei der Entwicklung eines ausgewählten Features lauern, beziehungsweise was möglich wird, wenn ihr diesen Entwicklungsstand erreicht.

Sprint-Ziele könnten also beispielsweise lauten: Am Ende des Sprints ...

- ... können wir die Navigationslogik in der Eingabemaske testen.
- ... können wir mit dem Betrieb die Konfiguration der Firewall beginnen.
- ... sollte der Ausbaustand gut genug sein, um ein Release für den Messestand bereitstellen zu können.
- ... sollte der Kernprozess gut genug abgebildet sein, dass wir uns ab dann auf die Sonderfälle konzentrieren können.
- ... soll es irgendwie laufen, hübsch kommt später!
- ... sollen Feature X und Y wirklich funkeln, wir wollen damit ins Fernsehen!

Das Entwicklungsteam fokussiert seine Arbeit während des Sprints in erster Linie auf das Sprint-Ziel. Stellt es fest, dass die Arbeit sich anders entwickelt als gedacht, wird es mit dir darüber sprechen, welche Kompromisse ihr machen könnt im Umfang oder der Art der Realisierung, ohne das Sprint-Ziel zu gefährden (siehe dazu auch Abschnitt 9.2, »Das Sprint-Ziel formulieren«).

Tipp: Sprint-Ziele vordenken

Der Scrum Guide sieht vor, dass das Sprint-Ziel erst während des Sprint Plannings gemeinsam mit dem Entwicklungsteam formuliert wird. Aus unserer Erfahrung heraus macht es allerdings Sinn, wenn du dir als Teil der taktischen Planung schon vorab Gedanken machst, wie die Sprint-Ziele grob aussehen können.

Das hilft dir beim Refinement des Product Backlogs und vermittelt dem Team gleich zu Beginn des Sprint Plannings eine Idee, weshalb das Backlog aktuell so aussieht, wie es aussieht. Ihr könnt und solltet dann während des Sprint Plannings das Sprint-Ziel immer noch gemeinsam anpassen und prüfen, ob das Team denkt, es realistischerweise erreichen zu können.

3.5 Produktarten und ihre Herausforderungen

Unterschiedliche Produktarten bringen unterschiedliche Herausforderung in ihrer Entwicklung mit, auf die du dich am besten von Anfang an einstellen solltest. Du findest an dieser Stelle einen Überblick über eine Reihe typischer Produktarten, verbunden mit beispielhaften Tipps und Empfehlungen zum Vorgehen in der Entwicklung. Nimm unsere Hinweise als einen Startpunkt. Uns ist klar, dass man zu jeder Produktart noch viel mehr sagen könnte. Konkretisiere und ergänze deine Strategie daher auf Basis deiner Erkenntnisse aus der Übersichtsphase und in enger Zusammenarbeit mit deinem Team.

Schaue dich am besten auch bei den Produktarten um, in die du dein Produkt nicht als Erstes einordnen würdest. Du findest sicher auch dort noch Aspekte, die relevant für dein Produkt sind.

3.5.1 (Web-)Apps

Apps sind Anwendungen, die auf Smartphones oder Tablets ausgeführt werden und idealerweise dabei selbsterklärend und sehr einfach zu bedienen sind. Im Unternehmenskontext sollen Apps typischerweise Kund*innen ermöglichen, wichtige Geschäftsprozesse selbst auszuführen, um einerseits Anliegen schneller zu erledigen und andererseits natürlich auch Verwaltungskosten zu sparen. Die Nutzung von Apps erfolgt (auch) mobil, bei eingeschränkter Netzwerkverfügbarkeit und unruhiger Umgebung wie etwa in der U-Bahn. Dabei laufen Apps in der Regel auf privaten Geräten, was die Fehleranalyse erschwert. Zu guter Letzt entwickeln sich die Entwicklungswerkzeuge und Softwarebibliotheken im App-Umfeld sehr dynamisch und stetig weiter, und die Hersteller erzwingen regelmäßige Aktualisierungen.

Strategieempfehlung

Die folgenden Punkte solltest du mit deinem Team möglichst früh realisieren, um eine solide Basis für eure Entwicklung zu schaffen:

- Beginne so früh wie möglich damit, eure Anwendung von fremden Nutzenden ausprobieren zu lassen. Das ist der einzige Weg, um herauszufinden, ob sie Interesse haben, eure App überhaupt zu nutzen, und ob sie verstehen, wie sie funktioniert.
- Sorge dafür, dass ihr den Qualitätssicherungs- und Lieferprozess von Anfang an automatisiert und optimiert. Ihr müsst in der Lage sein, häufig und sehr schnell liefern zu können, um mit Features experimentieren und Probleme beseitigen zu können.
- Erarbeitet frühzeitig Wege zum Nutzungs- und Fehler-Logging. Eure Lösungen müssen datenschutzkonform, performant und nützlich sein. Das ist kniffliger, als es zunächst scheint, und erfordert auch einiges an Infrastruktur.

3.5.2 Desktop-Anwendungen

Desktop-Anwendungen, Programme, die auf einem Arbeitsplatzrechner installiert werden, haben typischerweise einen größeren Funktionsumfang als Apps und richten sich damit an Expert*innen. Diesen kann man einerseits mehr zumuten in der Bedienung, das heißt, du kannst von einer Bereitschaft ausgehen, dass sie sich in die Arbeit mit eurer Anwendung einarbeiten, andererseits erwarten sie dafür auch durchdachte und optimierte Oberflächen, denn sie werden eure Anwendungen voraussichtlich den gesamten Arbeitstag über intensiv nutzen.

Expert*innen kennen ihre Arbeitsprozesse sehr viel besser, als du und dein Entwicklungsteam es je tun werden, und gleichzeitig sind sie damit meist auch nicht in Lage, alle ihre Anforderungen bewusst zu kommunizieren (»Ist doch klar, dass man das so braucht ...«). Sofern ihr euch entscheidet, etablierte Arbeitsprozesse umzugestalten, musst du darauf achten, dass ihr auch den dafür notwendigen Change-Prozess mitgestaltet. – Ein Produkt funktioniert nur, wenn es auch die Nutzerschaft mitnimmt.

Strategieempfehlung

Für gute Desktop-Anwendungen gilt erst mal dasselbe wie für Apps – mit noch ein paar anderen Schwerpunkten:

- Beginne wieder so früh wie möglich damit, eure Anwendung durch Nutzer*innen ausprobieren zu lassen. Stellt euch darauf ein, dass ihr dabei viele Anforderungen an euer Produkt erst noch entdecken werdet, egal wie viel Prozessanalyse ihr vorher schon getrieben habt.
- »Komfortfunktionen« wie Autovervollständigungen, Tastaturkürzel und Drag-and-drop-Möglichkeiten haben in Anwendungen für Expert*innen den Charakter von Basisanforderungen, integriert diese stetig mit und nicht erst als separate Ausbaustufe.
- Wenn ihr existierende Anwendungen ablöst, achtet darauf, eure Nutzerschaft mitzunehmen. Schulungen, Hilfsmaterialien und frühzeitige Informationsangebote sollten eure Entwicklung begleiten, und du solltest sie als Teil deines Produkts und damit deiner Verantwortung begreifen. Erprobt und testet diese Dinge wie alle anderen Aspekte eures Produkts auch.
- Bei der Bereitstellung von Desktop-Anwendungen können eine Menge Probleme auftreten. Eventuell müsst ihr außerdem gewährleisten, dass ihr unterschiedliche Versionen noch parallel betreiben und betreuen könnt. Entwickelt und testet daher auch diese Verfahren wiederum so früh wie möglich.

3.5.3 Backend

Backend-Systeme verrichten im Hintergrund ihre Arbeit, verwalten und verarbeiten große Datenmengen, und das häufig über Jahrzehnte hinweg. Das bedeutet auch, dass ihr fast nie auf der grünen Wiese arbeitet – Altdaten müssen migriert, andere Systeme angeschlossen werden, und dein Entwicklungsteam wird häufiger vor der Frage stehen: »Ist das Kunst, oder kann das weg?«

Wenn im Backend etwas schiefgeht, die Performance einbricht oder Fehler passieren, sind die Auswirkungen oft weitreichend und der Schaden entsprechend groß.

Strategieempfehlung

Für Backend-Systeme gilt, dass du von Anfang an ein besonderes Augenmerk auf die Entwicklung der Betriebsprozesse legen solltest.

- Entwickle Backup-, Restore- und Migrationsroutinen so früh wie möglich, genauso wie Monitoring und Überwachungsprozesse für den Betrieb. Sie beeinflussen einerseits die Architektur eures Systems stark, andererseits helfen sie euch auch bei der Analyse von Problemen in der Entwicklung.
- Macht euch direkt zum Start Gedanken über Testumgebungen, Management und Konfiguration der Umgebungen und wie ihr die dazugehörigen Testdaten generieren und managen könnt. Ihr werdet auch Umgebungen für Last- und Performancetests benötigen! Die Investitionen in diesen Bereich mögen kurzfristig hoch erscheinen, aber sie zahlen sich mittel- und langfristig immer wieder aus.
- Auf Backend-Systemen laufen in der Regel unternehmenskritische Prozesse über Jahre hinweg, eine gut aufgesetzte und gepflegte Testautomatisierung ist essenziell für die langfristige Wartung und um bei Problemen schnell reagieren zu können.
- Datensicherheit und Datenschutz sind Themen, die sehr viel leichter fallen, wenn ihr sie von Anfang an mitdenkt und realisiert.

3.5.4 IT-Modernisierung

Für viele Unternehmen ist die Modernisierung ihrer IT-Anwendungs- und Systemstruktur ein wichtiges strategisches Ziel, um die effektive Realisierung neuer digitaler Geschäftsmodelle und Dienste zu ermöglichen. Backend-Systeme müssen geöffnet werden, um Apps und Web-Anwendungen den Zugriff zu ermöglichen. Dabei gibt es häufig nicht mehr genügend Mitarbeitende mit tiefgehendem Know-how der eingesetzten Technologien und Frameworks, um anstehende Projekte zu besetzen. Letztlich versprechen neue Plattformen und Lösungen auch neue Möglichkeiten Mehrwerte zu generieren.

Zu bereits beschriebenen Herausforderungen aus den Bereichen »Backend«, »Desktop« und »(Web-)App« kommen insbesondere zwei neue Aspekte hinzu:

- Es besteht ein hoher Druck, Modernisierungs- und Neuentwicklungsvorhaben miteinander zu verknüpfen, um die Investitionen zu rechtfertigen. Das erhöht die Komplexität und die Risiken akkumulieren sich.
- Ein zentrales Ziel der Modernisierung ist in der Regel auch, mehreren Teams gleichzeitig zu ermöglichen, Anforderungen in den zentralen Serversystemen umzusetzen. Das erfordert regelmäßig neue und robustere Entwicklungs- und Qualitätssicherungsprozesse.

Strategieempfehlung

IT-Modernisierungsvorhaben sind komplexe Großprojekte mit vielen Stakeholdern und weitreichenden Auswirkungen ins Unternehmen hinein. Neben den zu den anderen Produktarten bereits gegebenen Empfehlungen, solltest du darauf achten:

- Versuche neue Features in der Breite erst nach einer Erneuerung der betroffenen Anwendungen und Systemen umzusetzen, um nicht zu viele Baustellen gleichzeitig aufzumachen.
- Entwickle eine Roadmap die aufzeigt, welche Risiken ihr durch diese Vorgehensweise mitigiert.
- Führe Mitarbeitende aller betroffenen Anwendungen und Systeme, alt wie neu, zu einem echten agilen Team bei dir zusammen. Ihr braucht den engen Austausch, um neue Lösungswege schnell erarbeiten und verifizieren zu können.
- Binde Stakeholder*innen aus der Organisation frühzeitig mit in die Reviews ein. Eure Arbeiten werden Auswirkungen auf viele interne Arbeitsprozesse haben und ein direkter, offener Kommunikationsfluss beugt vielen Problemen und Missverständnissen vor.
- Modernisierungsvorhaben sind immer auch Change-Projekte. Hole dir nach Möglichkeit entsprechende Unterstützung mit ins Team und mache dir bewusst, dass diese Aufgabe mit zu deinem Produkt gehört.

3.5.5 Embedded-/Steuerungssysteme

Embedded- oder Steuerungssysteme verrichten ihre Arbeit im Inneren von Geräten und Anlagen. Sie agieren dabei weitgehend autonom auf der Basis von Sensordaten, die sie häufig in Echtzeit verarbeiten müssen.

Während entsprechende Systeme auf der einen Seite sehr robust und verlässlich sein müssen, sind sie auf der anderen Seite mit einer realen Welt konfrontiert, die komplex, vielfältig und selten in allen Facetten vorhersehbar ist. Dabei müssen sie auch in unerwarteten Situationen stets sinnvoll reagieren.

Strategieempfehlung

- Für Embedded- und Steuerungssysteme gilt einmal mehr, dass ihr so früh wie irgend möglich damit beginnen solltet, unter realen Bedingungen zu testen, also mit echter Hardware unter möglichst vielfältigen Umweltbedingungen. Die Realität ist euer größter Lehrmeister! Legt früh den Fokus darauf, wie ihr (Sensor-)Daten aus dem Betrieb aufzeichnen und für die Fehleranalyse und Tests wieder abspielen könnt. Ihr legt damit die Basis für reduzierbare und robuste automatisierte Tests.
- Es gibt für die Entwicklung von Steuerungssystemen auch sehr gute und bewährte formelle Analyse- und Designmethoden, mit denen dein Team vertraut sein sollte. Agile Produktentwicklung heißt nicht, einfach nur wild rumzuprobieren, sondern eure Analysen und Designs so früh und so oft wie möglich praktisch zu überprüfen, um Lücken und Fehlannahmen aufzuspüren. Nehmt euch Zeit für die entsprechenden Methoden und verlängert dafür im Zweifel lieber euren Sprint-Zyklus.
- Wenn ihr Steuerungstechnik oder Embedded-Systeme entwickelt, seid ihr mit großer Wahrscheinlichkeit auch in einem regulierten Umfeld unterwegs. Beginnt gleich zu Beginn damit, euch mit den entsprechenden Anforderungen an Dokumentation und Qualitätssicherung vertraut zu machen, damit ihr diese in eurem Entwicklungsprozess mit verankert und nicht am Ende noch ein Haufen Arbeit auf euch wartet.
- Auch vermeintlich kleine Änderungen an der Hardware eures Produkts können große Auswirkungen haben. Integriert daher alle eure Produktkomponenten so oft wie möglich und macht gemeinsame Reviews eurer Arbeit.

Wenn Planung und Vorgehensstrategie stehen, ist das ein guter Zeitpunkt für Feedback von außen. Wie du das gestalten kannst, steht im nächsten Kapitel.

Kapitel 4
Zeit für Feedback

Halt, Stopp, warte mal! Du hast schon eine ganze Menge geschafft. Deine Rolle ist geklärt. Die Produktvision steht. Deine Vorgehensstrategie steht fest. Zeit, innezuhalten und dich einem deiner wichtigsten Themen zu widmen. Dem Feedback.

4

»Ellen, hast du mal einen Moment?« Rami hat sich gleich nach dem Daily an Ellen geheftet und steht jetzt an der Kaffeemaschine neben ihr. »Ja klar, was gibt's?«, fragt Ellen zurück und gönnt sich noch einen Extraschuss Espresso in ihrem Cappuccino. Sie schätzt Rami mittlerweile sehr, seine klare und gleichzeitig zugewandte Art tut ihr gut. Und Rami kommt gleich zum Punkt: »Wir haben in den ersten drei Sprints so viel gebaut. Jetzt ist Zeit für ausführliches Feedback. Wen laden wir denn mal in das kommende Review Meeting ein?« Ellen beißt sich auf die Lippen, ertappt. Ihr geht das auch schon länger durch den Kopf, gut, dass Rami sie jetzt darin bestärkt. »Benno und Karla natürlich. Und ich würde gern die CFO einladen, meinst du, wir können ihr vorher mal unsere Arbeitsweise erläutern?« »Na klar«, Ramis Stimme ist wie immer voller Zuversicht. Er zwinkert ihr zu. »Und dann fragen wir auch, ob wir Mittel für Produkttests mit unserer Kundschaft kriegen.«

Rami und Ellen machen sich Gedanken über ihr Produkt. Sie möchten lernen, ob es für andere Wert schafft. Dazu brauchen sie auch deren unmittelbares Feedback. Aus Feedback lernen wir etwas – über unser Produkt, über unsere Zusammenarbeit, über uns selbst. Aber Feedback geben ist gar nicht so einfach. Viele Menschen haben schon früh gelernt, dass es unhöflich ist, andere offen zu kritisieren. Gleichgestellten Mitarbeitenden kann man schon gar keine Rückmeldung geben, denn schließlich hat man ihnen ja nichts zu sagen. Oder?

Agile Entwicklungsprozesse leben von Feedback. Immer wieder geht es darum, Hypothesen über den Nutzen deines Produkts, über einzelne Features oder auch über Vorgehensweisen innerhalb des Scrum Teams zu bilden und diese dann möglichst zügig – auch anhand von Feedback – zu überprüfen und daraus zu lernen, wo und wie Verbesserungen vorgenommen werden müssen. Es gilt, Daten zu sammeln, Abläufe genau zu beobachten, verschiedene Perspektiven zusammenzutragen und vor allem: Ergebnisse möglichst frühzeitig in die Hände von Nutzenden zu geben und ihr Feedback strukturiert aufzunehmen.

Dein Produkt-Ziel mag dir von Anfang an klar sein, aber der Weg dahin ist nicht unbedingt gradlinig. Häufig bist du als eine Art Entdecker*in unterwegs, musst Umwege gehen, an Abzweigungen Entscheidungen treffen und manchmal auch in Sackgassen umkehren. Feedback von deiner Kundschaft und deinen Nutzenden, deinem Team und deinen Stakeholder*innen hilft dir dabei, den besten Weg zu finden und stetig das Wissen über dein Produktterritorium zu erweitern. Gleichzeitig bist du häufig die Person, die Feedback gibt oder weitervermittelt. Eine lernende Haltung hilft dir dabei, dich selbst, deine Denkweise und deine Arbeit immer wieder zu reflektieren und offen für neue Impulse und Lösungsansätze zu bleiben. Was das genau bedeutet, erfährst du hier, denn du bekommst viele praktische Impulse dazu an die Hand, welche Rolle Feedback in agilen Entwicklungsprozessen spielt, wie du Feedback gut gestalten und für typische Product-Owner-Themen nutzen kannst.

4.1 Die Wissensspirale

Die japanischen Wissenschaftler Ikujiro Nonaka und Hirotaka Takeuchi (1995) haben in den 1990er-Jahren untersucht, wie Wissen in beruflichen Zusammenhängen entsteht. Ihr Modell von der *Wissensspirale* beschreibt den Zusammenhang zwischen implizitem und explizitem Wissen, das heißt Wissen, das als Erfahrung gespeichert ist (implizit), oder Wissen, das mit dem Verstand gespeichert ist (explizit). Insbesondere haben sie erforscht, wie organisationales Wissen aus individuellem Wissen entsteht (siehe Abbildung 4.1). Sie gehen davon aus, dass Wissenserwerb damit beginnt, dass du als Mensch durch Beobachtung und Erfahrung implizit von anderen lernst, wie etwas funktioniert. Indem du es mit dir bereits bekanntem Wissen vergleichst, es artikulierst und wiederum mit anderen teilst, kannst du dein Wissen mit dem Wissen anderer kombinieren und zu komplexeren Wissenserkenntnissen gelangen, die dann – im letzten Abschnitt der Spirale – wieder Teil deines Erfahrungsschatzes werden. Schließlich beginnt der Prozess deiner Wissensentstehung auf einem höheren Niveau von Neuem.

Als Product Owner*in bist du mit diesem Prinzip vermutlich vertraut: Deine Erfahrung sagt dir, dass ein bestimmtes Feature oder auch eine komplexere Weiterentwicklung deines Produkts eine gute und lukrative Sache wäre. Du beginnst sie zu formulieren, etwa in Form von User Stories, und gehst mit dem Entwicklungsteam ins Gespräch. Jetzt kommt das Erfahrungswissen von allen Beteiligten zusammen, und eine komplexere Lösungsidee entsteht, die ihr dann sukzessive in euer Produkt einbaut, bis sie die Basis für die nächste Entwicklung bildet.

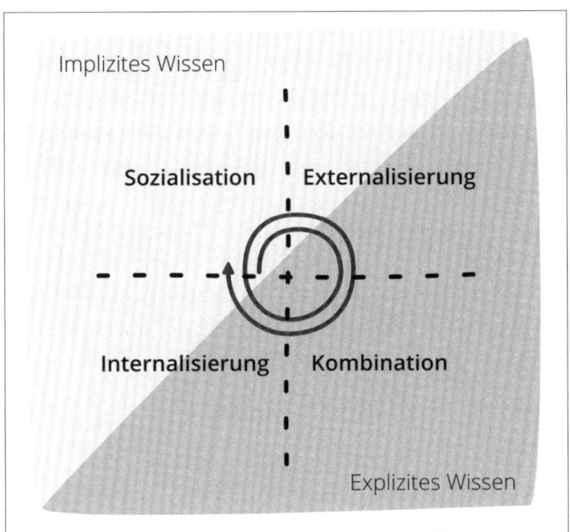

Abbildung 4.1 Die Wissensspirale (eigene Darstellung nach Nonaka und Takeuchi, 1995) illustriert den Zusammenhang zwischen individuellem und organisationalem Wissen.

Man könnte also sagen, dass ein iterativ-inkrementelles Vorgehen wie Scrum nichts anderes als eine Wissensspirale dazu ist, wie das zu entwickelnde Produkt aussehen muss, damit es erfolgreich implementiert und vermarktet werden kann. Und dabei spielt Feedback eine entscheidende Rolle, denn nur durch qualitatives und quantitatives Feedback lässt sich feststellen,

- was funktioniert und unbedingt weiterverfolgt werden sollte und
- was nicht funktioniert und wieder verworfen werden sollte.

Ken Schwaber und Jeff Sutherland (2020) formulieren es im Scrum Guide so: *»Empirie bedeutet, dass Wissen aus Erfahrung gewonnen wird und Entscheidungen auf der Grundlage von Beobachtungen getroffen werden.«* Entsprechend enthält ihr Scrum-Vorgehensmodell neben dem Sprint vier wesentliche und wiederkehrende Treffen, die ermöglichen, dass regelmäßig Feedback in den Produktentwicklungsprozess einfließen kann:

- das *Planning* für Feedback zum gemeinsamen Vorgehen
- das *Review* für Feedback zum Produkt(-Inkrement)
- die *Retrospektive* für Feedback zur Zusammenarbeit im Team und zum gemeinsamen Vorgehen
- das *Daily* für Feedback zum Fortschritt während des Sprints

Mit diesen vier Meetings wird gewährleistet, dass das Scrum Team und seine Stakeholder*innen laufend Transparenz über alle erfolgskritischen Themen herstellen können, unerwünschte Abweichungen und Probleme rechtzeitig bemerken und ihr Vorgehen so schnell wie möglich an neue Entwicklungen anpassen können. Diese drei Aspekte – *Transparenz*, *Überprüfung* und *Anpassung* – werden auch die *empirischen Scrum-Säulen* genannt.

Und deswegen wirst du als Product Owner*in an vielen Stellen Feedback geben, Feedback bekommen und Feedback weitergeben – als individuelle Rückmeldung an einzelne Personen, als Einschätzung zu Themen der Zusammenarbeit und natürlich als Erkenntnisse zum Produkt. Hier ein paar Beispiele:

- Du gibst während des Sprints laufend Feedback, ob Anforderungen zufriedenstellend umgesetzt werden.
- Du erforschst, wie Kundschaft und Nutzende dein Produkt nutzen und bewerten, und nimmst dieses Feedback in Form von neuen Anforderungen in dein Product Backlog auf.
- Du bekommst Feedback aus dem Stakeholder*innen-Umfeld, zum Bespiel während des Review Meetings, und gibst Feedback an die Stakeholder*innen zurück, etwa wenn Planungen sich verändern oder Ziele nicht erreicht werden.
- Du beteiligst dich daran, den Arbeitsprozess und die Zusammenarbeit im Scrum Team laufend zu verbessern, indem du deine Bedürfnisse und Beobachtungen in die Retrospektive einfließen lässt.
- Du erhältst täglich Feedback zum Fortschritt, wenn du am Daily teilnimmst.

4.2 Feedback: ehrliche Rückmeldungen für die Weiterentwicklung nutzen

»Kann ich dir mal Feedback geben?« Das ist im Alltag leicht gesagt, aber was genau ist Feedback eigentlich?

Wenn du mit anderen zusammenarbeitest, nimmst du immer wieder Dinge wahr, die wiederum auf dich wirken. Wenn du Feedback gibst, ist das eine Rückmeldung über deine Wahrnehmung an andere. Das heißt, du kannst positives, aber auch kritisches Feedback geben. Aber es sollte immer konstruktiv sein, also so, dass dein Gegenüber es gut aufnehmen kann. Wenn das gelingt, dann ist Feedback ein tolles Mittel für eine kontinuierliche Weiterentwicklung und Verbesserung.

Die Frage »Kann ich dir mal Feedback geben?« wirkt allerdings auf die meisten Menschen erst mal bedrohlich, und unser vegetatives Nervensystem reagiert mit der Ausschüttung von Adrenalin. Wir wollen am liebsten weglaufen. Dieses Verständnis und auch ein gutes Gefühl dafür, was die Rollen von Feedback-Gebenden und Feedback-Nehmenden so mit sich bringen, sind wichtig, damit du Feedback auch konstruktiv nutzen kannst (vgl. Sohnemann, 2017).

Unser Gehirn lernt am besten, wenn positive Gefühle ausgelöst werden. Positives Feedback bewirkt darum mehr als kritisches. Es bringt aber nichts, immer nur positive Rückmeldungen zu geben. Feedback-Empfänger*innen merken nämlich, ob eine Rückmeldung ernst gemeint ist oder nicht. Außerdem müsst ihr auch kritische Themen ansprechen, damit ihr sie angehen könnt. Deshalb ist es wichtig, euer Feedback immer konstruktiv aufzubauen, denn so könnt ihr euch auch gut kritisches Feedback geben. Wertschätzung ist ein Schlüssel dazu. Wichtig für einen guten Feedback-Moment sind deshalb immer: eine angenehme Atmosphäre, eine positive Haltung einzunehmen und vor allem Wertschätzung für das Gegenüber.

Du hast sicherlich bereits ein Bild davon, was deine Stärken und Schwächen sind, und dennoch wird es immer etwas geben, das du nicht sehen kannst. Gerade in der Zusammenarbeit mit anderen entstehen für dich tolle Möglichkeiten, dich weiterzuentwickeln, weil andere dich mit anderen Augen sehen als du dich selbst. Jeder Mensch hat einen blinden Fleck.

Dein blinder Fleck ist wie der tote Winkel beim Autofahren. Du selbst kannst ihn einfach nicht sehen und brauchst jemanden, der dir sagt, was dort zu sehen ist.

Feedback ist dann besonders fruchtbar und nachhaltig, wenn es blinde Flecken aufzeigt (siehe Abbildung 4.2 zum Johari-Fenster). Es ist im ersten Moment natürlich nicht immer angenehm, etwas über sich zu erfahren, das man noch nicht wusste und das man vielleicht auch nicht mag, aber diese Erkenntnisse sind besonders wertvoll, weshalb Feedback auch gerne als Geschenk bezeichnet wird.

Wenn du durch ein Feedback mehr über deine blinden Flecken erfährst (vgl. Abbildung 4.2 zum Johari-Fenster), kann das sehr fruchtbar sein. Vielleicht fühlt es sich auch unangenehm an, etwas über dich zu erfahren, das du noch nicht wusstest, und führt daher erst einmal zu innerer Ablehnung. Feedback wird in diesem Zusammenhang oft als Geschenk bezeichnet: Eine andere Person macht sich Gedanken um deine Wirkung auf sich und nimmt sich die Zeit, dir diese Wirkung zu spiegeln. Wie bei einem Geschenk kann das sehr wertvoll und passend sein. Und wie bei einem Geschenk kann es auch bei einer Einschätzung vorkommen, dass sie nicht passt oder du ihren Wert für dich erst mit der Zeit entdeckst.

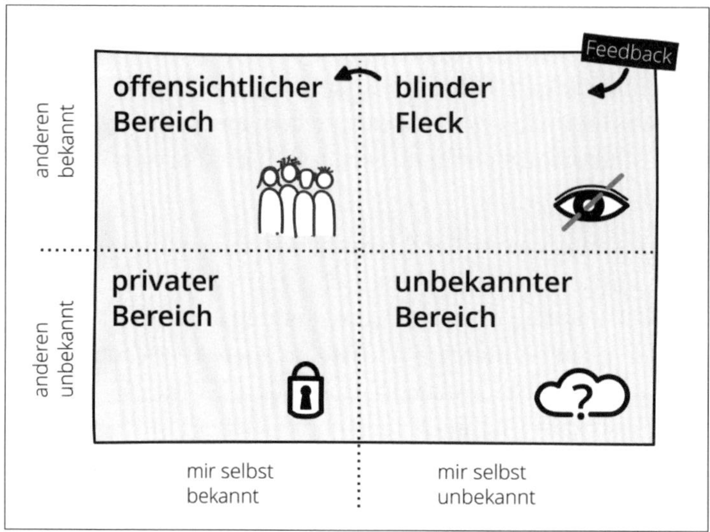

Abbildung 4.2 Das Johari-Fenster (nach Luft & Ingham, 1955) macht deutlich, was blinde Flecken sind.

4.3 Voraussetzungen für gute Feedback-Gespräche

Jetzt, da wir über deine Haltung zum Thema Feedback gesprochen haben, schauen wir uns konkrete Techniken an, die dir helfen, Feedback auf eine gute Weise zu geben. Hier geht es vor allem um das *aktive Zuhören*, um *Fragen und Nachfragen* und die *Ich-Botschaften*. Wie diese Techniken funktionieren, erfährst du hier.

4.3.1 Aktiv zuhören

Aktiv zuhören ist eine einfache Gesprächstechnik, die darauf basiert, das Gehörte in eigenen Worten wiederzugeben und sich dann beim Gegenüber zu versichern, ob der Inhalt so richtig ist. Aktives Zuhören baut Brücken zwischen Gesprächspartner*innen. Es zeigt echtes Interesse, die anderen wirklich verstehen zu wollen, und nimmt hitzigen Diskussionen den Zündstoff.

4.3.2 Fragen und Nachfragen

Fragen und Nachfragen ist die perfekte Ergänzung zum aktiven Zuhören. Diese Gesprächstechnik bietet unendlich viele Möglichkeiten. Sie sorgt dafür, dass ihr gemeinsam ein Thema tiefer ergründen und neue Erkenntnisse gewinnen könnt. Es gibt dafür unterschiedliche Fragetechniken:

»Was gehört noch dazu?« (in die Breite)

»Was genau ist ein Aspekt davon?« (in die Tiefe)

»Was würde ein*e Expert*in/Nutzer*in/Bekannte*r dazu sagen?« (andere Perspektive)

Deine Fragen sind dabei immer offen gestellt und vor allem: ernst gemeint! Wer fragt, sollte auch etwas erfahren wollen und ernsthaft wissbegierig sein.

Aktiv zuhören aus neurowissenschaftlicher Sicht

Unser Gehirn ruft, evolutionär bedingt, als Reaktion auf Reize von außen (was wir hören, sehen, mitfühlen) Informationen aus dem Gedächtnis ab. Sie sollen uns helfen, unsere Wahrnehmung einzusortieren und zu bewerten. Wir Menschen versuchen, mit diesen Informationen eine angemessene Reaktion zu entwickeln. Das geschieht natürlich alles sehr schnell und automatisiert, denn früher war langes Nachdenken gefährlich und verbrauchte wichtige Energieressourcen.

Diese inneren Abläufe nutzen wir, wenn wir mit anderen sprechen. Wir wollen nicht lange darüber nachdenken, was das Gegenüber gesagt hat, sondern deuten zeitgleich Tonfall, Inhalte, Gesichtsausdruck und Körperhaltung sowie den sozialen Status und eine Reihe anderer Signale, die wir aufnehmen. Daraus setzt sich unsere Wahrnehmung und die daraus folgende Bewertung und Reaktion auf das Gesehene/Gehörte/Empfundene zusammen.

Wenn wir eine Unklarheit oder eine Frage mit uns herumtragen, findet die »innere« Lösungssuche meist in einem sehr kleinen und begrenzten Bereich des Gehirns statt. Große Areale des Gehirns, in denen sich die Antwort verbergen könnte, werden nicht genutzt oder nicht angesprochen. Vor allem dann nicht, wenn wir unter Stress stehen oder Angst haben.

Antworten oder Lösungen finden wir meistens, wenn wir unseren Kopf freimachen (»die gute Idee auf dem Spaziergang«), oder wenn wir aussprechen, was uns bewegt.

Aktiv zuhören und *Fragen und Nachfragen* sind Gesprächstechniken, die es dir ermöglichen, das automatisierte »Scannen« deines Gegenübers zu unterbrechen und bewusster hinzuhören, um herauszufinden, was die wirkliche Botschaft ist. Sie können dich davor schützen, dir ein vorschnelles Urteil zu bilden.

Erst wenn du durch zusätzliche Informationen von außen (was sehen, hören, mitfühlen) das Anliegen von anderen so erfasst hast, wie es gemeint ist, kannst du dich mit der Lösung beschäftigen.

Diese Herangehensweisen ermöglichen eine zugewandte Gesprächsführung und einen Kontakt »auf Augenhöhe«. Außerdem lernst du und lernen dein*e Gesprächspartner*innen viel übereinander und über euch selbst.

4.3.3 Ich-Botschaften

Mit *Ich-Botschaften* kannst du auf eine bestimmte Art und Weise dein Feedback formulieren. Dahinter steht das Prinzip, dass man andere nicht verändern kann und dass jedes Feedback, das du gibst, etwas mit dir selbst zu tun hat. Die Ich-Botschaften helfen dir dabei, in einer Feedback-Situation bei deiner eigenen Wahrnehmung der Situation zu bleiben, und bewahren dich so vor Vorwürfen oder Schuldzuweisungen, wie dieses Beispiel verdeutlicht (vgl. Demarmels, 2019).

Anna kommt die ganze Woche über zu spät zum Daily Scrum. Das nervt Bernd.

Bernd: »Du bist immer zu spät. Alle sind von dir genervt.«

Mit dieser Du-Botschaft erreicht Bernd wahrscheinlich keine gute Zusammenarbeit mit Anna. Er klagt sie an, verallgemeinert (*immer, alle*), und er drängt sie damit in die Ecke. Stattdessen könnte er auch eine Ich-Botschaft nutzen:

Bernd: »Die letzten vier Tage bist du jeweils erst um 9.15 hier gewesen. (Beobachtung)

Wir haben unser Daily um 9.00 Uhr. Wenn du zu spät kommst, bin ich anschließend für meine nächste tägliche Sitzung um 9.30 im Nebengebäude auch zu spät. (Wirkung auf sich selbst)

Dann schäme ich mich.« (eigene Gefühle)

Mit dieser Ich-Botschaft bleibt Bernd bei sich selbst. Er klagt Anna nicht an, sondern erklärt, warum es für ihn wichtig ist, dass sie morgens pünktlich da ist. Mit dieser Formulierung wird es viel wahrscheinlicher, dass Anna bereit ist, mit Bernd gemeinsam nach einer Lösung zu suchen. Er könnte dies durch folgende Frage initiieren:

Bernd: »Was können wir tun, um diese Situation künftig zu vermeiden?«

Tipp: Training in gewaltfreier Kommunikation

Noch einen Schritt weiter geht die *gewaltfreie Kommunikation* nach Marshall Rosenberg (vgl. Rosenberg, 2012). Dort besteht der Kommunikationsprozess aus vier Schritten (Beobachtung, eigene Gefühle, daraus folgende Bedürfnisse, Bitte). Sofern du aber gerade mit Feedback-Techniken startest, kommst du mit den Ich-Botschaften für den Anfang wahrscheinlich besser zurecht. Wenn du und dein Team euch aber auch für das Thema gewaltfreie Kommunikation interessiert, könnt ihr gemeinsam ein Training (meist ca. drei Tage) besuchen.

4.4 Feedback-Regeln

Instrumente wie das aktive Zuhören, Fragen und Nachfragen und Ich-Botschaften verbessern eure Zusammenarbeit. Denn: Nur wenn ihr gemeinsam an euch arbeitet, könnt ihr euch weiterentwickeln.

Zusätzlich zu den drei Techniken stellen wir dir noch einige andere hilfreiche Methoden für das Geben und Nehmen von Feedback vor (vgl. Demarmels, 2019).

4.4.1 Regeln zum Feedback-Geben

1. Gib nur Feedback, wenn dein Gegenüber das Feedback in dem Moment auch auf- und annehmen kann. Ansonsten ist es nicht hilfreich und schadet vielleicht sogar. Beispielsweise ist es in einer Stresssituation meist nicht hilfreich, direkt Feedback zu erhalten. Verschiebe dein Feedback und biete es ein paar Stunden später oder am nächsten Tag an. Allzu lange solltest du damit aber nicht warten, weil sich die Erinnerung an die konkrete Situation sonst schnell verlieren kann.
2. Dränge dein persönliches Feedback niemandem auf, sondern biete es an. Schaffe dazu eine positive Grundstimmung in vertrauensvoller Umgebung. Mache deutlich, aus welcher Rolle heraus du das Feedback gibst. Es macht beispielsweise einen Unterschied, ob wir Feedback von einer vorgesetzten Person erhalten oder von Peers, von Außenstehenden oder von Menschen, mit denen wir uns in irgendeiner Weise verbunden fühlen. Gibst du dein Feedback aus der Perspektive des*der Product Owner*in? Oder als Teammitglied? Oder einfach als Mensch?
3. Sprich die Person direkt an und formuliere dein Feedback in Ich-Botschaften. Beziehe dich dabei auf konkrete Beobachtungen. Vermeide es, konkrete Anweisungen zu geben und das Verhalten zu bewerten, zu be- oder gar zu verurteilen. Formuliere deine Rückmeldung also möglichst neutral.
4. Und: Beziehe dich bei Feedback auf die Person nur auf veränderbares Verhalten. Es nützt beispielsweise nichts, jemandem das Feedback zu geben, dass die Person zu klein oder zu groß ist. Denn dies kann sie nicht ändern.

4.4.2 Regeln zum Feedback-Nehmen

Auch zum Annehmen von Feedback gibt es einige Regeln. Sie können dir helfen, Feedback konstruktiv zu nutzen.

1. Wenn dir jemand Feedback anbietet, Versuche offen dafür zu sein. Frage interessiert nach, um wirklich zu verstehen, was in dem Feedback drinsteckt.
2. Das Feedback enthält immer den persönlichen Eindruck deines Gegenübers. Du musst dich dafür nicht rechtfertigen, und ihr müsst darüber auch nicht diskutieren. Je mehr Feedback von verschiedenen Menschen du erhältst, desto unterschiedlicher wird es insgesamt ausfallen. Was die einen besonders gut finden, wirkt auf andere vielleicht nicht gut. Nimm das Feedback deshalb einfach erst mal an.
3. Wichtig ist, dass du Verständnisfragen stellst, wenn etwas noch unklar ist. Nur wenn du das Feedback verstehst, kannst du auch etwas damit anfangen. Du kannst also nachfragen, wenn du den Ausführungen nicht folgen kannst (zum Beispiel »Was genau meinst du mit ...«).
4. Bedanke dich für das Feedback und zeige Wertschätzung dafür. Vielen Menschen fällt es nicht leicht, ehrliches Feedback zu geben. Durch eine positive Grundhaltung kannst du sie dazu ermuntern, dir auch weiterhin Rückmeldungen zu geben.
5. Und schließlich: Die Verantwortung für dein persönliches Verhalten bleibt bei dir. Du hast eine Rückmeldung zu deiner Wirkung auf eine andere Person erhalten. Überlege dir in Ruhe, was du damit machen möchtest. Es kann sein, dass du einen blinden Fleck gefunden hast und dass du etwas an deinem Verhalten verändern möchtest. Es kann aber auch sein, dass du zu dem Schluss kommst: Ich weiß jetzt, dass das auf manche Menschen nicht gut wirkt, aber das nehme ich in Kauf.

4.5 Der Feedback-Canvas

Wenn es noch neu für dich ist, anderen Feedback zu geben, oder ihr gerade erst damit begonnen habt, kann es hilfreich sein, wenn du deine Rückmeldungen mithilfe eines *Feedback-Canvas* (siehe Abbildung 4.3) strukturierst.

Ein Feedback-Canvas ist ein Sammelraster, mit dessen Hilfe du die verschiedenen Aspekte einer gut formulierten Rückmeldung zusammenstellen kannst. Er hilft dir, dich bei deiner Rückmeldung auf beobachtbares (und damit veränderbares) Verhalten zu fokussieren und konstruktive, überprüfbare Vorschläge zu machen (vgl. Demarmels, 2022a). Dazu beantwortest du nacheinander die folgenden Fragen:

1. Welches Ziel möchtest du mit deinem Feedback erreichen? Welche Ziele verfolgt wohl die Person, der du Feedback geben möchtest? Habt ihr auch gemeinsame Ziele? Wie könnten die aussehen? Was ist euer kleinster gemeinsamer Nenner?
2. Was veranlasst dich dazu, Feedback zu geben? Welches Verhalten fällt dir auf? Was für Ergebnisse aus diesem Verhalten hast du im Blick?
3. Welche Auswirkungen entstehen daraus? Wie fühlst du dich damit? Welche Auswirkungen hat das auf eure gemeinsamen Ziele?
4. Was könnte die Zusammenarbeit verbessern?
5. Woran kannst du eine erfolgreiche Veränderung erkennen? Bis wann könnte diese eintreten?
6. Habt ihr die gesetzten Ziele zum bestimmten Zeitpunkt erreicht? Hat sich möglicherweise das Ziel verändert, und braucht es darum weitere Anpassungen?

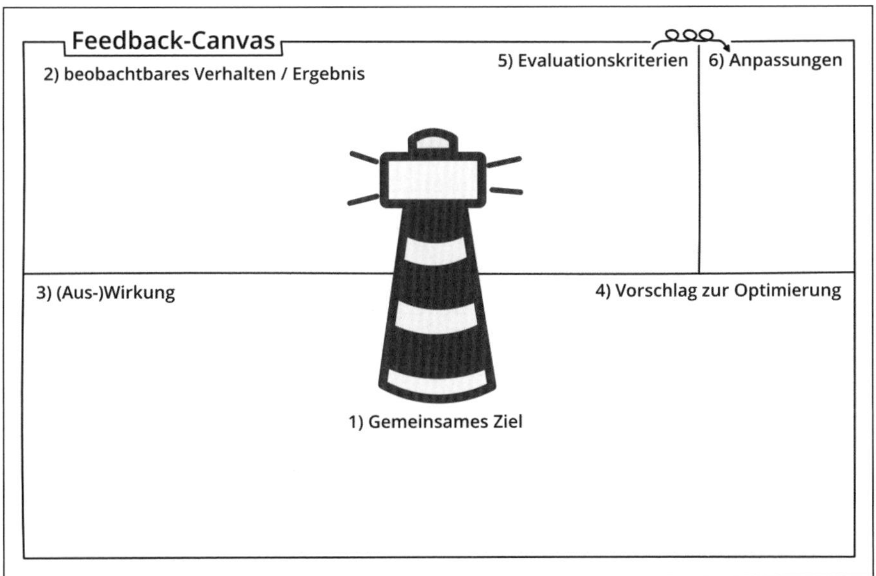

Abbildung 4.3 Der Feedback-Canvas zur strukturierten Vorbereitung von Feedback-Gesprächen (nach Demarmels, 2022a)

Mit der letzten Frage wird die Aufmerksamkeit auf die Entwicklung nach dem Feedback-Gespräch gerichtet. Schließlich sollen die Rückmeldungen eine Veränderung ermöglichen. Deswegen kann es sinnvoll sein, das Gespräch als Teil eines Verbesserungsprozesses zu sehen und den Verlauf von Rückmeldung und Verbesserung im Auge zu behalten.

4.6 Vom Umgang mit Feedback und Fehlern

Und jetzt kommt der Knackpunkt: Die Art und Weise, wie du als Product Owner*in mit Feedback umgehst, prägt, wie gut es euch als Team gelingt, Transparenz herzustellen, Probleme rechtzeitig anzusprechen und Anpassungen vorzunehmen.

Vielleicht hast du selbst schon mal erlebt, wie es ist, wenn ein Umfeld von ständiger Kritik, Vorwürfen, Schuldzuweisungen und unangemessen persönlichen Kommentaren geprägt ist. Dann nämlich machen sich schnell Angst, Bauchweh und Schweigen breit. Niemand ist bereit, Fehler offen einzugestehen, im schlimmsten Fall werden sie sogar vertuscht. Führungskräften und Stakeholder*innen werden wichtige Informationen nur geschönt oder gar nicht zu Verfügung gestellt. Menschen igeln sich ein, und die Arbeitsatmosphäre ist von Unsicherheit und Misstrauen geprägt. In so einem Umfeld macht Arbeit keinen Spaß und auf Dauer auch krank oder unglücklich. Lernen ist dort praktisch unmöglich. Auch deswegen wird in agilen Zusammenhängen gern betont, dass zum Beispiel Scrum nur mit der »richtigen Haltung« funktioniere oder man nach den »agilen Werten handeln müsse«. Das sagt sich so leicht, denn Haltung und Werte sind nichts, was sich einfach einschalten oder umprogrammieren lässt. Im Gegenteil, sie entstehen – genau wie ein innovatives Produkt – Schritt für Schritt aus vielen Wissensspiralen, die Menschen miteinander durchlaufen. Und damit kommst du und kommt dein Verhalten ins Spiel, insbesondere dann, wenn die Dinge nicht optimal laufen.

Jeder Sprint und jedes Experiment, das ihr während eines Sprints macht, wird dir neue Informationen liefern. Gerade wenn etwas nicht so läuft wie geplant, kann euch das richtig weiterbringen!

In diesem Buch sprechen wir ganz bewusst nicht von Fehlerkultur, sondern nutzen den englischen Begriff *Error Culture*. Damit ist ein konstruktives Lernen aus Irrtümern gemeint. In der deutschen Sprache wurde der Begriff leider mit »Fehlerkultur« übersetzt, wodurch Fehler und Irrtümer nicht sauber voneinander getrennt werden. Was meinen wir damit?

Dem Entwicklungsteam und dir werden *Irrtümer* unterlaufen. Das ist ganz normal und gehört zum Lernprozess dazu. Aufgrund der Dinge, die ihr beobachtet und lernt, stellt ihr Annahmen darüber auf, wie etwas zukünftig funktioniert. Für jedes Experiment stellt ihr daher eine Hypothese auf und überprüft sie im Verlauf des Experiments. Mal stützen die Ergebnisse eures Experiments die Hypothese, und manchmal müsst ihr eure Hypothese wieder verwerfen, da euer Experiment sie nicht bestätigt hat. Ihr habt euch dann geirrt und wieder etwas über euer Produkt oder eure Arbeitsweise gelernt. Damit gut umzugehen und gescheiterte Hypothesen produktiv zu nutzen, ist ein wichtiges

Element des agilen Lernens. Ihr könnt euch vor Irrtümern nicht schützen, sie gehören einfach zu eurer Arbeitsweise dazu.

Echte *Fehler* werden euch seltener begegnen. Fehler passieren, wenn es bereits einen geebneten Weg gibt und somit eine Regel oder eine festgelegte Vorgehensweise existiert. Diese sind allen bekannt und alle kennen den Konsens: »Das machen wir hier bei uns so!« Diese Regeln können Standardarbeitsanweisungen sein oder Grundsätze bei der Programmierung, auf die ihr euch geeinigt habt. Hält sich eine Person nicht daran, dann ist das ein Fehler. Echte Fehler versuchen natürlich alle im Team zu vermeiden. Dennoch ist es menschlich, dass sie passieren. Ein wichtiger Teil eurer Qualitätssicherung ist es, dafür zu sorgen, dass sie möglichst nicht vorkommen, oder Mechanismen dafür zu finden, dass sie vermieden werden. Dadurch, dass alle sich an die vereinbarten Regeln halten, könnt ihr euch vor Fehlern schützen.

Sowohl Fehler als auch Irrtümer werden euch begegnen. Wichtig ist der richtige Umgang damit, deshalb solltest du auch deinen Stakeholder*innen den Unterschied zwischen beidem vermitteln, damit nicht der Eindruck entsteht, ihr würdet fehlerhaft arbeiten, während ihr nützliche Experimente reflektiert (vgl. Sierralta, 2019).

4.7 Lernmomente gestalten

In einem agilen Team dient Feedback nicht nur dazu, persönliche Verhaltensweisen oder Aspekte der Zusammenarbeit zu besprechen. Es ist auch eine Möglichkeit, gemeinsam mehr darüber zu lernen, wie das Produkt, das ihr zusammen entwickelt, funktioniert und in welche Richtung es sich weiterentwickeln kann und sollte. Dabei bewähren sich verschiedene Ansätze, die du mit dem Entwicklungsteam, mit eurer Kundschaft und euren Nutzenden oder auch im Kreise der Stakeholder*innen anwenden kannst.

4.8 Impulse im Entwicklungsalltag aufgreifen

Du lernst zusammen mit dem Entwicklungsteam euer Produkt mit der Zeit immer genauer kennen, indem ihr gemeinsam herausfindet, was geht und was nicht geht. Während ihr das tut, erkennt ihr, wie ihr besonders gut zusammenarbeiten könnt, um euer Produkt auszubauen und seinen Wert zu steigern. Die Entwickler*innen lassen diese Ideen zur Wirklichkeit werden. Deshalb entwickelt ihr euch gemeinsam stetig weiter, indem ihr offen und zeitnah ansprecht, was (noch) nicht gut läuft oder was definitiv schiefgelaufen ist. Das klingt erst mal selbstverständlich, ist es aber nicht. Im Arbeitsalltag gehen solche Themen oft unter, oder ihr gewöhnt euch an bestehende Umstände. Irgendwann merkt ihr vielleicht, dass etwas nicht gut läuft, könnt aber nicht mehr klar definieren, was die Ursache ist. Dabei liefern solche Themen aus dem Team oft Hinweise und Rückschlüsse in Bezug auf die Qualität oder Effektivität deiner Arbeit.

Erinnerst du dich noch an den Auszug aus dem Scrum Guide zu deiner Aufgabe aus Kapitel 1? Es ist deine Aufgabe, die anstehende Arbeit für ein komplexes Problem in ein sogenanntes Product Backlog einzusortieren und die Arbeit anzupassen, sobald du durch Überprüfung, beispielsweise im Review Meeting, etwas Neues lernst. Diese Überprüfung kann über das Review hinaus auch in der Retrospektive stattfinden, auf die wir in Kapitel 13, »Auf eine gute Zusammenarbeit! Die Retrospektive«, noch näher eingehen werden.

Noch wichtiger ist es aber, dass du die tägliche Arbeit mit und jede Information aus dem Entwicklungsteam nutzt, um eure (Zusammen-)Arbeit stetig zu verbessern. Wie bereits erwähnt, ist es das Entwicklungsteam, das dein Produkt zum Leben erweckt. Es arbeitet sich in die Thematik ein und beschäftigt sich mit der Umsetzung. Das bedeutet, alle Teammitglieder müssen dich und deine Gedanken wirklich verstehen. Genauso musst du aber auch sehr aufmerksam sein, wenn es bei der Umsetzung ruckelt oder du Rückmeldungen aus dem Entwicklungsteam erhältst. Wir betonen das an dieser Stelle, weil im täglichen Miteinander sehr oft wichtige Informationen verloren gehen (siehe dazu auch Abschnitt 6.1, »Verständlichkeit und Verständigung herstellen«).

4.8.1 Mit Fragen lenken, was andere denken

Du musst als Product Owner*in nicht alles beantworten können. Aber du solltest bereit sein, alles zu fragen. Denn Fragen sind ein mächtiges Entwicklungswerkzeug. Sie decken auf, was unbekannt ist. Sie bringen Klarheit, wo Intransparenz herrscht. Sie ermöglichen es, neue Impulse zu entdecken und innovative Richtungen einzuschlagen. Und sie geben dir die Möglichkeit, zu beeinflussen, worüber andere – das Entwicklungsteam, eure Kundschaft, euer Umfeld – nachdenken sollen, damit euer Produkt sich weiterentwickeln kann. Du kannst mit Fragen auch beeinflussen, wie tief ihr einem Thema auf den Grund geht und welche Perspektiven ihr dabei berücksichtigt.

Tipp: Zum Nachdenken anregen

Kennst du das, wenn dich jemand fragt: »Was wünscht du dir zum Geburtstag?« und du richtig lange überlegen musst?

Es sollte immer dein Ziel sein, diesen Effekt zu erzielen. Wenn du es schaffst, dass dein Team richtig nachdenken muss, weil es sich über diese eine Frage noch keine Gedanken gemacht hat, dann seid ihr vielleicht wirklich an etwas Neuem dran.

Vielleicht fällt es dir schwer, so lange zu warten, bis dein Gegenüber eine Antwort auf deine Frage hat. Ich empfehle dir sehr, abzuwarten, auch wenn dir die Zeit ewig vorkommt. Wenn du voreilig eine andere Frage stellst oder etwas sagst, um die Stille zu beenden, unterbrichst du den Denkprozess, und entscheidende Gedanken können verloren gehen oder werden gar nicht erst gedacht.

Eine denkbar einfache Fragetechnik, die dir weiterhelfen kann, ist das *Plussing* (aus dem Englischen von *plus* – im Sinne von addieren – abgeleitet). Sie stammt aus dem Animationsfilmstudio Pixar. Dabei suchst du nach Schwachstellen und verbindest sie mit einem Verbesserungsvorschlag. Die Methode *+/Δ* (gesprochen *plus-delta*), die viele Teams in Retrospektiven verwenden, funktioniert nach diesem Prinzip (Derby & Larsen, 2006):

- Was war gut – was sollten wir unbedingt beibehalten?
- Was war nicht so gut – wie genau könnten wir es verbessern?

4.8.2 Warum, warum, warum, warum, warum?

Die Methode *5-Why* ist eine bewährte und leicht anzuwendende Fragetechnik aus dem Qualitätsmanagement (Ohno, 1988). Sie dient dazu, den Ursachen von Fehlentwicklungen auf die Spur zu kommen. Durch das Ergründen immer tieferer Ebenen eines Sachverhalts wird es dir mit der Methode möglich, den wirklichen Ursprung eines Problems oder einer bestimmten Situation zu ergründen. Das hilft dir dabei, nicht nur Symptome zu bearbeiten, sondern deren Ursachen zu beheben. Außerdem musst du nicht alle Zusammenhänge gleichzeitig erfassen, sondern kannst sie in Häppchen erarbeiten. Und das geht so:

1. Du identifizierst mit dem Entwicklungsteam ein Thema oder ein Problem. Um herauszufinden, was wirklich dahintersteckt, schreibst du es auf ein Post-it. Daneben notierst du die Warum-Frage dazu.
2. Jetzt findet ihr gemeinsam die Antworten auf die Frage. Ihr schreibt die Antworten darunter und formuliert direkt dazu wieder die Warum-Frage. Das Ganze wiederholt ihr etwa fünfmal hintereinander (siehe Abbildung 4.4). Je nach Komplexität des Themas benötigt ihr auch noch mehr Runden. Frage so lange nach, bis du das Gefühl hast, am Kern des Problems angekommen zu sein.

Das folgende Beispiel zeigt, was sich hinter einem einfachen »Hier läuft was nicht gut.« verbergen kann, und bietet gleich eine Handvoll von Ansatzpunkten zur Problemlösung:

»Die Story braucht länger als geplant.«

»Warum?« – »Die Fachabteilung hat keine Zeit.«

»Warum?« – »Sie haben dort anderes zu tun.«

»Warum?« – »Sie mögen uns nicht besonders. Sie finden, wir arbeiten nicht sehr weitsichtig.«

»Warum?« – »Wir haben im Vertrag keine Angaben zur Datenverarbeitung eingebaut.«

»Warum?« – »Haben wir vergessen. Es war nicht in der Vorlage enthalten.«

»Warum?« – »Uns fehlt das Fachwissen.«

Das Beispiel zeigt zugleich, dass die Anzahl der Warum-Fragen nur willkürlich auf fünf gesetzt ist. Mit der letzten der oben genannten Fragen seid ihr noch nicht am Ziel. Die Warum-Fragen können beliebig lange weitergestellt werden. Ihr werdet aber an Punkte kommen, an denen ihr mit Maßnahmen effizient eingreifen könnt, beispielsweise mit einem Thema für die Retrospektive (z. B. »Wie können wir nächstes Mal besser mit Verträgen umgehen?«), mit einer Schulung zu einer bestimmten Sache, bei der ihr euch zu wenig auskennt, oder mit einer konkreten Frage, die ihr jemandem in der Organisation stellen könnt (z. B. »Was haben wir für Fachpersonen, die uns in dieser Sache beraten können?«).

Gleichzeitig zeichnet sich hier ab, dass die Ursache, die wahrscheinlich zum Vorschein kommen wird, sich nicht nur auf die Ausgangsfragen (Verzögerungen) auswirkt. Vermutlich geht das Team auch anderen Herausforderungen aus dem Weg, wenn es nicht über das entsprechende Fachwissen verfügt. Auch solche Erkenntnisse tragen dazu bei, sich auf Maßnahmen festzulegen, die das Team weiterbringen.

Aus unserem Erfahrungsschatz: Ursachen müssen nicht sachlich sein

Wir tendieren oft dazu, am Arbeitsplatz die Beziehungsebene auszuschließen. Die Arbeit mit Teams zu Alltagsproblemen führt oft aber genau emotionale Konflikte an die Oberfläche. Ich habe einmal mit einem Scrum Team einen Workshop zur besseren Verständigung gemacht. Ausgangslage war: »Wir haben so viele Leerläufe.« Die erste Warum-Frage brachte uns auf die Spur: »Weil wir so viele Missverständnisse haben.« Die zweite Warum-Frage brachte hervor: »Weil nicht alle im Team die korrekten Begriffe und Mechanismen aus Scrum kennen.« Schon mit der dritten Warum-Frage kam dann aber der Richtungswechsel: »Weil nicht alle eine Scrum-Schulung hinter sich haben.« Ab hier waren wir dann einem anderen Thema auf der Spur: »Warum?« – »Weil manche im Team sich zu gut vorkommen, um eine Schulung zu absolvieren.« So kamen wir darauf, dass es in diesem Team vor allem am Willen mangelte, gut zusammenzuarbeiten. Das Entwicklungsteam hatte kein Vertrauen zur Product Ownerin, und weil der Scrum Master Hinweise auf dieses Problem in der Vergangenheit nicht ernst genug genommen hatte, war das Entwicklungsteam auf eine andere Strategie übergegangen und versuchte unbewusst, damit auf die Problematik aufmerksam zu machen.

Tatsächlich greift die 5-Why-Methode nicht nur zu kurz, wenn es um die genau fünf Fragen geht, die manchmal gar nicht ausreichen, um der Ursache auf den Grund zu gehen. Oftmals gibt es nämlich mehr als eine Antwort auf eine Warum-Frage, und die Ursache kristallisiert sich nicht schön linear und als eine einzige Herausforderung heraus.

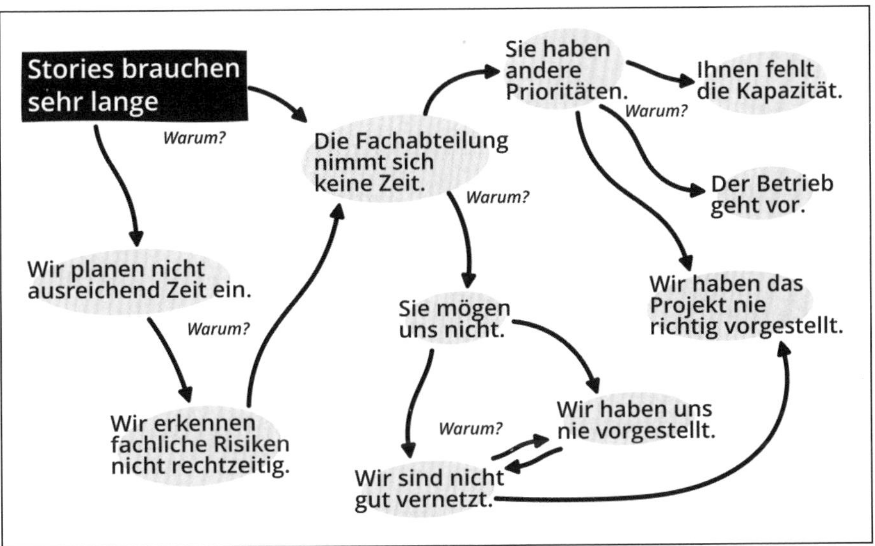

Abbildung 4.4 Netzwerk aus Fragen und Antworten zur Erforschung von mehrschichtigen Problemen

Auch auf die Frage, warum denn die Story länger braucht als geplant, haben sich verschiedene Antworten ergeben, die nicht unbedingt linear zusammenhängen. Die Abbildung veranschaulicht, dass Antworten in verschiedene Richtungen gehen können, dass sich der Kreis auch wieder schließen kann und dass die Antworten nicht unbedingt auf ein einziges Ziel hinführen. Es gibt nicht eine Lösung, sondern es gibt mehrere Ansätze. Auch diese lassen sich nun iterativ angehen.

Die Grundidee der Methode bleibt hilfreich: Wir versuchen, Ursachen zu Problemen herauszuschälen, ohne dass wir uns mit der erstbesten Antwort zufriedengeben.

4.8.3 Das Worst-Case-Szenario

Du und dein Team, ihr könnt keine Entscheidung treffen, weil diffuse Bedenken im Raum stehen, und ihr verliert euch in Grundsatzdiskussionen? Dann kann dir folgende Übung helfen. Sie ist im Grunde ganz einfach und ergibt sich im besten Fall spontan in einem Gespräch mit deinem Entwicklungsteam. Ausgangspunkt ist die Frage: *»Was kann im schlimmsten Fall passieren?«*

Menschen neigen oft dazu, unbewusst Angst vor den Folgen ihrer Entscheidungen zu haben. Da wir uns die Folgen allerdings selten sehr konkret vor Augen führen, bleibt es meist eine diffuse Angst. Gegen diffuse Ängste kommen wir nur schwer an, weil sie nicht greifbar sind. Wir können so auch nichts aus ihnen lernen und uns nicht weiterentwickeln. In dieser Übung geht es daher schlichtweg darum, sich bewusst zu machen, was im schlimmsten Fall passieren kann, die Erlaubnis zu schaffen, entsprechende Sorgen anzusprechen, und gemeinsam einen Umgang damit zu finden.

Diese Vorgehensweise ist bekannt dafür, schnell aufzuzeigen, dass die Folgen meist nicht so schlimm sind, wie wir insgeheim denken. Oft verfliegt die Angst allein deshalb schon, weil wir darüber sprechen können, und das Szenario verliert seinen Schrecken. Ihr könnt aus den Ergebnissen gemeinsam neue Schlüsse ziehen und habt, ohne es zu merken, an Mut gewonnen und etwas gelernt.

Immer dann, wenn ihr in Diskussionen über weitere Vorgehensweisen verfallt, kannst du diese Frage stellen: *Was kann im schlimmsten Fall passieren?*

Wichtig ist, dass du daraufhin konkrete Antworten einforderst. Beginne gemeinsam mit deinem Entwicklungsteam, indem ihr ein Mini-Brainstorming macht und euch kreative *Worst-Case-Szenarien* ausdenkt. Dabei darf (und sollte) auch gelacht werden.

4.8.4 Hopes and Fears

Du hast das Gefühl, es gibt Hoffnungen oder Bedenken im Team, die euch hindern, freie Entscheidungen zu treffen und euch offen auszutauschen, oder ihr wollt etwas über eure Beweggründe lernen? Dann kannst du diese Übung ausprobieren. *Hopes and Fears* ist eine Methode, mit der du einen Raum dafür schaffen kannst, Hoffnungen und Befürchtungen offenzulegen und darüber zu sprechen.

Mit jeder Herausforderung und jeder Entscheidung, die ihr im Projekt trefft, hängen für jede*n von euch Hoffnungen, aber auch Befürchtungen zusammen. Leider bleibt im Alltag oft wenig Zeit, um diese auszusprechen. Nutze diese Methode mit deinem Entwicklungsteam und lade dazu ein, in den Austausch zu kommen. Es wird mit der Zeit nicht nur zur Normalität, dass ihr euch damit kontinuierlich selbst reflektiert, sondern ihr lernt auch noch jede Menge übereinander und über eure Motivation. Außerdem findet ihr mit der Zeit heraus, welche eurer Hoffnungen und Befürchtungen eingetreten sind und welche nicht.

Erstelle dazu eine Pinwand oder ein digitales Board mit zwei Spalten. Eine Spalte erhält die Überschrift »Hoffnungen«, die andere »Befürchtungen«. Diese Wand kann nun euer ständiger Begleiter werden. Jede*r von euch kann, wann immer etwas da ist, zu aktuellen Themen Hoffnungen und Befürchtungen auf die Wand bringen. Schreibt dazu einfach das Thema und eure Hoffnung beziehungsweise Befürchtung auf eine Karte und hängt sie in die dazugehörige Spalte. Die Wand kann Bestandteil eures täglichen Miteinanders werden. Nimm die Hoffnungen und Befürchtungen, die sich auf eure inhaltliche Arbeit beziehen, mit ins Review Meeting. Dort schaut ihr, wie ihr euren Entwicklungsweg weiter gestalten könnt, um auf sie zu reagieren.

Tipp: Offenheit zahlt sich aus!

Menschen sprechen Hoffnungen und Befürchtungen meist nicht aus. Deshalb wissen sie oft selbst nicht, welche Hoffnung oder Befürchtung sie gerade antreibt. Sie sind allerdings ausschlaggebend für unsere Entscheidungsfindung. Reflektieren wir sie nicht, sind unbewusste Entscheidungen die Folge.

Wenn du es schaffst, das zu ändern, also dich selbst und auch dein Entwicklungsteam dazu bringst, offen über Hoffnungen und Befürchtungen zu sprechen, könnt ihr in der Produktentwicklung darauf eingehen, indem ihr bewusst Experimente gestaltet, weil ihr euch im Klaren seid über eure Hoffnungen und Befürchtungen.

Tipp: Lernen im komplexen Umfeld mit LEGO® SERIOUS PLAY®

Immer wieder gibt es Fragestellungen, in denen es nicht wirklich ein richtig oder falsch gibt, sondern vielmehr ein großes Spielfeld der Möglichkeiten und Eventualitäten, die ihr erkunden müsst, zum Beispiel:

- Wie sieht euer Produkt- und Projektumfeld aus? Welche Akteure finden sich dort, und wie werden sie sich wohl verhalten?
- Welche Aspekte beeinflussen eure Produktarchitektur? Wie hängen diese miteinander zusammen, und was passiert, wenn sie sich verändern?

Diese Art von Fragen eint, dass es weniger darum geht, jetzt eine konkrete Antwort zu finden. Das geht in der Regel überhaupt nicht. Es geht darum, herauszufinden, was eure Möglichkeiten sind und wie ihr euch der Arbeit an diesen Fragen stellen wollt. Die

Methoden aus *LEGO® SERIOUS PLAY®* (*LSP*) bieten in diesem Fall einen gut geeigneten Ansatz, um alle Aspekte und Einflussfaktoren in Form kleiner Lego-Modelle auf den Tisch zu bringen und durchzuspielen, wie sich die Landschaft unter dem Einfluss möglicher Zukunftsszenarien entwickelt und wie ihr damit umgehen würdet.

Die Methode erfordert relativ viel Zeit und möglicherweise eine externe Moderation (für die Methode gibt es eine spezielle Zertifizierung). Aber wenn es darum geht, sich als Team gemeinsam auf eine Strategie zu einigen, kann sie ein hervorragendes Werkzeug sein.

4.8.5 SCAMPER

Iterativ arbeiten heißt auch immer wieder aufs Neue, genau hinzuschauen, was verbessert werden kann und muss. Wenn du dafür euer Produkt mit deinem Team mal aus sieben möglichen Perspektiven beleuchten willst, hilft dir die *SCAMPER-Methode*. Das ist eine Kreativitätstechnik, die in den 1970er-Jahren vom Erzieher Bob Eberle (1996) entwickelt worden ist. Die Buchstaben des Worts SCAMPER sind dabei eine Checkliste für eine Vorgehensweise, mit deren Hilfe du aus einem bestehenden Produkt auf neue Ideen kommen kannst:

- **Substitute**: Ersetze Materialien oder Komponenten.
- **Combine**: Kombiniere Zusatzfunktionen oder integriere Funktionalität.
- **Adapt**: Passe an, verändere Funktionen, verwende Teile anderer Elemente.
- **Modify**: Verändere Größe oder Maßstab oder die Gestalt.
- **Put to another use**: Finde andere Anwendungsbereiche und Verwendungen.
- **Eliminate**: Entferne Komponenten, vereinfache auf Kernfunktionen.
- **Reverse**: Kehre um, finde eine entgegengesetzte Nutzung und stelle auf den Kopf.

SCAMPER eignet sich zur Optimierung von Produkten oder Prozessen. Die Technik ist sowohl sinnvoll, wenn ihr noch am Anfang steht, als auch dann, wenn ihr schon sehr weit seid. Sie hilft dir auch, die rosarote Brille abzusetzen, wenn du schon sehr verliebt in dein Produkt bist, damit du es trotzdem immer weiter verbessern kannst.

Um SCAMPER anzuwenden, benötigst du ca. 90 Minuten mit dem Entwicklungsteam sowie ein gemeinsames (virtuelles) Whiteboard, auf dem ihr arbeiten könnt. Schaut euch gemeinsam euer Produkt oder einzelne Ausbaustufen an.

Geht nun gemeinsam Schritt für Schritt die verschiedenen Perspektiven durch. Du kannst zu jeder Perspektive verschiedene Fragen stellen, die ihr dann beantwortet. Sammelt Antworten und Ideen gemeinsam. In diesem Schritt geht es um Ideenvielfalt und noch nicht um Machbarkeit.

Substitute/Ersetzen	▶ Was können wir ersetzen? ▶ Welche anderen Funktionen könnten wir stattdessen nutzen?
Combine/Kombinieren	▶ Mit welchen Elementen lässt sich unser Produkt sinnvoll weiterentwickeln? ▶ Welche Ideen/Funktionen können wir miteinander verbinden?
Adapt/Anpassen	▶ Was gibt es in einem anderen Kontext, das wir hier verwenden können? ▶ Was kennen wir aus der Vergangenheit, das wir hier nutzen können?
Modify/Modifizieren	▶ Wovon braucht es mehr, wovon weniger? ▶ Welche Merkmale können wir verändern? ▶ Wie wäre unser Produkt, wenn es ganz klein wäre? Wie ganz groß?
Put to another use/ Anders einsetzen	▶ Wofür könnte unser Produkt noch eingesetzt werden? ▶ In welchem ganz anderen Kontext kann unser Produkt von Nutzen sein? ▶ Wie würde unser Produkt in einem anderen Kontext aussehen?
Eliminate/Weglassen	▶ Was würde passieren, wenn wir Elemente rausnehmen würden? ▶ Was ist die Kernfunktion? ▶ Ohne was würde unser Produkt besser funktionieren? ▶ Wie kann die Nutzung des Produkts vereinfacht werden?
Reverse/Neu anordnen	▶ Wie können wir unser Produkt auf links drehen? ▶ Was können wir neu gruppieren? ▶ Welche Abfolge können wir verändern?

Tabelle 4.1 Fragen, die helfen, die SCAMPER-Perspektiven zu erforschen

Gehe am Schluss mit dem Entwicklungsteam alle Antworten erneut durch. Stellt eine Antwort vielleicht schon eine realisierbare Lösung dar? Sammelt alle Antworten, die ihr weiterverfolgen wollt und die euer Produkt voranbringen.

4.8.6 Aufhören

Die größte Hürde ist es oft nicht, mit etwas Neuem anzufangen, sondern mit etwas aufzuhören. Zusätzlich verstärkt sich der Mechanismus des Erhaltens und Fortsetzens, je mehr Zeit und Geld du bereits investiert hast. Deswegen kann es sinnvoll sein, eine Feedback-Runde zu drehen, um herauszufinden, welche neuen Möglichkeiten sich ergeben, wenn ihr etwas weglasst.

How to Stop? ist eine Methode, die ihr regelmäßig anwenden könnt und für die ihr etwas Vorbereitungszeit und eine knackige gemeinsame Stunde benötigt. Ihr diskutiert dabei über Vorgehensweisen oder Produktmerkmale unter dem Gesichtspunkt, ob ihr sie nicht einfach abschafft.

Mit How to Stop? könnt ihr üben, euch von Vorgehensweisen zu lösen, die unsinnig sein könnten. Die Ergebnisse können euch neue Sichtweisen und viele Lernmomente bringen. Zusätzlich habt ihr durch die mutigen Argumente für das Beenden von Themen gelernt, dass es nicht schlimm ist, auch mal »falsch« abzubiegen und danach den Kurs zu korrigieren.

1. Bereitet euch unabhängig voneinander vor, indem ihr euch jeweils ein Thema aussucht, von dem ihr euch vorstellen könntet, es zu beenden. Das kann eine Vorgehensweise in der Arbeitsweise oder ein Produktfeature sein. Ihr müsst dafür nicht gänzlich davon überzeugt sein, dass euer Thema keinen Sinn mehr ergibt. Es geht hier vor allem darum, Denkprozesse anzustoßen.
2. Als Nächstes durchdenkt ihr, warum es absolut keinen Sinn mehr macht, das Thema weiterzuführen, und schreibt eure besten Argumente auf. Dabei dürft ihr erfinderisch und kreativ werden.
3. Nun kommt ihr alle zusammen. Jede*r schreibt das mitgebrachte Thema auf so viele Karten, dass sie für jedes Teammitglied ausreichen. Jetzt startet eine dynamische Session, in der ihr euch in Paaren zusammenfindet. Ziel ist es, dass möglichst alle Paarkonstellationen einmal durchlaufen werden. Jede*r verteilt eine Karte mit dem eigenen Thema an das Gegenüber. Zusätzlich habt ihr alle einen Stift zur Hand.
4. Pro Paarkonstellation gibt es vier Minuten Zeit. In diesen vier Minuten hat jede*r zwei Minuten Sprechzeit, die andere Person hört zu und kann Fragen stellen. Ziel ist es, euer Gegenüber in diesen zwei Minuten davon zu überzeugen, warum das Thema beendet werden sollte. Euer Gegenüber schreibt am Ende der zwei Minuten auf die Karte des Themas entweder »weitermachen«, wenn ihr nicht überzeugend wart, oder »Schluss damit«, wenn eure Argumente gut genug waren.

5. Nachdem ihr alle Paarkonstellationen durchgespielt habt (maximal 20 Minuten), tragt ihr eure Ergebnisse zusammen. Notiert dafür jedes Thema auf einem Flipchart und zählt aus, wie oft für das Weitermachen oder das Beenden des Themas entschieden worden ist.
6. Ergibt sich ein Thema, das ihr beenden oder anders umsetzen wollt? Legt fest, was ihr jetzt umsetzen wollt.

In diesem Abschnitt hast du deinen Werkzeugkoffer mit den wichtigsten Kommunikationstechniken gefüllt, die du als Product Owner*in für Feedbacks und für eine lernende Haltung brauchst. Damit bist du gut vorbereitet für eine deiner Hauptaufgaben: Feedback aus allen Richtungen aufzunehmen und in sinnvolle Anforderungen zu übersetzen.

Kapitel 5
Product Discovery: Raten oder Daten?

Ein Großteil aller Start-ups scheitert in den ersten Jahren. Einer der Hauptgründe ist die mangelnde Nachfrage. Dahinter steckt auch fehlendes Wissen über die Bedürfnisse der Kundschaft und über ihre Kauf- oder Investitionsbereitschaft. Hier hilft nur, ein tiefes Verständnis für die Kundschaft zu entwickeln. Und das gilt nicht nur für Start-ups!

5

Ellen muss schmunzeln. Sie scrollt gerade durch ihr soziales Business-Netzwerk, und ein Kollege hat einen Comic-Streifen mit zwei Bildern gepostet. Auf dem ersten ist ein glückliches Elternpaar zu sehen. Sie betrachten ihr Baby im Babybett und freuen sich daran, was für ein lustiges Tier-Mobile sie anscheinend gerade darüber aufgehängt haben. Das zweite Bild zeigt das Baby und seine Perspektive auf das Mobile: Es schaut eher unzufrieden auf die Hinterteile der Tiere. »Das trifft es genau«, denkt Ellen. »Genauso war das Gespräch heute Morgen mit dem Business.« Das Team dort kennt die Kundenbedürfnisse vermeintlich genau und hätte ihr am liebsten ein 100-Seiten-Lastenheft mit allen Details auf den Tisch gelegt. Ellen schüttelt den Kopf bei dem Gedanken daran. Dabei haben sie im Projekt gerade Zeit und Geld investiert und in Interviews, in Co-Creation-Workshops und mit einer Reihe von User Tests ganz andere Informationen darüber gesammelt, was die Kundschaft wirklich braucht und wofür sie auch bezahlen würde. »Da liegt noch eine Menge Überzeugungsarbeit vor mir.« Ellen klickt auf Gefällt mir. »Und das Bild zeige ich morgen im Review.«

Ellens Beobachtung ist nicht ungewöhnlich. Wie leicht verlieren wir während der Entwicklung aus dem Blick, was Kundschaft und Anwender*innen wirklich brauchen und wofür sie bereit sind, weitere Ressourcen zur Verfügung zu stellen. Gerade wenn sich jemand schon lange intensiv mit einem Sachverhalt beschäftigt, die Kundschaft und den Markt vermeintlich seit 20 Jahren kennt und auch schon viel Feedback zum eigenen Produkt etwa im Service oder Vertrieb bekommen hat, fällt es schwer, dieses Wissen zur Seite zu stellen und das Produkt aus einer völlig anderen Perspektive zu betrachten. Auch Gründer*innen geht es so, wenn die Begeisterung für die eigene Produktidee den klaren Blick auf die Nachfrage und die tatsächlichen Bedürfnisse der Kundschaft verstellt. Laut einer US-amerikanischen Studie (embroker, online) scheitern sogar bis zu 90 % aller Neugründungen in den ersten Jahren. Gut, dass Ellen bereit ist, Zeit und Geld für *Product Discovery* (Produkterforschung) in die Hand zu nehmen und die Ergebnisse in die Entwicklungsarbeit einzubringen. Dazu stehen ihr verschiedene Ansätze und Methoden zur Verfügung, die du in diesem Kapitel kennenlernst.

Das Kapitel beginnt mit einer kurzen Beschreibung dessen, was alles zur Product Discovery gehört und welche Haltung dabei entscheidend ist. Dann lernst du verschiedene Discovery-Methoden kennen, die du für dein Produkt einsetzen kannst, und erfährst, was es bei der Auswertung der Erkenntnisse zu berücksichtigen gilt.

5.1 Was ist Product Discovery?

Die *Product Discovery* ist ein Teilprozess der Produktentwicklung. Sie dient dazu, herauszufinden, was Kundschaft und Anwender*innen wollen und wofür sie bereit sind, entsprechende Ressourcen bereitzustellen. In agilen Vorhaben ist sie ein wesentlicher Teil der Entwicklungsarbeit, stellt sie doch einen wesentlichen Erfolgsfaktor dar: *Unsere höchste Priorität ist es, Kund*innen durch frühe und kontinuierliche Auslieferung wertvoller Software zufriedenzustellen.* (Erstes agiles Prinzip)

Die Product Discovery kann dem Projekt explizit als eigenständige Phase vorgelagert sein, zum Beispiel als *Sprint Zero* oder als *Design Sprint* (siehe auch Abschnitt 5.5, »Design Thinking«). Sie kann als Workshop oder Sprint im Projektverlauf wiederkehren, beispielsweise vor einem Release oder wenn ein Meilenstein erreicht ist. Sie sollte auch immer implizit mitlaufen, etwa als Inspiration für das Refinement oder zur Überprüfung bereits gelieferter Produkt-Inkremente.

Product Discovery umfasst alle Momente, in denen du die Möglichkeiten deines Unternehmens aus Sicht eurer Kundschaft betrachtest und dich mithilfe von verschiedenen Techniken systematisch in ihre Rolle versetzt. Dieser Perspektivwechsel ermöglicht dir,

- zu erfahren, wie Menschen dein bereits bestehendes Produkt (oder einen Prototyp davon) nutzen,
- herauszufinden, welche Aufgaben Menschen gern mit deinem Produkt erledigen würden (die du vielleicht noch gar nicht im Sinn hast),
- ungelöste Probleme deiner Kundschaft zu entdecken, die dein Produkt gegebenenfalls lösen könnte,

- Machbarkeit und Kaufbereitschaft besser einzuschätzen,
- die Alleinstellungsmerkmale deines Produkts besser zu verstehen,
- falsche Vorstellungen von deinem Produkt loszulassen.

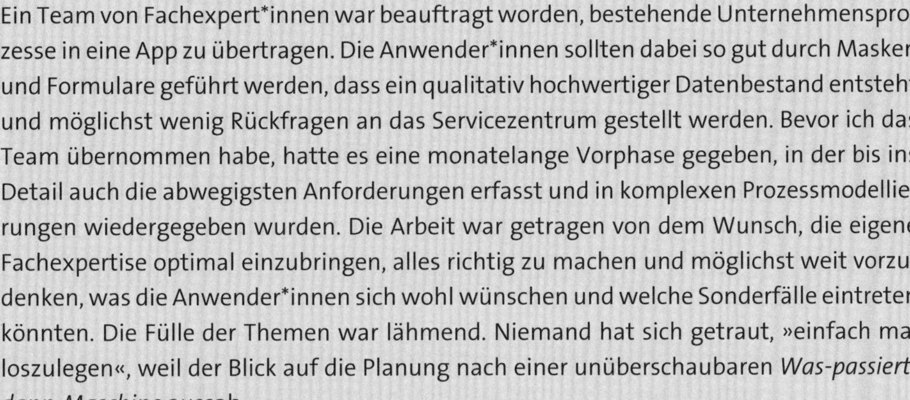

Aus unserem Erfahrungsschatz: Fokus auf die Kundschaft

Ein Team von Fachexpert*innen war beauftragt worden, bestehende Unternehmensprozesse in eine App zu übertragen. Die Anwender*innen sollten dabei so gut durch Masken und Formulare geführt werden, dass ein qualitativ hochwertiger Datenbestand entsteht und möglichst wenig Rückfragen an das Servicezentrum gestellt werden. Bevor ich das Team übernommen habe, hatte es eine monatelange Vorphase gegeben, in der bis ins Detail auch die abwegigsten Anforderungen erfasst und in komplexen Prozessmodellierungen wiedergegeben wurden. Die Arbeit war getragen von dem Wunsch, die eigene Fachexpertise optimal einzubringen, alles richtig zu machen und möglichst weit vorzudenken, was die Anwender*innen sich wohl wünschen und welche Sonderfälle eintreten könnten. Die Fülle der Themen war lähmend. Niemand hat sich getraut, »einfach mal loszulegen«, weil der Blick auf die Planung nach einer unüberschaubaren *Was-passiert-dann-Maschine* aussah.

Der Ausweg bestand darin, dass wir zunächst drei Hauptgruppen von Anwender*innen identifiziert und mithilfe von Empathy Maps (siehe auch Abschnitt 2.4, »Die Bedürfnisse der Kundschaft kennenlernen«) beschrieben haben. Auf dieser Grundlage haben wir Annahmen über die wichtigsten Funktionalitäten der App getroffen: Welche Prozesse würden für diese drei Gruppen eine unmittelbare Erleichterung bieten?

Dann haben wir uns gefragt: Welcher ließe sich einfach implementieren und damit zügig testen? Und bei welchem lernen wir genug im Sinne eines Durchstichs auch in Richtung Datenverwaltung und -management im Backend?

So ist in wenigen Sprints ein MVP entstanden, mit dem das Expert*innen-Team dann in eine Servicefiliale gegangen ist. Dort wurden Anwender*innen einen Tag lang gebeten, den Ablauf zu testen und dabei laut zu denken, also zu erzählen, was ihnen durch den Kopf geht, was sie jetzt gern tun würden, wonach sie gerade suchen und so weiter. Die Erkenntnisse waren erhellend für das Team, weil die Anwender*innen einen ganz anderen Fokus hatten und ein Großteil der gemutmaßten Anforderungen gar keine Relevanz hatte. Das Team konnte die Entwicklungszeit pro Unternehmensprozess in der Folge von mehreren Monaten auf wenige Wochen reduzieren und dabei die Kundenzufriedenheit erhöhen.

5.2 Immer ist ein guter Zeitpunkt

Diese Art der Product Discovery hat viele Facetten, und es ist sinnvoll, sie bewusst in deine Routinen als Product Owner*in einzubauen.

- Lege dir eine tägliche Routine zu, in der du die Datenlage zu deinem Produkt sichtest, Gespräche mit deiner Kundschaft und mit Menschen, die regelmäßig Kontakt mit der Kundschaft haben (Vertrieb, Service), führst und das Marktumfeld auslotest.
- Reserviere im Review Zeit für Gespräche zur Product Discovery und lade Anwender*innen ein, euer Produkt-Inkrement dort regelmäßig live zu testen.
- Plane anhand deiner Roadmap Phasen für explizite Discovery ein: Zu welchen Zeitpunkten wäre es sinnvoll, kompakt Product Discovery zu betreiben? Das kann zum Beispiel nach einem *Major Release* sein, wenn viele Menschen beginnen, neue Funktionalitäten zu nutzen, oder in Vorbereitung auf eine neue größere Ausbaustufe oder Weiterentwicklung eures Produkts.

Entsprechend solltest du dir auch überlegen, wie du die Daten vorhalten, aktualisieren, analysieren und aufbereiten kannst. Dazu mehr im letzten Abschnitt dieses Kapitels.

5.3 Die Haltung entscheidet

Neben der Routine und Datenerfassung hängt der Erfolg deiner Product-Discovery-Aktivitäten entscheidend von der Haltung der beteiligten Personen ab. Sie prägt, wie das, was ihr an Informationen und Beobachtungen einsammelt, Eingang in eure Entwicklungsprozesse findet. Die optische Täuschung in Abbildung 5.1 veranschaulicht diesen Zusammenhang: Der Grauton in der Mitte ist in beiden Bildern identisch, wirkt aber je nach Umgebung heller oder dunkler. Im schwarzen Quadrat sind typische Sätze von Menschen wiedergegeben, die eine eher ablehnende Haltung gegenüber Dingen haben, die Anwender*innen zurückmelden könnten. Im weißen Quadrat stehen entsprechende Sätze, die eine eher annehmende Haltung ausdrücken.

Während der Product Discovery musst du beziehungsweise müssen alle Beteiligten im Grunde bereit sein, alles, was sie bereits wissen, infrage zu stellen. Oder noch besser: für die Dauer der Discovery zu vergessen und sich ganz und gar auf neue Perspektiven einzulassen. Es geht darum, dich möglichst unverstellt auf die Erlebenswelt deiner Kundschaft einzulassen und dabei bewusst auch radikale Sichtweisen einzunehmen. Auch wenn es leichter gesagt als gelebt ist: Bei der Product Discovery gibt es für dich keine schlechten Rückmeldungen, sondern nur gute Hinweise.

Das schaue ich mir genauer an!

Das ist ja ganz anders, als ich dachte!

Das ist Interessant!

Das hätte ich nie gedacht!

Das müssen wir ausprobieren!

Eine tolle Herausforderung!

Ich habe eine Idee, wie wir das probieren können!

Ich möchte mehr darüber wissen!

Wie könnten wir das lösen?

Das will niemand!

Das geht nicht!

Das muss ein Irrtum sein!

Das passt nicht zu meiner Erfahrung!

Das wird zu aufwändig!!

Das habe ich doch gleich gesagt!

Das können wir nicht ändern!

Das ist ein Einzelfall!

Das war schon immer so!

Abbildung 5.1 Beispiele für eine ablehnende und für eine annehmende Haltung in Anlehnung an die Begriffe »Growth Mindset« und »Fixed Mindset« nach Dweck (2016)

Tipp: Voraussetzung für Kreativität schaffen

Jede Product Discovery ist auch ein kreativer Prozess. Menschen kommen auf deine Einladung hin zusammen, um ihr implizites und explizites Wissen preiszugeben oder ihre Ideen zu einem Problem beizutragen. Damit das passieren kann, ist es wichtig, für gute Rahmenbedingungen zu sorgen. Das kannst du tun, indem du überlegst, wie du während eines Gesprächs oder Workshops vier Konzepte bedienen kannst, die einen kreativen Rahmen ausmachen (Martin, 2004):

Neugier

- Wie kannst du dazu anregen, um die Ecke zu denken?
- Wie kannst du dazu einladen, die bestehenden Aspekte deines Produkts neu zu entdecken?
- Wie kannst du gleichzeitig einen guten Überblick über die Produktdomäne geben und den Fokus auf die spezifischen Themen setzen, die dich im Moment interessieren?

Vergebung

- Wie kannst du dazu einladen, spielerisch an die Fragestellung heranzugehen?
- Wie kannst du für ein konstruktives Miteinander sorgen?
- Wie kannst du für eine hohe Unsicherheits- und Ambiguitätstoleranz sorgen?

Liebe

- Wie kannst du Ideen, die schon da sind, hervorheben und weiterentwickeln?
- Wie kannst du möglichst viele Perspektiven einbeziehen?
- Wie kannst du Verbindungen zwischen Menschen und Themen herstellen?

Orientierung

- Wie kannst du vermitteln, worauf es dir ankommt?
- Wie kannst du möglichst lange für Offenheit sorgen?
- Wie kannst du den Prozess gestalten und moderieren?

5.4 Methoden zur Product Discovery

Bei der Product Discovery steht dir eine Vielzahl von Methoden zur Verfügung, die du abhängig von deinem Anliegen und deinen zeitlichen und finanziellen Mitteln einsetzen kannst.

Sie lassen sich grob in vier Kategorien einteilen, die wir in den folgenden Abschnitten kurz vorstellen:

- mit Kund*innen sprechen
- Kund*innen beobachten
- mit Kund*innen entwickeln
- Daten von Kund*innen auswerten

Jede Kategorie hat ihre Vor- und Nachteile und bietet dir auch verschiedene Erkundungsmöglichkeiten.

Tipp: Eine Schnitzeljagd, um die Kundschaft besser kennenzulernen

Die *Sprint-Safari* ist eine Art Schnitzeljagd. Du kannst sie einsetzen, um dir mit deinem Team einen ersten Überblick über die Möglichkeiten einer Product Discovery für euer Produkt zu verschaffen. Dazu braucht ihr eine Schatzkarte (siehe das Beispiel in Abbildung 5.2) und etwa eine Stunde Zeit. Ihr bildet Tandems, und jedes Tandem erhält eine Kopie der Schatzkarte. Jetzt gilt es, möglichst schnell alle Dinge, die auf der Schatzkarte vermerkt sind, zu finden. Welches Tandem zuerst alles abgehakt hat, hat gewonnen. Im nächsten Schritt schaut ihr euch gemeinsam an, was ihr alles zusammentragen konntet.

Auf dieser Grundlage könnt ihr zum einen erste Annahmen über sinnvolle Anforderungen treffen. Zum anderen dient sie euch, um herauszufinden, wo ihr tiefer in das Thema Product Discovery einsteigen könnt oder müsst.

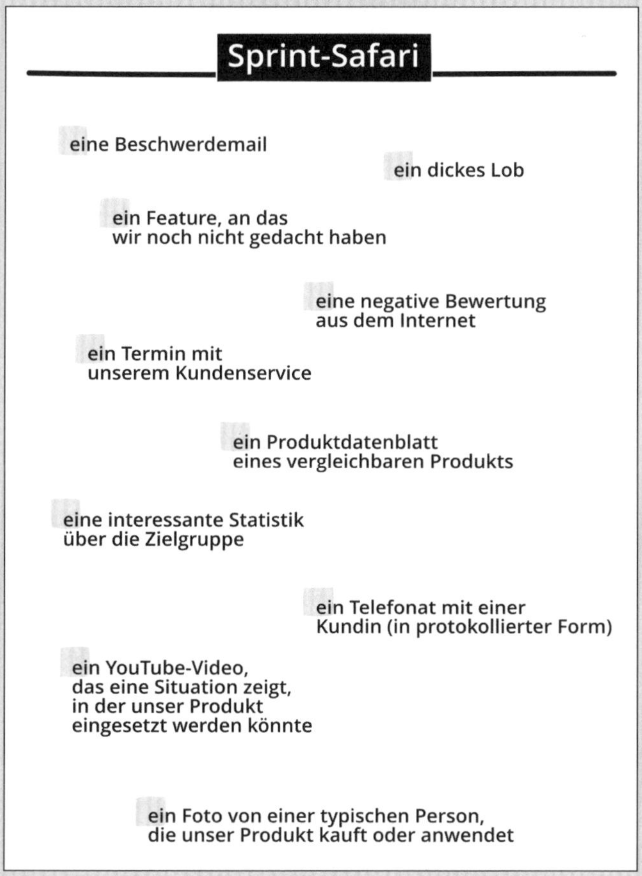

Abbildung 5.2 Beispiel für eine Schatzkarte aus dem Buch »Daily Play. Agile Spiele für Coaches und Scrum Master«, Rheinwerk Verlag, 2021

5.4.1 Mit Kund*innen sprechen

Mit Kund*innen zu sprechen, ist sicher keine agile Erfindung. Schließlich gibt es mit der Marktforschung eine ganze Forschungsdisziplin, die Unternehmen hilft, ihre Kundschaft und Märkte besser zu verstehen. Entsprechend kannst du dich der Methoden der qualitativen Marktforschung bedienen und auf diesem Weg Erkenntnisse über das Nutzungsverhalten potenzieller Kundschaft gewinnen. Die wohlbekanntesten und am einfachsten zu übertragenden Methoden sind das Interview und die Fokusgruppe.

Das *Interview* (auch *Tiefeninterview*) ist ein fragengeleitetes Gespräch zwischen zwei Personen. Es dient dazu, die befragte Person dabei zu unterstützen, ihr Wissen preiszugeben und vor allem intuitives Wissen zu versprachlichen. Häufig ist es nämlich so, dass wir zwar unbewusst wissen, was wir brauchen oder was uns fehlt, wir es aber nicht konkret formulieren können. Interviews setzen hier an, weil sie ein Explorieren im Gespräch ermöglichen und weil dabei auch diese eher unbewussten Bedürfnisse an die Oberfläche kommen können, die wesentlich für innovative Features sein können.

Zur Vorbereitung sollten die folgenden Gesichtspunkte berücksichtigt werden:

- Kreis der Teilnehmer*innen
- Einladung und Terminorganisation
- ein Interview-Leitfaden mit möglichst vielen offenen Fragen
- ein ungestörter Ort, um das Interview führen zu können
- eine geeignete Aufnahmetechnik
- ein geeignetes Auswertungsverfahren

Dem Formulieren geeigneter Fragen kommt dabei eine wesentliche Bedeutung zu, weil die Gefahr besteht, dass die fragende Person ihr Gegenüber bewusst oder unbewusst in die eigene Gedankenwelt führt, statt offen für die Gedanken und Wahrnehmungen der befragten Person zu sein.

Auch braucht es eine gewisse Gesprächskompetenz: Die Person, die das Interview führt, sollte gut zuhören können und versiert in der Gesprächsleitung und im hypothesengeleiteten Nachfragen sein (siehe auch Abschnitt 6.1, »Verständlichkeit und Verständigung herstellen«). Sie sollte ebenfalls in der Lage sein, eine angenehme und offene Gesprächsatmosphäre zu schaffen. Nur so kann sich die befragte Person öffnen und auch kritische Themen ansprechen, die für die Produktentwicklung wichtig sein können. Unter Umständen bietet es sich an, Interviews im Tandem zu führen: Eine Person fragt, die andere dokumentiert.

Fokusgruppen sind Interviews, die gleichzeitig mit einer Gruppe von Personen mit ähnlichen Anliegen geführt werden. Das können zum Beispiel Menschen aus einer Zielgruppe sein oder Personen, die ein Produkt für den gleichen Anwendungsfall nutzen (wollen). Genau wie beim Interview wird das Gespräch von einer Moderation anhand von Leitfragen geführt und entsprechend dokumentiert, zum Beispiel per Ton- oder Filmaufnahme. Die Anforderungen an die Moderation sind hier entsprechend noch höher, da sie in der Lage sein muss, mit der Gruppendynamik in der Fokusgruppe umzugehen, und dafür sorgen können muss, dass alle Teilnehmer*innen offen ihre Redebeiträge leisten können.

Tipp: Expertise einkaufen

Die Marktforschung ist eine wissenschaftliche Disziplin, die nach den Prinzipien der sozialwissenschaftlichen Forschung empirisch Daten erhebt. Es kann sinnvoll sein, sich für diesen Teil der Product Discovery die Expertise von Marktforschungsinstituten einzukaufen, um etwa Objektivität und Neutralität zu gewährleisten und auch dafür zu sorgen, dass die erfassten Daten repräsentativ sind. In größeren Unternehmen gibt es häufig eigene Abteilungen, die hier beratend zur Seite stehen können.

Natürlich gibt es auch öffentliche Quellen, wie *de.statista.com*, die grundlegende Informationen bereitstellen, auf denen sich erste Hypothesen für die Produktentwicklung bilden lassen, etwa:

- Wie groß ist das Marktvolumen?
- Wie stark könnte der Wettbewerb sein?
- Wie entwickelt sich das Konsumklima insgesamt im Moment?
- Welche Zielgruppen könnten interessant sein?

Auch Branchenverbände stellen üblicherweise Daten dieser Art bereit, die aber natürlich allen zugänglich sind und damit auch der Konkurrenz.

Beide Methoden, Interview und Fokusgruppen, sind geeignet, um mit Anwender*innen ins Gespräch zu kommen, qualitative Eindrücke über die Produktnutzung zu gewinnen und Impulse für die weitere Entwicklung zu generieren. Die Auswertung der Interviews und das Ableiten von Hypothesen für das Product Backlog kann sehr aufwändig sein, insbesondere dann, wenn die Rückmeldungen facettenreich oder sogar widersprüchlich sind.

Auch gilt es bei beiden Ansätzen im Blick zu behalten, wie repräsentativ sowohl die Auswahl der befragten Personen als auch die Ergebnisse sind, vor allem dann, wenn nur eine geringe Zahl von Interviews geführt werden kann.

Tipp: Anwender*innen im Fischbowl befragen

Es ist wünschenswert, möglichst repräsentative Ergebnisse zu erhalten, und je nach Produkt rechtfertigt das auch die Investition in professionelle Marktforschung. Aber manchmal reicht schon ein Interview oder eine Fokusgruppe, um dem Entwicklungsteam oder den Stakeholder*innen die Augen zu öffnen.

Eine unkomplizierte Methode dazu ist der *Fishbowl* (dt. Goldfischglas). Hierbei findet das (Gruppen-)Interview vor den Augen einer größeren Gruppe statt. Die Moderation sitzt mit ihren Interview-Partner*innen in einem kleinen Stuhlkreis. Alle, die von dem Interview profitieren könnten, sitzen in einem größeren Stuhlkreis außenherum. Im Innenkreis wird das Gespräch so geführt, als ob es keinen Außenkreis gäbe. Im Außenkreis wird aufmerksam zugehört. Im Anschluss an die Diskussion im Innenkreis wird das Gehörte im Außenkreis gemeinsam ausgewertet.

Es kann kompliziert sein, mit echten Kund*innen ins Gespräch zu kommen. Vielleicht ist noch nicht klar, wer überhaupt in diesen Kreis gehört. Vielleicht besteht die Befürchtung, dass auf diesem Weg Informationen nach außen gelangen, die eigentlich noch vertraulich sind. Vielleicht weißt du noch gar nicht, wonach du fragen könntest. Dann bietet es sich an, Gespräche mit den Kolleg*innen zu führen, die sich mit deiner Kundschaft auskennen. Wenn du für den offenen Markt entwickelst, sind das zum Beispiel alle, die im Vertrieb oder Kundenservice arbeiten. Wenn du ein internes Produkt entwickelst, könnten es Power User sein oder Menschen, die bei euch in Kompetenzzentren arbeiten oder sich in Communities of Practice organisieren.

5.4.2 Kund*innen beobachten

In Gesprächen, egal ob Interview oder Fokusgruppe, geht es darum, unbewusstes Wissen deiner Anwender*innen ins Bewusstsein zu bringen, darüber mit vielen Personen zu sprechen und aus der Vielzahl von Gesprächen Hypothesen über Anforderungen zu bilden, die dann in der Praxis getestet werden, zum Beispiel als Prototyp, als Mock-up, als MVP oder auch als echtes Produkt-Inkrement.

Wenn du so weit bist, dass dir Artefakte wie die eben genannten Beispiele zur Verfügung stehen, kannst du eine weitere Form der Product Discovery nutzen: Gib dein Produkt in die Hände deiner Kund*innen, lass sie alles ausprobieren und beobachte sie dabei!

Auch dafür stehen dir verschiedene Methoden zur Verfügung, die wir hier kurz vorstellen:

Automatisierte Umfragen sind kurze Dialoge, die Anwender*innen nach der Nutzung deines Produkts angeboten werden, um Feedback zu dem unmittelbaren Nutzungserlebnis zu geben. Sie dienen dazu, anhand vorher festgelegter Parameter Feedback zur

Performance deines Produkts zu bekommen, und zwar von möglichst vielen Personen. Vermutlich hast du selbst schon an solchen Umfragen teilgenommen, zum Beispiel:

- online, wenn dir ein Fenster eingeblendet wird: »Haben Sie 5 Minuten Zeit, uns Fragen zu unserem Produkt zu beantworten?«
- hybrid, wenn du in einem Geschäft auf einem Display eine Einschätzung zum Kauf- oder Serviceerlebnis abgeben darfst.
- offline, wenn du beispielsweise in einem Hotelzimmer einen Feedback-Bogen zu Zimmer und Service ausfüllen kannst.

Umfragen dieser Art sind genau genommen eine nachträgliche Selbstbeobachtung – die Anwender*innen rufen sich das eigene Erleben in Erinnerung und bewerten es. Das Ergebnis der Umfrage hängt damit zum einen von der aktuellen Stimmung der befragten Person ab und zum anderen davon, wie sie die Fragen und vor allem die Antwortoptionen und Skalen interpretiert. Deswegen gilt auch hier Vorsicht bei der Auswertung – insbesondere, wenn die Anzahl der befragten Personen klein ist.

Tipp: Rezensionen lesen

Ein niedrigschwelliger Einstieg in das Thema Umfragen besteht darin, Rezensionen zu lesen. Überlege dir, welche Produkte, Unternehmen und Bücher sich mit Problemen beschäftigen, die dein Produkt im weitesten Sinne lösen könnte. So findest du interessante Rezensionen, Test- und Erfahrungsberichte, die dir einen ersten Eindruck von den Wünschen und Nöten deiner Kundschaft geben können.

Mit *User Tests* sind alle Arten von Interaktionen mit einem Produkt gemeint, bei denen potenziell alle Anwender*innen oder ausgewählte Testpersonen das Produkt oder einen Prototyp anwenden und bei denen Daten über die Anwendung systematisch erfasst werden.

User Tests dienen dazu, hinreichend implementierte Funktionalitäten zu testen, Optimierungsbedarfe zu ermitteln und Entscheidungen über den weiteren Ausbau zu treffen.

Zur Beobachtung der Tests bieten sich zwei Vorgehensweisen an:

- Der Testverlauf wird von einem Menschen beobachtet und dokumentiert.
- Der Testverlauf wird anhand von vorher festgelegten Parametern automatisch erfasst.

Dabei sind meistens Fragen wie diese von Interesse:

- Wie löst die Testperson (vorgegebene) Probleme mit dem Produkt?
- Wie schnell löst die Testperson (vorgegebene) Probleme mit dem Produkt?

- Wo stockt die Testperson, weil sie intuitiv nicht weiterkommt?
- Wo sucht die Testperson nach Hilfestellung?
- Welchen Weg bevorzugt die Testperson?
- Wie erfasst die Testperson das Produkt visuell? Wie bewegt sie die Maus?

Eine besondere Art von User Tests sind *A/B-Tests* (auch Split Test genannt), die vor allem bei der Product Discovery von digitalen Produkten eingesetzt werden können. Dazu werden zwei verschiedene Lösungen einer Anforderung erstellt und als Funktionalitäten A und B beide live geschaltet. Dann wird nach dem Zufallsprinzip eine Hälfte der Anwender*innen über A geleitet, die andere Hälfte über B. Dabei werden die Nutzungsdaten erfasst, und im Anschluss wird verglichen, welche Variante besser zum Ziel führt. A/B-Tests dienen in der Regel dazu, die Conversion Rate zu verbessern oder die Verweildauer auf einer Webseite zu erhöhen.

User Tests finden meistens in sogenannten *User Experience Labs* statt. Diese bieten eine spezielle Infrastruktur, um die Tests ungestört zu beobachten, Audio- und Videoaufnahmen zu machen oder auch Maus- und Augenbewegungen zu tracken. Anbieter unterstützen euch entsprechend beim Testdesign und der strukturierten Auswertung.

Wenn du keine Möglichkeit findest, Kund*innen für diese Art von Tests anzuwerben oder dafür keine finanziellen Mittel zur Verfügung stehen, kannst du eventuell auf eine sogenannte *Expertenevaluation* ausweichen (Wolf, 2016). Dabei versetzen sich Stellvertreter*innen in die Lage der Anwender*innen und testen das Produkt an deren Stelle beziehungsweise versuchen, deren Vorgehen gedanklich nachzuvollziehen.

Diese Art der Product Discovery braucht wenig Vorbereitung und ist auch in der Umsetzung unkompliziert. Gleichwohl besteht hier die Gefahr, dass die Stellvertreter*innen unbewusst die eigene Expertise einbringen und das Testergebnis verzerren. Praktisch gesehen, ist die Expertenevaluation vermutlich die häufigste unbewusste Form von User Tests: »Ich habe gerade was eingecheckt. Kannst du das mal testen?«, »Ich habe gestern meinen Partner gefragt, wie er das machen würde.«, »Was würde meine Oma dazu sagen?«

5.4.3 Co-Creation

Bei Gesprächen und Beobachtungen gibt es immer eine Distanz zwischen denen, die eine Produktanwendung oder deren Kontext beschreiben oder das Produkt selbst testen, und denen, die die Daten sammeln. Oft liegt es auch in der Natur der Sache, dass das Produkt schon fertig ist oder fertige Ideen zumindest als Prototyp vorliegen. Die Product Discovery bezieht sich also auf Dinge, die bereits bekannt sind.

Eine andere Möglichkeit ist es, die Kreativität der Kundschaft und deren intuitives Produktwissen schon in der Ideenfindung einzusetzen. Dazu stehen verschiedene Methoden zur Verfügung, die alle nach dem Prinzip der *Co-Creation* funktionieren. Dabei entwickeln Menschen aus verschiedenen Bereichen und Disziplinen gemeinsam Produkte. Hier kann es sich um eine große, weitgehend unbekannte Gruppe handeln oder um gezielt eingeladene Expert*innen oder Kunden. Drei Co-Creation-Ansätze stellen wir dir hier vor: das Crowdsourcing, die Open-Source-Entwicklung und das Prototyping.

Beim *Crowdsourcing* werden Produktideen über eine Plattform an potenzielle Anwender*innen herangetragen. Diese können die Entwicklung mit einer Art Spende (Crowdfunding) ermöglichen und erhalten im Gegenzug eines der ersten Produkte oder eine andere auf das Produkt bezogene Leistung, zum Beispiel eine besondere Dienstleistung oder einen Merchandise-Artikel. Das Produkt wird allerdings nur entwickelt, wenn die per Crowdfunding zusammengetragenen Finanzmittel eine vorher vorgegebene Schwelle erreichen. Wenn nicht, werden die angebotenen Finanzmittel wieder zurückgezahlt. Oft dienen die *Crowdfunder* auch implizit als frühe Tester*innen des Produkts. Als Geldgebende haben sie ein besonderes Interesse an dem Produkt und sind hochmotiviert, Feedback dazu zu geben, um es weiter zu verbessern. Diese Art von User Testing heißt *Crowdtesting* und wird auch in anderen Zusammenhängen eingesetzt, etwa wenn Gamer*innen vor allen anderen Zugriff auf eine Neuentwicklung bekommen oder Produkte zunächst nur an einen ausgewählten Kreis von Anwender*innen ausgegeben werden, um Erfahrungsberichte zu sammeln.

Open Source ist ein Ansatz aus der Softwareentwicklung. Dabei werden vollständige Produkte von einer Community von Entwickler*innen bereitgestellt, und der Quelltext ist öffentlich und für potenzielle Anwender*innen zugänglich. Für die Nutzung und Vervielfältigung gelten je nach Lizenzmodell besondere Bedingungen, die sich oft am Nutzen für die Allgemeinheit orientieren. Open-Source-Projekte ermöglichen Co-Creation auf zwei Ebenen: Zum einen bringen sich kundige oder motivierte Entwickler*innen durch ihre Mitarbeit am Quelltext ein. Zum anderen steht die Nutzung oft zur relativ freien Verfügung. Dadurch kann Feedback aus vielen verschiedenen Perspektiven gesammelt werden. Meistens gibt es auch ein Verfahren, mit dem Anforderungen aus der Community in die Entwicklung aufgenommen werden, zum Beispiel ein öffentliches Backlog oder ein Change-Request-Repository.

Das lässt sich auf den Unternehmenskontext übertragen. Ein Unternehmen kann Open-Source-Produkte einzusetzen und somit Teil der Entwicklungscommunity werden. Es kann aber auch bestehende eigene Produkte »freisetzen« und der Entwicklung einer größeren Community überantworten.

Eine weitere Möglichkeit ist das gemeinsame *Prototyping* in Workshops. Dazu werden ausgewählte und potenzielle Anwender*innen eingeladen, um gemeinsam mit dem Produktentwicklungsteam Produktideen zu identifizieren und Prototypen dazu zu entwickeln. Dabei wird meistens eine *Challenge* vorgegeben, und dann werden mit analogen oder digitalen Mitteln verschiedene Lösungsansätze entworfen. Als analoge Materialien werden Bastelmaterialien, Papier oder auch Lego beziehungsweise Lego-Technik eingesetzt. Digitales Prototyping kann mithilfe von *Mock-ups* realisiert werden oder auch in Form von programmierten Lösungen, die zum Beispiel während eines *Hackathons* entstehen.

Was ist ein Hackathon?

Ein *Hackathon* ist eine meist ein- bis zweitägige Veranstaltung, auf der Entwickler*innen und Anwender*innen gemeinsam Lösungen für ein vorgegebenes Problem suchen und dazu Soft- und Hardware entwickeln. Ein Hackathon beginnt meistens damit, dass die Challenge vorgestellt wird. Dann werden Ideen für Lösungsansätze gesammelt. Darum bilden sich dann selbstorganisierte Teams, die den jeweiligen Lösungsansatz noch im Laufe der Veranstaltung umsetzen wollen. Am Ende werden die Ergebnisse vorgestellt und manchmal auch durch eine Jury bewertet.

Aus unserem Erfahrungsschatz: Paper Prototyping mit Kundschaft

Ein Kunde von mir wollte ein in die Jahre gekommenes B2B-Portal ablösen, mit dessen Hilfe Handelsvertreter*innen einen wesentlichen Teil des Umsatzes des Unternehmens generieren. Schnell kam die Idee auf, einige der Handelsvertreter*innen in die Anforderungsanalyse einzubeziehen. Schließlich kennen sie das bestehende Portal und ihre eigenen Wünsche und Nöte am besten. Um die Ideen umzusetzen, wurden zwölf der Handelsvertreter*innen aus verschiedenen Regionen eingeladen und zwölf Personen aus dem Unternehmen ausgewählt – Vertrieb, Kundenservice, Softwareentwicklung, Geschäftsführung. In einem Workshop haben wir dann Tandems gebildet mit je einem externen und einem internen Gast und auf vorbereiteten Papier-Devices im Laptop- und Tablet-Format Eingabemasken und -abläufe aus Papier gebastelt. Während der Vorbereitung gab es Sorge, dass es unprofessionell auf die Handelsvertreter*innen wirken könnte, nicht zu wissen, wie das Portal optimal gestaltet sein könnte, und ihnen ein halb fertiges Produkt an die Hand zu geben. Die Überraschung war groß, dass die Handelsvertreter*innen es als Schlüsselanwender*innen sehr begrüßt haben, so früh Feedback geben zu dürfen. Für die internen Gäste gab es viele Augenöffner, weil sie beim gemeinsamen Entwickeln viele auch bereits bekannte Anforderungen besser verstehen und einordnen konnten.

Wenn du als Product Owner*in ein gemeinsames Protoyping planst, ist es sinnvoll, das gesamte Entwicklungsteam zu beteiligen, und zwar in zwei verschiedenen Rollen:

- mitmachen und an dem gemeinsamen Entwicklungsprozess teilhaben
- beobachten und dokumentieren

So könnt ihr das Wissen, das während der Co-Creation entsteht, optimal in eure Entwicklungsarbeit integrieren (siehe auch Abschnitt 4.1, »Die Wissensspirale«).

5.4.4 Daten von Kund*innen auswerten

Die bisher vorgestellten Ansätze beinhalten immer eine direkte Interaktion mit deiner Kundschaft. Durch Sprechen, Beobachten und Tun werden Erfahrungen und Wissen geteilt und fließen in den Entwicklungsprozess ein.

Eine vierte Möglichkeit lässt sich am besten unter dem Begriffe *Knowledge Discovery in Data Bases* (*KDD*) zusammenfassen (Beneker, online): Welche Erkenntnisse über dein Produkt kannst du aus den dir zur Verfügung stehenden Daten generieren?

Jede KDD ist dabei wie ein kleiner Forschungsauftrag. Sie beginnt damit, dass du dir zunächst Gedanken machst, zu welcher Frage über dein Produkt du mehr erfahren möchtest beziehungsweise welche Hypothesen du testen willst. Bei digitalen Produkten sind das oft Fragen dieser Art:

- Wie steigern wir die *Conversion Rate* einer bestimmten Gruppe von Anwender*innen?
- Wie verlängern wir die *Verweildauer* oder Interaktionsdauer?
- Wie regen wir bestimmte Aktionen an?
- Wie erhöhen wir die Wertwahrnehmung unseres Produkts?
- Wie beenden wir unerwünschtes Verhalten in unserem Produkt?
- Wo finden wir neue Gruppen von Kund*innen?

Abhängig vom Anliegen stellst du dir einen entsprechenden Datensatz zusammen. Das klingt in der Theorie einfach, ist aber meistens der aufwändigste Teil einer KDD:

- Welche Daten brauchst du?
- Woher bekommst du sie?
- In welcher Form stehen sie zur Verfügung?
- Wie gut ist ihre Qualität?
- Müssen sie bereinigt werden?

- Passen sie auf Anhieb zusammen?
- Welche weiteren Annahmen musst du treffen?
- Wie kannst du sie in einem stimmigen Datenmodell zusammenfügen?
- Welche Auswertungen brauchst du?
- Wie kannst du die Ergebnisse darstellen?

In vielen Unternehmen gibt es Teams, die sich ausschließlich mit diesem Thema beschäftigen und die Daten über entsprechende Tools bereitstellen. Das ist sinnvoll, weil sich in der Aufbereitung, Bereitstellung und Analyse großer Datenmengen einige mathematische und informatische Fallstricke verbergen, die leicht zu falschen Ergebnissen führen. Das fängt häufig schon mit der Frage an: Ist das überhaupt eine hinreichend große Datenmenge?

Nutze hier das Know-how der Datenanalyst*innen in deinem Unternehmen und sorge aus deiner Rolle heraus dafür, dass ihr insgesamt gut gepflegte Datentöpfe und Dashboards habt.

Tipp: Soziale, ethische und ökologische Kennzahlen

In vielen Kontexten spielen soziale, ethische und ökologische Belange zunehmend eine wichtige Rolle und ergänzen den wirtschaftlichen Blick auf die Produktentwicklung. Dabei geht es darum, sich neue Gruppen von Kund*innen zu erschließen, als verantwortungsbewusstes Unternehmen aufzutreten oder zu gesamtgesellschaftlichen Aufgaben beizutragen wie zum Beispiel dem Umgang mit dem Klimawandel. Wenn du diese Aspekte in die Produktentwicklung einfließen lassen willst, kann ein erster Schritt sein, entsprechende Indikatoren in deine Datenanalysen einzubeziehen.

Die 17 *Sustainable Development Goals* der Vereinten Nationen bieten hier mit Fallstudien und Best Practices einen umfassenden Zugang, um Indikatoren für dein Produkt zu identifizieren: *https://sdgs.un.org/goals*.

Neben spezifischen KDD-Forschungsaufträgen solltest du auch eine tägliche Datenroutine haben, mit der du überprüfen kannst, wie dein Produkt im Moment performt, und daraus weiteren Optimierungsbedarf ableiten. Dabei kommt meistens eine Business-Intelligence-Lösung zum Einsatz, die dir Auskunft über deine Key-Performance-Indikatoren und wichtige Produktmetriken gibt. Hier ein paar Tipps aus der Praxis dazu:

- Überlege dir dazu, welche Daten du immer und welche Daten du abhängig von deinen aktuellen Entwicklungs- und Refinement-Themen im Blick haben solltest.
- Gewöhne dir an, Anforderungen mit Daten zu koppeln: Wie kannst du messen, ob eine neu implementierte Anforderung performt?

- Analysiere die Daten mit anderen und aus verschiedenen Perspektiven und Fachlichkeiten heraus.
- Teile deine Erkenntnisse regelmäßig mit dem Entwicklungsteam und den Stakeholder*innen.
- Stelle deine Erkenntnisse immer wieder infrage und nutze die Realität als Abgleich. Was nützt es, wenn die Wetter-App dir sagt, die Sonne scheint, und in Wirklichkeit regnet es!

Tipp: Total Cost of Ownership im Blick haben

Zu Product Discovery gehört es auch, die betriebswirtschaftlichen Belange deines Produkts im Blick zu behalten. Wer Kundschaft befragt, bekommt eine unsortierte Fülle von Wünschen und Bedürfnissen mitgeteilt. Einige davon sind aus betriebswirtschaftlicher Sicht nicht sinnvoll, und viele wollen zunächst sorgfältig dahin gehend betrachtet werden, ob sich die Umsetzung lohnt. Deswegen ist es hilfreich, wenn du dein Produkt regelmäßig aus Kostensicht betrachtest und verstehst, welche Investitionsentscheidungen damit für deine Kundschaft verbunden sind. Das gilt insbesondere im B2B-Umfeld, wo deine Kundschaft möglicherweise mit hohen Anschaffungs- und Life-Cycle-Kosten rechnen muss. Verfahren wie *Total Cost of Ownership* oder *Life Cycle Costs* geben dir Hinweise, welche Kostentreiber für deine Kundschaft relevant seien könnten (Geissler und Guggenberger, 2008):

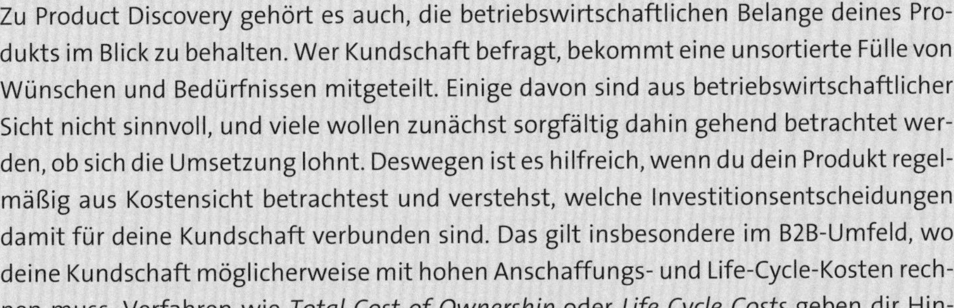

- Anschaffungskosten
- Anlieferung oder Abholung
- Installation und Inbetriebnahme
- Kosten für Training
- Kosten für die Weiterentwicklung sowie Updates
- Wartungsleistungen und Reparaturen
- Betriebsstoffe
- Energiekosten
- Rücklagen für Wiederbeschaffung
- Kosten für Rückgabe oder Entsorgung

5.5 Design Thinking

Design Thinking (*DT*) ist ein Problemlösungsansatz, der auf Tim Brown und sein Designbüro IDEO zurückgeht. DT dient dazu, Probleme aus Sicht von Kundschaft und Anwender*innen zu betrachten und so neue und innovative Lösungsansätze zu identifizieren,

die auch aus wirtschaftlicher Perspektive Sinn ergeben. Viele der in den letzten Abschnitten vorgestellten Methoden werden im Design Thinking verwendet und zu einem schlüssigen Discovery-Prozess zusammengesetzt. Dabei werden meistens sechs Phasen in einem iterativen Prozess durchlaufen (siehe Abbildung 5.3):

1. Verstehen
2. Beobachten
3. Sichtweisen definieren
4. Ideen finden
5. Prototypen entwickeln
6. Testen

Der Prozess läuft dabei nicht linear ab. Es ist im Gegenteil möglich und erwünscht, bei Bedarf zwischen den Phasen hin und her zu springen oder auch Abschnitte zu überspringen.

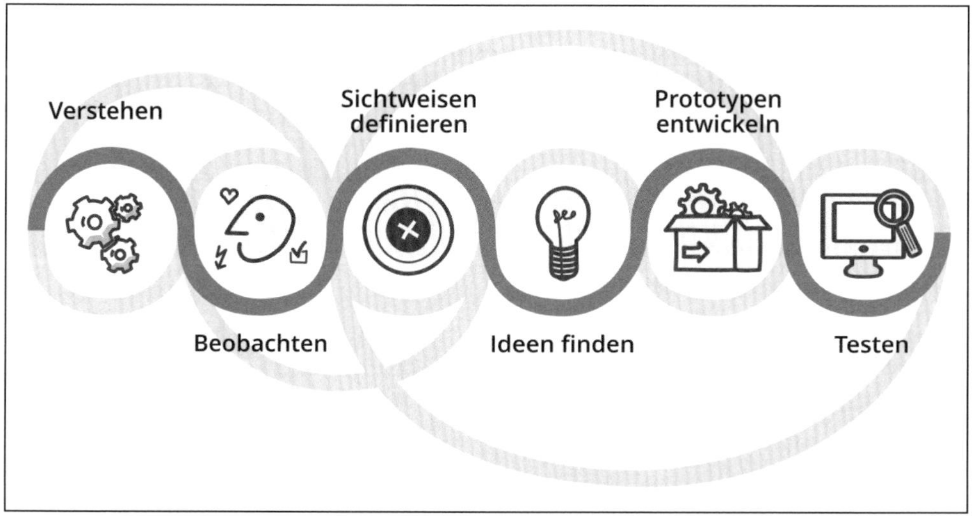

Abbildung 5.3 Der Design-Thinking-Prozess (nach HPI, online)

Der *Design Sprint* ist eine kompakte Variante eines DT-Prozesses (Knapp und Zeratsky, 2016). Innerhalb von nur einer Woche wird dazu ein vordefinierter DT-Ablauf abgearbeitet. Dabei findet an jedem Wochentag eine andere Aktivität statt:

1. *Montag:* kurze Product Discovery der Kundschaft gefolgt vom Formulieren einer Design Challenge für die Woche
2. *Dienstag:* Skizzieren möglicher Lösungen in einem interdisziplinären Team

3. *Mittwoch:* Auswahl der besten Lösungsskizze mit allen relevanten Entscheider*innen
4. *Donnerstag:* Entwickeln eines Prototyps
5. *Freitag:* Testen des Prototyps mit Anwender*innen

Das Bestechende an diesem Ansatz ist, dass du die Product Discovery samt Prototyping und Testen in einer sehr kurzen Zeitspanne absolvieren kannst und dabei sogar alle relevanten Entscheidungen von den Stakeholder*innen getroffen werden. Dazu muss der Design Sprint allerdings fast minutiös vorbereitet und umgesetzt werden. Nur so können alle relevanten Personen zur vorgesehenen Zeit und entsprechend vorbereitet partizipieren.

Tipp: How might we ...?

Jake Knapp, einer der Gründer von Google Meet, stellt in seinem Buch »Sprint« eine Methode zur Product Discovery vor, die sich auch gut in Refinement oder zur Anforderungsanalyse insgesamt einsetzen lässt: Die »*How might we ...?«-Fragen* (dt. »Wie können wir ...?«-Fragen) bilden eine Brainstorming-Methode. Sie dienen dazu, in einer Gruppe von Expert*innen möglichst viele Fragen zu einem Problem zu sammeln. Dazu wird von allen immer wieder die Textschablone *How might we ...?* vervollständigt, und dabei werden Fragen formuliert, die Probleme oder Anwendungsfälle der Nutzenden beschreiben. Für einen Öko-Lieferdienst könnten Fragen zum Beispiel so lauten:

- *Wie können wir die Ware frisch halten bis zur Lieferung?*
- *Wie können wir wiederverwendbare Verpackungen anbieten?*
- *Wie können wir verschiedene Lieferfenster anbieten?*
- *Wie können wir ein passendes Sortiment anbieten?*
- *Wie können wir kontaktlos ausliefern?*

Du kannst diese Methode auch während einer Expertenevaluation einsetzen oder deine Beobachtungen während eines Tests gleich in Form dieser Fragen dokumentieren.

Nach der Sammlung werden die Fragen – du ahnst es schon – gesammelt, geordnet und verdichtet, in eine Produktstruktur oder eine Story Map überführt und gegebenenfalls auch mit einer Punktabfrage bewertet.

5.6 Serendipität

Alle bisher in diesem Kapitel angesprochenen Vorgehensweisen beschreiben ein gesteuertes Vorgehen zur Product Discovery. Beginnend mit einer Frage, einem Ziel oder einem Problem, werden systematisch Informationen gesammelt, analysiert, in Prototypen oder Experimente übersetzt und dann in Form von Tests bestätigt, verbessert oder verworfen. Das ist aber nur ein Teil der Product Discovery. Die Trendforscher Matthias Horx und Holm Friebe (2015) beschreiben es so:

> *Das Neue entsteht deshalb an den nicht-zentralistischen Rändern: Kreative Ökosysteme und Biotope bringen neue Formen von Innovationen hervor, die anders funktionieren als die Innovationen von gestern. Und oft hat bei ungeplanten Innovationen auch der Zufall seine Hand im Spiel. Dieser Paradigmenwechsel von starren Prozessen hin zu einem Zulassen des Zufälligen lässt sich als »Synnovation« beschreiben: die Form, in der das Neue in die Welt kommt.*

Die Grundlage für diese Art der Innovation ist das *Serendipitätsprinzip*. Serendipität bedeutet so viel wie glücklicher Zufall und beschreibt das Entdecken von etwas, das du gar nicht gesucht hast. Christopher Columbus ist vermutlich der ungekürte Meister darin. Diese Art von Product Discovery lässt sich nicht steuern, aber du kannst einiges dafür tun, um die Wahrscheinlichkeit zufälliger Entdeckungen zu erhöhen. Hier sind ein paar Ideen:

- Beschäftige dich ziellos und im weitestmöglichen Sinne mit allem, was für dein Produkt interessant sein könnte: Bücher und Blogbeiträge lesen, Filme und Dokumentationen gucken, Social-Media-Kanäle durchforsten, mit Technologie experimentieren, politische oder philosophische Texte zum Thema lesen, künstlerische Arbeiten einbeziehen.
- Triff dich mit Leuten, die in ähnlichen Domänen unterwegs sind, und tausche dich aus: in Konferenzen, Meet-ups, Foren, sozialen Medien, Verbänden, Vereinen.
- Halte Vorträge über dein Produkt und plane Zeit für Diskussionen und Gespräche im Nachgang ein.
- Ermuntere deine Entwickler*innen und Stakeholder*innen, es dir gleichzutun.
- Arbeite ab und an in einem Coworking Space. Diese Orte sind wie gemacht für Zufallsbegegnungen.

Halte dabei alles, was dir begegnet, auf einem Ideenboard fest, zum Beispiel in Form von HMW-Fragen. Du wirst sehen, wie sich mit der Zeit wertvolle Ideen herauskristallisieren.

5.7 Vorsicht vor Denkfehlern!

Product Discovery bietet dir eine Vielzahl von Möglichkeiten, Informationen zu erfassen. Du wirst sie immer nach mehr oder weniger bewussten Filtern auswählen und Arbeitshypothesen bilden, die sich dann in Produkttests oder Verkaufszahlen beweisen müssen. Jede Discovery ist dabei nur eine Momentaufnahme, vor allem wenn du dich in einem dynamischen Markt bewegst. Jede Methode oder Kombination von Methoden sollte zum jeweiligen Anliegen passen.

Und wie überall kann dir bei der Erhebung und Bewertung der Informationen eine ganze Reihe von kognitiven Verzerrungen in den Weg kommen – einfach, weil du ein Mensch bist und dein Gehirn dazu neigt, Abkürzungen zu nehmen (Dobelli, 2011).

Top Ten der kognitiven Verzerrungen

- *Bestätigungs-Verzerrung:* Du suchst unbewusst nach Informationen, die deine eigene Erwartung bestätigten.
- *Schönheits-Verzerrung:* Du bewertest unbewusst Aussagen von Menschen, die du attraktiv findest, höher.
- *Konformitäts-Verzerrung:* Du passt unbewusst deine eigenen Aussagen der Meinung der Gruppe an, in der du dich befindest.
- *Autoritäts- oder Expertise-Verzerrung:* Du glaubst unbewusst Menschen, die Autorität ausstrahlen oder mehr Expertise haben.
- *Selbstüberschätzungs-Verzerrung:* Du weißt nicht genug über eine Sache, und weil dir das nicht klar ist, ist die Folge eine gravierende Fehleinschätzung.
- *Story-Verzerrung:* Du glaubst eine Geschichte und lässt dich unbewusst davon leiten, dass sie überzeugend erzählt wurde.
- *Verlorene-Liebe-Verzerrung:* Du verfolgst einen sinnlosen Plan weiter, weil du schon viel Zeit, Geld und Liebe investiert hast, ohne zu bemerken, dass das der Grund ist.

Der Effekt dieser Verzerrung lässt sich durch verschiedene Maßnahmen eindämmen (Asana, online):

- Vielfalt der Teilnehmer*innen und der Beobachter*innen
- Kombination verschiedener Methoden und Quellen
- Aufstellen von neutralen Kriterien
- professionelle Moderation von Gruppenprozessen
- Anonymisierung von Befragungen, Blindbeobachtung
- Einbeziehung von Expert*innen beim Studiendesign

5.8 Hypothesen bilden und testen

Am Ende des Tages geht es bei jeder Art von Product Discovery darum, Hypothesen über dein Produkt aufzustellen und diese systematisch zu testen:

- Bestätigt der Test die Hypothese, kann tiefer in die Entwicklung eingestiegen werden.
- Bestätigt der Test die Hypothese (zunächst) nicht, wird entweder die Hypothese verworfen oder das durch den Test gewonnene Wissen verwendet, um die Hypothese umzuformulieren und erneut zu testen.

Eine gute Hypothese über dein Produkt (Nachtrab, online):

- ist einfach und gut verständlich formuliert: Was genau nehme ich an?
- ist realistisch und erreichbar: Was kann ich durch ein kurzes Experiment überprüfen?
- ist messbar und beobachtbar: Wie kann ich überprüfen, ob die Annahme zutrifft?
- beschreibt einen unmittelbaren kausalen Zusammenhang: Auf welche Ursache lässt sich die gewünschte Wirkung zurückführen?

Es empfiehlt sich, für das Testen von Hypothesen ein Template zu verwenden, das die Schritte des hypothesengeleiteten Arbeitens abbildet (strategyzer, online):

- Wie lautet unsere Annahme?
- Was müssen wir messen oder beobachten, um sie zu überprüfen?
- Wann erweist sie sich als richtig?
- Was tun wir dann?

So schafft ihr Klarheit über eure Experimente und habt immer im Blick, worauf ihr in der Produktentwicklung hinarbeiten wollt.

5.9 Wie weiter?

Im Anschluss an eine Discovery-Phase hast du vermutlich eine Fülle von Anforderungen aufgenommen und potenzielle Merkmale deines Produkts gesammelt. Jetzt gilt es, diese in eine Struktur zu überführen, sodass du sie sortieren und für das Refinement vorbereiten kannst. Eine Möglichkeit dazu haben wir dir in Abschnitt 2.7, »Unwägbarkeiten und Risiken konstruktiv wenden«, vorgestellt.

Eine weitere Möglichkeit bietet das *KANO-Modell* (nach Professor Noriaki Kano, Sauerwein, 2000). Das KANO-Modell ist eine Sortiermatrix. Sie dient dazu, die Wünsche der Kundschaft zu erfassen und systematisch zur Optimierung eines Produkts zu verwenden (siehe Abbildung 5.4). Dazu werden die Wünsche in fünf Kategorien von Produktmerkmalen sortiert, und es wird bewertet, wie sehr sie für Zufriedenheit oder Unzufriedenheit sorgen:

- Basismerkmale: Welche Merkmale sind so selbstverständlich, dass Nutzende unzufrieden würden, wenn sie nicht vorhanden wären?
- Leistungsmerkmale: Welche Merkmale erwarten Nutzende und machen davon die Zufriedenheit oder Unzufriedenheit mit der Leistung des Produkts abhängig?
- Begeisterungsmerkmale: Mit welchen Merkmalen rechnen Nutzende nicht und reagieren mit Begeisterung, wenn sie sie entdecken?
- Unerhebliche Merkmale: Welche Merkmale sind für die Nutzenden unerheblich oder egal?
- Rückweisungsmerkmale: Welche Merkmale würden die Nutzenden stören?

Durch das Einsortieren deiner Erkenntnisse aus der Product Discovery in das KANO-Modell bekommst du eine gute Einschätzung, wie nützlich die jeweiligen Anforderungen im Vergleich zu anderen sind und wo du in der Entwicklung Prioritäten setzen willst.

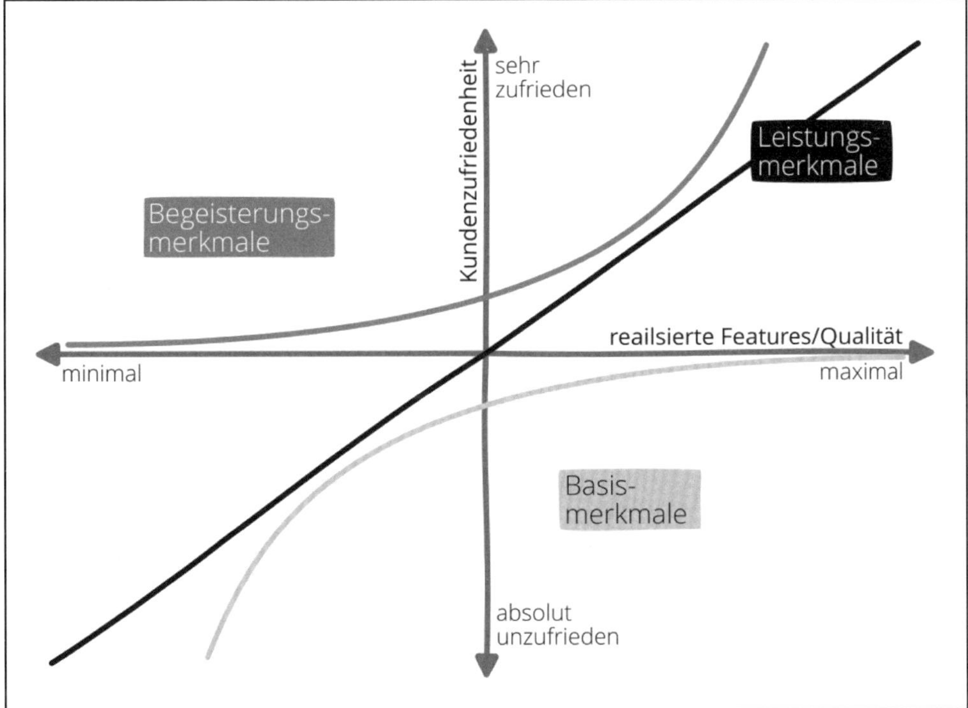

Abbildung 5.4 Das Kano-Modell beschreibt die Zufriedenheit beziehungsweise Unzufriedenheit der Kundschaft in Abhängigkeit der vorhandenen Eigenschaften eines Produkts (eigene Darstellung).

Kundenwünsche zu verstehen, sie in sinnvolle Anforderungen zu übersetzen und gut beschrieben an das Entwicklungsteam zu übergeben, erfordert einiges an Kommunikationskompetenz. Und deswegen widmen wir dem Thema ein eigenes Kapitel unter dem Motto »Zuhören, verstehen, ansprechen«.

Kapitel 6
Zuhören, verstehen, ansprechen: dein Kommunikationsjob

*Du bist die Drehscheibe, bei der alles zusammenläuft. Deine Aufgabe ist es, zwischen den verschiedenen Stakeholder*innen zu vermitteln und ein gegenseitiges Verständnis herzustellen und aus dem Stakeholder-Geflecht herauszufiltern, was gut fürs Produkt ist.*

»Was war das denn?« Ünal und Rhia schauen sich ungläubig an. »Benno und Karla waren sich ja wohl noch nie so uneins wie heute!« Rhia schüttelt den Kopf, während sie auf den Boden rutscht und versucht, den Reserve-Beamer wieder mit allen Zubehörteilen in seiner Tasche zu verpacken. »Das dumme Ding passt hier einfach nicht rein, grr, dafür bin ich jetzt Ingenieurin, oder was?« Ünal nickt abwesend: »Keine Ahnung, aber es war echt krass, och Mensch, in diesem neuen Community-Office funktioniert aber echt nix, ich glaube, ich habe den elektrischen Raumtrenner kaputtgemacht.« Er rüttelt an der Multifunktionswand und blickt fragend zur Verankerung an der Decke auf. »Eigentlich sollte das hier doch alles vollautomatisch laufen, digital und so.« Rhia seufzt: »Ich glaube, das lag daran, dass die CFO da war, aber ich fand ihre Fragen richtig gut. Die hat heute erst verstanden, was wir eigentlich bewirken.« »Ja, das wäre echt cool, wenn die drei mit uns an einem Strang zögen. Ich hoffe, Ellen und Rami bleiben dran.«

Ünal und Rhia haben soeben erlebt, dass während einer Sitzung mehr abläuft als das, was gesagt wird. Je nachdem, wer mit dabei ist, entwickelt sich ein Gespräch in eine andere inhaltliche Richtung oder auch in einem anderen Tonfall. Im kommunikativen Austausch kommen plötzlich Konflikte an die Oberfläche, ganz oder vielleicht auch nur teilweise. Bestehende Allianzen werden sichtbar. Und auch die Möglichkeiten, wie man sich mit wem vernetzen könnte, um gemeinsam an einem Strang zu ziehen. Um einander zu verstehen, müssen wir zuhören und Fragen stellen. Und wir müssen vor allem offen sein für Dinge, an die wir selber gar nicht gedacht haben.

Als Product Owner*in brauchst du ausgeprägte Sozial- und Kommunikationskompetenzen, denn es geht nicht allein um dein Produkt, sondern um viele, viele Beziehungen, die du aufbaust und pflegst. Dieses Kapitel bietet dir hierfür Instrumente und zeigt dir ihre Vor- und Nachteile im konkreten Anwendungskontext. Damit kannst du viele Menschen wertbringend beteiligen.

Aus unserem Erfahrungsschatz: Kommunizieren kann man nicht einfach so.

Insbesondere bei der Arbeit mit jungen, noch unerfahrenen Menschen sehe ich immer wieder, dass die Bedeutung von Kommunikation unterschätzt wird. Seit Jahren leite ich Workshops und Lehrveranstaltungen zu agiler Kommunikation – beispielsweise auch für angehende Product Owner*innen – und beobachte, wie sie sich aus dem Thema raushalten wollen. Sie sind der festen Überzeugung, dass Kommunikation kein Problem ist, weil alle Menschen seit ihrer Kindheit kommunizieren können. Wenn Teams mich zu Hilfe rufen, geht es allerdings hauptsächlich um Herausforderungen im Zusammenhang damit, wie Menschen miteinander umgehen, indem sie miteinander kommunizieren. Daher weise ich in meinen Veranstaltungen gefühlt alle zehn Minuten darauf hin, wie wichtig zwischenmenschliche Kommunikation ist, dass Menschen nicht nur rationale Wesen sind und dass sie sich für eine erfolgreiche Zusammenarbeit ständig selbst reflektieren müssen in ihrem eigenen kommunikativen Verhalten. Darum ist mir dieses Kapitel wichtig, und ich möchte dir die Inhalte ganz besonders ans Herz legen.

Dass Kommunikation nicht so einfach ist, veranschaulicht das Modell »Vier Seiten einer Nachricht« von Friedemann Schulz von Thun (2020), auf das wir in Kapitel 15, »Heiße Konflikte willkommen!«, noch ausführlich eingehen werden. Für das aktuelle Kapitel ist wichtig zu verstehen, dass ich als Mensch, der etwas von sich gibt, auf vierfache Weise wirksam bin. Denn egal ob ich das beabsichtige oder nicht, alles, was ich sage, enthält vier Botschaften gleichzeitig:

- eine Sachinformation, also das, worüber ich informiere,
- eine Selbstoffenbarung, also das, was ich von mir zu erkennen gebe,
- einen Beziehungshinweis, also wie ich mich zu meinem Gegenüber in Beziehung setze,
- einen Appell, also das, wozu ich mein Gegenüber bewegen möchte.

Auch mein Gegenüber hört auf diesen vier Ebenen mit und kann jede dieser vier Ebenen anders verstehen, als ich sie gemeint habe.

Für die sendende Person besteht auf der Sachebene die Herausforderung, die Sachverhalte klar und verständlich auszudrücken. Lass uns das mal genauer beleuchten.

6.1 Verständlichkeit und Verständigung herstellen

Verständlichkeit wird für schriftliche Texte aufgegliedert in die folgenden drei Komponenten (vgl. Demarmels et al., 2018):

- **Leserlichkeit**: Können wir etwas überhaupt mit unseren Sinnesorganen aufnehmen, um es zu verarbeiten (z. B. Schriftgröße)?
- **Lesbarkeit**: Sind Wortwahl und Satzbau so, dass wir einen Sinn erkennen können (z. B. Fachbegriffe, Fremdwörter, verschachtelte Sätze)?
- **Verständlichkeit in engerem Sinne**: Können wir das Neue sinnvoll mit unserem Vorwissen verbinden (z. B. Anknüpfen an Alltagswissen und spezifisches Fachwissen, Verweise auf Definitionen)?

Natürlich lässt sich dies auch auf mündliche Verständigung übertragen: Leserlichkeit wird dann zu Wahrnehmbarkeit (z. B. durch Lautstärke). Die Komponenten bauen außerdem aufeinander auf: Kann etwas nicht wahrgenommen werden, erschließt sich auch der Sinn nicht, und darum kann das neue Wissen auch nicht an bestehendes angeknüpft werden. Und letztendlich geht es bei der Verständigung oft darum, wie wir Menschen dazu motivieren können, sich überhaupt mit Informationen auseinanderzusetzen.

Der Arbeitsalltag besteht heute meist aus komplexen Projekten und auch aus komplexer Zusammenarbeit: Unterschiedliche Individuen mit spezifischem Fachwissen arbeiten in Teams zusammen und ergänzen sich mit ihrem Wissen gegenseitig. So entstehen Lösungen, die über ein Fachgebiet hinausgehen. Die verschiedenen Beteiligten an einem Projekt versuchen sich darum gut miteinander abzustimmen. Oft ist es aber nicht einfach, komplexe Inhalte verständlich zu formulieren. Je nach fachlichem Hintergrund kommen auch noch spezifische Fachausdrücke hinzu. Treffen verschiedene Fachbereiche aufeinander, verstehen sie unter einem Fachbegriff vielleicht sogar etwas ganz anderes.

Tipp: Glossar zu zentralen Fachbegriffen im Projekt anlegen

Bei der Arbeit mit Menschen aus unterschiedlichen Fachbereichen ist genaue Kommunikation wichtig, um Missverständnisse zu vermeiden. Eine reibungslose Verständigung könnt ihr unter anderem gewährleisten, indem ihr euch auf die Bedeutung von Fachwörtern einigt. Legt dazu ein Glossar an, in dem ihr alle zentralen Fachbegriffe für das Projekt sammelt und definiert. Erarbeitet die Definitionen gemeinsam, damit ihr merkt, wo ihr Begriffe anders verwendet und darum Missverständnisse entstehen können.

Indem ihr »neue« Begriffe erfindet, könnt ihr außerdem das Risiko verkleinern, dass ihr jeweils in eure eigene Deutung zurückfallt. Erfindet neue Wörter und verseht sie mit einer gemeinsamen Definition. Haltet die Definitionen schriftlich fest, sodass alle jederzeit diese Definitionen nachlesen können.

6.1.1 Gehört und verstanden werden

Die erste Komponente von Verständlichkeit ist jene der Wahrnehmbarkeit: Menschen können nur jene Informationen verarbeiten, die sie überhaupt wahrnehmen. Ein typisches Beispiel im schriftlichen Bereich sind Schriftbild (zum Beispiel unleserliche Handschrift) und Schriftgröße. Im mündlichen Bereich ist es beispielsweise die Lautstärke. Wenn niemand wahrnehmen kann, was jemand anderer mitteilt, geht die Information verloren.

Wahrscheinlich fragen die meisten Menschen nach, wenn sie jemanden akustisch nicht verstehen oder eine handschriftliche Notiz nicht lesen können. Sie fragen wahrscheinlich auch ein zweites und ein drittes Mal nach. Aber irgendwann wird es ihnen entweder zu blöd oder zu peinlich, und dann fragen sie nicht mehr, sondern raten einfach, was die andere Person mitteilen will. Die Kommunikation wird dadurch ungenau. Möglicherweise führen solche Situationen auch dazu, dass sich einzelne Mitarbeitende zurückziehen, um sich solchen Situationen nicht weiter aussetzen zu müssen.

Ähnlich verhält es sich mit dem Stil, der zweiten Komponente von Verständlichkeit: Wenn Texte kompliziert formuliert sind oder viele fremde Fachbegriffe enthalten, vergeht manchen Menschen schnell die Lust, immer und immer wieder nachzufragen. Sie fühlen sich dumm und beginnen unter Umständen, frei zu raten, was gemeint sein könnte. Das ist in der Regel schädlicher, als dass es nützt.

Bei der dritten Komponente von Verständlichkeit geht es schließlich noch darum, das Neue an bestehendes Vorwissen anzuknüpfen. Dazu müssen die einzelnen Informationen zueinander passen. Ist das nicht der Fall, gehen die Informationen oft verloren: Wir vergessen meist, was wir nicht sinnvoll irgendwo zuordnen können. Und natürlich kann hier auch der eigene Wahrnehmungsfilter einsetzen: Aus welcher Perspektive hört man selbst zu, wie filtert man die Informationen, und was bleibt letztlich hängen?

Ganz allgemein lässt sich außerdem feststellen: Menschen haben meist wenig Lust, sich mit Informationen zu beschäftigen, wenn sie diese nicht auf Anhieb verstehen können oder wenn sie diese erst einmal suchen müssen. Da gleichzeitig nicht alle über dasselbe Wissen verfügen, muss es dein Ziel als Product Owner*in sein, alle an einem Projekt beteiligten Personen auf denselben Wissensstand zu bringen, sodass sie der Kommunikation folgen können. Das gilt gleichermaßen für die Sprache wie auch für die Zugänglichkeit von Informationen.

Im Folgenden werden einige Instrumente vorgestellt, die du für verständliche Kommunikation und reibungslose Verständigung einsetzen kannst. Sie erleichtern die Verständigung in Projekten, insbesondere mit vielen und unterschiedlichen Beteiligten. Der*die Scrum Master*in kann dich hierbei unterstützen.

6.1.2 Informationsaufnahme erleichtern

Eine Voraussetzung für die Verständigung ist also, dass Informationen (in mündlicher, schriftlicher oder visueller Form) überhaupt wahrgenommen und verarbeitet werden. Menschen schonen ihre (geistigen) Ressourcen und ihre Energie, das heißt: Sie sind motiviert, Zeit in die Verarbeitung von Informationen zu investieren, wenn sie bereits vorab wissen, was ihnen das bringt – dies haben verschiedene Studien hervorgebracht (Demarmels et al., 2018).

Tipp: Informationen übersichtlich aufbereiten

In der Praxis hat es sich bewährt, Erkenntnisse, Problemstellungen und Ähnliches kurz auf den Punkt gebracht zu verschriftlichen (zum Beispiel als One-Pager). Das erscheint dir vielleicht mühsam, es bringt aber viel, weil du dir so die Kernaussagen überlegst und dir Unklarheiten schnell bewusst werden.

Folgende Strategien bieten in deinem Arbeitskontext Unterstützung, indem sie die Informationssuche und -aufnahme erleichtern und damit zur Verarbeitung von Informationen motivieren:

- **Zentrale Ablage**: Legt Informationen für alle zugänglich und zentral ab. Strukturiert die Ablage nach einfachen Kriterien. So wissen alle, wo sie Informationen suchen müssen, und finden diese auch schnell auf.
- **Einfache Kommunikation**: Haltet insbesondere die schriftliche Kommunikation möglichst einfach: Verzichtet auf verschachtelte Sätze und auf passivische Konstruktionen (Passiv, Nominalisierungen/Substantivierungen). Bei passivischen Konstruktionen ist nämlich nicht klar, wer etwas tut oder tun soll. Dadurch können Missverständnisse entstehen. Beispiel: »Anna klärt bis nächsten Freitag die rechtliche Situation zur Datenabfrage.« statt: »Die rechtliche Situation zur Datenabfrage ist noch zu klären.«, denn hier ist unklar, wer das tun soll.
- **Visuelle Darstellungen**: Nutzt zur Darstellung von Informationen auch visuelle Mittel. Beispielsweise lassen sich komplexe Zusammenhänge mit grafischen Skizzen

aufzeichnen, plastische Dinge mit Visualisierungen. Flussdiagramme oder Mindmaps sind hilfreich bei der Darstellung von Prozessen und Zusammenhängen.

- **Dummy**: Bei der Entwicklung von Produkten nehmen auch Prototypen eine zentrale Rolle ein. Sie machen abstrakte Ideen greifbarer. Dabei müssen diese Prototypen nicht möglichst genau sein. Sie sollen die Idee klar und im Wortsinn fassbar machen. Hierzu könnt ihr aus Papier und Pappe etwas zusammenbauen oder beispielsweise ein User Interface statisch auf ein Blatt Papier zeichnen.

6.1.3 Methoden: Informationen klar formulieren

Schafft Klarheit über eure zentralen Begriffe. Erstellt – gemeinsam mit allen Stakeholdern*innen und bei Bedarf auch noch einmal separat für das Team – ein *Glossar* mit technischen Begriffen. Dort definiert ihr, was ihr genau mit einem Begriff meint. Formuliert die Definitionen zu den Begriffen schriftlich aus. Denn oft bemerkt ihr erst beim Niederschreiben, dass noch Unsicherheiten oder Ungereimtheiten bestehen. Indem ihr gemeinsam ein Glossar erarbeitet und aktuell haltet, deckt ihr zugleich auch Missverständnisse in eurem Wortgebrauch auf. Anschließend könnt ihr das Glossar benutzen, um eure Kommunikation schneller und effizienter zu machen. Ihr müsst dann Begriffe nicht mehr jedes Mal wieder erklären, sondern könnt auf die exakte Definition im Glossar verweisen. Das ist auch hilfreich, wenn neue Menschen zu eurem Projekt hinzukommen.

Formuliert Ziele und Aufgaben gemeinsam aus und haltet sie schriftlich fest. Auch hier können sich Missverständnisse verstecken. Diese können zum einen auf einer strategischen Ebene liegen: Wollen wirklich alle Stakeholder*innen in dieselbe Richtung? Zum anderen erhaltet ihr mehr Verbindlichkeit, wenn ihr beispielsweise Aufgaben schriftlich festhaltet. Es wird klar, wer was bis wann tun wird. So werden Aufgaben weniger vergessen.

Drückt euch möglichst explizit aus. *Explizite Aussagen* sind ein Instrument agiler Kommunikation, weil sie helfen, Missverständnisse zu vermeiden. Das folgende Beispiel veranschaulicht, was damit gemeint ist:

Anna: »Es ist halb zehn.« Bernd: »Hm.«

Anna nennt die Zeit, meint aber etwas ganz anderes. Sie denkt: »In einer halben Stunde beginnt das Review. Haben wir alles bereitgestellt, was wir brauchen? Müssten wir nicht schon mal in den Raum gehen und noch einmal kontrollieren, ob alles so läuft, wie wir das geplant haben?« Bernd hört nur die Zeit und denkt sich: »Ja, es ist halb zehn. Ich hol mir in fünf Minuten noch einen Kaffee.«

Anna: »Hast du gehört?« Bernd: »Ja, Anna, ich habe dich gehört.«

Anna fragt Bernd, ob er sie gehört hat. Eigentlich will sie damit sagen, dass Bernd sich jetzt mal sputen soll. Sie denkt, dass Bernd unzuverlässig ist, und sie befürchtet, dass er sie später im Review auch mal wieder hängen lässt. Sie ist wütend und nervös.

Bernd hört Anna und denkt sich nichts dabei. Manchmal ist es im Büro eben etwas laut. Und er hätte ihr vorhin auch mit »Ja!« statt nur mit »Hm.« antworten können. Vielleicht ist Anna ja leicht schwerhörig?

Mit expliziten Aussagen entstehen weniger Missverständnisse:

Anna: »In einer halben Stunde beginnt das Review. Wollen wir noch einmal alles testen?« Bernd: »Ja, das können wir. Ich hol mir vorher noch einen Kaffee. Kommst du mit, dann können wir schon mal den Ablauf durchsprechen.«

Wenn du denkst, dass es bei euch zu vielen Missverständnissen kommt, weil ihr euch nicht klar ausdrückt, dann thematisiert das mit dem Team und wenn nötig auch mit den Stakeholder*innen. Sprecht darüber und reflektiert, welche Fehler und Leerläufe sich vermeiden ließen, wenn ihr klarer kommunizieret. Haltet fest, wie ihr Missverständnisse vermeiden wollt.

6.1.4 Methoden: Nachfragen ermöglichen

Wenn Menschen direkt in Kontakt sind, lassen sich dadurch auch Missverständnisse besser vermeiden. Insbesondere geht es darum, Nachfragen aufzunehmen und Unklarheiten frühzeitig aufzufangen. Mit Face-to-Face-Kommunikation sind wir im Vorteil: Wir haben mehrere Kanäle zur Verfügung, die wir überprüfen können. Was für ein Gesicht macht jemand? Erkenne ich ein Stirnrunzeln? Höre ich, dass jemand Luft holt, um möglicherweise etwas zu fragen? Gibt es Blickkontakt? Nicken die anderen zustimmend? Das Prinzip aus dem Agilen Manifest dazu lautet: »*Die effizienteste und effektivste Methode, Informationen an und innerhalb eines Entwicklungsteams zu übermitteln, ist im Gespräch von Angesicht zu Angesicht.*«

Die Technik des *aktiven Zuhörens* erweist sich dabei als nützlich: Es geht darum, sich beim Zuhören in die sprechende Person hineinzuversetzen und vollständig bei der Sache zu sein und mitzudenken. Dazu kannst du sogenannte Hörersignale geben – Nicken, »Mhm.«, »Ja.« oder auch mitfühlende Äußerungen wie »Ach!« und »Oh?«. Dabei darfst du die sprechende Person nicht unterbrechen. Hörersignale führen auch dazu, dass du dich besser auf das Gespräch konzentrieren kannst.

Die zustimmenden Signale beziehen sich nicht auf die Inhalte, sondern darauf, dass Zuhörer*innen dem Gesagten folgen können und verstehen, was sie hören. Erst in einem zweiten Schritt geht es darum, dass man sich auch inhaltlich äußern und positionieren kann. Hörersignale ermuntern Sprechende dazu, weiterzusprechen oder gegebenenfalls Fragen zu stellen. Mit einem solchen Verhalten kannst du viele Unsicherheiten bei anderen Gesprächsteilnehmenden auffangen.

Nachdem du eine Weile aktiv zugehört hast, kannst du auch selbst ins Gespräch einsteigen. Du kannst beispielsweise sicherstellen, dass du richtig verstanden hast, indem du in eigenen Worten zusammenfasst, was du gehört hast. Das nennt sich Paraphrasieren. Auch und gerade wenn du unsicher bist, fasse noch mal zusammen, was du verstanden hast. Wenn du merkst, dass ein*e Gesprächspartner*in eher unsicher wirkt: Geh von dir aus auf die Person zu und frage von dir aus nach, welche Unklarheiten es noch gibt. Du kannst dazu auch gezielt Gesprächstechniken einsetzen (siehe Abschnitt 6.4, »Gesprächsführung übernehmen in alltäglichen und herausfordernden Situationen«).

Manche Menschen haben Hemmungen, nachzufragen, wenn sie etwas nicht verstehen. Es ist darum wichtig, wie du mit Fragen und mit Nichtwissen umgehst. Wertschätzung für Fragen ist wichtig. Bedanke dich für Fragen. Versucht gemeinsam zu erörtern, warum gewisse Fragen auftauchen und was ihr ändern könnt, um Wissenslücken zu schließen. Arbeitet kontinuierlich gemeinsam daran.

Tipp: Raum für informellen Austausch schaffen

Du kannst die Verständigung unter den Beteiligten fördern, indem du informelle Kommunikation unterstützt. Schaffe Raum, damit sich alle persönlich kennenlernen können. Haltet regelmäßig eine gemeinsame Kaffeepause oder gar eine Mittagspause ab. Dadurch könnt ihr zwischenmenschliche Hürden abbauen. Ihr werdet sehen: Dies wirkt sich wahrnehmbar und nachhaltig auf die Verständigung aus.

6.2 Zusammenarbeit durch angemessene Kommunikation initiieren

Wenn Menschen sich miteinander verständigen, konzentrieren sie sich im beruflichen Kontext meist vorwiegend auf die Sache (siehe dazu auch das Kapitel 15, »Heiße Konflikte willkommen!«). In diesem Abschnitt geht es darum, was es in der Kommunikation sonst noch braucht, damit Menschen gut und gerne zusammenarbeiten. Zunächst wird der Begriff *synergetische Collaboration* definiert und ausgeführt, danach wird beleuchtet, wie Kommunikation gestaltet werden kann, um synergetische Collaboration zu fördern.

6.2.1 Synergetisch zusammenarbeiten

Synergetische Collaboration ist mehr, als dass man sich das Büro teilt oder sich gegenseitig Aufgaben übergibt. Es bedeutet, dass man Synergien erzeugt und gemeinsam mehr erreicht, als dies jede*r für sich allein könnte. Damit du mit deinem Team und mit deinen Stakeholder*innen an diesen Punkt gelangen kannst, darfst du dich nicht nur auf die Sache konzentrieren, sondern musst auch die Menschen im Blick haben. Du musst dich ganzheitlich auf sie einlassen – auch dann, wenn du das Gefühl hast, dass die Zusammenarbeit mit ihnen nicht immer einfach ist.

Sobald wir mit anderen zusammenarbeiten, treten Reibungen auf, weil bei der Zusammenarbeit mehrerer Menschen unterschiedliche Perspektiven, Ansätze und Ansichten aufeinandertreffen. Damit müssen wir umgehen. Das Modell der *synergetischen Collaboration* (siehe Abbildung 6.1, Demarmels, 2021a, in Anlehnung an Blake & Mouton, 1964) veranschaulicht, in welchen Bereichen sich Menschen bewegen, wenn es um die Zusammenarbeit mit anderen geht.

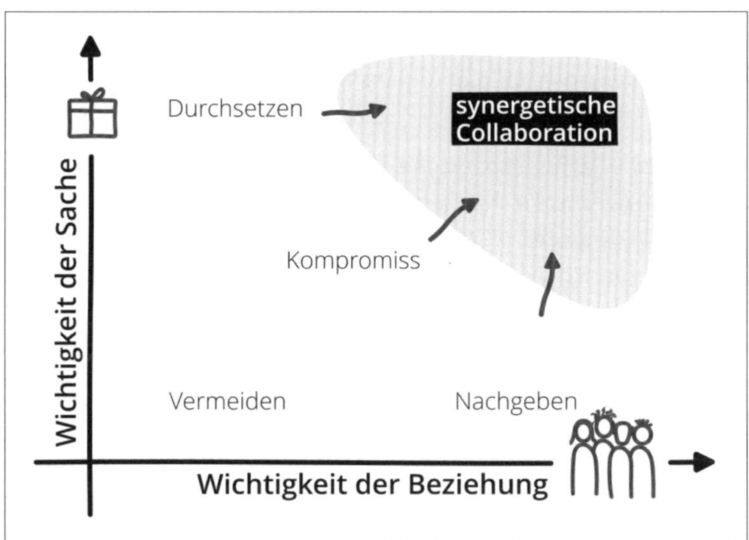

Abbildung 6.1 Modell der synergetischen Collaboration: Zusammenspiel von Sach- und Beziehungsebene (nach Demarmels, 2021a)

Im Modell gibt es zwei Achsen: die Wichtigkeit der Sache und die Wichtigkeit der Beziehung – damit ist nicht eine konkrete Beziehung gemeint, sondern wie wir uns zu anderen Personen in Beziehung setzen. Es geht damit nicht um den Sachinhalt, sondern um zwischenmenschliche, emotionale Komponenten. Wenn uns sowohl die Sache wie auch die Beziehung egal sind, werden wir versuchen, Konflikte und Reibungen zu vermeiden. Ist uns nur die Sache wichtig, dann werden wir uns in kritischen Momenten durchzusetzen versuchen – egal was auf der Beziehungsebene geschieht. Wir nehmen in diesem Fall in Kauf, dass andere uns beispielsweise nicht nett finden. Ist uns dagegen die Beziehung wichtig, werden wir in der Sache nachgeben, auch wenn wir wissen (oder zu wissen glauben), dass die Lösung der Aufgabe so nicht optimal ist.

Gewichten wir die beiden Ebenen (Sache und Beziehung) ungefähr gleich, aber nicht übermäßig stark – und verhält sich unser Gegenüber ebenso –, kommt es vermutlich zu einem Kompromiss. Bei einem Kompromiss geben alle Parteien ein Stück ihrer Meinung oder ihrer Bedürfnisse auf. Es kommt zu einer Lösung, hinter der niemand so richtig steht. Alle hätten es sich eigentlich anders gewünscht, und entsprechend leidet darunter das Commitment für die Umsetzung.

Synergetische Collaboration entsteht, wenn alle Beteiligten bereit sind, sich aufeinander einzulassen, ohne dabei das Ziel der Aufgabe aus dem Auge zu lassen. Diese Haltung, die sowohl die Sache wie auch die Beziehung wichtig nimmt, schafft eine Basis, um Lösungen zu finden, an die vorher noch niemand gedacht hat. An diesem Punkt kann echte kreative Innovation entstehen.

Im deutschen Sprachraum ist die Sachebene fest in der Arbeitskultur verankert. Oft werden Emotionen am Arbeitsplatz sogar tabuisiert. Gerade Emotionen sind aber sehr wichtig für die Pflege der Beziehungsebene. Wenn wir also synergetische Collaboration initiieren möchten, dann müssen wir uns auf andere einlassen und sie auch emotional abholen. Das heißt tatsächlich, dass ich mich auch für die Gefühle meiner Teammitglieder und Stakeholder*innen interessiere, dass ich auch mal etwas aus meinem Privatleben teile und Anteil nehme, wenn andere eine private Geschichte mit mir teilen. Beispiele dafür können Erlebnisse vom Wochenende sein, Urlaubspläne, aber auch Alltagssorgen wie ein krankes Kind oder eine kaputte Waschmaschine.

Vorsicht bei psychischen Problemen

Du kannst und darfst als Product Owner*in am Arbeitsplatz keine Psychotherapie durchführen. Wenn jemand schwerwiegende Probleme hat, müsst ihr entsprechende Fachpersonen hinzuziehen. Hier geht es also nicht darum, private Probleme von anderen bei der Arbeit zu lösen, sondern wirklich nur Anteil zu nehmen an der momentanen Gefühlslage der Menschen, mit denen man zusammenarbeitet.

Diese Gefühle – positive wie negative, beispielsweise gemeinsame Erfolgserlebnisse während des Sprints oder Frust, wenn das Sprint-Ziel nicht erreicht ist – können mit der konkreten Arbeitssituation zu tun haben und fließen in der agilen Arbeitsweise dann auch in entsprechende Reflexionen im Team ein (siehe Kapitel 13, »Auf eine gute Zusammenarbeit! Die Retrospektive«).

Beispiel: Anwendung des Modells der synergetischen Collaboration

zB

Rhia, Kim und Egon beziehen gemeinsam ein neues Büro. Sie dürfen es einrichten und ausstatten, wie sie gerne möchten. Für Rhia ist klar, die freie Wand muss gelb werden. Kim möchte diese Wand lieber blau haben. Egon ist die Wandfarbe egal.

Nehmen wir an, dass Rhia die Sache sehr wichtig ist, während Kim vor allem die Beziehung zu Rhia in den Mittelpunkt stellt. Rhia wird sich also durchsetzen, Kim wird nachgeben. Egon ist weder die Sache noch die Beziehung wichtig, er vermeidet jegliche Reibungen mit den anderen beiden. Die Wand wird also gelb, Kim fühlt sich nicht wohl und ist oft etwas traurig. Egon verlässt das gemeinsame Büro schon bald wieder.

Ist der Fall aber anders und sowohl Rhia wie auch Kim sind bereit, wenigstens ein bisschen aufeinander zuzugehen, erhalten wir ein anderes Ergebnis. Beiden ist zwar die Sache etwas wichtig, aber auch die Beziehung. Sie finden sich in einem Kompromiss. Die Wand wird – grün. Rhia ist manchmal etwas gereizt und Kim ab und zu etwas traurig. Nach einiger Zeit verlässt Egon das gemeinsame Büro. Niemand hat in dem Kompromiss das bekommen, was er*sie eigentlich wollte, und die grüne Wand gefällt niemandem.

Noch besser als ein Kompromiss ist darum die synergetische Collaboration: Alle nehmen sowohl die Sache wie auch die Beziehung sehr wichtig. Und wenn Egon am Anfang noch zögert, so lässt er sich doch von den anderen beiden mitreißen. Rhia fragt Kim, warum die Wand blau sein sollte. Kim erklärt, dass Blau ein Gefühl von Sicherheit und Geborgenheit gibt. Kim fragt Rhia, warum sie die Wand gelb möchte. Sie sagt, dass Gelb ihr ein sicheres Gefühl gibt und sie sich dann wohlfühlt. Die beiden fragen Egon, was ihm bei der Arbeit wichtig ist. Er antwortet, für ihn sei ein Gefühl der Sicherheit wichtig. Er mag Pflanzen und viel Licht. Zu dritt sammeln sie Ideen, was sie sich für ihr Büro vorstellen könnten und was ihnen guttut bei der Arbeit. Die Wand bleibt weiß, vors Fenster kommen Pflanzen und ein gemütliches gelbes Sofa. In die Ecke hängen sie ein Bild mit vielen Blautönen. Und dann starten sie voll durch mit vielen kreativen Ideen (vgl. Erklärvideo Demarmels, 2022b).

Wichtig für Collaboration ist also, sich nicht nur auf die Sache zu konzentrieren, sondern auch die Beziehung zu anderen zu pflegen. Dies kannst du in deiner Rolle als Product Owner*in tun, indem du empathisch und mit Mitgefühl auf andere zugehst.

6.2.2 Voraussetzungen für Collaboration schaffen

In der Arbeitswelt kommen Gefühle oft zu kurz – wir haben es bereits erwähnt. Typischerweise gehen viele Menschen davon aus, dass Emotionen nichts am Arbeitsplatz verloren haben. Wir sind Menschen; Gefühle gehören ebenso zu uns wie Gedanken. Wir können sie nicht zu Hause lassen, sie begleiten uns immer. Und wenn wir anfangen, unsere Gefühle zu unterdrücken, kommt es meist irgendwann zu einer Gefühlsexplosion.

Was tun, um dem entgegenzusteuern? Du kannst offen auf andere Menschen zugehen, darfst sie fragen, wie es ihnen geht, und darfst auch hinhören, wenn sie mal von ihren aktuellen Gefühlen und persönlichen Erlebnissen erzählen. Um offen auf andere zu wirken, musst du diese Gefühle und Erlebnisse nicht gut finden, in einer Bemerkung bewerten oder kommentieren. Man kann die Gefühle anderer nicht ändern oder abschalten. Für die meisten Menschen ist es schon befreiend, wenn andere ihre positiven wie negativen Gefühle einfach akzeptieren. Um eine gute synergetische Collaboration hinzukriegen, müssen sich Menschen auch nicht unbedingt gerne haben. Der Schlüssel liegt darin, dass sie sich gegenseitig akzeptieren und respektvoll miteinander umgehen.

Wenn ihr bei euch in der Unternehmenskultur eher distanziert miteinander umgeht, fädle diesen Schritt behutsam ein, sodass du niemanden überforderst. Gehe Schritt für Schritt und achte darauf, dass sich dabei niemand unwohl und überfordert fühlt. Beginne beispielsweise mit einfachen Sachen wie einem schönen Erlebnis vom Wochenende. Erzähl etwas von dir, ohne dass du unmittelbar einforderst, dass alle anderen dir folgen. Gib Raum, aber respektiere auch, wenn jemand noch nicht so weit ist.

Im Folgenden stellen wir einige Instrumente vor, die euch dabei helfen können.

Check-in

Mit einem *Check-in* zu Beginn des Tages oder am Anfang eines Meetings kann man Menschen kurz abholen. Es geht darum, einen gemeinsamen kommunikativen Raum zu schaffen und das Eis zu brechen: Alle sollen kurz zu Wort kommen. Der Anstoß zum Check-in kann dabei von abstrakten Erlebnissen (»Mein Wort zum heutigen Vormittag.«) bis hin zum konkreten Befinden (»Wie geht es mir heute?«) gehen und hängt von der Zeit ab, die man gleich zusammen verbringen wird, wie gut man sich kennt und wie viel Vertrauen sich die Teilnehmenden schon entgegenbringen. Die Antworten und Wortmeldungen werden nicht bewertet oder kommentiert.

Fragen für kurze Check-ins sind zum Beispiel:

- Mein Wort zum heutigen Vormittag
- Mein Aha-Erlebnis dieser Woche

- Wie geht es mir heute?
- Was geht mir gerade durch den Kopf?

Check-out

Entsprechend dem Check-in gibt es das *Check-out* zum Ende eines Tages oder Gesprächs. Auch hier lassen sich verschiedene Formen variieren, von abstrakt bis konkret, von ausführlich bis ganz kurz. Du kannst das Check-out ebenfalls dazu verwenden, dir ein kurzes Feedback zum Gespräch einzuholen, etwa zur Klarheit der Ergebnisse oder zum Commitment der Beteiligten in Bezug auf die definierten Aufgaben, zum Beispiel:

- Jetzt freue ich mich auf ...
- Heute Abend möchte ich noch ... genießen.
- In meinem Kopf macht es jetzt gerade ...
- In welcher Stimmung gehe ich in das nächste Meeting/den Feierabend?

Methode des aktiven Zuhörens

Aktives Zuhören (siehe Kapitel 4, »Zeit für Feedback«) hilft, sich anderen Personen anzunähern und eine gute Beziehung zu ihnen aufzubauen. Zum einen beginnst du beim aktiven Zuhören besser zu verstehen, was jemand anderen gerade bewegt (auf der Sachebene und emotional). Zum anderen fühlen sich Menschen auch wertgeschätzt, wenn man ihnen richtig zuhört

6.3 Agil kommunizieren

Es gibt Haltungen, Muster und Werte, die für das selbstorganisierte Arbeiten nützlich sind. Wir können diese Prinzipien auch auf unsere Kommunikation mit anderen anwenden (Demarmels, 2019).

In den agilen Prinzipien (siehe Kapitel 1, »Gesucht: Product Owner (m/w/d)«) wird die Kommunikation zwischen Menschen direkt angesprochen: Es heißt dort, dass Kommunikation von Angesicht zu Angesicht die beste Art der Verständigung ist. Dies hängt damit zusammen, dass Menschen beim Austausch von Angesicht zu Angesicht mehr Kanäle zur Verfügung haben, in denen sie Äußerungen deuten können. Neben den Worten können sie auch Gestik und Mimik einbeziehen. Wenn du also etwas erklärst und deine Gesprächspartner*innen runzeln die Stirn, dann musst du aufpassen und nachfragen: Ist etwas unklar, oder gibt es Einwände dazu? Mimik und Gestik sind gleichzeitig auch ein direktes Feedback auf einen Gesprächsbeitrag.

Des Weiteren sorgen die agilen Prinzipien dafür, dass Kommunikation regelmäßig und oft stattfindet. Ein kurzes Meeting täglich (zum Beispiel das Daily Scrum) ist sinnvoller als ein langes Meeting einmal pro Monat. So können Probleme direkt angesprochen werden, und die Betroffenen verlieren nicht viel Zeit damit, auf das nächste Meeting zu warten. So stauen sich für ein Meeting auch nicht allzu viele Tagesordnungspunkte an.

Die Kommunikation soll außerdem informell sein. Das bedeutet vor allem, dass die direkt betroffenen Personen sich auch direkt miteinander austauschen sollen. Denn wenn sie ihre Anliegen erst in der Hierarchie nach oben und dann wieder nach unten geben müssen, geht viel Zeit verloren, und auch die Intensität und die Genauigkeit der Inhalte leiden. Als Product Owner*in bedeutet das beispielsweise, dich direkt mit User*innen auszutauschen, um den Wert deines Produkts bestimmen zu können.

Darüber hinaus finden sich im Scrum fünf Werte, nach denen man sich bei der Zusammenarbeit richten soll. Diese Werte lassen sich ebenfalls konkret auch auf die Kommunikation anwenden:

6.3.1 Commitment

Beteilige dich aktiv an einem Gespräch. Höre zu und denke mit. Bringe dich ein, wann immer das sinnvoll ist. Beschäftige dich nebenbei nicht mit anderen Dingen, sondern höre aktiv zu. Versuche insbesondere dann nachzuforschen, wenn du Unsicherheiten bei anderen wahrnimmst.

6.3.2 Mut

Bringe dich aktiv ein. Äußere dich kritisch, wenn dies angezeigt ist. Gib auch in schwierigen Situationen Feedback. Sage Nein, wenn du etwas nicht willst oder nicht kannst. Das gilt auch und insbesondere, wenn der Umfang einer Aufgabe zu groß wird.

Als Product Owner*in heißt das für dich auch, dass du akzeptierst, wenn das Team dem Umfang der Aufgaben in einem Sprint Grenzen setzt, und dass du zu den Stakeholder*innen Nein sagst, wenn sie zu viele neue Aspekte ins Produkt integriert haben möchten, die sich mit der Produktvision nicht mehr decken.

6.3.3 Fokus

Sei dir über das Ziel in einem Gespräch im Klaren und behalte es im Fokus. Melde dich nicht zu Wort, wenn dein Input zu einer Abschweifung führen würde. Weise andere darauf hin, wenn sie das Ziel aus den Augen verlieren. Bringe aber auch den Mut auf, den Fokus zu verschieben, wenn dies nötig wird.

Dein Fokus als Product Owner*in liegt ganz und gar auf dem Produkt und dem Wert, den es schaffen soll.

6.3.4 Offenheit

Sei offen für alles, was andere an dich herantragen. Höre zu und bewerte erst in einem zweiten Schritt und nur, wenn das auch wirklich nötig ist. Sei also offen für neue Lösungen und andere Ansätze. Sei auch offen für Feedback, wenn andere dir eine Rückmeldung zu deinem Verhalten geben. Auch wenn dieses Feedback kritisch ist.

Als Product Owner*in bedeutet es für dich ebenfalls, offen zu sein gegenüber neuen Anforderungen an dein Produkt. Während des Entwicklungsprozesses bleibt die Welt nicht stehen, und es können darum auch ganz neue Anforderungen auftauchen. Offen zu sein, heißt für dich, hinzuhören und mit den Stakeholder*innen ins Gespräch zu kommen. Es bedeutet, dass du nicht auf Zuruf blindlings gleich Nein (oder auch Ja) sagst.

6.3.5 Respekt

Respektiere Gefühle von anderen, ohne diese zu bewerten, und respektiere andere Meinungen, selbst wenn du diese nicht teilst. Bleibe höflich, grenze dich aber auch ab, wenn es dir zu viel wird. Damit forderst du auch von anderen dir gegenüber Respekt ein. Nimm andere als gleichwertig wahr.

Als Product Owner*in kannst du den*die Scrum Master*in dabei unterstützen, das Team und die Stakeholder*innen dahin zu bringen, nach solchen Werten und Prinzipien zu kommunizieren. Ihr könnt euch auch transparent Regeln für die Kommunikation untereinander aufstellen und euch gegenseitig darauf hinweisen, wenn ihr diese Regeln nicht einhaltet. Beispielsweise indem ihr an eurem Arbeitsplatz ein Flipchart mit euren Regeln aufhängt und indem ihr diesen Punkt mit in die Retrospektive aufnehmt. Auch hierbei kann dich die Scrum-Master-Rolle unterstützen.

Im folgenden Abschnitt geht es nun noch vertiefter um die Möglichkeiten der Gesprächssteuerung in Gesprächen und die Aufgabe der Gesprächsleitung.

6.4 Gesprächsführung übernehmen in alltäglichen und herausfordernden Situationen

Im Berufsalltag finden Gespräche in verschiedenen Situationen statt. Manche dieser Situationen sind informell, beispielsweise vor dem Kaffeeautomaten oder auf dem Flur, beim Mittagessen und vor Beginn einer größeren Sitzung. Andere Situationen sind formeller und haben darum eine vorab bestimmte Gesprächsleitung.

Du wirst in deiner Rolle als Product Owner*in ebenfalls ab und zu eine formelle Gesprächsleitung und Moderation übernehmen. Es ist darum sinnvoll, wenn du dir zu Gesprächen und Gesprächsführung ein kleines Grundlagenwissen aneignest und dir vor Gesprächen jeweils ein paar Gedanken machst.

Zunächst geht es um die Aufgaben der Gesprächsleitung – formelle Aufgaben wie auch Wissen um die *Gruppendynamik* mit unterschiedlichen Individuen. Weiter stellen wir dir ein paar einfache Techniken dazu vor, wie du die Rahmenbedingungen für ein Gespräch nützlich gestalten und die Gesprächsdynamik mit unterschiedlichen Menschen und in verschiedenen Situationen steuern kannst.

6.4.1 Gespräche leiten

Die Gesprächsleitung sollte sich während des Gesprächs neutral und sachlich verhalten. Da die Gesprächsleitung aber oft aus Personen besteht, die selbst ins Geschehen involviert sind, ist das nicht immer einfach. Zumindest solange keine größeren Konflikte im Gespräch auftauchen, sollte das kein größeres Problem darstellen (siehe dazu Kapitel 15, »Heiße Konflikte willkommen!«).

An dieser Stelle ist es hilfreich, wenn wir die Aufmerksamkeit auf verschiedene Kontexte lenken, in denen sich Menschen im Berufsalltag austauschen. Es ist nämlich ein Unterschied, ob das Ziel eines solchen Austauschs auf Informationsvermittlung, Diskussion oder auf einen kreativen Prozess ausgelegt ist:

- *Informationsvermittlung*: Jemand informiert andere Personen über Fakten oder Entscheidungen. Es geht nicht darum, Entscheidungen zu diskutieren, sondern über die Konsequenzen der Entscheidung zu informieren.
- *Diskussion*: Basierend auf Fakten geht es darum, Entscheidungen vorzubereiten. Personen werden darum aufgefordert, ihre Sichtweise zu teilen und ihre Argumente für eine Möglichkeit darzulegen. Dabei kann es sein, dass dieser Personenkreis eine Entscheidung selbst fällt oder dass er eine (mehr oder weniger verbindliche) Empfehlung an die entscheidenden Personen gibt.
- *Kreative Prozesse*: Ausgehend von einer Problemstellung sollen im Gespräch neue Lösungen erarbeitet werden (siehe dazu auch Abschnitt 6.5, »Kreative Prozesse moderieren«, weiter unten).

Auch wenn im Projektalltag diese Unterscheidungen nicht so trennscharf sind, wie hier dargestellt, ist trotzdem leicht zu erkennen, dass die Beteiligung der Anwesenden unterschiedlich ausfallen wird. Hier ist es wichtig, die Ziele vorab klarzumachen. Es frustriert, wenn ich zu einem Gespräch eingeladen werde und mich darauf freue, dass ich meine Meinung einbringen kann, und dann muss ich feststellen, dass es sich nur um eine Informationsveranstaltung handelt.

Berechtigt ist außerdem die Frage, ob ein Gespräch vor Ort wirklich sinnvoll ist. Bloße Informationen lassen sich besser schriftlich verteilen. Damit sind sie dann auch bereits gut dokumentiert. Nur wenn diese Informationen komplexer sind und sich absehen lässt, dass sich Rückfragen ergeben werden, ist es sinnvoll, sich wirklich vor Ort zu treffen.

Je nach Art des Gesprächs sind also die Ziele unterschiedlich, und so wird auch deine Rolle als Gesprächsleitung variieren. In Diskussionen und kreativen Prozessen darfst du durchaus Impulse geben, solltest dich aber inhaltlich eher zurückhalten. Im Refinement beispielsweise musst du dem Team zwar für Fragen zur Verfügung stehen, darfst es aber nicht beeinflussen in Bezug auf die Art der Umsetzung einer Aufgabe – das Team ist auf die Umsetzung spezialisiert und verfügt über mehr Kompetenzen in diesem Bereich als du.

Darüber hinaus liegen die Aufgaben der Gesprächsleitung vor allem darin, das Rederecht zu verwalten. Dies ist insbesondere bei größeren Gruppen wichtig, wenn unklar ist, wer als Nächstes sprechen darf. Außerdem nimmst du Anzeichen für Konflikte offen auf und greifst ordnend ein, wenn die Diskussion aus dem Ruder läuft (Frischherz et. al., 2017; siehe Kapitel 15, »Heiße Konflikte willkommen!«).

6.4.2 Diversität nutzen

Die Gruppendynamik wird maßgeblich dadurch geprägt, welche individuellen Persönlichkeiten aufeinandertreffen. Je unterschiedlicher die Menschen in einer Gesprächsrunde sind, desto herausfordernder ist in der Regel auch die Gruppendynamik.

Wichtige Faktoren für die Unterschiedlichkeit im Kommunikationsverhalten liegen dabei mitunter auch in den Merkmalen der Diversität (der Fachbegriff dafür ist *Diversity*), also beispielsweise in Alter, Geschlecht oder kulturellem Hintergrund. Kultur hängt dabei nicht nur von der eigenen Herkunft (zum Beispiel der ethnischen Identität), sondern auch von der Sozialisierung im Berufsfeld ab. So können beispielsweise unterschiedliche Branchen verschiedene Unternehmenskulturen hervorbringen. Davon abhängig ist dann vielleicht, was individuell als höflich oder unhöflich empfunden wird, welche Themen in bestimmten Kontexten angesprochen werden können und mit wie viel Mut und Offenheit man sich in Gesprächen äußern darf und kann.

Solche Unterschiede machen die Kommunikation zwar zuweilen anstrengender, aber ein Team kann von einer heterogenen Zusammensetzung auch sehr profitieren, denn dadurch entstehen verschiedene Perspektiven, die ein Produkt robuster machen (siehe das Beispiel mit dem Handtrockner in Kapitel 1, »Gesucht: Product Owner (m/w/d)«). Es ist also nicht dein Ziel, dafür zu sorgen, dass sich die Mitglieder des Teams einander angleichen, und auch nicht, aus der Unterschiedlichkeit entstehende Reibungen zu unterdrücken. Vielmehr ist es deine Aufgabe, in Gesprächen die Beteiligten gleichmäßig zu Wort kommen zu lassen und ein angenehmes Gesprächsklima zu schaffen, in dem sich alle sicher und wohlfühlen (siehe dazu auch Kapitel 15, »Heiße Konflikte willkommen!«). So kann das Team sich kreativer an die Umsetzung deines Produkts machen.

Ein weiterer wichtiger Unterschied zwischen Persönlichkeiten ist Intro- und Extravertiertheit. Hier kannst du ganz besonders darauf achten und Kommunikationsinstrumente anwenden, die einen gleichmäßigen Austausch ermöglichen. Gleichmäßig muss nicht heißen, dass du in jeder Gesprächssituation die Worte und Wortmeldungen der einzelnen Beteiligten zählst. Es gibt Situationen, in denen bestimmte Expert*innen mehr zu einem Thema zu sagen haben. In diesen Situationen sollst du ihnen entsprechend mehr Raum lassen. Es sollen aber immer alle Expert*innen gleichberechtigt zu Wort kommen können.

Außerdem gibt es Menschen, die einfach sehr scheu sind. Sie brauchen mehr Vertrauen, bis sie sich freiwillig äußern. Diese Menschen kannst du gut in einem informellen Gespräch außerhalb der Gruppe abholen, dich mit ihnen unterhalten und sie ermutigen, sich in der Gruppe zu einem Thema zu äußern. Du kannst ihnen in einem Gespräch auch explizit das Wort erteilen, beispielsweise indem du sie mit einer Frage ansprichst. Versuche aber, sie in der Situation nicht zu überfordern. Gehe mit ihnen Schritt für Schritt, damit sie Vertrauen zu dir und zur Gruppe aufbauen können.

Du kannst dich für die Planung von Gesprächen von den agilen Prinzipien leiten lassen: Häufige, kurze Gespräche sind seltenen, langen Gesprächen vorzuziehen. Für den Routineaustausch (zum Beispiel Daily Scrum) heißt das auch, dass die Gespräche nicht ganz so förmlich stattfinden. Das hat gleichzeitig den Vorteil, dass kritische Punkte schneller an die Oberfläche kommen und entsprechend bearbeitet werden können.

6.4.3 Austausch einen angemessenen Rahmen geben

In Projekten gehen wir in unterschiedlichen Kontexten in den Austausch. Mal sind es Gespräche, mal Workshops und oft auch Meetings. Die Gesprächsleitung hat die Aufgabe, diesen Austausch zu leiten und zu gestalten. Auch wenn der*die Scrum Master*in viele dieser Aufgaben übernimmt, helfen dir diese Methoden in all jenen Gesprächen, bei denen du mit Stakeholder*innen allein bist.

Es lohnt sich auf jeden Fall, Ziele und Spielregeln für gemeinsamen Austausch vorab bekannt zu machen. Bei Gruppen, die sich immer wieder treffen, sind die Spielregeln nicht jedes Mal notwendig. Von Zeit zu Zeit – wenn sich die Gruppe nicht mehr gut an Vereinbarungen hält – ist es sicher sinnvoll, die Regeln zu wiederholen und gegebenenfalls auch an die aktuellen Bedürfnisse anzupassen.

Beispiel für Spielregeln beim Austausch

- Wir beginnen pünktlich.
- Wir lassen Telefone und Computer draußen.
- Wir hören einander zu und lassen andere ausreden.
- Wir denken aktiv mit und bringen uns ein.
- Wir enden pünktlich.

Es kann in diesem Beispiel gut sein, dass die Gesprächsgruppe merkt: Es wäre gut, Telefon und Computer in den Gesprächen dabeizuhaben, weil oft direkt mit Dokumenten gearbeitet wird oder weil oft eine Suche nach gemeinsamen Terminen ansteht. In diesem Fall hebt die Gruppe diese Regel wieder auf oder passt sie an:

- Wir lassen Telefone in der Tasche und den Laptop zu, bis wir diese Geräte tatsächlich brauchen.

Auch bei den Zielen (zum Beispiel Produktvision, Product-Backlog-Einträge usw.) solltest du – zunächst dir selbst, dann der ganzen Gruppe – Klarheit verschaffen. Hier zeigt sich, dass Menschen oft erst bei der genauen Formulierung merken, wenn etwas unklar ist. Darum empfiehlt es sich, Ziele schriftlich auszuformulieren. Mach dies insbesondere, wenn es sich um sehr wichtige Gespräche, große Gesprächsgruppen oder konflikthaltige Themen handelt.

Du solltest Ziele dabei ganz konkret beschreiben, mit einem messbaren Kriterium und mit einem klaren Zeitrahmen versehen (Frischherz et. al., 2017), zum Beispiel so:

»Wir entscheiden bis Ende April über den Backlog-Eintrag Y.«

(statt: *»Wir sollten möglichst bald den Backlog-Eintrag Y genauer anschauen.«*)

»Alle problematischen Punkte mit der Datensicherheit sind bis zum 1. August durchgesprochen.«

(statt: *»Wir sollten endlich das Problem mit der Datensicherheit ansprechen und abklären.«*)

So kannst du nämlich prüfen, ob ihr ein Ziel zu einem bestimmten Zeitpunkt wirklich erreicht habt.

Die ausformulierten Ziele helfen dir dabei, die einzelnen Punkte der Tagesordnung zu definieren und ihnen einen realistischen Zeitumfang zuzuordnen. Es bringt nichts, bei der Planung eines Gesprächs zu optimistisch zu sein: Es führt nur zu Ärger, wenn entweder ein Gespräch länger dauert als angekündigt oder aber nur die Hälfte der Punkte abgearbeitet werden können. Keine Sorge: Je mehr Routine du hast, desto einfacher wird es. Und im Zweifel ist niemand traurig, wenn Gespräche kürzer ausfallen als veranschlagt.

6.4.4 Instrumente für die Gesprächsvor- und -nachbereitung

Überlege dir zu jedem inhaltlichen Punkt, was du vorbereiten musst. Vielleicht musst du deine Gesprächsteilnehmenden vorab über Dinge informieren, um sie alle auf denselben Stand zu bringen. Dies kann insbesondere dann der Fall sein, wenn neben dem Team (das ständig in Kontakt ist) weitere Stakeholder*innen zu einem Gespräch dazukommen. Oder du bringst bestimmte Informationen direkt ins Gespräch mit, beispielsweise auf einem Handout, einer Folie oder als Visualisierung auf einem Flipchart. Mach dabei die Ziele des Gesprächs transparent, sodass du bei Abschweifungen immer wieder darauf hinweisen kannst. Auch wenn dir das jetzt etwas altbacken vorkommt: Es kann sich sehr positiv auswirken, wenn Menschen in einem Gespräch physische Unterlagen vor sich haben.

Ebenfalls kann es bei langen und komplexen Gesprächen hilfreich sein, einen Gesprächsleitfaden zu erstellen (siehe Abbildung 6.2).

Anlass: **Ort / Zeit:**

Teilnehmende und ihre Rollen:

Gesprächsphase	Inhalt	Hilfsmittel	Zeit
1. Einstieg			
2. Information			
3. Austausch			
4. Ergebnis			
5. Abschluss			

Abbildung 6.2 Beispiel für einen Gesprächsleitfaden nach Frischherz et. al. (2017)

Er enthält neben Angaben zum Gespräch (Ort, Zeit, Anlass, Teilnehmende/Rollen) auch dein Drehbuch für das Gespräch: Einstieg, Informationsphase, Austausch, Ergebnis und Abschluss. Du kannst dir dazu dein Zeitbudget reinschreiben und allfällige Hilfsmittel (zum Beispiel Klebezettel, ein elektronisches Whiteboard oder ein Voting-Programm mit entsprechendem Link). Der Leitfaden dient dir damit einerseits als Checkliste, andererseits als Übersicht für die Gesprächssteuerung (insbesondere mit Zeitangaben).

Des Weiteren solltest du dir je nach Gesprächsanlass und Ziel überlegen, wen du zum Gespräch einladen möchtest. Hier gilt als Faustregel, dass nur teilnehmen soll, wer aktiv etwas beitragen kann zum Erreichen der Gesprächsziele. Stundenlang in Gesprächen zu sitzen und sich zu fragen, warum man eigentlich dabei ist, ist nämlich nicht nur eine Zeitverschwendung, sondern führt möglicherweise sogar zu Unmut. Gleichzeitig kann es allerdings ebenfalls zu Unmut führen, wenn sich jemand übergangen fühlt.

Beziehe in deine Überlegungen ein, welche Gruppengröße im Kontext sinnvoll ist und welche Teilnehmenden sich inhaltlich gut ergänzen können. Wähle geeignete Methoden passend zur Gruppengröße. Je mehr Menschen an einem Gespräch teilnehmen, desto besser musst du dir überlegen, wie du sie gut einbinden kannst.

Außerdem solltest du eine kurze Vorstellungsrunde einplanen, wenn viele Menschen zusammenkommen, die sich noch nicht kennen. Dadurch legst du eine gute Basis für die Zusammenarbeit (siehe Abschnitt 6.2.2, »Voraussetzungen für Collaboration schaffen«). Einerseits wissen die Beteiligten dann, wer wofür zuständig ist und wer welches Fachwissen hat. Gleichzeitig findet auch ein gewisses Beziehungsmanagement im emotionalen Bereich statt. Führe solche Vorstellungsrunden nicht durch, wenn du zu viele Teilnehmenden hast oder sich alle schon kennen. Ein kurzes Check-in, wie in Abschnitt 6.2.2 beschrieben, ist dann eine gute Alternative, die weniger Zeit benötigt und trotzdem hilft, die Anwesenden in Kontakt zu bringen.

Nach dem Gespräch ist eine gute Dokumentation wichtig. Diese kannst du selbst erstellen, an andere delegieren oder den Rahmen so gestalten, dass das Besprochene oder Erarbeitete beim Entstehen gleich als Dokumentation dient. Vielleicht habt ihr eine standardisierte Vorlage für Gesprächsprotokolle? Überlege dir, welche Art von Protokoll passend ist (Frischherz et. al., 2017):

- *Wortprotokoll:* Gibt Besprechungen fast wortwörtlich wieder und hilft, wenn Gespräche im Nachhinein sehr genau belegt werden müssen (zum Beispiel bei Konflikten).
- *Ergebnisprotokoll/Beschlussprotokoll*: Fasst Ergebnisse zusammen und hilft, wenn in Gesprächen Beschlüsse gefasst werden, zum Beispiel Lösungswege, Umgang mit Herausforderungen und so weiter.
- *Verlaufsprotokoll*: Ergänzt Ergebnisse mit einer knappen Darstellung der Diskussion und hilft, wenn Ergebnisse im Fokus stehen, diese aber im Nachhinein nachvollzogen werden müssen (zum Beispiel wenn gewisse Herausforderungen umstritten sind und immer wieder diskutiert werden).

- *Aktennotiz:* Fasst Ergebnisse und Aufträge (an Teilnehmende und Abwesende) kurz zusammen und hilft, wenn Aufgaben vergeben werden und eine Verbindlichkeit geschaffen werden muss.
- *Aufzeichnung:* Ermöglicht Menschen, das Geschehen im Nachhinein zu beobachten, und kann helfen, wenn viele Informationen vermittelt werden oder die Anwendung von etwas demonstriert wird.
- *Fotoprotokoll:* Nutzt die während eines Austauschs entstandenen Artefakte wie Flipcharts, Metaplanwände oder deren virtuelle Pendants; das ist insbesondere dann hilfreich, wenn die genutzten Methoden mit dokumentiert werden sollen.

Ebenfalls wichtig: Ist ein Protokoll nur für jene da, die selbst am Gespräch teilgenommen haben, oder sollen weitere Personen nachvollziehen können, was im Gespräch diskutiert und welche Entscheidungen getroffen wurden?

Hebe hervor, wie die weitere Planung erfolgt und wer welche Aufgaben übernommen hat. Behalte die Abarbeitung der Aufgaben im Blick (Frischherz et. al., 2017). In der agilen Welt hat sich die Arbeit mit Kanban-Boards etabliert. Vielleicht reicht ein solches Board (gegebenenfalls inklusive Fotodokumentation) aus als Protokoll.

6.4.5 Methoden zur Steuerung von Gruppendynamik

Wir haben bereits an verschiedenen Beispielen gezeigt, dass unterschiedliche Persönlichkeiten die Gesprächsdynamik beeinflussen. Damit du das Beste für dein Produkt aus dem Austausch herausholen kannst, liegt es auch an dir, die Gruppendynamik entsprechen zu steuern. Hier zeigen wir dir Methoden, die du dazu anwenden kannst.

Hilfreich kann es sein, wenn du zu Beginn eines Gesprächs (beispielsweise eines *Refinements* oder eines *Plannings*) alle schon einmal kurz zu Wort kommen lässt. Dadurch bricht das Eis, und auch die Scheuen werden im weiteren Verlauf vermutlich mehr Mut haben, sich zu äußern. Gut dafür eignet sich wieder ein Check-in (siehe Abschnitt 6.2.2).

Introvertierte Menschen sind nicht etwa scheu, sondern bei ihnen läuft Kommunikation so ab, dass sie zuerst denken und dann sprechen, während Extravertierte erst beim Sprechen denken (vgl. z. B. Furnham, Chamorro-Premuzic & McDougall, 2003). In der Gruppendynamik kann das dazu führen, dass Extravertierte ständig sprechen und Introvertierte nie zu Wort kommen, weil sie mit dem Gesprächstempo nicht mithalten können. Dies kannst du als Gesprächsleitung gut durch Gesprächstechniken steuern.

Für Introvertierte ist es hilfreich, wenn sie sich erst einmal in Ruhe für sich selbst Gedanken machen können. Starte darum nicht direkt in ein Gespräch, sondern stell erst eine

Frage und gib Zeit, damit alle für sich selbst überlegen können. Diesen Prozess kannst du unterstützen, indem du diese Denkphase mit dem Auftrag verbindest, sich Gedanken zu notieren. Das entlastet ebenfalls die Extravertierten, die mehr Mühe haben, etwas nur gedanklich durchzuspielen. Werden diese Gedanken auf Klebezetteln notiert, habt ihr danach die Möglichkeit, direkt damit weiterzuarbeiten.

Tipp: Moderation mit intro- und extravertierten Menschen

Nutze gleich zu Beginn einen Eisbrecher, bei dem alle kurz zu Wort kommen, beispielsweise mit einer Check-in-Runde (siehe Abschnitt 6.2.2).

Lass die Teilnehmenden bei offenen Fragen (zum Beispiel Brainstorming) erst einmal für sich selbst überlegen. Dabei sollen sich alle Stichwörter auf Klebezettel notieren. Anschließend erläutern sie diese mündlich. Damit gibst du Introvertierten Zeit für die Gedankenfindung, und Scheue können sich auf ihren Auftritt vorbereiten.

Bitte in konkreten Angelegenheiten stille Gesprächsteilnehmende explizit um ihre Einschätzung und gibt ihnen dazu dann auch Zeit, das heißt, vermeide Unterbrechungen, auch wenn sie erst ein bisschen Anlaufzeit brauchen. Bitte andere Teilnehmende ebenfalls darum, mit eigenen Wortmeldungen zu warten, bis von den stillen Personen ein Beitrag gekommen ist.

Wenn du bereits vor deiner Besprechung weißt, dass eine stille Person einen Beitrag leisten soll, melde das vorab bei dieser an, damit sie sich vorbereiten kann, wenn ihr dies zusätzliche Sicherheit gibt.

Außerdem kannst du mit Fragetechniken die Gesprächsdynamik ebenfalls gut steuern. Dazu hilft es, wenn du dir die verschiedenen *Fragemöglichkeiten* vergegenwärtigst (Demarmels, 2019):

Formale Frageformen (nach Antwortmöglichkeiten):

- *offene Fragen* (wo/wie/welche, wieso usw.) versus
- *geschlossene Fragen* (Ja/Nein)

Inhaltliche Fragetypen:

- *Informationsfragen* (»Wo findet das Review statt?«)
- *Entscheidungsfragen* (»Nehmen wir diese Aufgabe in den nächsten Sprint oder nicht?«)
- *Meinungsfragen* (»Warum denkst du, dass wir für diese Aufgabe mehr Zeit brauchen werden?«)
- *Kontrollfragen* (»Habt ihr verstanden, wie ich das gerne lösen würde?«)

- *Nachfragen* (»Ich habe das nicht verstanden, kannst du es bitte noch einmal mit einem Beispiel erklären?«)
- *Gegenfragen* (»Wie schätzt du die Lage selber ein?«)

Mit offenen Fragen kannst du Menschen zum Sprechen bringen. Sie können sich – meist – nicht auf eine kurze Antwort (Ja/Nein) zurückziehen. Du kannst auch weiterfragen, beispielsweise »Wieso?«, und sie damit dazu bringen, ihre Position genauer zu erläutern. So bringst du eher Stille zum Reden.

In diesem Zusammenhang fällt manchmal der Begriff *Powerful Questions*. Es geht dabei nicht um eine schnelle Antwort, sondern darum, sich vertieft Gedanken zu einem Thema zu machen. Beispiele für Powerful Questions sind »Was ist alles möglich?« oder »Wie fühlt sich das an?«.

Auch mit Meinungsfragen und Nachfragen kannst du andere zum längeren Sprechen und zum Teilen ihrer Gedanken auffordern. Dagegen kannst du geschlossene Ja/Nein-Fragen dazu nutzen, um Vielredende etwas auszubremsen. Du kannst sie dabei sogar auf die Antwort in Ja/Nein-Form hinweisen, beispielsweise mit »Unterstützt du dieses Vorgehen: ja oder nein?«.

Auch Informationsfragen, Entscheidungsfragen und Kontrollfragen sind tendenziell eher geschlossen. Zwar beinhaltet die Antwort meistens etwas mehr als Ja oder Nein, es wird aber nach klar abgrenzbaren Fakten gefragt.

Schweift jemand trotz geschlossener Frage ab und kommt in einen längeren Monolog, darfst und musst du als Gesprächsleitung eingreifen und die Person – höflich, aber bestimmt – auf das Gesprächsthema, die Fragestellung und das Ziel des Austauschs hinweisen. Wenn beispielsweise jemand auf eine geschlossene Frage mit einer längeren Ausführung antwortet und dabei vom Thema abschweift , könnte die Gesprächsleitung so reagieren:

»Vielen Dank für deinen Beitrag, du sprichst ein wichtiges Thema an. Leider muss ich dich aber hier unterbrechen, weil das im Moment zu weit von unseren heutigen Gesprächszielen abweicht. Wie wäre es, wenn wir dazu nächste Woche mal ausführlicher sprechen. Im Moment möchte ich zur Ausgangsfrage zurückleiten: Haben wir im nächsten Sprint Zeit für die Zusatzaufgabe, ja oder nein?«

Manche Themen, die aufgeworfen werden, sind wichtig und brennend. Darum musst du von Fall zu Fall entscheiden, ob das Gespräch abschweifen darf oder nicht (denke an den Wert »Offenheit«, Abschnitt 6.3.4). Du hast auch die Möglichkeit, wichtige Themen für den Moment zu parken, wenn dafür einfach keine Zeit ist (siehe Abbildung 6.3). Dazu kannst du beispielsweise ein Flipchart oder ein Whiteboard nutzen. Geparkte Themen werden dort transparent abgelegt und sollen zu einem späteren Zeitpunkt (in der Gruppe oder bilateral) aufgegriffen werden. Haltet auch Themen fest, die immer wieder auftauchen und aus denen sich Diskussionsschleifen ergeben: Worum geht es? Liegen möglicherweise Konflikte unter der vermeintlichen Sachebene? Oder wurde die eigentliche Sache noch nicht aufgedeckt, und die Diskussion bewegt sich immer auf der Symptomebene? In diesem Fall solltet ihr euch Zeit nehmen, der wahren Ursache auf die Spur zu kommen.

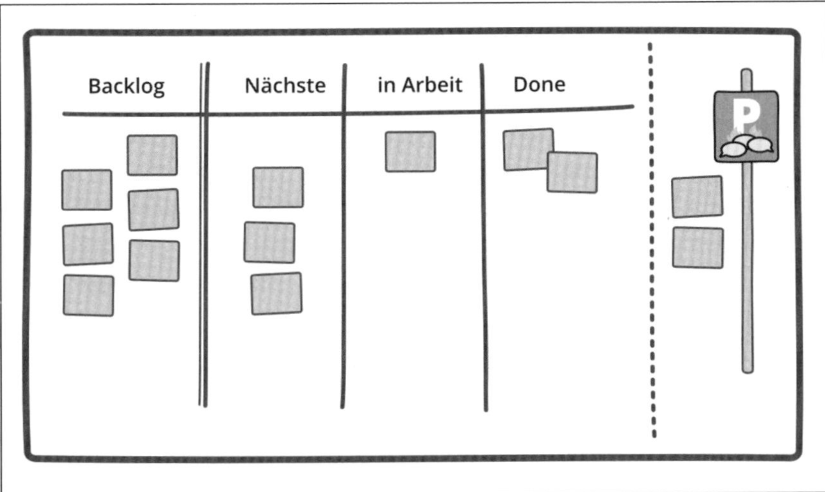

Abbildung 6.3 Ein Parkplatz für spätere Diskussionen neben dem Sprint Board, die wichtig, aber nicht dringend sind

6.5 Kreative Prozesse moderieren

In kreativen Prozessen geht es neben dem respektvollen Miteinander noch darum, etwas Neues entstehen zu lassen. Das ist auch der Aufgabenbereich von Scrum Master*innen. Du kannst unterstützen. Wie ihr Raum für Neues schaffen könnt, zeigen die folgenden Abschnitte. Einige theoretische Überlegungen zu Sprache und physischem Raum können dir dazu Einsichten schaffen. Danach werden wiederum konkrete Instrumente für den Einsatz im Arbeitsalltag vorgestellt.

6.5.1 Raum schaffen für Innovation und Kreation

Sprache beeinflusst unser Denken, denn je nachdem, welche Wörter uns in einer Sprache zur Verfügung stehen, müssen wir Ideen anders ausdrücken (Demarmels, 2021b).

Das kann Einfluss nehmen darauf, in welchen Lösungsräumen Menschen denken können. Innovative Lösungen brauchen Kreativität: Es wird etwas Neues geschaffen, was vorher gar nicht denkbar war. Und: Mit neuen Dingen kommen meist auch neue Wörter, denn Menschen wollen über dieses Neue angemessen sprechen.

Auch der Raum, in dem man sich befindet, beeinflusst, was und wie gedacht wird. Sitzen Menschen beispielsweise an einem langen Tisch und können sich kaum sehen, wenn sie miteinander sprechen, unterbindet dies normalerweise die Zusammenarbeit. Und sitzen sie in einem Raum hintereinander, ähnlich wie in einem Kino, werden sie passiv und lassen sich von der Person vorne beschallen. Das Hirn stellt sich ab, und die Zuhörenden kommen selbst nicht in einen kreativen Prozess.

Besser geeignet für die Zusammenarbeit und den Austausch sind darum Sitzordnungen im Kreis oder in U-Form, wo sich alle sehen und sich darum eben auch richtig miteinander austauschen können. Im Kreis sind außerdem alle Beteiligten gleichberechtigt, während im U jene Personen vorne sind, die – möglicherweise auch nur vorübergehend in der Funktion von Expert*innen – in ihrer Rolle den anderen »vorgesetzt« sind.

Anregend kann es in kreativen Prozessen sein, wenn das Team die bekannten Räume mal ganz verlässt. Auf der Dachterrasse, im Park oder im Wald fallen Menschen oft ganz andere Lösungen ein als in einem bekannten und begrenzten Raum, weil das Hirn neuartige Inputs erhält (Beaty, 2020; Cashdollar, 2013; Koster, 2016).

In der Vergangenheit hat das zu zwei Umständen in der Arbeitswelt geführt: Erstens wurden in vielen Unternehmen spezielle Räume für die Kreation von Innovationen geschaffen. Meist heißen diese Räume dann *Design Thinking Labs* oder ähnlich. Die Gestaltung dieser Räume ist offen, das heißt, das Mobiliar ist nicht fest installiert, Sitzgelegenheiten und Tische können herumgeschoben werden, und es gibt viel Platz für kreative Formen des Austauschs.

Zum anderen werden in Unternehmen in Zeiten der Restrukturierung oft auch neue Bezeichnungen für Prozesse und Strukturen geschaffen. Sie sollen das Neue einläuten. Es reicht aber nicht aus, auf dem Papier eine neue Sprache zu entwickeln. Das Mindset dahinter muss sich ebenso verändern. Mitarbeitende müssen in einem Unternehmen tatsächlich neue Strukturen und Prozesse wahrnehmen und selbst leben.

Für die Moderation von kreativen Prozessen heißt dies: Sei dir immer bewusst, in welchem Raum (physisch oder virtuell) du dich mit dem Team und deinen Stakeholder*innen bewegst und was dieser Raum mit den Menschen und ihren Gedanken macht. Schaffe sprachliche Freiräume: Kommuniziert respektvoll miteinander, lasst alle zu Wort kommen und übt Wertschätzung auch und insbesondere für neue Perspektiven (siehe den Abschnitt zu agiler Kommunikation weiter oben).

Trotz dieser Freiräume muss die Gesprächsleitung die Ziele und Dynamik kontrollieren, sodass das Gespräch nicht zu weit abschweift.

6.5.2 Methoden zur Moderation von kreativen Prozessen

Bereits weiter oben haben wir erwähnt, dass es unterschiedliche Persönlichkeiten gibt und wie sich diese in einem Gespräch niederschlagen können. Wir haben dir auch schon Methoden an die Hand gegeben, um in solchen Situationen die Gesprächsdynamik positiv zu beeinflussen. Jetzt wenden wir uns noch einmal ausführlich der Moderation von *kreativen Prozessen* zu, denn hier ergibt sich eine besondere Relevanz: Du möchtest ja nicht nur die Ideen der lauten, viel redenden, extravertierten Menschen, für eine gute Lösung möchtest du Ideen aller Teammitglieder haben. Darum musst du darauf achten, dass sich alle angemessen einbringen können.

Seit vielen Jahren gibt es die klassische Moderationsmethodik mit Flipcharts und Pinnwänden, begleitet von einem Moderationskoffer mit entsprechenden Schreibwerkzeugen, Kärtchen und Pinnnadeln. Der Inhalt eines solchen Koffers besteht heute vor allem noch aus Klebezetteln und dicken Filzstiften – die Methoden an sich kannst du weiterhin anwenden. Einen Überblick über diese Methoden bietet das Buch von Seifert (2008). Sie beinhalten beispielsweise Möglichkeiten des Kennenlernens, für die Themensammlung, für die Bewertung von Themen und Vorschlägen oder für die Auswertung von Meetings.

Eine sehr verbreitete Kreativtechnik ist das *Brainstorming*. In seiner ursprünglichen Form ist dies eine Methode, die zugeschnitten ist auf extravertierte Menschen. Die Moderation stellt eine Frage in den Raum, und alle rufen wild durcheinander ihre Ideen, die sie zu dieser Frage haben. Meist entsteht nach einer Weile eine kurze Stille. Diese sollte unbedingt abgewartet werden, weil danach weitere Ideen folgen werden. Sie sind meist nicht so naheliegend und darum äußerst wertvoll.

Mittlerweile gibt es viele verschiedene Varianten des Brainstorming. Einige davon nutzen die Möglichkeit, Ideen niederzuschreiben, statt sie mündlich zu äußern. Das schafft – wie oben bereits beschrieben – einen Vorteil für Introvertierte, weil sie sich so zunächst für sich Gedanken machen können. Auch für Scheue entsteht ein Vorteil, weil sie sich nicht gleich von Beginn an äußern müssen. Haben sie einen Gedanken erst einmal zu Papier gebracht, fällt es ihnen oft leichter, diesen danach mündlich zu präsentieren.

Überhaupt werden in agilen Kontexten gerne Klebezettel verwendet. Sie lassen sich auf einem Flipchart, einer Wand oder auf einem Tisch oder dem Fußboden platzieren und können anschließend beliebig sortiert und gruppiert werden. Es gibt auch viele Onlinetools, die in einer ähnlichen Art und Weise für den virtuellen Austausch genutzt werden können.

Wenn ihr Ideen und Gedanken gesammelt habt, geht es ans Ordnen. Entweder arbeitet ihr dabei mit Clustern, indem ihr passende Kärtchen/Zettel gruppiert (siehe Abbildung 6.4), oder ihr zeichnet separat ein Schema auf, beispielsweise eine Struktur oder einen Prozess. Oder ihr erstellt anhand der Ideen eine Mindmap, das heißt, ihr entwerft die Struktur anhand eurer Inputs.

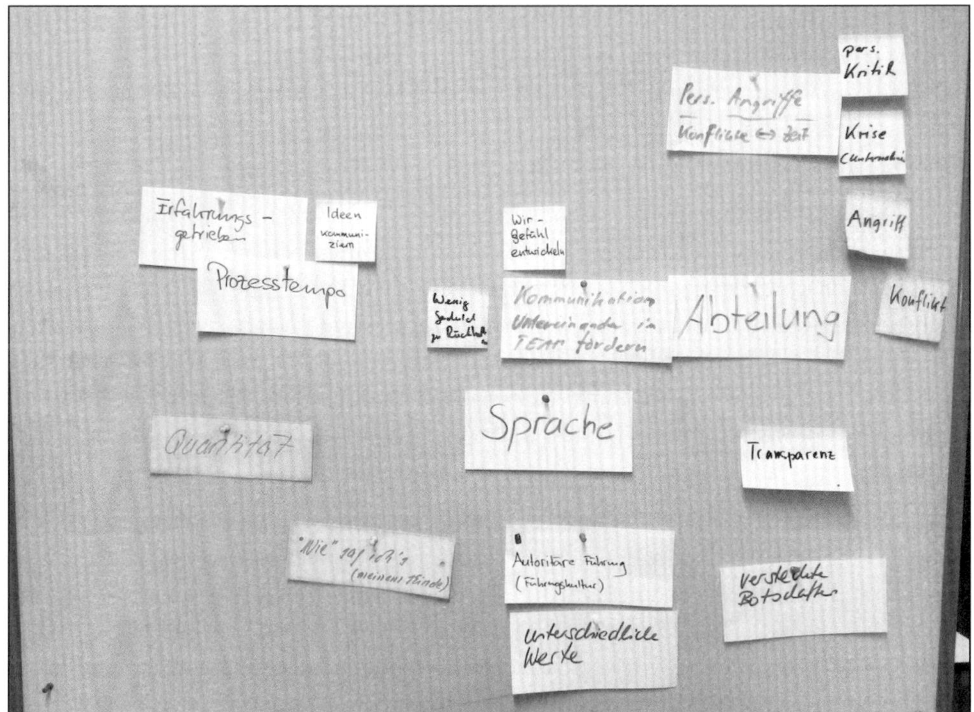

Abbildung 6.4 Arbeit mit Kärtchen und Clustern

Visualisierungen unterstützen die Kreativität ebenfalls, weil man Dinge auf eine andere Art und Weise anschauen kann. Teilweise unterstützen sie zusätzlich die Verständlichkeit, weil Menschen damit viel konkreter in den Austausch kommen. Und natürlich kannst du sogar über die Visualisierung hinausgehen, wenn du dem Team einfaches Bastelmaterial bereitstellst, sodass es aus Pappe und Papier einen Prototyp bauen kann.

Für größere Visualisierungen bieten sich Whiteboards und Flipcharts an. Der Vorteil von Flipcharts ist, dass man sie aufbewahren kann, um sie später weiterzubearbeiten, während ein Whiteboard meist wieder abgewischt wird. So oder so empfiehlt es sich, ein elektronisches Fotoprotokoll zu erstellen und die Fotos an einem Ort abzulegen, auf den später alle noch Zugriff haben. Zusätzlich sollten Kernergebnisse ausformuliert ergänzt werden, damit auch nach einiger Zeit noch klar ist, was genau gemeint war. Bei elektronischen Whiteboards lassen sich die Ergebnisse meist als Bild exportieren, oder du kannst einen Screenshot erstellen und entsprechend bei euren Dokumenten ablegen.

Interessant für dich kann auch die Arbeit mit *Timeboxen* sein: Sie bezeichnen eine maximale Zeitdauer, die für eine bestimmte Aufgabe aufgewendet wird. Ist die Aufgabe schon vorher erledigt, kannst du die Timebox abbrechen. Du darfst sie aber nicht verlängern. Setze also für einzelne Kreativaufgaben eine realistische Zeitdauer fest und bring eine große Uhr mit. Es gibt gut sichtbare Timer für diesen Zweck, oder du kannst dazu ein Tablet nutzen. Wichtig ist, dass die Teilnehmenden die Zeit jederzeit sehen können. Hilfreich ist es, wenn am Ende der Zeit ein Signal (beispielsweise ein Gong) ertönt.

Oft passiert es, dass nach Ablauf der Zeit die Gruppen nicht so weit sind, wie sie gerne wären. Dann wird meist die Zeit verlängert oder der Gong ganz ignoriert. Damit es gar nicht erst dazu kommt, kann es hilfreich sein, dass der*die Moderator*in in bestimmten Abständen signalisiert, wie viel Zeit vergangen ist, bis die Gruppe eine gewisse Übung darin hat, selbst auf die Zeit zu achten.

Tipp: Ideen und Methoden für einen kreativen Austausch

Im klassischen Berufsalltag finden viele Meetings statt, die sehr lange dauern und für welche die Teilnehmenden oft nur wenig Commitment haben. Das liegt einerseits daran, dass nicht immer nur jene zu Meetings eingeladen werden, die es dafür auch wirklich braucht. Andererseits laufen Meetings oft auch wenig kreativ ab. Ideen für andere Formen von Austausch, die auch Interaktion stärker fördern, findest du beispielsweise im Fundus von *Liberating Structures* (*https://liberatingstructures.de/*). Diese Methoden setzen sich zum Ziel, alle einzubeziehen und am Gespräch zu beteiligen.

Nach dem kreativen Sammeln von Ideen und Vorgehensweisen müsst ihr nun über die Ergebnisse und Vorschläge entscheiden.

6.6 Schneller entscheiden, statt immer zu warten

Kennst du die Situation: Du hast eine gute Idee, kannst diese aber nicht allein umsetzen. Darum musst du einen Antrag stellen. Möglicherweise gibt es dafür sogar ein Formular. Der Antrag wird dann in der nächsten Sitzung des entsprechenden Gremiums beraten. Eventuell kann das schon mal eine Weile dauern. Das Gremium gibt dir anschließend Bescheid, ob der Antrag angenommen wurde und unter welchen Auflagen. Anhand dieser Rückmeldung merkst du, dass das Gremium nicht ganz verstanden hat, worum es geht. Du versuchst, die Auflagen so gut wie möglich umzusetzen. Aber eigentlich hast du nach dem langen Warten und unter den neuen Bedingungen gar keine Lust mehr, weitere Energie in das Projekt zu setzen. Der Flow ist weg. Die Sinnhaftigkeit auch. Du hast kein Commitment mehr.

Oder kennst du das: Ihr wollt im Team etwas Kleines anpassen. Aber ihr möchtet, dass alle einverstanden sind. Ihr sucht einen Termin, an dem dein ganzes Team und alle drei anderen Teams teilnehmen können. Ihr stellt die Anpassung vor und argumentiert. Jemand aus einem anderen Team hat einen anderen Vorschlag. Nun diskutiert ihr also über diesen Vorschlag. Schließlich meldet sich noch jemand mit einer anderen Idee. Am Ende liegen viele Vorschläge auf dem Tisch, und ihr könnt keine Einigkeit darüber erzielen, wie ihr jetzt weiter vorgeht. Stattdessen habt ihr drei Lager, die sich jeweils für einen der Vorschläge einsetzen. Alles bleibt beim Alten.

Solche Szenen haben ihren Ursprung unter anderem darin, wie Entscheidungen in einer Organisation gefällt werden. Es ist sinnvoll, wenn du dir über Entscheidungsstrukturen und ihre Konsequenzen auf den Arbeitsalltag, die Innovationskraft und die Zufriedenheit der Mitarbeitenden klar wirst.

In den folgenden Abschnitten erfährst du etwas zu Entscheidungsstrukturen und welche Konsequenzen sie nach sich ziehen. Der darauffolgende Abschnitt zeigt auf, wie man nach agilen Prinzipien entscheiden kann.

6.6.1 Entscheidungsstrukturen und ihre Konsequenzen erkennen

Als Product Owner*in bist du verantwortlich für das Produkt, die Produktvision und das Product Backlog. Du hast die Kompetenz, alle Entscheidungen zu fällen, die dein Produkt betreffen. So zumindest ist das von Scrum vorgesehen. In der Realität kommt es allerdings immer wieder vor, dass die Rolle der Product Owner*in vorgeschoben ist und die Entscheidungen im Hintergrund vom Management gefällt werden (vgl. Gratton & West, 2017). Entscheidungen können dadurch langwierig werden und sich widersprechen.

Entscheidungen in der komplexen Welt

In komplexen Arbeitsbereichen können wir nicht wissen, wie sich die Zukunft entwickeln wird. Wir können Veränderungen beobachten, aber wir wissen immer erst im Nachhinein, welche Ereignisse tatsächlich eingetroffen sind. Darum gilt als Faustregel: Schnelle Entscheide sind meist besser als gute Entscheide. Denn was gut ist, wissen wir vorab nicht, »gut« ist damit relativ.

Es ist darum sinnvoll, wenn du dir Gedanken zu euren Entscheidungsprozessen machst und diese in kritischen Momenten dem Management zurückspiegelst. Der*die Scrum Master*in unterstützt dich dabei.

Außerdem habt ihr – unabhängig von deinen Entscheidungsspielräumen gegenüber dem Management – den Freiraum, wie ihr im Team mit Entscheidungen umgehen wollt. Als selbstorganisiertes Team müsst ihr nicht nur eure Arbeit, sondern auch eure Entscheidungen organisieren. Es ist ein Irrglaube, dass ihr euch im Team immer alle einig sein müsst, und es stimmt auch nicht, dass ihr in einem demokratischen Mehrheitsprinzip entscheiden müsst. Unterschiedliche Entscheidungsmechanismen bergen unterschiedliche Chancen und Risiken. Im Folgenden findest du einige Ausführungen zu unterschiedlichen Entscheidungsprozessen mit ihren Vor- und Nachteilen. Sie sollen euch als Grundlage dienen, damit ihr ganz bewusst eure Entscheidungsprozesse gestalten könnt.

Mache dir zunächst die Rahmenbedingungen klar: Befrage andere nur zu ihrer Meinung, wenn du bereit bist, dir diese zumindest anzuhören und möglichst auch in deine Entscheidung einfließen zu lassen. Hierzu musst du teilweise den rechtlichen Spielraum berücksichtigen. Und: Eine Meinung mitberücksichtigen heißt nicht unbedingt, dass du diese Meinung ganz übernimmst. Es heißt, dass du dir die Argumente anhörst und sie abwägst. Dazu gehört auch, dass du über deine Entscheidung informierst und erklärst, warum du dich beispielsweise trotzdem anders entschieden hast. Tust du dies nicht, führt das bei den Befragten möglicherweise zu Frust und zum Verlust von Commitment. Bei einem nächsten Mal werden sie sich vielleicht nicht mehr melden.

Tipp: Den Entscheidungsraum klären

Manchmal verhaken sich Teams in Diskussionen, weil ihnen der Entscheidungsraum nicht klar ist. Das Modell der »Stufen der Entscheidung« (vgl. Consensa, online) kann dann helfen, zu klären, was eigentlich noch innerhalb des eigenen Entscheidungsraums liegt und was nicht mehr:

Stufe	Entschieden ist	Zu entdecken/besprechen ist
1	nichts	ob etwas gemacht werden soll
2	dass etwas gemacht werden soll	was gemacht werden soll
3	was gemacht werden soll	wie es gemacht werden soll
4	was und wie es gemacht werden soll	wer was wann macht
5	alles	nichts bzw. Umgang mit den Konsequenzen

Manchmal gibt es beispielsweise gesetzliche Vorgaben, die erzwingen, dass bestimmte Dinge getan werden müssen: Stufe 3. Ihr könnt noch diskutieren, wie es am besten getan werden kann und wer es wann macht, aber es bringt nichts, die grundsätzliche Anforderung infrage zu stellen.

Bei unterschiedlichen Annahmen darüber, auf welcher Stufe ihr euch befindet, entsteht schnell Frustration. Ihr sucht dann in unterschiedlichen Entscheidungsräumen nach Lösungen, fühlt euch unverstanden und schafft es nicht, eine Ebene zu finden.

Außerdem herrscht in vielen Organisationen leider die implizite oder sogar explizite Meinung, Entscheidungsträger*innen seien vor allem jene, denen die Schuld zugewiesen werden kann, wenn sich eine Entscheidung im Nachhinein als nicht vorteilhaft erweist. Natürlich gehört es mit zur Entscheidungsverantwortung, die Konsequenzen zu tragen. Wer aber zu vorsichtig entscheidet, um ja keine »Fehler« zu machen, wird langsam und verunmöglicht Innovationen. Wichtig ist hier ein konstruktiver Umgang mit nicht gewünschten Ergebnissen (siehe dazu auch Abschnitt 4.2, »Feedback: ehrliche Rückmeldungen für die Weiterentwicklung nutzen«).

Entscheidungsmacht kann unterschiedlich vergeben werden: In manchen Fällen entscheiden Einzelpersonen allein. Beispielsweise bist du als Product Owner*in für Entscheidungen für dein Produkt verantwortlich und kannst allein entscheiden. Du kannst und sollst natürlich auch andere in deinen Entscheidungsprozess einbeziehen. Und es kann auch sein, dass in deiner Organisation jemand anderes eine Veto-Möglichkeit besitzt, um deine Entscheide unter Umständen zu Fall zu bringen.

In anderen Situationen entscheidet eine Gruppe aus mehreren Einzelpersonen. Das könnte beispielsweise das Entwicklungsteam sein, das sich für ein bestimmtes Rahmenwerk oder eine Softwarebibliothek entscheidet. Nah verwandt sind Gremien, die sich fix und auf Dauer aus bestimmten Personen oder Rollen zusammensetzen. Im Scrum Guide tauchen Gremien nicht auf, denn Gremien fällen normalerweise langsame, vorsichtige und nicht selten verwässerte Entscheide. Ein im Team selbst gewähltes Gremium, das zu bestimmten Fragestellungen die Entscheidung trifft, kann dennoch sinnvoll sein. Im Gegensatz zu Gremien, die mit bestimmten hierarchischen Rollen ausgefüllt werden, wäre ein solches Gremium mit den »richtigen« Leuten besetzt, also mit jenen Personen, die über das entscheidende Fachwissen verfügen. Damit ist ein solches Gremium effizienter und effektiver, als wenn eine Einzelperson oder auch das gesamte Team über diese Entscheidungen befinden würde. Ein Gremium mit den passenden Leuten, die über die erforderlichen Kompetenzen verfügen, ist damit tatsächlich sehr entlastend.

Und schließlich gibt es Mehrheitsentscheidungen, die von allen gefällt werden. Solche Formen sind beispielsweise innerhalb eines Scrum Teams möglich, wenn auch nicht unbedingt nötig und meist eher hinderlich. Überlegt euch gut, warum ihr diese Form von Entscheidung beschließt und welche Vor- und Nachteile damit für euch verbunden sind (vgl. auch die Beschreibung unten in der Aufzählung).

Auch der Entscheidungsumfang kann variieren: Entscheidungen können »endgültig« gefällt werden, das heißt, sie lassen sich künftig nicht oder kaum mehr anpassen. Dabei gibt es zwei Varianten, die endgültige Entscheidungen provozieren: Die eine liegt in willkürlichen Rahmenbedingungen (z. B. »Wir haben in dieser Angelegenheit bereits entschieden und treten darum nicht mehr weiter in Diskussionen dazu ein.«). Das könnte sinnvoll sein, um zu unterbinden, dass dieselben Dinge ständig wieder aufgewärmt werden. Es ist aber auch gefährlich, denn wenn sich der Kontext verändert, ist es möglicherweise sehr sinnvoll, ehemalige Entscheidungen wieder zu prüfen und gegebenenfalls zu revidieren.

Die andere Variante ist inhaltlicher Natur: Indem man sich für etwas entscheidet und weitere Entscheidungen darauf aufbaut, kann man diese Basis nur noch schlecht verändern (z. B. »Wir haben uns für einen bestimmten Architekturstil entschieden und können diesen nun nicht mehr einfach wechseln.«). Je länger man auf der Basis einer getroffenen Entscheidung weiterarbeitet, desto größer ist der Aufwand für eine späterer Änderung, und desto risikoreicher sind die Anpassungen.

Entscheidungen können andererseits iterativ sein. Solche Entscheidungen werden regelmäßig überprüft und gegebenenfalls angepasst (z. B. »Letzten Monat dachten wir, es sei eine gute Idee, das Daily um 9 abzuhalten. Wir haben jetzt gesehen, dass viele am Montag später zur Arbeit kommen, und legen das Daily darum auf 10.«).

Grundlegende Entscheidungen

Je weiter ihr euch in der Entwicklung nach vorne bewegt, desto aufwändiger und risikoreicher wird es, grundlegende Entscheidungen zu revidieren. Sie können es dennoch wert sein, und wenn ihr das agile Prinzip »Ständiges Augenmerk auf technische Exzellenz und gutes Design fördert Agilität.« ernst genommen habt, ist sich nochmals umzuentscheiden unter Umständen auch weniger schlimm als gedacht.

Zu den grundlegendsten Entscheidungen in einem Softwareprojekt gehört die Wahl einer Programmiersprache. Aus ihr folgen die nötige Qualifikation der Teammitglieder, die Wahl von Anwendungsframeworks und natürlich viele Zeilen Quelltext. Dennoch lässt sich selbst diese Entscheidung noch anpassen, falls gute Gründe dafür auftauchen. Die größte Schwierigkeit und der größte Aufwand bei der Softwareentwicklung ist nicht die Programmierung an sich, sondern die Erarbeitung der Anforderung und der Entwurf von Lösungsalgorithmen. Diese Dinge lassen sich aber verhältnismäßig leicht und direkt zwischen den meisten Programmiersprachen übersetzen, teilweise sogar automatisiert. Sofern ihr auf ein gutes Design und eine solide automatisierte Testabdeckung geachtet habt, erwartet euch immer noch eine Menge Arbeit, aber das Risiko ist überschaubar.

Für jede Entscheidung gilt, dass ihr möglichst frühzeitig rausfinden solltet, ob sie trägt. Das gilt natürlich besonders für grundlegende Entscheidungen. Andererseits solltet ihr euch auch nie an einmal getroffenen Entscheidungen festklammern. Wenn sich die Rahmenbedingungen ändern oder ihr eine bessere Erkenntnis gewonnen habt, ist es zumindest sinnvoll, zu prüfen, welche Chancen und Risiken in einer Umentscheidung stecken.

Die folgende Liste stellt verschiedene einzelne Entscheidungsprozedere vor. Sie beginnt bei jenen Formen, die im beruflichen Alltag am wenigsten Mehrwert bringen – insbesondere wenn agil gearbeitet wird.

- *Demokratische Entscheide/Mehrheitsentscheide*: Alle werden befragt. Es gewinnt, wer mehr Stimmen hat. Im besten Fall hat die Mehrheit ein relativ großes Gewicht (zum Beispiel 90 % oder auch noch 75 %), im schlechtesten Fall tendiert sie zur Hälfte der Befragten (zum Beispiel 50,1 %). Bei Mehrheitsentscheiden, die nicht einstimmig fallen, gibt es immer Verlierer*innen. Sie tragen die Entscheidung nicht mit und verbreiten vielleicht sogar eine schlechte Stimmung.
- *Veto*: Bei einem Veto handelt es sich um einen Einspruch. Dieser kann von mehreren oder auch nur von einer einzigen Person eingebracht werden. Je nachdem, wie die Einspruchsregeln sind, muss ein Veto nicht begründet werden und wird völlig willkürlich eingesetzt. Oftmals beruhen Begründungen auf persönlichen Nachteilen der Veto-Parteien und zahlen damit nicht unbedingt auf das gemeinsame Ziel ein.
- *Konsens-Entscheidung*: In einem Konsens-Entscheid sagen alle Parteien Ja zum Vorschlag. Entweder muss der Vorschlag also auf Anhieb perfekt sein (was in den meisten Fällen nicht möglich ist), oder er ist bereits zu Beginn sehr verwässert. Eine weitere Möglichkeit ist, dass über einen konkreten Vorschlag ein Kompromiss zustande kommt.
- *Kompromiss-Entscheidung*: Kompromisse gehören zu den Konsens-Entscheidungen. Hier passen die verschiedenen Parteien ihre Vorschläge so an, dass sie inhaltlich den anderen entgegenkommen können. Leider werden Vorschläge dadurch verwässert und verfehlen am Ende vielleicht sogar ihr Ziel. Auch hier besteht eine große Gefahr, dass es dann bei der Umsetzung an Commitment fehlt.
- *Konsent-Entscheidung*: Eine andere Art von Entscheidung liefert der Konsent. Im Gegensatz zum Konsens (»Alle sagen Ja.«) bedeutet Konsent: »Niemand sagt Nein.« Es

müssen also nicht alle restlos von einem Vorschlag überzeugt werden, sondern man muss dafür sorgen, dass der Vorschlag nicht gegen grundlegende Werte und gemeinsame Ziele verstößt. Während ein Veto zur Durchsetzung von Macht genutzt werden kann, basiert ein Einwand – also ein »Nein« im Konsent-Verfahren – auf dem Prinzip, dass der zur Diskussion stehende Vorschlag die gemeinsamen Ziele gefährdet und darum nicht umgesetzt werden darf. Ein Einwand hat also nichts mit persönlichen Vorlieben und Machtverhältnissen zu tun. Gibt es zu einem Vorschlag keinen gültigen Einwand, geht er direkt in die Umsetzung.

Die Idee zum Konsent stammt aus *Soziokratie 3.0* (Sociocracy 3.0, online). Dort wird Konsent definiert als Suche nach möglichen Einwänden. Ein *Einwand* gilt dabei als Argument gegen einen Vorschlag, das sichtbar macht, wie dieser Vorschlag die Ziele von Einzelnen, Teams oder der Organisation gefährdet oder vorhandene Chancen verbaut. Es werden also nicht verschiedene Möglichkeiten gegeneinander abgewogen, sondern es wird ein Vorschlag dahin gehend geprüft, ob er gesetzte Ziele verunmöglicht.

Damit das funktioniert, sind zwei Prinzipien nötig: *kunstvolle Teilnahme* und *gut genug für den Moment*. Beim ersten dieser beiden Prinzipien geht es darum, dass man in jeder Situation selbst kontrolliert, ob das eigene Verhalten gerade das bestmögliche ist, um die Zusammenarbeit zu stützen und gemeinsame Ziele zu erreichen. Dieses Verhalten kann bedeuten, dass jemand mit seinem Wissen interveniert und einen berechtigten Einwand platziert, oder auch, dass man schweigt, weil der Beitrag zu diesem Zeitpunkt keinen Wert liefert.

Das Prinzip *gut genug für den Moment* verhindert, dass man nach einer perfekten Lösung sucht. Es geht darum, ob man mit einem Vorschlag leben kann, der im Moment gut genug ist, selbst wenn man weiß, dass er später vielleicht nachgebessert werden muss, weil sich der Kontext verändern wird.

Es scheint logisch, dass es sehr viel schneller geht, Konsent zu erreichen als Konsens. Denn hier muss man niemanden vom Gegenteil seiner eigenen Meinung überzeugen und auch nicht lobbyieren. Es werden nicht verschiedene Vorschläge gegeneinander abgewogen. Es geht nur um den einen Vorschlag. Gleichzeitig ist man froh, wenn jemand auf eine Gefahr aufmerksam macht, die man selbst nicht bedacht habt. Und man sucht nicht nach der einen, perfekten Lösung – denn diese wird es nie geben.

Neben dem Einwand gibt es in Soziokratie 3.0 auch noch das *Bedenken*. Bedenken führen nicht zur Ablehnung von Vorschlägen, werden aber angehört und allenfalls mitberücksichtigt. Auch dies stärkt wiederum das Commitment aller, denn es nimmt Stimmen wahr, die etwas Kritisches anmerken, und übt entsprechende Wertschätzung.

Der folgende Abschnitt befasst sich mit einer spezifisch agilen Art und Weise von Entscheidung. Sie erweist sich in der Praxis als besonders dynamisch. Wie das geht, erfährst du nun.

6.6.2 Nach agilen Prinzipien entscheiden

Nach agilen Prinzipien zu entscheiden, bedeutet, den Entscheidungsprozess schnell und dynamisch zu machen und jene Personen entscheiden zu lassen, die am nächsten an der Sache dran sind (Aerni & Demarmels, 2021). Es gibt bereits Unternehmen, die ihre gesamte Entscheidungskultur auf agile Prinzipien umgestellt haben, zum Beispiel das amerikanische Unternehmen Morning Star, das Tomatenkonserven herstellt (Morning Star Company, online). Wahrscheinlich ist aber, dass du in deinem Unternehmen noch nicht überall agile Entscheidungsmechanismen vorfinden wirst.

Allgemein und insbesondere auch im Zusammenhang mit agilen Entscheidungsprozessen lohnt es sich, die genauen Rahmenbedingungen für Entscheidungen zu prüfen: Wo hast du/wo habt ihr im Team welche Entscheidungsfreiheiten? Wie wollt ihr dort Entscheidungen treffen? Die genauen Regeln könnt ihr in diesen Bereichen selbst definieren. Und ihr könnt diese Definition auch anpassen, wenn ihr bemerkt, dass es nicht so rund läuft, wie ihr euch das vorgestellt habt.

Um das Team auf neue Entscheidungsmechanismen vorzubereiten, vergegenwärtige dir die folgenden Punkte agiler Entscheidungsprinzipien:

- *Kollektive Intelligenz nutzen*: Unterschiedliche Perspektiven bringen blinde Flecken zutage.
- *Wer entscheidet, weiß Bescheid/wer Bescheid weiß, entscheidet*: Diejenigen Menschen sind in Entscheidungen einzubeziehen, die von ihnen selbst betroffen sind und die Fachwissen zum Thema haben.
- *Transparenz als oberstes Gebot*: Wer darf was entscheiden? Wer hat was entschieden? Was ist die Basis für Entscheidungen? Welche sind die gemeinsamen Ziele?
- *Im Zweifel für Experimente*: Fehler müssen möglich sein, damit innovative Lösungen entstehen; Risiken müssen überschaubar bleiben.
- *Entscheidungen revidieren*: Wenn mehr bekannt wird, dürfen und müssen vergangene Entscheidungen entsprechend angepasst werden.

Dabei darfst du nicht vergessen: Viele Menschen, die heute im Arbeitsprozess sind, sind es nicht mehr gewohnt, Verantwortung zu übernehmen. Auch wenn ihr euch im Team gemeinsam neue Methoden erarbeitet, darfst du hier eine Vorbildfunktion übernehmen, indem du Verantwortung übernimmst. Indem du auch Verantwortung an andere abgibst, kannst du sie langsam an solche Aufgaben heranführen. Biete ihnen dazu ein entsprechendes Sicherheitsnetz. Fehleinschätzungen können passieren, aber hier habt ihr ebenfalls geeignete Methoden, um damit umzugehen (z. B. Retrospektiven, siehe Kapitel 13, »Auf eine gute Zusammenarbeit! Die Retrospektive«).

6.6.3 Scrum als Entscheidungsmechanismus

Entscheidungsprozesse werden in klassischen Organisationsstrukturen oft als langwierig und sehr bedeutsam wahrgenommen. Aber wieso ist das eigentlich so? Es hängt maßgeblich damit zusammen, dass wir nach einer – der! – richtigen Lösung suchen. Nur: In einer komplexen, sich ständig verändernden Welt gibt es diese Lösung unter Umständen gar nicht dauerhaft.

Scrum ermöglicht, mit Entscheidungen anders umzugehen. Statt nach Wegen zu suchen, »bessere« Entscheidungen zu treffen, ermöglicht das empirische, iterative Arbeiten einen anderen Entscheidungsprozess. Statt für eine Entscheidung alle Aspekte eines Problems im Detail zu analysieren in der Hoffnung, nichts übersehen zu haben, versuchen wir uns an die Lösung heranzuexperimentieren. Wir wählen eine Lösungsvariante, die plausibel erscheint, und beginnen sie umzusetzen. Dabei werden wir sowohl lernen, ob sich diese Variante bewährt, als auch, welche Aspekte des Problems tatsächlich von Bedeutung sind. Wir überprüfen in den nächsten Iterationen unser Vorgehen und unser Wahl (*inspect*), und wenn sie nicht gut genug war, können wir sie kurzfristig noch revidieren (*adapt*).

Scrum Teams kommen in der Regel früher oder später an den Punkt, an dem sie sich bewusst Gedanken dazu machen (müssen), wer eigentlich Entscheidungen fällt. Selbstorganisation bedeutet weder Anarchie (jeder entscheidet für sich selbst) noch, dass alle Entscheidungen gemeinsam getroffen werden müssen.

Die Rollen in Scrum geben bereits eine gute Vorlage, wer wofür verantwortlich ist und darum auch Entscheidungen übernehmen kann. Das Entwicklungsteam ist verantwortlich für die Umsetzung der Arbeit, die Scrum-Master-Rolle für die Zusammenarbeit im und mit dem Team. Als Product Owner*in bist du verantwortlich für das Produkt. Unabhängig von dieser Kernverantwortung tragt ihr gemeinsam Verantwortung für eure Zusammenarbeit, um gemeinsam ein möglichst gutes und wertvolles Produkt zu entwickeln.

Aus unserem Erfahrungsschatz: Entscheiden, Verantworten, Beteiligen

Im Rahmen eines Trainingsworkshops zum agilen Arbeiten führte ich eine Gruppe durch eine Scrum-Simulation. Dabei übernehme ich zwischendurch auch immer mal die Rolle eines auftraggebenden Stakeholders. Aus der Rolle gebe im Review Meeting Feedback dazu, ob das Team meine Anforderungen gut trifft, oder lasse mir, inspiriert durch die tollen Zwischenergebnisse, neue Sachen einfallen, die ich liebend gern auch noch realisieren würde. In dieser Gruppe war auch eine Linienführungskraft dabei, die dadurch enorm irritiert war: »Ich verstehe das nicht. In Scrum trifft doch die Product-Owner-Rolle alle Entscheidungen über die Ausgestaltung des Produkts, da hat sich doch jetzt niemand mehr einzumischen! Ich habe gelernt, ich darf das nicht mehr!«

Ich denke, dieses Missverständnis ist sehr verbreitet und spiegelt auch wider, wie schwer wir uns damit tun, Verantwortung gemeinsam zu tragen. Die Product-Owner-Rolle in Scrum hat die Verantwortung für die Ausgestaltung des Produkts. Dazu bekommt sie auch das Recht und die Pflicht, Entscheidungen dazu zu treffen, sodass das Team immer handlungsfähig bleibt und nicht in der Luft hängt, während es auf Entscheidungen warten muss. Gleichzeitig ermöglicht agiles Arbeiten, sich als schlecht herausstellende Entscheidungen zeitnah zu erkennen und zu korrigieren. *Die Product-Owner-Rolle trifft die Entscheidungen über Features und Priorisierungen.*

Sowohl das Team wie auch die Stakeholder tragen aber dennoch mit die Verantwortung, ihr Wissen und ihre Einblicke zur Verfügung zu stellen, damit die Person in der Product-Owner-Rolle möglichst gute Entscheidungen treffen kann. Genau dafür ist das Review Meeting da: die Sichtweisen und Interessen aller Beteiligten einzuholen und eine Bühne zu schaffen, auf der diese von allen gesehen werden können. Verantwortung zu tragen, bedeutet nicht automatisch, die Entscheidungen zu treffen. *Verantwortung zu tragen, bedeutet auch, dafür Sorge zu tragen, dass alle wichtigen Informationen zur Verfügung stehen.*

Komplexe Entscheidungen zu treffen, ist nicht leicht. Bei weitreichenden Entscheidungen ist es daher immer hilfreich, andere zu beteiligen, um Risiken besser zu erkennen und einen möglichst sicheren Rahmen zu schaffen, um bei Problemen diese korrigieren zu können. *Beteiligung an einer Entscheidung bedeutet, mitzuhelfen, eine Lösung auszugestalten.* An der Lösungsgestaltung sollten in erster Linie die beteiligt sein, die diese auch umsetzen müssen, da sie ihrer Fähigkeiten und Möglichkeiten am realistischsten einschätzen können.

Zurück zu meiner Geschichte: In der Auswertung mit allen habe ich noch mal zusammengefasst, wie ich hoffe, mich verhalten zu haben, und was ich mir von eine guten Stakeholderschaft wünsche:

- Als Stakeholder übernehme ich mit Verantwortung für das Produkt, indem ich zum Sprint Review erscheine und meine Wünsche, Anforderungen, Sorgen und Anregungen äußere, damit diese dem Team zur Verfügung stehen.

- Ich verstehe und respektiere, dass die Product-Owner-Rolle die Entscheidungen über das Produkt trifft und dabei noch mehr Aspekte berücksichtigt und abwägt als die, die ich sehe.
- Mir ist bewusst, dass meine Lösungsvorschläge unter Umständen so gar nicht umsetzbar sind, und versuche mich zurückzuhalten. Es hilft mir, wenn das Team meine Bedürfnisse dahinter erfragt, falls sie mir dennoch rausrutschen.

Das Team ist mit meinem Input in der Simulation übrigens hervorragend umgegangen. In den Dingen, die es aufgegriffen und umgesetzt hat, genauso wie in den Dingen, die es weise ignoriert hat.

Aber ihr seid dabei natürlich nicht ganz alleine und bewegt euch ja auch nicht im leeren Raum. Auch wenn das letzte Wort für die Ausgestaltung eures Produkts bei dir liegt, deine Stakeholderschaft ist auch gefordert, sich einzubringen, indem sie sich beispielsweise beim Review Meeting engagiert (siehe Kapitel 12, »Kurs anpassen: das Review«).

In deiner Vermittler*innen-Rolle solltest du deinen Stakeholder*innen wertschätzend gegenübertreten und ihnen vermitteln, wie sie ihren Teil beitragen können. Zeige ihnen auch ihre Verantwortung auf, indem du ihnen klarmachst: Kein Feedback ihrerseits bedeutet, dass das Scrum Team auf sich gestellt ist und ohne das Fachwissen der Stakeholder*innen weitermacht.

Im nächsten Kapitel lernst du den Refinement-Prozess näher kennen. Dabei wirst du vieles aus diesem Kapitel direkt einsetzen können: Gemeinsam mit deinem Team und mit Hilfe aus der Stakeholderschaft bereitest du die Themen für die nächsten Sprints vor, triffst Entscheidungen darüber, welche Inhalte und Fragestellungen Priorität bekommen, und kommunizierst die Hintergründe deiner Überlegungen dazu.

Kapitel 7
Frisch sortiert ist halb gewonnen: das Refinement

Arbeiten mit Prioritäten war gestern: Heute wird immer wieder neu sortiert. Gemeint ist das Refinement, also der stetige Prozess der Aufbereitung der nächsten Produkt-Ziele und der Vorbereitung des Backlogs für die nächsten Sprints.

Ellen hat mit Rami fix 20 User Stories aus dem Backlog-Tool auf Post-its übertragen. Das sind deutlich mehr, als in den nächsten Sprint passen, aber sie ist sich bei einigen einfach nicht sicher, ob sie sie jetzt schon hochziehen soll oder erst später. Jetzt guckt sie sich im Kreis ihres Entwicklungsteams um und feiert, dass sie sich zum Refinement vor Ort im Büro verabredet haben. Rhia, Ünal und Kim, Egon, Anna und Bernd, alle sind gekommen, um ihr beim Sortieren und Schätzen der Stories zu helfen. Rami hat ein Spiel dazu vorgeschlagen, und es läuft super: Nacheinander dürfen alle entweder eine neue Story einsortieren oder einen Tausch in der bestehenden Reihenfolge vornehmen. Dazu ein kurzer Kommentar, warum. Ellen hat jetzt schon ein viel besseres Bild von ihren Prioritäten.

Ellen weiß, was für das Backlog Refinement zu tun ist. Sie kennt ihre Aufgabe. Sie weiß aber auch, dass das Entwicklungsteam sie bei der Arbeit unterstützen kann und muss. Das Team weiß, wie lange es braucht, um Aufgaben umzusetzen. Und das Team weiß auch, dass Arbeit Spaß machen darf. Spielerisch zu arbeiten, beispielsweise beim Abschätzen von Aufwand und beim Einsortieren von Stories, bedeutet nicht, dass das Team diese Aufgabe nicht ernst nimmt oder unseriös erledigt. Im Gegenteil: Das Spielerische hilft, Unklarheiten im Team aufzudecken.

Du hast dir nun bereits einen ersten Überblick über das Produkt verschafft und dich für ein Vorgehen entschieden. Bevor es an die Umsetzung gehen kann, braucht dein Team nun ein übersichtliches Product Backlog mit priorisierten Anforderungen. Wie du diese Anforderungen geschickt erhebst und was sonst noch nötig ist für eine brauchbare Priorisierung, erfährst du in diesem Kapitel. Zusätzlich geben wir dir Hinweise dazu mit, wie du messen kannst, ob sich euer Vorgehen bewährt.

7.1 Hol dein Team zusammen

Eines gleich vorab, auch wenn in der Product-Owner-Rolle das *Refinement* klar deine Verantwortung und eine deiner Hauptaufgaben ist: Probiere gar nicht erst, allein für ein gutes Product Backlog zu sorgen. Hol dein Team zusammen und binde es in die unterschiedlichen Aspekte der Weiterentwicklung, Verfeinerung und Priorisierung mit ein. Mit seinen unterschiedlichen Expertisen wird es dich hierbei unterstützen:

- Vorbereitung und Veranstaltung von Workshops mit Stakeholder*innen, um Anforderungen und Bedürfnisse der Nutzerschaft zu verstehen und festzuhalten.
- Aufbereitung und Berücksichtigung nicht funktionaler Anforderungen.
- Einschätzung der Möglichkeiten, Features schrittweise zu entwickeln, und Abschätzung von damit verbundenen Chancen und Risiken.
- Abschätzung der Größe und Komplexität von Entwicklungsschritten, um zu realistisch realisierbaren Product-Backlog-Einträgen zu kommen.
- Herauszufinden, welche Features aktuell wichtiger und wertvoller sind, wann sie umgesetzt werden sollten, und genauso rauszufinden, in welcher Reihenfolge sich Features leichter umsetzen lassen.
- Identifikation und Beschreibung neuer Product-Backlog-Einträge sowie Suche nach einem angemessenen Detailgrad zur Beschreibung.

Zu guter Letzt gibt es bei der Aufbereitung und Priorisierung eines Product Backlogs nie die eine wahre und richtige Lösung. Je enger du dein Team jedoch mit einbeziehst und je transparenter du auch den Entscheidungsfindungsprozess bei der Aufbereitung des Backlogs gestaltest, desto mehr stellst du sicher, dass das Product Backlog ein Arbeitsmittel des gesamten Teams ist. So kommst du gar nicht erst in die Situation, dass das Product Backlog sich wie eine zu erfüllende Top-down-Vorgabe von dir ans Team anfühlt.

7.2 Stories und Backlog-Einträge schreiben

Bevor du dich fragst, welche Form deine Product-Backlog-Einträge haben sollen, musst du dir zunächst klarmachen, welche Funktion so ein Eintrag erfüllt. Denn zur Frage der Form gibt es reichlich und sehr unterschiedliche Überzeugungen, sodass du sehr schnell sehr verwirrt sein wirst, wenn du dir nicht darüber im Klaren bist, was das Product Backlog eigentlich für euch leisten soll.

Ein Product-Backlog-Eintrag soll dem Entwicklungsteam vermitteln, wie sich das Produkt verändern soll, um »besser« zu werden. Das ist erst mal alles, was beispielsweise der Scrum Guide dazu sagt. Ein Product-Backlog-Eintrag ist keine detaillierte Anforderungsbeschreibung, die sich typischerweise ein Mensch aus dem Entwicklungsteam allein greifen und erledigen könnte, sondern es beschreibt nur den Bedarf an Verbesserung des Produkts. Wie die Verbesserung am Ende genau erreicht werden kann und was dafür genau alles getan werden muss, sind Details, die erst während des Sprints durch das Entwicklungsteam erarbeitet werden.

In diesem Zusammenhang spricht man auch häufig von den *3 C* eines Backlog-Eintrags (Jeffries, 2001):

- *Card*: Ein Backlog-Eintrag sollte so kompakt sein, dass er auf eine Karteikarte passt.
- *Conversation*: Der Backlog-Eintrag ist die Einladung an das Entwicklungsteam, im Gespräch mit anderen Ideen zu entwickeln, wie die Verbesserung des Produkts am besten erreicht und umgesetzt werden kann.
- *Confirmation*: Dazu gehört auch, zu formulieren, wie überprüft werden wird, dass die Lösung das leistet, was sie soll.

Weil das noch etwas abstrakt klingt, hier ein Beispiel, wie es aussehen könnte:

Card (was erst mal auf der Karte steht)
Unsere Kundschaft soll den Zählerstand möglichst einfach selbstständig übermitteln können, sodass es nicht vergessen wird, wenig Fehler passieren und wir die Daten schnell und kostengünstig abrechnen können.

Conversation (wie sich eine Unterhaltung über die Karte entwickeln könnte)

- Heute bekommen unsere Kunden*innen immer eine Postkarte, die sie zurückschicken können mit den Werten. Wir bekommen allerdings viele Nachfragen wegen der Nachkommastellen, und die Karten werden zwar eingescannt, aber 10 % müssen immer noch manuell bearbeitet werden. Hohe Portokosten haben wir dabei auch noch.
- QR-Code auf die Karte also?
- Es haben aber nicht alle Smartphones, also brauchen wir mindestens auch Shortlinks, wobei das Zurücksenden der Postkarte weiterhin möglich sein muss, denke ich.
- Am besten wäre ein Foto mit Bilderkennung, dann werden wir das Problem mit den Nachkommastellen los, und Zählernummer und Zählerstand passen auch immer sicher zusammen. Der Aufwand für die Entwicklung der Bilderkennung ist ja nur einmalig.

- Es ist aber gar nicht so einfach, die Dinger zu fotografieren ohne Spiegelungen. Und bei neuen Zählermodellen müssten wir die Bilderkennung vermutlich jedes Mal wieder neu trainieren. Außerdem: Wenn wir Bilder hochladen lassen, müssen wir uns noch mal neu Gedanken über Datenschutz und Spam und Sicherheit machen, als wenn die Leute nur Zahlen eingeben können ...
- Also erst mal schauen, wie viele Leute wir mit QR-Codes und Shortlinks erreichen? Pro Zähler ein Link oder ein Link für einmal ablesen?
- ...

Confirmation (im Gespräch erkannte Testszenarien/-kriterien)

- Die Shortlinks dürfen nicht leicht zu raten sein (Trefferquote < 1:100.000).
- Fachlich unplausible Zählerstände werden der Fachabteilung zur Klärung übergeben (Bearbeitungsnachricht eingestellt): Zählerstand kleiner als bei letzter Ablesung, Zählerstand über 20 % höher oder niedriger als beim letzten Mal ...
- Wir lassen unsere neuen Postkarten und die Eingabe im Usability-Center testen.

Tabelle 7.1 Ein Beispiel dafür, wie sich entlang der 3 C aus einer initialen User Story ein Dialog entwickeln könnte, der zu konkreten Anforderungen und Testkriterien führt.

Tipp: Aber wenn die Backlog-Einträge nicht schon genau beschrieben sind ...

In praktisch allen Teams, die mir bisher begegnet sind, kam zu irgendeinem Zeitpunkt aus dem Team der Einwand: »Aber wenn die Backlog-Einträge nicht schon genau beschrieben sind, dann können wir die gar nicht genau schätzen, müssen im Sprint noch ganz viel klären und sind dann nicht sicher, ob wir den Eintrag tatsächlich auch umgesetzt kriegen.«

Das klingt erst mal wie ein schlüssiger Einwand, nur was ist die Konsequenz daraus? Die Klärung muss *vorher* passieren, dieselbe Arbeit muss gemacht, nur jetzt eventuell noch etwas aufwändiger dokumentiert werden, damit man sich *später* noch erinnert oder weil es sogar andere Personen gemacht haben. Im Endeffekt ist nichts gewonnen, es wird nur anders »abgerechnet«.

Entwicklungsteams haben häufig die Sorge, dass es schlimm wäre, wenn etwas länger dauert oder sich anders entwickelt. In deiner Product-Owner-Rolle sollte dir klar sein, dass das immer wieder passiert. Es ist quasi der Normalfall, mit dem du daher auch planen kannst und solltest. Tu dich mit dem*der Scrum Master*in und dem Entwicklungsteam zusammen und arbeitet daran, wie ihr das Risiko, »Anforderungen im Detail spät zu klären«, eingehen könnt. Ihr habt dort insgesamt gesehen das Potenzial, euch das Leben sehr viel einfacher zu machen.

7.2.1 User Stories

Die Beschreibung von Product-Backlog-Einträgen erfolgt häufig (aber auch nicht zwingend) als sogenannte *User Story*. Vermutlich hast du den Begriff schon mal gehört und auch in unseren Beispielen das typische Muster einer User Story erkannt:

> *Als [Person in was für einer Rolle und Situation] möchte ich [wie unser Produkt nutzen/was mit unserem Produkt machen], sodass [was ist mein Nutzen/was wird für mich leichter?].*

Diese Form der Beschreibung lädt dazu ein, sich tatsächlich damit auseinanderzusetzen, was euer Produkt für eure Nutzerschaft besser machen würde, und sie gibt dem Entwicklungsteam entscheidende Informationen an die Hand, um nach Lösungen zu suchen, die am Ende des Tages auch gut funktionieren. Auch wenn du dich nicht zwingend an dieses Muster halten musst: Die drei darin enthaltenden Aspekte sind immer wertvoll durchzugehen:

- **Als wer** – Das Entwicklungsteam und du, ihr werdet voraussichtlich die meiste Zeit vor euren Rechnern verbringen, während ihr euer Produkt entwickelt. Im Winter warm und trocken und im Sommer geschützt vor Sonne und Regen, arbeitet ihr vermutlich vor allem tagsüber von 9 bis 17 Uhr. Für eure Nutzerschaft muss das aber überhaupt nicht stimmen. Die steht vielleicht durchnässt und frierend im Regen, haben in der U-Bahn ein Kind auf dem Schoß auf dem Weg zum Arzt oder sitzen im Großraumbüro zusammen mit 50 anderen Menschen. Vielleicht habt ihr sehr erfahrene Nutzer*innen, vielleicht sind es vor allem Aushilfskräfte, die alle paar Wochen wieder wechseln. All das macht unter Umständen einen Riesenunterschied in Bezug darauf, was euer Produkt ausmacht und welche Lösungen akzeptabel und praktikabel sind. Versuche vor diesem Hintergrund, den Start einer User Story immer mit ein paar Adjektiven und einer kleinen, lebendigen Situationsbeschreibung auszustatten:
  - *Als Fahrradentleihender mit einem Platten im Regen ...*
  - *Als Callcenter-Aushilfskraft mit einem wütenden Kunden am Telefon ...*
  - *Als Servicetechnikerin kurz vor Feierabend bei der Tourenplanung für den nächsten Tag ...*
- **möchte ich** – In dem *möchte ich*-Teil der User Story versuchst du die Erwartungshaltung an euer Produkt in der eben angerissenen Situation festzuhalten. Welche Hilfe/Unterstützung erhoffen sich die Nutzer*innen von eurem Produkt? Versuche, diesen Teil möglichst lösungsneutral zu beschreiben, zum Beispiel:
  - *... möchte ich unkompliziert mein Fahrrad gegen ein Ersatzrad tauschen ...*
  - *... möchte ich schnell den aktuellen Auftragsstand verstehen können ...*

- *... möchte ich sehen können, ob ich noch spezielles Werkzeug oder Material benötigen werde ...*

All diese Beschreibungen vermeiden es, genau zu sagen, wie die Lösung aussieht, z. B. welche Dialoge, Knöpfe oder Anzeigen es geben soll. Wenn dein Team sich später an die Realisierung macht, ist es damit noch in der Lage, eigenständig abzuwägen, welche Lösungen im Augenblick passen und gut genug sind, um die Anforderungen zu erfüllen.

- **sodass** – Der *sodass*-Teil beschreibt das Ziel: Welchen Zustand möchten eure Nutzer*innen erreichen, wann ist ihr Problem gelöst? Hier versteckt sich, was wichtig ist für eure Nutzerschaft:
  - *..., sodass ich meine Fahrt zügig fortsetzen kann und nicht noch nasser werde. (Idee: neben dem Ersatzrad auch ein Handtuch und einen einfachen Regenponcho liefern? Gespräch mit Marketingabteilung suchen)*
  - *..., sodass ich dem Anrufenden zumindest schon mal das Gefühl vermitteln kann, dass ich über die passenden Informationen verfüge.*
  - *..., sodass ich prüfen kann, ob alle vorhanden sind, damit ich morgen früh stressfrei in den Tag starten kann.*

Der entscheidende Punkt an User Stories ist die konsequente und ehrliche Beschreibung dessen, was vom Produkt erwartet wird, und zwar aus der Perspektive der Personen, die es auch tatsächlich nutzen. Konsequent und ehrlich heißt in diesem Fall: Würde die Person in der User Story das tatsächlich auch so beschreiben, oder jubeln wir ihr gerade etwas unter? Das plakativste Beispiel dafür ist immer diese vermeintliche User Story:

*Als wiederkehrende*r Shopper*in möchte ich mich einloggen, um erneut eine Bestellung aufzugeben.*

Sei ehrlich: Hast du jemals auf irgendeiner Webseite gedacht, du möchtest dich einloggen? Oder hast du vielleicht eher das Einloggen als notwendiges Übel akzeptiert, damit deine Daten geschützt sind und du sie nicht jedes Mal neu eingeben musst?

Tipp: Wenn alles eine Liste ist ...

Aus Perspektive der Nutzerschaft zu formulieren, ist anfangs recht gewöhnungsbedürftig, öffnet dafür aber auch enorm den Blick für bessere Lösungen. Wir haben beispielsweise häufig die Erfahrung gemacht, dass in Unternehmen, die schon früh mit Großrechnern gearbeitet haben, immer alles eine Liste ist: »Ich will eine Liste des aktuellen Lagerbestands.«, »Ich will eine Liste aller heute zu bearbeitenden Aufträge.«, »Ich will eine Liste der Kund*innen mit ihrem Umsatz in diesem Quartal.«

Als User Story könnte die erste Forderung beispielsweise sein: »Als Mitarbeitende*r des Einkaufs möchte ich den aktuellen Lagerbestand täglich im Blick haben, um rechtzeitig gut laufende Ware nachzuordern und keine Engpässe aufkommen zu lassen.« oder »Als Vertriebsleitung möchte ich schlecht laufende Artikel identifizieren, um diese mit Sonderaktionen abzuverkaufen, um Platz für andere Waren zu machen.«

Je nachdem, welche der User Stories am Ende im Fokus steht, hat das Entwicklungsteam jetzt einen ganz anderen Lösungsraum zur Verfügung: von einer Liste mit den passenden Informationen (schnell gemacht und billig in der Entwicklung) über eine gefilterte Darstellung, die das direkte Nachordern beziehungsweise das direkte Einstellen der Ware in eine von drei Aktionsformaten ermöglicht (mittlerer Entwicklungsaufwand, einfacher zu nutzen und eine enorme Arbeitserleichterung, unterstützt aber auch nur noch jeweils eine der beiden User Stories), bis hin zu einem »voll automatisierten Lagermanagement«, das sehr aufwändig in der Entwicklung wäre, da viele Eventualitäten bedacht werden müssten, potenziell eine Menge an Kosten spart (zu prüfen) und große Auswirkungen auf die Jobs der Menschen im Einkauf/Vertrieb hat.

Du siehst: In dem Moment, in dem ihr als Team den Raum aufmacht, um euch mit den Zielen, Bedürfnissen und Rollen hinter den vordergründigen Anforderungen zu beschäftigen, ergeben sich viel mehr Möglichkeiten, um nützliche und wertstiftende Lösungen zu gestalten.

Wenn du magst, probiere doch an den zwei anderen Beispielen aus, welche User Stories dir dazu jeweils einfallen und was für Lösungsmöglichkeiten sich ergeben. Diese Art, Anforderungen anzuschauen und sie zu hinterfragen, um sie besser zu verstehen, sollte in Zukunft dein Standardimpuls werden.

User Stories allein decken nicht zwingend alle Informationen ab, die zur Lösungsentwicklung benötigt werden, und wenn diese bereits vorliegen, ist es hilfreich, sie auch mit dem Backlog-Eintrag zu verlinken. Dinge wie beispielsweise:

- Wie groß ist das Etikett, das gedruckt werden soll?
- Welche Drucker werden aktuell verwendet?
- Gibt es eine Zertifizierungsvorschrift und welche?

Und manche Dinge lassen sich auch nur schwierig als User Stories formulieren und sind trotzdem wichtig als Backlog-Eintrag. Häufig sind dies technisch geprägte Themen, beispielsweise die Umstellung auf eine neue Datenbankversion im Backend oder ein Wechsel auf eine neue Technologie zum Bau der Oberflächen. Das interessiert eure Nutzerschaft erst mal nicht wirklich direkt, und die Datenbankadministration oder das Entwicklungsteam als »User« zu nehmen, scheint uns keine gute Idee. Dann lieber einen einfachen Backlog-Eintrag dazu, idealerweise verbunden mit einer Beschreibung, was ihr dadurch für das Projekt erreichen wollt.

> *»Upgrade auf die neuste Datenbankversion, sonst laufen wir in sechs Monaten aus dem Support heraus.«*

7.2.2 Backlog-Einträge sind Wegwerfware, Dokumentation Liefergegenstand

Kaum ein Team, das nicht in die Falle tappt: Ihr sammelt sämtliche Informationen und Dokumentationen zu einem Backlog-Eintrag im Backlog-Eintrag selbst. Insbesondere wenn ihr Software zur Verwaltung des Product Backlogs verwendet (was fast immer der Fall sein dürfte), ist die Versuchung groß. Nach einiger Zeit habt ihr dann zu einem Thema eine Vielzahl von Backlog-Einträgen bearbeitet und wisst nicht mehr, welche Informationen in welchem Eintrag stecken und was davon aktuell eigentlich noch gilt.

Haltet euch daher an die Regel:

Backlog-Einträge sind Wegwerfware und kein Ort zur Dokumentation!

Nach Abschluss der Arbeit an einem Backlog-Eintrag sollten alle wichtigen Informationen an passender und gut wiederauffindbarer Stelle dokumentiert sein, sodass ihr den Eintrag einfach wegschmeißen könnt; er hat seine Aufgabe erfüllt (siehe Abbildung 7.1).

Dokumentation und Konzeption sind im agilen Arbeiten nicht weniger wichtig als zuvor, nur entstehen sie zu einem anderen Zeitpunkt: während der Arbeit an den Backlog-Einträgen und nicht bereits vorab. Ihr pflegt die so entstehenden Dokumente als Teil der Entwicklungsarbeit stetig weiter und könnt in weiteren Backlog-Einträgen beispielsweise einfach auf das zu berücksichtigende Berechtigungskonzept verweisen. Auch neue Mitarbeitende haben so kein Problem, sich schnell einen Überblick über ein Thema zu verschaffen.

In deiner Product-Owner-Rolle bist du auch dafür verantwortlich, dass euer Produkt langfristig unterstützt und gewartet werden kann, und das geht nur mit einer vernünftigen Dokumentation. Mache dir deshalb gemeinsam mit deinem Team Gedanken darüber, welche Art Dokumentation für euch hilfreich ist und in welcher Form ihr sie pflegt. Nehmt entsprechende Checkpunkte in eure Definition of Done mit auf.

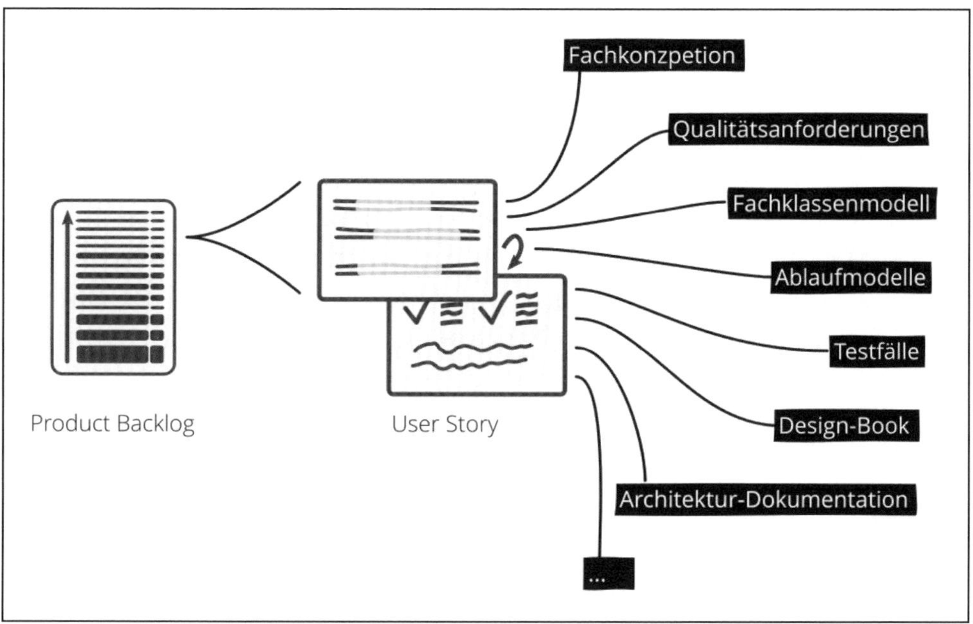

Abbildung 7.1 Einträge im Product Backlog können (und sollten) auf vielfältige Dokumentationsarten verweisen.

7.3 Geschickt schneiden

Ein Product-Backlog-Eintrag beschreibt, wie sich euer Produkt verändern soll, um besser zu werden. Einige Lösungen werden sich sehr schnell entwickeln und umsetzen lassen, andere werden sehr kompliziert und aufwändig sein. Für die meisten Verbesserungsideen wird gelten, dass ihr sie nicht als Ganzes innerhalb eines Sprints von ein paar Wochen umsetzen könnt. Das bedeutet, dass du dir gemeinsam mit deinem Team Gedanken machen musst, wie ihr solche Product-Backlog-Einträge geschickt zerlegt und zuschneidet.

INVEST in Good Stories!

Ein Akronym, um zu beschreiben, welche Qualitäten gute Backlog-Einträge haben sollten, bevor sie in ein Sprint gehen, lautet: *INVEST* (Wake, 2003).

Independent (unabhängig) – Die einzelnen Product-Backlog-Einträge sollten möglichst unabhängig und in beliebiger Reihenfolge voneinander realisiert werden können. Das funktioniert nicht immer so hundertprozentig. Wenn das passiert, solltest du dies aber auch als Warnzeichen nehmen, einmal kurz innehalten und prüfen, ob die Einträge nicht eher technische Entwicklungsschritte sind, statt sich am Nutzen der Kundschaft zu orientieren (siehe auch »Valuable«).

Negotiable (verhandelbar/gestaltbar) – Ein Product-Backlog-Eintrag ist keine Spezifikation eines Features. Wie eine Lösung genau aussehen kann und soll, wird durch das Entwicklungsteam in Zusammenarbeit mit den Stakeholder*innen noch ausgehandelt werden. Dieser (späte) Aushandlungsprozess ermöglicht es, Kosten und Nutzen der Lösung vor dem Hintergrund der Erfahrungen und Erkenntnisse im Team zu optimieren.

Valuable (wertstiftend) – Jeder einzelne Product-Backlog-Eintrag soll eine beobachtbare, wertvolle Veränderung des Produkts herbeiführen. Die Entwicklung und das Anlegen eines komplexen Datenbankschemas hat weder einen Wert für eure Kundschaft, noch ist überprüfbar, ob es wirklich seinen Zweck erfüllt (siehe auch »Testable«). Der Wert steckt in den realisierten Features, Datenbankschemata und Ähnliches entstehen dabei iterativ im Laufe der Entwicklung mit – eurer Kundschaft sind sie aber egal.

Estimable (schätzbar) – Auch wenn die Schätzung nicht exakt sein muss (sind Schätzungen per definitionem sowieso nie): Ein Product-Backlog-Eintrag soll insoweit einschätzbar sein, als dass das Entwicklungsteam Risiken und die Größenordnung benennen kann, wie aufwändig die Entwicklung einer Lösung wohl sein wird.

Small (klein) – Product-Backlog-Einträge starten durchaus auch groß, aber sobald sie in einen Sprint gehen, sollten sie klein genug sein, sodass das Team sich auf die Lösung von ein bis zwei kniffligeren Aspekten konzentrieren kann und das Problem insgesamt überschaubar ist.

Testable (testbar) – Solange unklar ist, wie ein Test für ein Product-Backlog-Eintrag aussehen kann, kannst du davon ausgehen, dass ihr das Problem noch nicht klar genug zu fassen habt. Außerdem – und in der Praxis häufig noch viel entscheidender – ist für das Entwicklungsteam schwierig zu erkennen, wann eine Lösung denn »gut genug« ist, beispielsweise: Reicht es für den Augenblick, die Daten abrufen zu können, oder müssen diese automatisch im Dashboard angezeigt und aktualisiert werden?

Das Ziel der Zerlegung von Product-Backlog-Einträgen ist, dass die einzelnen Einträge klein genug sind, um innerhalb eines Sprints entwickelt werden zu können, und dabei trotzdem etwas entsteht, was für sich genommen für eure Kundschaft einen beobachtbaren Wert hat. Der Wert eines einzelnen Backlog-Eintrags muss dabei nicht riesig sein; es reicht, wenn für eure Kundschaft erkennbar ist: Hier hat sich das Produkt in einer Form weiterentwickelt, die es braucht und deren Sinn ich erkennen kann. Bevor du das gleich an einem Beispiel einmal ausprobieren kannst, listen wir dir im Folgenden die wichtigsten Ideen auf, um Backlog-Einträge zu zerlegen:

- Konzentriere dich auf einen einfachen/den einfachsten Fall und entwickle Ausnahmen, Sonderfälle und weitere Varianten später in weiteren Schritten.
- Klammere Fehlerfälle aus und mache das Feature erst in weiteren Schritten robuster.
- Verzichte zunächst auf Komfortfunktionen, die das Feature leichter zu benutzen machen.
- Ergänze Qualitätsanforderungen und Optimierungen wie Geschwindigkeit, Sicherheit, Degradability, Adaptierbarkeit, Portierbarkeit erst in weiteren Ausbaustufen.
- Arbeite zunächst nur mit einem Ausschnitt an Daten und Datenvariationen.
- Binde nicht gleich alle Schnittstellen an, wenn diese nicht zwingend benötigt werden.
- Nutze zunächst einfache Algorithmen und Lösungen und tausche diese später durch komplexere aus.
- Fokussiere dich auf den einen Bereich des Ablaufs, über den ihr noch am meisten lernen müsst, alles andere wird zunächst möglichst einfach realisiert oder übersprungen.

Dir werden sicherlich im Laufe der Zeit noch weitere Ideen kommen, wobei diese meist Variationen und oder Kombinationen der obigen Punkte sein dürften.

7.3.1 Elefanten-Carpaccio

Zeit zu schauen, wie das in der Praxis aussehen kann. Alistair Cockburn (einer der Mitautoren des Agilen Manifests) hat eine wundervolle Übung entwickelt, die wir dir ans Herz legen, um sie gleich einmal selbst auszuprobieren (vgl. Kniberg & Cockburn, 2013). Die Übung nennt sich *Elefanten-Carpaccio* als Metapher dafür, dass du in der Product-Owner-Rolle immer wieder vor der Herausforderung stehst, auch die größten Elefanten in die feinsten, dünnsten Carpaccio-Scheiben zu zerlegen (eine Entschuldigung geht raus an alle Vegetarier*innen).

Deine Aufgabe

Als Product Owner*in verantwortest du das Produkt »Elektronische Bestellpreisberechnung«. Es ist ein sehr einfaches Programm, das ohne großes Chichi entwickelt werden soll. Trotz des geringen Funktionsumfangs sollst du dafür allerdings hauchdünne Entwicklungsscheibchen für das Product Backlog vorbereiten.

Analysiere bitte die folgenden Anforderungen und versuche, diese in mindestens zehn Product-Backlog-Einträge aufzuteilen. Diese Scheiben werden hauchdünn sein – so dünn, dass vermutlich jedes Entwicklungsteam rebellieren würde, weil ihnen die Scheibchen zu dünn wären. Lass dich für die Übung trotzdem einmal darauf ein.

Die Anforderungen

Die »Elektronische Bestellpreisberechnung« soll eine Gesamtsumme aus den folgenden drei Eingabewerten berechnen:

- Menge des Artikels
- Preis des Artikels
- zweistelliger Ländercode

Basierend auf der Gesamtsumme ist zu berechnen:

- ein Rabatt auf die Gesamtsumme
- die Umsatzsteuer

Wert	Rabatt
1.000 €	3 %
5.000 €	5 %
7.000 €	7 %
10.000 €	10 %
15.000 €	20 %

Tabelle 7.2 Tabelle mit den zu gewährenden Rabatten

Kennung	Steuer
DE	19 %
DK	25 %
LU	15 %
FR	20 %
AT	20 %

Tabelle 7.3 Tabelle der zu berücksichtigenden Umsatzsteuer

Erstelle nun mit diesen Informationen ein Product Backlog, sodass:

- jeder Product-Backlog-Eintrag eine demonstrierbare Verhaltensänderung beschreibt, sodass er anhand der Ein- und Ausgaben getestet werden kann,
- Schnitt und Reihenfolge sich in agiler Weise am Wert für die Kundschaft und das Projekt orientieren und

- die Erstellung von Konzepten, Oberflächenentwürfen, Datenbanktabellen oder Datenstrukturen dementsprechend allein stehend keine sinnvollen Product-Backlog-Einträge sind.

Unsere Beispiellösung zum Elefanten-Carpaccio (du findest sie im Anhang) zeigt dir, wie klein so ein Product-Backlog-Eintrag im Extremfall sein kann und dass er trotzdem noch einen Mehrwert erzeugt.

Aber probiere erst einmal selbst dein Glück. Viel Spaß und Erfolg!

7.3.2 Nützliche Strategien zum Schnitt von Product-Backlog-Einträgen

Wenn du die Übung im letzten Abschnitt gemacht und dir die Beispiellösung angeschaut hast, kannst du darin eine Reihe typischer und nützlicher Strategien entdecken. Die Strategien funktionieren in Vorhaben aller Größenordnungen. Lege dir am besten die folgende Zusammenfassung gleich parat für deine nächste Planungssession:

- Starte mit einem Grundgerüst (dem *Walking Skeleton*) aus minimaler – praktisch keiner – Funktionalität, aber baue die Infrastruktur und sämtliche Unterstützungsprozesse wie Test und Qualitätssicherung, Auslieferung, Dokumentation, Versionierung und so weiter gleich zum Start auf. Sie sind die Basis, um verlässliche Qualität regelmäßig und kontinuierlich liefern zu können.
- Bearbeite die grundlegenden technischen Architekturfragen am Beispiel ausgesuchter fachlicher Funktionalität und damit während der Realisierung. Das ist der beste Weg, um beurteilen zu können, ob ein Architekturentwurf auch in der Praxis funktioniert.
- Versucht so früh wie möglich, einen Minimal-Ausbaustand (MVP) eures Produkts zu erreichen. Das MVP ermöglicht einen ersten echten Einsatz, sichert damit die Investition ab und erlaubt, Erfahrungen aus der echten Nutzung zu sammeln.
- Überlegt, welche Ausbaustufen geeignet sind, um fachliche Fragestellungen und Risiken abzusichern. Implementiert diese so früh wie möglich, um bei Problemen noch Zeit zum Reagieren zu haben. Klarere Themen packt ihr in spätere Ausbaustufen, diese werdet ihr am Ende einfach abarbeiten können, wenn die schwierigen Fragestellungen gelöst sind.
- Robustheit, Komfort und Flexibilisierung sind typische Kandidaten, die in weitere Ausbauschritte verlagert werden können. Sie machen häufig einen großen Anteil des Entwicklungsaufwands aus, während sich der einfache Kern sehr viel schneller entwickeln lässt. Das bedeutet nicht, dass diese Eigenschaften unwichtig wären. Aber solange du noch andere, wichtigere Ziele verfolgst, solltest du zunächst diese abarbeiten.

Mit einer geschickten Zerlegung deiner Product-Backlog-Einträge erreichst du aber noch eine Menge mehr:

- Wenn eure Product-Backlog-Einträge tatsächlich klein genug sind, sodass dein Team diese regelmäßig im Sprint komplett abschließen kann, fällt es dir sehr viel leichter, auf Feedback und aktuelle Entwicklungen zügig und flexibel zu reagieren, da ihr immer einen sauberen Arbeitsstand habt.
- Dein Team verliert sich nicht so leicht in der Masse der Dinge, die es noch zu berücksichtigen gilt. Es ist sehr viel leichter, sich auf einen Aspekt zu fokussieren, den umzusetzen und dann im nächsten Schritt diesen anzupassen, als auf all das zu starren, was euer Produkt später mal leisten soll. Wenn dein Team sich gar nicht mehr traut, anzufangen, nennt man das Analyse-Paralyse.
- Durch die Zerlegung kannst du die einzelnen Teile so priorisieren, dass du früher erkennen kannst, wie es um die Risiken bestellt ist.
- Die Zwischenstände ermöglichen dir nicht nur, qualifiziertes Feedback zu bekommen, sondern lindern im besten Fall bereits die Probleme deiner Kundschaft provisorisch.

Eine geschickte Zerlegung ist eine Kunst, die einerseits viel Erfahrung braucht und andererseits ein Team, das dich unterstützt und das Spiel am besten genauso gut verstanden hat wie du. Gerade am Anfang wird dir das oft noch schwerfallen, aber das macht nichts. Gelingt dir und euch eine gute Zerlegung, merkt ihr es sofort. Ihr bekommt eher Feedback, wisst genauer, wo ihr steht, und könnt flexibler reagieren. Gelingt es nicht so gut, geht die Welt auch nicht unter. In der Regel arbeitet ihr dennoch an Sachen, die ohnehin getan werden müssen. Du verlierst allerdings an Steuerbarkeit, und womöglich überseht ihr ein paar Opportunitäten, aber die nächste Chance, es besser zu machen, wartet schon!

7.4 Akzeptanzkriterien finden

Akzeptanzkriterien beschreiben, wie das Team prüfen will, dass es den Backlog-Eintrag sauber realisiert hat. Es gibt dabei zwei Varianten: spezifische Akzeptanzkriterien, die nur für genau den einen Eintrag gelten und die wir in diesem Abschnitt beschreiben, sowie allgemeine Akzeptanzkriterien, die im nächsten Abschnitt (siehe Abschnitt 7.5, »Definition of Done«) beschrieben werden und für alle Backlog-Einträge einer bestimmten Art gelten. Abbildung 7.2 fasst zusammen, wie sich spezifische und allgemeine Akzeptanzkriterien unterscheiden.

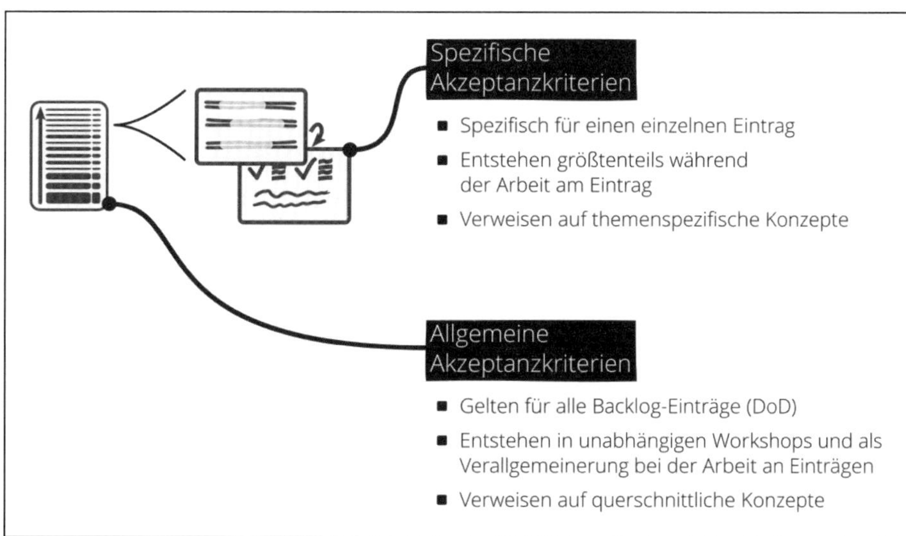

Abbildung 7.2 Spezifische und allgemeine Akzeptanzkriterien beschreiben zusammengenommen, wann ein Backlog-Eintrag als fertig gelten kann.

Wenn du dich an die drei Cs zurückerinnerst, dann sind die spezifischen Akzeptanzkriterien das dritte C, *Confirmation*, und Ergebnis des zweiten C, *Conversation*. Das bedeutet: Die Akzeptanzkriterien sind keine Kriterien, die du (vollständig) in deiner Product-Owner-Rolle erarbeiten und vorgeben musst, um zu prüfen, ob das Team alles richtig gemacht hat. Sie sind die Dokumentation dessen, was das Team erarbeitet hat und wie geprüft werden kann/muss, ob die Lösung alles leistet, was benötigt wird.

Andersrum heißt es allerdings auch nicht, dass dir die Akzeptanzkriterien egal sein sollten. Du solltest während der Erarbeitung mit deinem Team in Kontakt bleiben. Ihr könnt so frühzeitig anhand der Akzeptanzkriterien Missverständnisse erkennen. Auch wenn ihr merkt, dass es doch viel mehr zu beachten gilt als gedacht und immer mehr Prüfszenarien entstehen, könnt ihr gemeinsam schauen, ob ihr den Product-Backlog-Eintrag längs der Akzeptanzkriterien nochmals zerlegen wollt.

Die gute Nachricht: Wenn du User Stories zur Beschreibung der Product-Backlog-Einträge nutzt, hast du das erste Akzeptanzkriterium schon beschrieben: Die User Story muss durch die nächste Version eures Produkts unterstützt werden. Allerdings sind User Stories in der Regel noch zu grob und enthalten keine spezifischen Lösungsanforderungen, sodass es weiter detaillierte und in der Regel lösungsspezifische Akzeptanzkriterien brauchen wird. Im Folgenden geben wir dir ein paar Tipps, wie sich funktionale und auch qualitative Akzeptanzkriterien gut beschreiben lassen. Unter den Mitgliedern deines Entwicklungsteams sollten immer welche mit größerer Qualitätssicherungs-

und Testexpertise sein, die dir auch jenseits dieses kurzen Überblicks noch tiefergehende Impulse geben können.

7.4.1 Given-When-Then

Testszenarien für funktionale Anforderungen an dein Produkt, die sich aus einem Product-Backlog-Eintrag ergeben, lassen sich gut nach dem *Given-When-Then*-Muster erstellen. Das Grundmuster deckt bereits eine Vielzahl von Fällen ab und lässt sich leicht auch für weitere, komplexere Szenarien erweitern. Das Muster funktioniert wie folgt:

- **Given** – Der erste Teil beschreibt den Ausgangszustand, bevor das eigentliche Testszenario startet: »Gegeben sei, dass Jan als Disponent im System angemeldet ist und für den nächsten Tag ein typischer Auftragsvorrat für einen Wochentag vorhanden ist sowie zusätzlich drei Sonderaufträge ...« Der Given-Teil sollte alle Informationen auflisten, die relevant sind, um euer System in den Ausgangszustand zu bringen. Um Testszenarien kompakt und fokussiert zu halten, hilft es, typische Zustände einmal zu benennen und an geeigneter Stelle einmal zu beschreiben. Der »typische Auftragsvorrat« ist hier so ein Beispiel, genauso wie »Jan als Disponent im System angemeldet«, während der Teil mit den »zusätzlich drei Sonderaufträgen« vermutlich etwas beschreibt, das nur in diesem Testszenario vorkommt.
- **When** – Der zweite Teil beschreibt die Interaktion der Nutzenden mit dem System: »wenn Jan auf die Übersichtsseite geht«. Achtet darauf, im When-Teil möglichst nur eine Interaktion zu beschreiben und nicht eine ganze Kette. Das ist ansonsten ein typisches Zeichen, dass es vermutlich besser ist, mehrere Testszenarien zu beschreiben, die auf den dazu passenden Ausgangszuständen aufsetzen.
- **Then** – Im dritten Teil geht es darum, wie der Zustand nach der Interaktion ist. In welchem Zustand befindet sich das System, und wie ist das für die Nutzenden erkennbar? Beispielsweise: »dann ist dort die Anzahl Aufträge und Sonderaufträge dargestellt, zusammen mit der geschätzten benötigten Kapazität, der geplanten Kapazität sowie einer Warnung, falls diese um mehr als 10 % auseinanderliegen«. Wenn die Zustandsänderung für die Nutzenden nicht erkennbar ist, ist das wiederum ein Hinweis auf ein schlechtes Design deines Produkts – wie kann deine Nutzerschaft Vertrauen in dein Produkt haben, wenn sie nicht erkennen kann, was es tut?

Tests automatisieren – von Anfang an

Entwickle mit deinem Team von Anfang an eine Vorgehensweise, um möglichst viele der Akzeptanzkriterien automatisiert testen zu lassen. Bei der Entwicklung von Software können kleine Änderungen unerwartet große Auswirkungen haben, ohne dass einem das immer gleich auffällt. Das bedeutet, dass ihr mit jeder neuen Änderung im Grunde immer für alle bereits abgeschlossenen Product-Backlog-Einträge erneut prüfen müsst, ob sie immer noch so funktionieren wie erwartet. Manuell ist das auf Dauer nicht zu leisten, weshalb dann meist das Prinzip Hoffnung übernimmt und nur noch auf die vermeintlich wichtigsten Abläufe geschaut wird.

Entwickelt ihr automatisierte Tests, könnt ihr für die Masse eurer Akzeptanzkriterien innerhalb kurzer Zeit prüfen, ob sie immer noch erfüllt sind. Zu moderner Softwareentwicklung gehört die Automatisierung von Testfällen zwingend dazu.

Für Testszenarien nach dem *Given-When-Then*-Muster gibt es Werkzeuge wie *Cucumber*, die diese als Basis für die Automatisierung von Integrationstests einlesen und damit Testabläufe steuern können. Trotz allem steckt dahinter immer noch Programmierarbeit für dein Team, aber es hilft ungemein, um eine Basis zu schaffen.

Mit dem *Given-When-Then*-Muster deckt ihr im Normalfall den Kern eines Product-Backlog-Eintrags gut ab. Daneben gibt es aber auch immer wieder weitere Aspekte, die für den Betrieb des Systems wichtig sind, aber nicht unmittelbar relevant für die Nutzenden. Dies sind typischerweise Dinge wie:

- **Vorgaben/Rahmenbedingungen**: Gibt es weitere bekannte Rahmenbedingungen, beispielsweise gesetzgeberischer Natur, die bei der Umsetzung des Features zu beachten sind?
- **Monitoring**: Soll der Prozess in ein Betriebsmonitoring eingebunden werden und wie?
- **Statistik**: Wird eine Statistik über die Verarbeitung benötigt? (Kann als separater Product-Backlog-Eintrag geführt werden und wird es oft auch.)
- **Performance**: Wie lange darf eine Verarbeitung dauern? Wie viele Anfragen in einem Zeitraum werden (maximal) erwartet? Wie groß können Datenmengen werden?

Es ist ideal, wenn ihr diese Dinge – die sich eher hinter den Kulissen abspielen – immer gleich miterledigt bekommt. Falls nicht und wenn du in deiner Product-Owner-Rolle es entsprechend priorisierst, lassen sich daraus aber auch wieder eigenständige Product-Backlog-Einträge bauen.

7.4.2 Wann ist es gut genug? – Spezifische Qualitätskriterien beschreiben

Aus leidvoller Erfahrung heraus ist zuletzt noch eine der wichtigen Fragen zu klären: Wann ist es eigentlich »gut genug« bei der Umsetzung? Wenn dein Team und du nicht darüber sprecht, ist die Gefahr groß, dass das Team sich entweder unnötig in hübschen

Details verliert oder du nicht das bekommst, was du für die weitere Arbeit als Basis geplant hast. Je mehr Kontext du deinem Team gibst, desto wahrscheinlicher ist es, dass ihr das richtige Maß findet (siehe auch Kapitel 6, »Zuhören, verstehen, ansprechen: dein Kommunikationsjob«):

- *»Ich habe diesen Anwendungsfall ausgewählt, um mit unseren Stakeholder*innen über die Auswirkungen der Internationalisierung auf das Oberflächendesign zu sprechen und gegebenenfalls schon mal die Entscheidung vorzubereiten, ob wir größere Monitore beschaffen müssen. Das heißt, wir müssen nicht alle Eventualitäten in der Fehlerbehandlung abdecken, aber wir sollten ein paar Beispiele für die Darstellung von Fehlern an der Oberfläche dabeihaben.«*
- *»Wir brauchen das jetzt erst mal nur als Version für die Messe, keine Zertifizierung, kein Betriebsmonitoring und so weiter. Nur gut aussehen muss es.«*
- *»Ich möchte das erst mal an zwei kleineren Standorten testen. Mit den Daten tunen wir das dann so, dass wir es an alle Standorte ausrollen können.«*

7.5 Definition of Done

Die Definition of Done ist ein Scrum-Element, das leider oft sehr stiefmütterlich behandelt wird. Auch eine Definition of Ready hat sich in der Praxis bewährt und wird im Scrum Guide zumindest angedeutet. Sie sind die Basis für eine nachhaltige Qualität im Entwicklungsprozess und um sicherzustellen, dass ihr tatsächlich stets an alles denkt, um ein Produkt zu entwickeln, das als Ganzes fertig und potenziell auslieferbar ist.

Die *Definition of Done* (DoD) ist eine Checkliste all der Punkte, die regelmäßig für jeden Product-Backlog-Eintrag geprüft und erledigt sein müssen, um zu sagen: »Dieser Eintrag ist tatsächlich ganz erledigt, nichts ist mehr offen, wir können ihn guten Gewissens abhaken und vergessen.« Dazu gehören Punkte wie:

- Welche Vorgaben sind stets einzuhalten und müssen überprüft werden? Welche allgemeinen Qualitätskriterien habt ihr aufgestellt, die sichergestellt sein müssen?
- Welche Art Tests sind auszuführen beziehungsweise neu zu entwickeln, um sicherzustellen, dass euer Produkt stets funktioniert wie gedacht?
- Was muss alles getan werden, damit ihr die neue Funktionalität sicher in Produktion liefern (und bei Problemen auch wieder entfernen) könnt?
- Welche Dokumentation pflegt ihr regelmäßig mit, um eine Referenz für die langfristige Wartung und Weiterentwicklung zu haben?

- Was ist administrativ alles zu tun, damit alle über die letzten Änderungen informiert sind und die formellen Prozesse wie Freigaben und Zertifizierungen bedient werden können?

Dein Team muss bereits beim Sprint Planning mitberücksichtigen, dass all diese Punkte zu erledigen sind. Daher ist wichtig: Die DoD ist eine Festlegung, die du und dein Team gemeinsam trefft. Sie muss realistischerweise kontinuierlich leistbar sein unter den Rahmenbedingungen, die ihr habt. Sie spiegelt damit das Qualitätsniveau wider, das ihr aktuell erreichen könnt. Wenn das aus deiner Sicht nicht ausreicht, muss du »investieren«, das heißt dafür Sorge tragen, dass ausreichend Zeit vorhanden ist, um mehr zu machen, oder auch das Team explizit beauftragen, neue Technik zu entwickeln, um die Qualität eures Produkts abzusichern.

Die *Definition of Ready* (DoR) enthält andersrum die Punkte, die geprüft und vorbereitet sein sollten, bevor ein Product-Backlog-Eintrag in einen Sprint gegeben wird. Das heißt: Die wichtigsten Informationen musst du im Product-Backlog-Eintrag zusammengetragen haben, damit das Entwicklungsteam mit Zuversicht loslegen kann, um den Eintrag im Sprint abschließen zu können. Die DoR darf gerne eher kurz und knapp sein. Hilfreich sind Punkte wie:

- Ist der Nutzen für alle Beteiligten klar beschrieben?
- Sind die INVEST-Kriterien erfüllt?
- Sind erforderliche Ansprechpartner*innen außerhalb des Teams im Sprint auch verfügbar?

Definitiv *nicht* in eine DoR gehören Punkte wie:

- Die Anforderungen sind klar spezifiziert (und am besten noch von den Stakeholder*innen abgenommen).
- Ein Oberflächendesign liegt fertig vor.
- Alle Testfälle sind identifiziert.

Um solche oder ähnliche Punkte zu erledigen, ist erhebliche Arbeit erforderlich. Auch muss unter Umständen eine Vielzahl an Entscheidungen vorbereitet und getroffen werden. Diese Aktivitäten gehören daher mit in den Sprint. Nicht selten sind diese Arbeiten aufwändiger als letztlich die anschließende Umsetzung in der Software.

Diese Punkte als Teil eine DoR zu fordern, bedeutet, den Aufwand in das Vorfeld des Sprints zu verschieben. Ein »Vor-dem-Sprint« gibt es aber im Grunde ja nicht – da ist einfach nur ein anderer Sprint. Analyse, Design und Ausarbeitung gehören alle zur Realisierung eines Product-Backlog-Eintrags mit dazu und sollten daher möglichst auch innerhalb desselben Sprints stattfinden. So tragt ihr auch besser dem agilen Prinzip Rechnung: *»Fachexpert*innen und Entwickler*innen arbeiten während des Projekts täglich zusammen.«*

Euer*eure Scrum Master*in wird eine initiale DoD und DoR mit euch erarbeiten, die ihr dann regelmäßig in euren Retrospektiven ergänzen, verändern oder erweitern solltet.

Aus unserem Erfahrungsschatz: Das müssen wir besser vorbereiten!

Vor einiger Zeit moderierte ich vertretungsweise die Retrospektive eines Scrum Teams. Der letzte Sprint war gut gelaufen, nur eine Sache störte alle im Team sehr: Mehrere Backlog-Einträge waren aus ihrer Sicht nur sehr schlecht vorbereitet gewesen. Das Entwicklungsteam musste daher im Sprint noch Rücksprache mit der Fachabteilung halten und die daraus resultierenden Entscheidungen abstimmen. Die Designs waren darum natürlich auch noch nicht vorbereitet gewesen. Das hätte alles so viel Zeit gekostet. Sie hatten deutlich weniger geschafft, als sie sich vorgenommen hatten. – Das müsste unbedingt besser werden!

Ich war ein wenig irritiert. Das klang ziemlich anstrengend, aber auch sehr erfolgreich. Alles, was wichtig war, war auch tatsächlich fertig geworden. Die Dinge, die weggefallen waren, waren leicht zu verschmerzen und wurden jetzt halt im nächsten Sprint erledigt ... Wo war das Problem?

Im Gespräch stellte sich heraus, dass sie es schlicht nicht gewöhnt waren, so zu arbeiten. Was wäre gewesen, wenn etwas schiefgegangen wäre? Die Rücksprachen und Entscheidungen nicht gut funktioniert hätten? Außerdem hatten die Softwareentwickler*innen selbst noch einiges erfragen müssen, was sie ja noch nie vorher mussten ...

Teams definieren ihren Erfolg häufig so, dass sie im Sprint alles schaffen, was sie sich vorgenommen haben. Daraus folgt dann die Tendenz, Unsicherheit und Risiken aus dem Sprint raushalten zu wollen. Nur ändert das ja inhaltlich rein gar nichts – dieselbe Arbeit muss getan werden, nur dass sie über einen längeren Zeitraum gestreckt wird und auf mehrere Personen aufgeteilt. Also genau das, was wir im agilen Arbeiten gerade aufzulösen versuchen, um Probleme frühzeitiger zu erkennen und effektiver voranzukommen.

Zum Ende der Retrospektive war das Team noch immer nicht so ganz überzeugt, aber sie waren bereit, ihre DoR erst mal nicht weiter zu verschärfen und zunächst weiter zu beobachten, wie sich alles entwickeln würde. Auch die Product Ownerin war eher skeptisch. Sie empfand es schon als anstrengend, immer alles so genau vorbereiten zu müssen, und wäre froh gewesen, sich mehr Arbeit mit dem Team zu teilen. Andererseits hatte sie auch Sorge, dass sie dann im Sprint noch schneller auf Rückfragen aus dem Team reagieren müsste.

7.6 Gut geschätzt: Story Points & Co.

Der zu erwartende Aufwand für die Realisierung eines Product-Backlog-Eintrags sollte stets vom Entwicklungsteam geschätzt werden, sobald er ins Product Backlog aufgenommen wird. Das *Schätzen* erfüllt dabei drei wesentliche Funktionen:

1. Zum Schätzen muss sich das Entwicklungsteam ernsthaft mit dem Product-Backlog-Eintrag auseinandersetzen und prüfen, ob es versteht, was dort an Verbesserung gewünscht ist. Das Schätzen deckt so offene Fragen auf und sichert ein weitgehend einheitliches Verständnis der Themen ab.
2. Liegen die Schätzungen im Team deutlich auseinander oder sind sie unerwartet hoch, ist das meist ein Indikator für Risiken, die in dem Eintrag schlummern. Diese können inhaltlicher Natur sein (und damit auch noch zum ersten Punkt von eben gehören) oder auch fachliche beziehungsweise technische Risiken widerspiegeln, die die Aufgabe ausmachen. Wichtig ist es, diese Risiken unmittelbar festzuhalten (als Notiz am Product-Backlog-Eintrag) und sie nicht gleich wegzudiskutieren. Je besser ihr es schafft, im Team ein Klima aufzubauen, in dem alle Risiken und Unsicherheiten angesprochen werden können, umso leichter wird es euch fallen, mit ihm umzugehen.
3. Die Schätzung der Größe der Product-Backlog-Einträge ermöglicht dir und deinem Team, Prognosen aufzustellen. Aus deiner Verantwortung heraus beispielsweise, ob der Wert eines Features und sein Aufwand in einem gesunden Verhältnis zueinander stehen oder welche Lieferzeitpunkte realistisch sein könnten. Dem Team helfen die Schätzungen, realistische Umfänge für die einzelnen Sprints zu planen.

7.6.1 Drei Elemente einer Schätzung

Wenn du das Entwicklungsteam um eine Schätzung bittest, wird es sich die folgenden drei Dinge durch den Kopf gehen lassen (siehe Abbildung 7.3):

- Was ist alles zu tun, um das Problem zu durchdringen und die Anforderungen, die sich daraus an euer Produkt ergeben, zu erarbeiten? (Größe des Problems – P)
- Was ist alles zu tun, um für diese Anforderungen eine gute Lösung zu bauen, sie zu realisieren und Qualität zu sichern? (Größe der Realisierung – R)
- Mit welcher Geschwindigkeit kann die Arbeit erledigt werden? Wie schnell können Fragen geklärt werden beziehungsweise steht Unterstützung zur Verfügung? Wie gut sind die vorhandenen Werkzeuge und Arbeitsprozesse schon? Welche Erfahrungen haben wir innerhalb des Teams und als Team miteinander schon? (Teamgeschwindigkeit, auch Velocity genannt – v(Umfeld))

Der voraussichtliche Aufwand ergibt sich aus den drei Elementen dann ungefähr so: Aufwand = (P + R) * v(Umfeld)

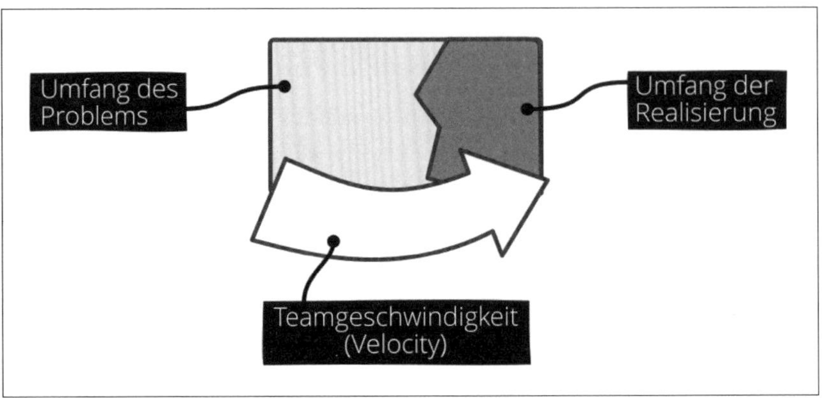

Abbildung 7.3 Bei der Schätzung eines Entwicklungsaufwands sind drei Aspekte zu berücksichtigen: Problem- und Realisierungsumfang sowie die umgebungsabhängige Teamgeschwindigkeit.

Die ersten beiden Punkte beschreiben die Menge der Arbeit, die für ein Product-Backlog-Eintrag geleistet werden muss. Diese Werte lassen sich erfahrungsgemäß gut früh in ihrer Größenordnung abschätzen. Du kannst dir das vorstellen wie Kieselsteine unterschiedlicher Größe für die einzelnen Aufgaben, die du in ein Glas legst. Du kannst dir das Glas nun angucken und hast ein Gefühl für die Menge der Arbeit.

Der dritte Punkt, die Teamgeschwindigkeit, ist anders. Sie hängt nicht in erster Linie an der Sache an sich, sondern sie ist eine Funktion der Rahmenbedingungen, des Umfelds des Projekts sowie der Organisation im Team. Aus diesem Grund ist sie auch von Projekt zu Projekt und von Team zu Team unterschiedlich und zu Beginn eines Vorhabens – solange sich noch nicht alles eingeschwungen hat – kaum realistisch einzuschätzen (siehe Abbildung 7.4).

Hinzu kommt: Beim Schätzen der Geschwindigkeit tendiert man dazu, sich selbst und die eigenen Fähigkeiten und Erfahrungen als Maßstab zu nehmen, sprich, die eigene individuelle Geschwindigkeit zu schätzen. Dabei ist aber gar nicht sicher, dass man am Ende des Tages tatsächlich auch selbst diesen Product-Backlog-Eintrag umsetzen wird.

Im agilen Umfeld fokussiert man sich daher häufig auf die Schätzung der Menge an Arbeit (P + R) mithilfe von Story Points und versucht, die Velocity möglichst früh im Projekt zu messen (statt zu schätzen).

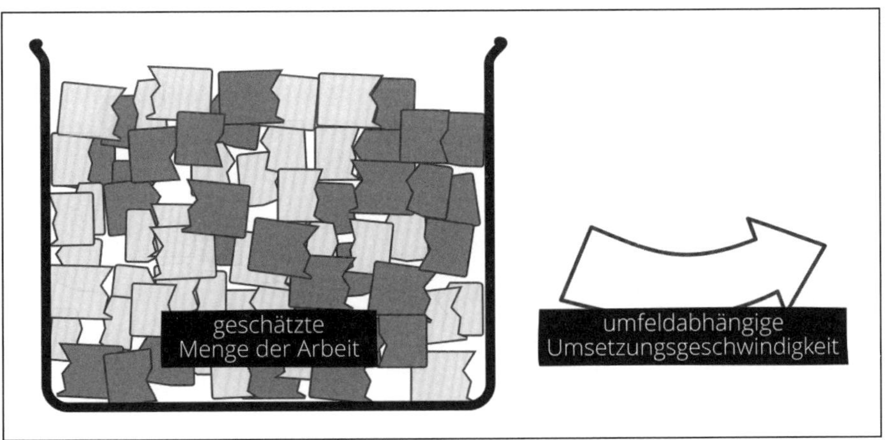

Abbildung 7.4 Im agilen Umfeld ist es üblich, die Menge der zu leistenden Arbeit explizit von der Umsetzungsgeschwindigkeit zu trennen. Die Umsetzungsgeschwindigkeit wird während der Entwicklung gemessen.

7.6.2 Story Points

Story Points, auch User Story Points oder einfach auch nur Punkte genannt, sind eine abstrakte Größe, um die Menge an Arbeit (P + R), die in einem Product-Backlog-Eintrag steckt, auszudrücken. Abstrakt heißt, dass es keine absolute Skala gibt, die festlegt, was für eine Menge an Arbeit ein Story Point ist. Jedes Team muss das für sich selbst festlegen.

Zum Festlegen der Skala nimmt das Team ein Product-Backlog-Eintrag, den es für recht klein hält, und gibt ihm die Größe 1 (also einen Story Point). Ein anderer Product-Backlog-Eintrag, der in etwa vergleichbar groß ist, bekommt dann auch einen Story Point, einer, der in etwa doppelt so groß ist, zwei Story Points. Das heißt: Story Points drücken die relative Größe der Product-Backlog-Einträge untereinander aus. Da sich größere Einträge sowieso weniger genau schätzen lassen als kleinere, macht man sich das Leben noch mal leichter und reduziert seine Skala auf eine Handvoll Werte, die weiter auseinanderliegen, je größer die Werte sind. So sortiert man die Einträge des Product Backlogs in Gruppen ungefähr gleicher Größe (siehe Abbildung 7.5).

Wie schnell ein Product-Backlog-Eintrag mit der Größe eines Punkts umgesetzt werden kann, ist jetzt noch nicht klar. Um eine realistische Prognose aufzustellen, fehlt noch ein Wert für die Teamgeschwindigkeit. Um diese zu bestimmen, zählt ihr einfach mit jedem Sprint die Punkte der fertig gewordenen Product-Backlog-Einträge zusammen. Als Abschätzung eurer Teamgeschwindigkeit (häufig auch nur *Velocity* genannt) könnt ihr dann den Mittelwert der fertig gewordenen Story Points der letzten drei Sprints nehmen. Die Velocity hat dann die Einheit Story Points pro Sprint, und ihr könnt damit ungefähr abschätzen, wie lange ihr braucht, um einen bestimmten Umfang an Product-Backlog-Einträgen zu bewältigen.

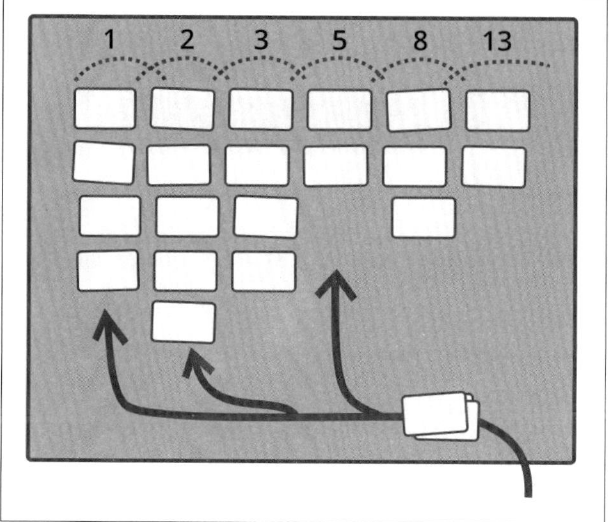

Abbildung 7.5 Indem du das Product Backlog grob in Einträge gleicher Größe sortierst, bekommst du ein Überblick über die Menge und Verteilung der Arbeit.

Tipp: Halbfertiges und Bugs

Sobald ihr als Team damit beginnt, eure Velocity zu bestimmen, stellt sich euch die Frage, was ihr mit halb fertigen Stories macht und ob Bugs nicht auch geschätzt werden sollten. Wir empfehlen den folgenden Umgang mit den Themen:

- Die Punkte eines Backlog-Eintrags werden dem Sprint zugerechnet, in dem der Eintrag tatsächlich abgeschlossen wird. Das fühlt sich für das Team nicht immer richtig an, sie haben doch auch im Sprint vorher schon daran gearbeitet, und das sieht man jetzt gar nicht mehr. Andersrum sieht es später so aus, als hätten sie auf einmal ganz viel gemacht. Das soll sich auch komisch anfühlen, denn das Ziel sollte sein, Product-Backlog-Einträge im Normalfall innerhalb eines Sprints abgeschlossen zu bekommen. Wenn das nicht klappt, solltet ihr als Team nach Möglichkeiten suchen, die Entwicklungsschritte zu verkleinern. Für die Erstellung von Prognosen (siehe nächsten Abschnitt) spielt es keine große Rolle, wenn ihr so vorgeht, aber es stört konstruktiv und lenkt eure Aufmerksamkeit auf ein Problem.

- Bugs werden nicht geschätzt, sondern einfach behoben. Ein Bug ist Ausdruck dessen, dass ihr ein Backlog-Eintrag nicht auf Anhieb fehlerfrei habt umsetzen können, das heißt, der Aufwand für die Behebung des Bugs ist eigentlich dem ursprünglichen Backlog-Eintrag zuzuordnen. Die Behebung eines Bugs verringert somit die Velocity des Teams, was Berücksichtigung in der weiteren Planung findet.

7.6.3 Prognosen erstellen

Um längerfristige Prognosen, beispielsweise von Release-Terminen, aufzustellen und zu kommunizieren, sind *Burn-up-Charts* ein tolles Werkzeug.

Abbildung 7.6 zeigt ein Burn-up-Chart für ein Produkt, dessen Product Backlog zum Start der Entwicklung Einträge im Umfang von etwa 600 Punkten enthielt. Die untere x-Achse ist die Zeitachse in Anzahl Sprints. Über ihr ist auf der y-Achse für jeden Sprint der zu diesem Zeitpunkt realisierte Umfang des Product Backlogs sowie der geschätzte, noch offene Umfang des Backlogs abgetragen. Ganz links, zum Start der Entwicklung, war der realisierte Umfang logischerweise noch 0, und der offene Umfang betrug die initial geschätzten 600 Story Points.

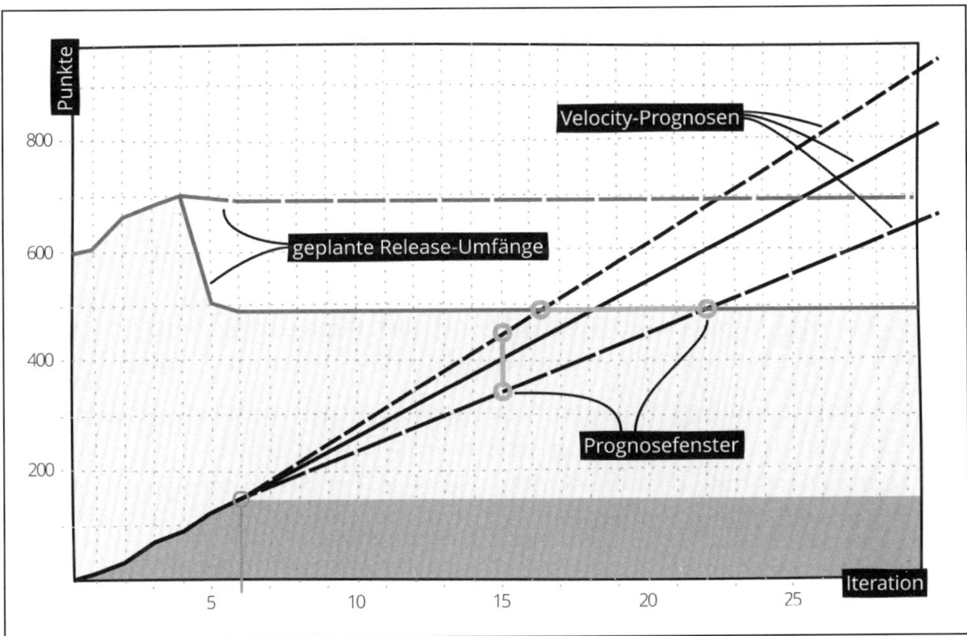

Abbildung 7.6 Ein Burn-up-Chart drückt die Unsicherheit von Lieferprognosen gut nachvollziehbar aus.

Wanderst du längs der x-Achse langsam nach rechts, siehst du erst mal drei Dinge:

1. Während der ersten drei Sprints hat das Team anscheinend noch eine Reihe von neuen Anforderungen entdeckt, sodass neue Product-Backlog-Einträge entstanden sind und der Umfang des Backlogs auf 700 Punkte angewachsen ist. Du erkennst dies an der oberen Ziellinie des offenen Umfangs, die nach oben gewandert ist. Das ist kein ungewöhnliches Phänomen. Deshalb empfehlen wir sinnvollerweise zum Start, bereits eine Menge von beispielsweise 30 % noch unbekannter Stories einzuplanen.
2. Zum vierten Sprint wurde der verbleibende Umfang auf zwei Releases aufgeteilt. Du erkennst das daran, dass jetzt zwei Ziellinien vorhanden sind. Das erste Release enthält nur noch etwa 500 Punkte, während die verbleibenden 200 Punkte in das zweite Release gewandert sind. Wenn du einen Termin halten musst, ist die beste Strategie, den zu liefernden Umfang zu reduzieren.
3. Das Team hat bis jetzt sechs Sprints geschafft. Du erkennst das an der abgetragenen Menge der realisierten Backlog-Einträge, diese beträgt bis zum sechsten Sprint 150 Punkte.

   Die Steigung der dazugehörigen Linie ist die Velocity. Du könntest jetzt ein Lineal nehmen und die Linie längst dieser Steigung verlängern und hättest dann eine grobe Prognose dafür, wie ihr vorankommen könntet.

Prognosen sind immer mit Unsicherheit versehen, und es wäre gut, diese auszudrücken und nicht einfach nur eine Linie für die weitere Entwicklung zu haben. Wir haben in das Burn-up-Chart daher drei Prognoselinien für die Entwicklungsgeschwindigkeit eingezeichnet: Die unterste Linie entspricht dem Wert, wenn wir mit dem Team auf die langsamste Geschwindigkeit der letzten drei Sprints zurückfallen. Hoffentlich wird das nicht passieren, aber als Abschätzung für einen schlechten Verlauf ist es nicht schlecht. Die oberste Linie ist das genaue Gegenteil – wenn wir weiter optimal vorankommen, könnten wir ausgehend von den letzten drei Sprints auch diese Geschwindigkeit schaffen. Die mittlere Linie ist ein Mittelwert, ausgehend von den letzten drei Sprints.

Die letzten drei Sprints als Kriterium heranzuziehen, ist eine beliebige Festlegung. Einerseits sind sie das Minimum, um sinnvoll auch die Schwankungen zu sehen, andererseits zeigt die Erfahrung, dass drei Sprints reichen, damit sich Teams einpendeln und man relativ stabile Werte bekommt.

Mit dem Burn-up-Chart lassen sich so nun zwei Arten von Fragen beantworten:

- Wenn du wissen willst, wann ein Release voraussichtlich fertig sein könnte, folgst du der »Ziellinie«, also dem geplanten Umfang für das Release, nach rechts und schaust, wann diese die Prognoselinien der Velocity schneidet: In unserem Beispiel wäre das

Release im besten Fall wohl nicht vor dem 16. Sprint bereit, im schlechtesten Fall aber auch erst nach 22 Sprints! Du erkennst, dass der Unsicherheitstrichter immer breiter wird, je weiter du versuchst, in die Zukunft zu schauen. Das ist im Grunde nicht überraschend, aber das Burn-up-Chart stellt das sehr klar dar. Ein realistischer Termin liegt wohl am Ende des 19. Sprints.

Diese Prognose gilt nur so lange, wie du den Umfang des Release stabil halten kannst!

- Wenn du wissen willst, wie viel Umfang ihr nach 15 Sprints fertig haben könntet, schaust du an dieser Stelle nach oben und schaust, auf welcher Höhe die Velocity-Linien dort liegen: In unserem Beispiel würden wir wohl einen Umfang von 320 Punkten recht sicher schaffen können, 470 Punkte wären vielleicht drin, sind aber eigentlich schon unrealistisch. Mit mehr als 400 Punkten sollten wir in keinem Fall planen, wenn wir eine realistische Chance haben wollen, den Umfang zu dem Termin zu schaffen.

Mit der Schätzung von Story Points und der Verfolgung der Teamgeschwindigkeit lassen sich in so einem Burn-up-Chart seriöse Prognosen bereits früh in der Entwicklung erstellen. Dennoch solltest du dir bewusst machen: Schätzungen und Prognosen sind immer mit Unsicherheiten verbunden, sodass du vorsichtig mit Versprechungen sein solltest.

!

Vorsicht: Aber wenn wir das Team aufstocken ...

Wenn deine Prognosen nicht zu den Wünschen und Erwartungen eurer Stakeholder*innen passen, wird mehr oder weniger unweigerlich eine Diskussion darüber starten, was man nicht alles tun könnte, um die Geschwindigkeit zu steigern:

- das Team aufstocken
- Urlaub streichen, Überstunden anordnen
- bessere Tools ...

Das Burn-up-Chart zeigt dabei recht anschaulich, weshalb diese Maßnahmen nicht der große Hebel sind, den man sich erhofft. Wenn du versuchst, den Effekt der Maßnahmen auf die Velocity zu prognostizieren, dann biegen diese die Velocity-Linien ein wenig nach oben, und das Prognosefenster verschiebt sich nach links. Allerdings wird das Fenster nicht kleiner, sodass der Effekt in der ohnehin bestehenden Unsicherheit aufgefressen wird. Hinzu kommt, dass diese Maßnahmen alle Seiteneffekte haben und dadurch neue Unsicherheit und Unruhe ins Team bringen.

Daher bleibt unser Rat: Der beste Weg in so einer Situation ist, klare Prioritäten zu setzen, sich den Inhalt und den Umfang der Releases anzuschauen und diese anzupassen.

7.7 Sortieren und priorisieren (und mal Nein sagen können)

Bisher haben wir uns in diesem Kapitel darum gekümmert, wie du gut beschriebene Product-Backlog-Einträge erstellst. Das Priorisieren der Backlog-Inhalte ist aber im Grunde ein noch wichtigerer Teil des Refinement-Prozesses. Eine klare Priorisierung sorgt dafür, dass das Team weiß, worauf es sich fokussieren soll, was aktuell wichtig(er) ist und was nicht. Mit der Fokussierung des Teams auf wenige Themen sorgst du dafür, dass dieses tatsächlich vorankommt, fertig wird und so Wert entsteht.

Die Entscheidungsverantwortung beim Priorisieren liegt in deiner Product-Owner-Rolle, gleichzeitig gibt es immer Stakeholder*innen, die mitreden wollen und das sinnvollerweise vielleicht auch sollten. Du solltest dir also die Frage stellen, auf welche Art du deine Priorisierungsentscheidungen triffst und wie du andere dabei hilfreich einbeziehst. Dafür ist es nützlich, die folgenden drei Ausbaustufen des Priorisierens zu unterscheiden:

1. *Traditionelles Priorisieren* besteht darin, Themen oder Aufgaben in Kategorien einzuteilen, typischerweise so etwas wie: unwichtig, wichtig, ganz wichtig, absolut top wichtig (spätestens jetzt merkst du, dass diese Vorgehensweise für sich allein genommen Grenzen hat).
2. *Relatives Priorisieren* beziehungsweise *Reihenfolgen bilden* ist die nächste Ausbaustufe und das Prinzip, das im Product Backlog verpflichtend ist. Das Product Backlog ist eine sortierte Liste – ein Eintrag weiter oben im Product Backlog ist wichtiger als die nachfolgenden Einträge und weniger wichtig als die Einträge, die noch weiter oben stehen.
3. *Weglassen* ist die letzte, höchste und oft vergessene Stufe des Priorisierens. Nichts ist eindeutiger und endgültiger.

Traditionelles Priorisieren hat zwei große Nachteile. Erstens: In aller Regel sind Kriterien für die Kategorien-Einteilung nicht klar, objektiv greifbar. Daher landet meist auch erst mal fast alles in der Kategorie »wichtig«. Später, wenn klar wird, was wichtig ist, wird dann noch die Extrakategorie »top wichtig« eingeführt, und die Sachen werden dorthin verschoben. Und das ist der zweite Nachteil: Beim einfachen Kategorisieren entsteht meist nicht viel an Klarheit. Das ist aus Sicht deiner Stakeholder*innen vielleicht sogar angenehm, weil sie sich nicht wirklich groß entscheiden müssen, aber es hilft dir halt auch nicht viel. Der Vorteil des traditionellen Priorisierens ist, dass es alle gewohnt sind und es in aller Regel recht schnell geht. Insofern ist es als Technik für eine erste schnelle Runde unter Umständen nützlich.

In deiner Product-Owner-Rolle pflegst du aber ein Backlog, und Backlogs sind sortierte Listen, also Ausdruck einer relativen Priorisierung. Für dein Team hat das den Riesenvorteil, dass tatsächlich immer klar ist, was am wichtigsten ist und was weniger wichtig. Diese Entscheidung liegt damit nicht mehr auf den Schultern des Teams, sodass sich die Mitglieder auf ihre Arbeit konzentrieren können.

Beim relativen Priorisieren fällt es außerdem leichter, mehrere Faktoren zu berücksichtigen und gegeneinander abzuwägen. Feature A ist zwar aus Sicht des Marketings sehr wichtig, aber wir binden damit viele Mitarbeitende und können es nur mit einem Partner zusammen realisieren. Ist das jetzt tatsächlich die bessere Wahl als Feature B, das etwas weniger wichtig ist, aber schon in zwei Wochen fertig sein könnte und dabei auch die Architekturgrundlage für die Features C und D schafft? Die Entscheidung mag dir jetzt noch immer schwerfallen, aber wenn ihr diese Aspekte im Backlog mit dokumentiert, können alle Beteiligten und auch du jederzeit wieder nachvollziehen, welche Überlegungen ihr angestellt habt, um B ganz nach oben ins Backlog zu priorisieren. Wir bezeichnen relatives Priorisieren gerne auch als »echtes Priorisieren«, weil am Ende stets eine echte Entscheidung steht.

Mach dir bewusst, dass es beim Priorisieren im Product Backlog auch nicht unbedingt darauf ankommt, absolut recht zu haben. Am Ende wollt ihr sowieso den Großteil des Backlogs umsetzen, sodass es kein Beinbruch ist, wenn einmal zwei Dinge vermeintlich in der falschen Reihenfolge im Backlog stehen. Dann kommt das zweite halt als Nächstes – und ob es andersrum tatsächlich besser gewesen wäre, werdet ihr nie erfahren. Trau dich also, eine Entscheidung zu treffen und echte Prioritäten zu setzen. Selbst eine »schlechte«, aber dafür klare Entscheidung ist häufig besser als gar keine.

Stakeholder*innen einbeziehen: Buy a Feature

Stakeholder*innen einzubeziehen in die Priorisierung, ist eine gute Idee. Allerdings haben Stakeholder*innen vor allem eins: Wünsche. Um ihnen zu vermitteln, dass a) Wünsche etwas kosten und b) du nur begrenzt Ressourcen einsetzen kannst, um sie zu realisieren, ist *Buy a Feature* eine schöne Methode, um mit Stakeholder*innen zu priorisieren.

Du bereitest dafür den Satz Themen/Features auf, den du gemeinsam mit deinen Stakeholder*innen priorisieren möchtest. Beschreibe jedes Thema und versehe es mit einer groben Schätzung deines Teams, was es kosten würde. Die Kosten drückst du in einer beliebigen Währung aus, beispielsweise 30 Schokotaler für Feature A, 50 Schokotaler für Feature B und so weiter.

Alle Teilnehmenden erhalten dann eine Menge an Schokotalern, die sie in die entsprechenden Features investieren können. Dabei solltest du darauf achten, dass

- insgesamt nicht so viel Geld vorhanden ist, dass alle Features gekauft werden können – die Teilnehmenden sollen sich entscheiden müssen –, und dass

- idealerweise zumindest größere Features nicht von einer Person allein gekauft werden können – die Teilnehmenden sollen kooperieren müssen und gemeinsam zu Entscheidungen kommen.

Dokumentiere, in welche Features die Teilnehmenden aus welchem Grund investieren. Du bekommst auf diese Art wertvolle Einblicke in die Sichtweisen und Beweggründe deiner Stakeholder*innen und kannst so bessere Priorisierungsentscheidungen treffen.

Eine detailliertere Beschreibung der Methode findest du im Buch »Innovation Games: Creating Breakthrough Products Through Collaborative Play«, Luke Hohmann (2006).

Sobald du zu priorisieren beginnst, findest du vermutlich schnell ein Thema, das dir als Ganzes nicht so wichtig ist, aber ein paar Aspekte sind es schon. In dem Fall solltest du schauen, ob du den entsprechenden Backlog-Eintrag noch mal in kleinere Teile zerlegt bekommst, die du dann einzeln einsortieren kannst.

Refinement des Product Backlogs bedeutet damit:

- Backlog-Einträge identifizieren und beschreiben,
- die Einträge untereinander priorisieren,
- die Einträge in kleinere Teile zerlegen, um sie besser realisieren und gegeneinander priorisieren zu können,
- Teile neu priorisieren, bis alles passt, und
- in letzter Konsequenz: aussortieren, was gar nicht mehr gemacht werden sollte.

Nein sagen

Es gibt immer mehr Wünsche, als Entwicklungskapazität vorhanden ist, und häufig auch mehr, als wirtschaftlich sinnvoll ist. Nein zu sagen, ist immer unangenehm, aber ein wichtiger Teil deiner Rolle (siehe dazu auch Abschnitt 15.5, »Nein sagen (können/dürfen/müssen)«). Nein sagen ist die effektivste Form des Priorisierens. Solange du nicht Nein sagst, sondern die entsprechenden Themen nur immer wieder nach hinten stellst, musst du dich immer wieder mit ihnen beschäftigen. Das bindet Ressourcen, daher

- limitiere die Länge deine Product Backlogs, erfahrungsgemäß kannst du nicht mehr als 30 bis 50 Einträge vernünftig überblicken,
- sage Nein zu neuen Wünschen, wenn dein Backlog voll ist, oder entscheide, was du stattdessen aus dem Backlog entfernst,
- entferne alternde Backlog-Einträge, auch wenn du denkst, sie wären noch wertvoll.

Backlog-Einträge, die schon längere Zeit im Backlog sind und nie begonnen werden, veralten, wenn du sie nicht pflegst und aktualisierst. Du hast dich immer wieder gegen sie entschieden, andere Dinge waren immer wieder wichtiger, warum sollte sich das jetzt ändern?

7.8 Das Refinement ritualisieren: Wie machen wir das regelmäßig?

Wie du in diesem Kapitel gesehen hast, beinhaltet der Refinement-Prozess grob gesprochen zwei Arten von Aktivitäten:

- Product-Backlog-Einträge inhaltlich so vorbereiten, dass sie einen »Ready for Development«-Zustand entsprechend eurer Definition of Ready erreichen.
- Das Backlog priorisieren, das heißt, Entscheidungen darüber treffen, wie ihr in nächster Zeit taktisch vorgehen wollt und wie dazu passende Sprint-Ziele aussehen könnten.

Sicherlich hast du auch gemerkt, dass das einerseits eine ganze Menge Arbeit ist, die du nicht mal so eben nebenbei machen kannst, und dass andererseits alle Aktivitäten auch ineinandergreifen. Daher gilt auch hier wieder, wie bereits zum Start gesagt: Hol dein Team zusammen!

Ein größeres Thema so weit vorzubereiten und zu verstehen, dass es in Entwicklungsschritte zerlegt und fürs Backlog aufbereitet werden kann, ist Arbeit: Workshops müssen vorbereitet und durchgeführt werden, Ergebnisse aufbereitet und analysiert sowie Backlog-Einträge geschrieben werden. Pragmatisch erstellst du dafür einen Backlog-Eintrag, dessen Ziel es ist, genug Wissen über das Thema zu generieren, dass es bewertbar wird, und am besten soll dabei auch gleich ein Satz Backlog-Einträge entstehen, die deutlich machen, wie das Thema durch das Team weiterbearbeitet werden kann. Wichtig dabei ist es, dem Team zu vermitteln, dass es nicht eine komplette Lösung designen, sondern lediglich dafür sorgen soll, dass das Thema handhabbar und bearbeitbar wird. Alles andere macht ihr später.

Wir empfehlen dir außerdem, als Teil des Sprints auch ein Refinement Meeting zu planen. In diesem Refinement Meeting setzt du dich mit ein paar Menschen aus deinem Team sowie mit ausgewählten Stakeholder*innen zusammen und prüfst:

- Sind die Backlog-Einträge für die nächsten zwei bis drei Sprints bereit im Sinne der Definition of Ready, und was muss gegebenenfalls noch getan werden?
- Ist die Reihenfolge im Product Backlog noch stimmig? Mit den Erkenntnissen aus dem letzten Review Meeting, aktuellen Entwicklungen im Umfeld und im Team im

Blick, diskutiert gemeinsam, ob es sinnvoll scheint, die Reihenfolge anzupassen. Nutze die Einblicke und das Wissen der Gruppe, mache dir allerdings auch bewusst: Die Entscheidung bleibt deine.

Du solltest ein Refinement Meeting auf diese beiden Aspekte fokussieren und nicht der Versuchung erliegen, in der Runde gemeinsam Backlog-Einträge zu schreiben. Wenn ihr entdeckt, dass es noch Arbeit zu tun gibt, nimm diese ins Backlog auf oder, wenn es kleinere Dinge sind, erledige sie im Nachgang. Das Refinement Meeting ist dein Checkpunkt, ob der nächste Sprint gut vorbereitet ist. Nicht mehr, nicht weniger.

Der grobe Fluss sieht damit so aus:

- In deiner Rolle als Product Owner*in beginnst du damit, die großen, wertvollen und strategisch wichtigen Themen zu identifizieren.
- Gib ein Thema zur Vorbereitung ans Team mit dem Ziel, das Thema besser einschätzbar zu machen und einen Vorschlag in Form von Product-Backlog-Einträgen zu erarbeiten, wie das Thema angegangen werden kann. Dazu gehört dann auch, die Größe der Backlog-Einträge durchs Team abschätzen zu lassen.
- Triff dich zum Refinement Meeting und wähle die Product-Backlog-Einträge für die nächsten zwei bis drei Sprints aus. Priorisiert sie, das heißt, sortiert sie im Backlog passend ein und prüft, ob sie bereit für die Entwicklung sind.
- Zerlegt und verfeinert die Einträge gegebenenfalls im Anschluss nochmals weiter.

Um nichts Wichtiges zu übersehen, ist es sinnvoll, im Team Vorlagen für Product-Backlog-Einträge zu erstellen, die beispielsweise Folgendes beinhalten:

- die User Story selbst,
- Ansprechpartner für Hintergründe,
- Abhängigkeiten zu anderen Themen und Backlog-Einträgen,
- wichtige Rahmenbedingungen und Qualitätsanforderungen,
- eventuell besondere Testanforderungen,
- Verweise auf existierende und zu erstellende Dokumentationen und Konzepte,
- die geschätzte »Größe« des Eintrags (Story Points)
- und so weiter (wieder einmal gilt, findet für euch raus, was wichtig ist und was nicht).

Viele Informationen werden erst im Laufe der Bearbeitung endgültig geklärt werden, aber es ist gut, schon einmal ein Platz für sie vorzusehen. Stell dir den Product-Backlog-Eintrag wie einen Laufzettel vor, der die Entwicklung des Eintrags begleitet und währenddessen jedem ermöglicht, sich schnell einen Überblick zu verschaffen.

Das so vorbereitete Product Backlog nimmst du mit ins Sprint Planning (siehe dazu auch Kapitel 9, »Was liegt an? Planning und Daily«) des nächsten Sprints. Dein Team hat sich an diesem Punkt schon mehrfach mit den Einträgen beschäftigt; im Sprint Planning reicht es dann allen, noch mal einen Überblick über den letzten Stand zu geben und deine Überlegungen zur Priorisierung zu erläutern. Das Team bestimmt, wie viel des Backlogs es mit in den Sprint nehmen will, und der Sprint kann starten.

Aber vorher ist Zeit für eine lange Kaffeepause mit einer erfahrenen Kollegin ...

Kapitel 8

Interview: Auf einen Kaffee mit Product Ownerin Jil

*Warum lieben Product Owner*innen ihren Job? Und warum manchmal gerade nicht? Was fordert sie heraus und macht die Arbeit spannend, welche Stärken brauchen sie, und wie sieht der Arbeitsalltag überhaupt aus? Zeit für ein Interview.*

Ellen plant einen Beitrag fürs Firmenblog über die Arbeit in der Product- Owner-Rolle. Sie hätte eine Menge Stoff dafür! Es reizt sie aber erst recht, dafür eine befreundete Kollegin zu interviewen. Und so ist sie jetzt auf dem Weg zu Jil, die den Job schon länger macht und meist begeistert von ihrer Arbeit erzählt.

Ellen freut sich auf Jil. Sie kennen sich aus früheren Projekten. Sie hat Jils Art zu kommunizieren immer geschätzt – früher im Job und jetzt, wenn sie einfach so über die Arbeit reden. Sie schließt ihr Fahrrad ab und geht in das schöne, moderne Bürogebäude, in dem Jil arbeitet. Über die Fragen für das Interview musste sie nicht lange nachdenken.

»Danke, dass du dir heute Zeit für mich Zeit nimmst. Ich freue mich darauf, zu hören, wie du den Job als Ganzes beschreibst und was dir zu meinen Fragen einfällt – bestimmt nicht immer das, was ich erwartet hätte.«

Jil lacht fröhlich auf. »Na, dann wollen wir mal direkt loslegen. Magst du einen Kaffee? Komm, wir setzen uns hier ans Fenster, und du fängst einfach an zu fragen.«

Sie machen es sich gemütlich, und Ellen legt direkt los: »Erzähl mir doch mal kurz, was dein Unternehmen genau macht und was dein Job hier ist.«

Jil lächelt und sagt: »Sehr gerne. Wir sind ein Mobilitätsunternehmen und bieten Ride-Pooling in zwei großen Städten an. Das bedeutet: Wir versuchen, so viele Fahrten wie irgendwie möglich in unseren vollelektrischen Bussen zu bündeln – mit dem Ziel, die Verkehrswende auf diese Art und Weise zu unterstützen. Ergo: möglichst viele individuelle in geteilte Fahrten umzuwandeln und damit die Verkehrslage zu entlasten, besonders im urbanen Raum.

Ich bin dabei Product Ownerin für unser *Trip Experience Team* (dt. Fahrerlebnis). Wir sind verantwortlich für die Kommunikation und Navigation der Kunden über die Passenger App, von der erfolgreichen Buchung über den Einstieg bis zum Ausstieg aus dem Fahrzeug.«

Ellen strahlt: »Ah, sehr gut. Ich bin großer Fan und fahre sehr gerne mit euch, wenn ich nicht wie heute das Rad nehme.«

Jil lacht: »Das freut mich. Das hört man immer gerne.«

Ellen ist neugierig: »Die Mobilitätswende ist ja ein wirklich großes und wichtiges Thema. Ist das für dich auch ein Antrieb, hier als Product Ownerin zu arbeiten?«

Jil nickt: »Ja, total. Ich habe eigentlich schon nach meinem Masterstudium gedacht: Es gibt zwei Bereiche, in denen ich wahnsinnig gern später mal arbeiten würde. Das eine war Health Tech und das andere war Mobility.

Ich bin sehr glücklich, dass ich jetzt wirklich hier reingefunden habe. Ich freue mich riesig darüber, meinen Anteil daran zu haben, die Stadt, in der ich geboren bin und in der ich lebe, ein bisschen lebenswerter zu machen. Das fühlt sich mega an, und es gibt mir einfach viel zurück.«

Ellen hakt nach: »Diese Einstellung ist also ein ganz großer Teil dessen, was dich hergebracht hat. Würdest du das sagen? Auch in die Rolle hier?« *Jil nickt strahlend.*

8.1 Die Product-Owner-Rolle in der Praxis

Ellen beugt sich vor und stützt aufmerksam den Kopf auf ihre Hand: »Wie ist deine Rolle denn gestaltet? Vielleicht kannst du mir ein bisschen was darüber erzählen, was es bedeutet, hier bei euch Product Ownerin zu sein.«

Jil lehnt sich entspannt im Sessel zurück: »Ja, klar. Als Product Ownerin bin ich sehr vielschichtig unterwegs. Das ist es, was es auch so spannend macht. Die Arbeit ist auf der einen Seite sehr visionär und strategisch. Ich habe die Möglichkeit, langfristige Perspektiven selbst zu entwickeln, mir selbst also zu überlegen, wie ich dieses Produkt zu gestalten gedenke. Und dann auf der anderen Seite diese Vision auch motivierend in das Team zu tragen. Das Team muss es am Ende ja umsetzen. Ich selbst schreibe keine Zeile Code. Ich werde auch nichts designen. Denn das ist einfach nicht das, was ich kann. Genau dafür gibt es mein Team.

Ich versuche, die Dinge so motivierend rüberzubringen, dass sie das einfach ›catcht‹, dass sie sagen: ›Ja, cool, wollen wir auch so, lass uns das gemeinsam machen.‹ Was ich sehr an dieser Arbeit schätze, ist die Bandbreite. Sie kann auf der einen Seite sehr tief gehen und sehr detailliert sein –›Nitty-Gritty-Details‹ nenne ich das. Und es wird viel diskutiert, was auch wichtig ist. Auf der anderen Seite bin ich high level unterwegs. Das passt, gleichzeitig gehe ich aber eben gerne und viel ins Detail. Das liebe ich einfach.«

8.2 Mit Daten arbeiten

Ellen denkt kurz nach: »Diese Bandbreite fand ich jetzt spannend. Und auch, dass du klar sagst, was nicht dazugehört. Vielleicht kannst du jetzt noch ein bisschen darauf eingehen, was du besonders gut kannst in deiner Rolle?«

Jil scheint sich zu freuen: »Was, glaube ich, sehr wichtig in der Rolle ist, ist das Thema Entscheidungen. Ich treffe Entscheidungen ja nicht einfach so, weil ich eine Idee habe und sage: ›So setze ich das jetzt um.‹

Stattdessen arbeite ich viel mit Daten und mit Input, den ich bekomme: sowohl in Form von quantitativen Daten aus Analysen als auch als qualitatives Feedback über das Trip-Feedback, also Feedback, das tatsächlich aus der App heraus gegeben wird. Es stammt aber auch aus dedizierten User-Interviews, Prototyping und allem, was wir in dieser Richtung so tun.

Diese ganz vielen einzelnen Datenpunkte, die häufig überall verstreut sind, die sammele ich. Meine Aufgabe ist es, diese Punkte miteinander zu verbinden und daraus ein Bild zu schaffen. Um beispielsweise zu erkennen, was davon mir ein Problem signalisiert, und dann zu entscheiden, ob das ein Problem ist, das ich lösen möchte – für den Kunden, aber auch für uns als Company, als Unternehmen. Genau das, so glaube ich, bringe ich aufgrund meiner bisherigen Laufbahn ganz gut mit, und genau das macht mir auch super viel Spaß. Aus den Details das Gesamtbild zu formen und ein Problem auszumachen. Und dann das identifizierte Problem ins Team zu übergeben und gemeinsam mit dem Team dieses Problem zu betrachten und herauszufinden, wie wir das jetzt lösen. Da braucht es dann die anderen Experten für die einzelnen Bereiche.«

8.3 Kommunikation ist das A und O

Jetzt kann man regelrecht sehen, wie Ellen anfängt zu denken: »Also am Ende geht es dir auch darum, dass dein Entwicklungsteam genauso motiviert ist, dieses Problem zu lösen, wie du. Und diese Motivation auch zu transportieren. Es hört beim Erkennen des Problems tatsächlich nicht auf, sondern fängt da eigentlich erst richtig an, oder?«

Jil nickt: »Absolut! Kommunikation ist das A und O. Ich glaube, das macht locker 80 % meines Jobs aus, und zwar in sämtliche Richtungen und in verschiedenen Sprachen. Ich denke viel darüber nach, auf welchem Level ich was erklären muss, je nachdem, mit wem ich spreche, und auch darüber, wer wie viele Details braucht. Damit verbringe ich gefühlt die meiste Zeit meines Arbeitstags: das Team und die Stakeholder abzuholen und ein Verständnis dafür zu entwickeln, was sie vielleicht noch zusätzlich brauchen und wollen. Aber auch Richtung Kundschaft zu kommunizieren und diese Kommunikation wieder aufzufangen und zu verteilen. Zu präsentieren, zu pitchen – das alles ist wirklich ein riesiger Bereich meiner Arbeit.«

Ellen hakt nach: »Das ist schön, dass du gerade schon mal ein bisschen auf deinen Arbeitsalltag eingegangen bist. Ich würde das nämlich gern auch ganz konkret beleuchten. Wie sieht so ein typischer Arbeitstag von Jil aus?«

Jil schmunzelt und schüttelt dabei vehement mit dem Kopf: »Ja, jetzt kommt wieder der Klassiker – es gibt keinen ganz normalen Tag. Kein Tag ist wie der andere. Aber im Prinzip startet mein Tag damit, mir erst mal grob einen Überblick zu verschaffen. Ich schaue mir an, was heute ansteht bzw. wichtig ist und welche Nachrichten in der Zeit reingekommen sind, in der ich nicht online war. Wenn ich das erledigt habe, kommt eigentlich schon das erste wichtigste Ritual im Team: das Daily. In diesen 15 Minuten sprechen wir über die aktuellen To-dos und was gerade so ansteht. Auch darüber, wo es Probleme gibt, wo vielleicht ein Bug aufgetreten ist und wo von einem anderen Team eine neue Anfrage kam. Wie wir so etwas einsortieren, wird hier ebenfalls besprochen.

Danach kann es sein, dass ich in mein Dashboard schaue. Mir also zum Beispiel Daten anschaue, weil ich mir vorgenommen hatte, noch eine Analyse zu einem ganz bestimmten Thema zu machen. Dann öffne ich meinen Data Analytics-Report und schaue mir die wichtigsten KPIs und Metriken an, die für mich oder für unser Team wichtig sind. Und je nachdem, was ich daraus ableite, gestaltet sich der restliche Tag. Ansonsten steht viel Austausch mit dem Team an und Dinge wie gemeinsame Discoveries zu wichtigen neuen Themen. Oder auch zu Themen, die aus unserer Sicht als Nächstes kommen sollen. Vielleicht entscheiden wir, darauf noch mal einen genaueren Blick zu werfen. Manchmal machen wir dazu vorab noch ein Brainstorming oder einen Workshop. Bei anderen Themen, bei denen wir schon relativ konkret wissen, was wir machen wollen, gehen wir im Gegensatz dazu eher direkt ins Refinement, wo wir uns zusammensetzen und gemeinsam festlegen, welche Kriterien erfüllt sein müssen, um etwas fertigzustellen. Dabei klären wir, wie wir dort hinkommen – und das wirklich im Detail für die Designer der App, für die Backend-Entwickler und so weiter, damit jeder wirklich weiß, was zu tun ist. Und dann sind da auch noch die informellen Stakeholder-Meetings nach dem Motto: ›Hey, lass doch mal einen Kaffee zusammen trinken gehen, und ich erzähle dir ein bisschen, was wir gerade machen.‹ Auch das gehört irgendwie mit dazu.«

8.4 Fragen sind »The Only Way«!

Ellen zieht die Nase kraus – wie immer, wenn sie etwas durchdenkt: »Also auch viel Beziehungspflege an der Stelle. Du sagtest es vorhin, gut 80 % deines Jobs sind Kommunikation. Jetzt bist du ja schon mittendrin in deinem Job als Product Ownerin, und wenn du so erzählst, merkt man, wie dir der Job in Fleisch und Blut übergegangen ist. Du hast aber irgendwann mal angefangen. Wenn du dich noch mal an diese Zeit zurückerinnerst, als du als ganz frische Product Ownerin angefangen hast – wie war das für dich?«

Jil muss lächeln bei dem Gedanken an ihre Anfangszeit: »Maßlose Überforderung!«, *sagt sie und lacht.* »Ich war nicht wirklich vorbereitet auf das, was dann kam. Obwohl ich mich sehr gut vorbereitet hatte. Ich habe zum Beispiel viel gelesen – Bücher, Blogbeiträge und so weiter. Und ich habe mich mit Menschen unterhalten, die das schon lange machen.

Ich muss schon sagen, dass ich sehr ins kalte Wasser geschmissen wurde, als ich in der Rolle neu war. Ich hatte zwar eine gewisse Guidance und das Angebot: ›Wenn was ist, komm zu mir‹, aber ich habe auch von Tag eins an die volle Verantwortung bekommen, was mir allerdings sehr gutgetan hat. Ich bin jemand, der auf diese Weise gut funktioniert, weil ich dann die Verantwortung fühle und sie auch unbedingt ausfüllen will. Ich glaube, bei mir kam zusätzlich hinzu, dass ich damals ein sehr technisches Produkt und auch ein Team hatte, das ein reines Backend-Team war. Das war neben der Rolle eine zusätzliche Herausforderung.

Nach etwa zwei Wochen habe ich dann dieses ›Ich könnte ja doofe Fragen stellen‹-Denken abgelegt. Ich habe einfach jede Frage gestellt, die mir gerade in den Kopf kam, egal wie dumm sie klang. Und das hat super funktioniert. Ich glaube, das ist tatsächlich ein bisschen ›the only way‹. Wie gesagt, natürlich kann man sich vorbereiten, und ich glaube, es ist auch total wichtig, dass man es tut. Gerade die Methodik kann man sich ja durchaus vorher aneignen. Aber wie es dann funktioniert, das auf das Team anzuwenden und ein Gefühl dafür zu bekommen, welches Team was braucht, welches Tool aus diesem Werkzeugkoffer jetzt passt, das funktioniert nicht für jedes Team auf die gleiche Art und Weise.

Ich hatte das Glück, ein super Team und eine sehr gute agile Coachin an meiner Seite zu haben. Und darüber habe ich gelernt, wie man als Product Owner bei uns arbeitet – jedes Unternehmen definiert das für sich anders. Und ich habe gelernt, auch das Produkt von Woche zu Woche wirklich besser zu verstehen. Die Abhängigkeiten zu verstehen, mit welchen Teams ich mich regelmäßig zusammensetzen muss, wer meine Stakeholder sind. Und so habe ich mich sukzessive, Stück für Stück, dort hineingearbeitet.«

8.5 Dein allerbester Freund aus dem Tech-Team

Ellen nickt bedächtig: »Also ganz viel fragen – das habe ich verstanden. Und ganz viel am besten sehr schnell selbst machen. Das war dein Geheimrezept. Interessant fand ich, dass du erzählt hast, du wärest jetzt in einer anderen Product-Owner-Rolle und davor für ein sehr technisches Produkt verantwortlich gewesen. Hast du noch einen Geheimtipp für jemanden, der vielleicht so wie du damals jetzt anfängt und auch so ein ganz technisches Produkt hat? Gibt es zusätzlich zu dem, was du bereits gesagt hast, noch einen Tipp, den du für diesen Fall mitgeben kannst?«

Jil schweigt einen Moment, denkt nach und antwortet: »Das, was ich damals gemacht habe und was für mich bis heute sehr gut funktioniert, ist, sich eine Person herauszusuchen aus dem Team, die das technische Wissen hat, aber auch mit dir auf deinem Level kommunizieren kann. Die diese Fähigkeit hat, komplexe Dinge so einfach wie möglich herunterzubrechen. Das muss nicht immer der Tech Lead sein, es kann auch jemand anderer aus dem Team sein. Identifiziere diese Person und mache sie zu deinem allerbesten Freund.«

An dieser Stelle müssen beide sehr lachen, und Jil fügt kichernd hinzu: »Egal wie viele Lunches oder Kaffees es kostete – diese Person war meine rechte oder auch linke Hand, wie auch immer, und zwar gerade in der Anfangsphase. Ich habe sie überallhin mitgenommen. Zum Beispiel in viele Termine, selbst wenn nur Product Owner eingeladen waren, weil ich das Gefühl hatte, dass es gerade am Anfang wichtig ist, dass ich verstehe, wo ich eingreifen muss und wo nicht. Das kann ich sehr empfehlen. Mittlerweile ist es, glaube ich, ein etablierter Standard bei uns im Unternehmen geworden, dass man eine engere Beziehung zwischen den beiden Rollen schafft. Bei uns heißen sie Technical Designer und Product Owner. Ich glaube, dieses Vorgehen ist sehr wertvoll und nimmt dem Product Owner diese Angst vor ›Ich verstehe hier gerade nur Bahnhof‹ oder ›Ich weiß gar nicht, wo ich mich involvieren müsste, um vielleicht Schlimmeres zu verhindern‹. Diese Sorge nimmt dir so eine gut etablierte Beziehung echt ab.«

Ellen hakt jetzt neugierig nach: »Danke, das ist noch mal ein sehr guter Hinweis. Was sollte man denn in der Rolle als Product Owner auf gar keinen Fall tun? Gibt's da auch was? Vielleicht etwas, das du selbst erprobt hast?«

8.6 Geh mit dem Problem ins Team, nicht mit der Lösung

Jils Augen blitzen auf: »Ich glaube, das kommt wieder sehr aufs Team an. Aber ein Klassiker, den ich selbst lernen musste, ist, nicht mit der Lösung reinzugehen, sondern mit dem Problem. Also nicht vorher schon zu glauben, man wüsste alles, müsste alles vorher schon fein säuberlich ausdefinieren, dem Team übergeben und sagen: ›Guckt mal, ich habe euch die ganze Arbeit abgenommen, ihr müsst es nur noch umsetzen!‹ Das kommt nicht so gut an, und das Produkt ist am Ende von der Qualität auch einfach schlechter. Das ist nichts, was der Product Owner alleine entscheiden sollte.

Der zweite Punkt ist vielleicht: zu viele Prozesse oder zu viel Dokumentation. Ich hatte immer das Bedürfnis, dass alles akribisch definiert sein musste. Und dass alles nur so und auf jeden Fall nur so geht. Dass alles auseinanderfliegt, sobald einer abweicht von diesem Flow. Ich habe gelernt, dass das erstens das Team behindert, langsamer macht und die Motivation reduziert. Und dass ein Abweichen manchmal sogar zu besseren Ergebnissen führt als der ursprüngliche Flow. Ich habe gelernt, dass es okay ist, manchmal nicht den perfekten Prozess zu haben. Es hilft, eine gewisse Struktur zu haben, aber es ist nicht immer schwarz-weiß, es darf auch mal grau sein.«

Ellen ist nachdenklich aufgestanden und resümiert: »Hmm, das hat auch ganz viel mit sich etwas nehmen und dann wieder loslassen zu tun. Und dabei das richtige Maß zu finden, habe ich rausgehört. Gerade die Erkenntnis, nicht mit der Lösung zu kommen, sondern mit dem Problem, ist etwas, das uns von Natur aus erst mal schwerfällt, oder? Eigentlich will man keine Probleme auf andere abwälzen, man will ja im besten Fall alles wissen. Wir wollen auch grundsätzlich diejenigen sein, die eine Lösung bringen und nicht das Problem.«

Jil bestätigt das: »Richtig. Das ist genau der Twist im Kopf, den man machen muss. Und auch Kontrolle abzugeben – das muss man wirklich lernen. Aber es ist super wichtig.«

8.7 Tools helfen, den Überblick zu behalten

Ellen schaut auf die Straße vor dem Gebäude und blickt auf eine dicht befahrene Kreuzung: »Du hast gerade angefangen, ein bisschen von Struktur zu sprechen. Die ist dir wichtig, habe ich rausgehört. Gleichzeitig hast du aber gelernt, an der einen oder anderen Stelle auch mal abzuweichen. Wie behältst du überhaupt den Überblick?«

Jil grübelt einen kurzen Moment: »Ich nutze hauptsächlich drei Tools, um den Überblick zu behalten. Wir arbeiten viel mit einem Instant-Messaging-Dienst. Vor allem durch vermehrtes Arbeiten im Homeoffice wurde er als Kommunikationstool Nummer eins noch mal verstärkt genutzt. Das ist schön, weil er noch mal mehr Transparenz kreiert hat. Man kann dort mittlerweile wirklich alles nachlesen, was irgendwo passiert. Ich habe meine eigene Struktur geschaffen, nach der ich vorgehe. Ich nutze zum Beispiel die Entwurfsfunktion sehr gerne: Sobald mir etwas in den Kopf kommt, fange ich an, einen Entwurf zu schreiben – für eine Person zum Beispiel oder für das Team, das es betrifft. Den lasse ich dann noch mal sacken. Er ist ja gespeichert, und ich komme später ein weiteres Mal darauf zurück. Oder ich nutze einen Bot, der mich zu bestimmten Zeiten an eine Nachricht erinnert, die ich zum Beispiel bis spätestens dann und dann beantwortet haben muss. Damit arbeite ich sehr viel.

Außerdem haben wir ein Planungstool, das wir für unsere Kanban-Boards und das Backlog einsetzen. Darin habe ich meine eigene Übersicht kreiert, quasi eine ›*Now-next-later*-Übersicht‹, um selbst den Überblick darüber zu behalten, welche Themen als Nächstes kommen, was ich vorbereiten muss und mit wem ich dazu sprechen muss, bevor ich es dann in das Team bringe. Das ist das zweite Tool, das ich viel nutze. Und das letzte ist einfach die ganz klassische To-do-Liste, projektbasiert. Das ist meine Struktur. Ich schaue dann je nach Projekt oder nach Team, was ansteht und was ich wann erledigen muss.«

Ellen lenkt ihren Blick zurück zu Jil: »Bist du auch mal an die eigenen Grenzen gestoßen, sodass du für Momente dachtest: ›Oh, jetzt ich habe den Überblick verloren!‹ Was hast du dann gemacht?«

Jil nickt Ellen ermunternd zu: »Ja, definitiv. Ich glaube, zweimal hatte ich das schon extrem. Dann blocke ich mir tatsächlich den gesamten Vormittag. Ich sage alle Termine ab, weil ich mich darauf nicht mehr konzentrieren könnte und sie mir daher nichts bringen würden. Anschließend gehe ich drei Schritte zurück und schaue mir alles an. Dabei hilft mir zum Beispiel ein Online-Whiteboard oder irgendein Tool zum Visualisieren. Manche arbeiten lieber mit Haftnotizen, manche malen sich etwas auf. Ich mache das gerne digital, um mir wirklich einen High-Level-Überblick zu verschaffen, etwa zum konkreten Projekt, zu den Themen und wer was macht. Schließlich ziehe ich einen Strich und überlege mir, was ich davon mache und wann und was ich abgeben kann. Das ist meist der Zeitpunkt, an dem ich feststelle, dass ich nicht rechtzeitig delegiert habe. Oder dass ich öfter mal Nein hätte sagen müssen. Und genau das sind auch die Dinge, die ich am Ende des Tages tue: auf der einen Seite Nein zu sagen und auf der anderen Seite zu fragen: ›Könntest du dieses Thema vielleicht übernehmen?‹ Dann plane ich den restlichen Teil für mich selbst: Was tue ich als Nächstes mit welcher Priorität.«

8.8 Der Blick ins Product Backlog

Ellen schlendert zurück zu ihrem Sessel und sieht aus dem Augenwinkel eine Möwe am Fenster vorbeifliegen: »Ja, erst mal Abstand gewinnen. So ein bisschen die Vogelperspektive einnehmen, wie du es gerade geschildert hast. Diesen Schritt zu machen, finde ich clever. Der erste Gedanke, den man hat, ist wohl eher, in Aktionismus zu verfallen. Also schnell weitermachen zu wollen, um wieder Land zu gewinnen. Nun aber bewusst innezuhalten und sich alles anzuschauen, ist noch mal ein guter Hinweis.« *Da Jil bisher alle Fragen so locker beantwortet hat, traut sich Ellen nun auch, die Frage zu stellen, die unter Scrum Teams immer ein bisschen gefürchtet ist:* »Das ist jetzt ein bisschen so, als würde ich dich fragen, was in deiner Handtasche los ist – aber ich frage mal ganz bewusst: Du hast gerade ganz am Rande vom Product Backlog gesprochen. Wie sieht denn dein Product Backlog aus?«

Jil seufzt: »Ach, ja ... hmmmm ... Da habe ich viel herumprobiert. Ich hatte zwischendrin diese Trenner zwischen einzelnen Bereichen – was ist ›ready‹, was ›to be refined‹, was ›to be discovered‹, was ›to be challenged‹. Irgendwann habe ich das tatsächlich aufgebrochen und nur noch einen Split gemacht. Alles über der Linie ist ready, alles darunter muss noch vorbereitet und klarer definiert werden.

Ready bedeutet bei uns, dass es so vorbereitet ist, dass jeder im Team weiß, was zu tun ist, und sich das jederzeit als Aufgabe ziehen kann. Das ist die Variante, die für mich am Ende am effektivsten und auch am effizientesten ist. Für mich bedeutet es, die Balance zu finden, wie viel ich reinstecken muss, damit das Team autonom arbeiten kann. Die Teammitglieder sollen auf das Backlog schauen und sehen, was sie sich als Nächstes ziehen können. Eventuell sagt jemand auch mal zu mir: ›Ey, Jil, es ist absolut kein Ticket gerade ready. Findest du das nicht ein bisschen risky? Wir haben hier bald nichts mehr zu tun.‹ ›Oh ... danke für den Hinweis!‹ –

Das passiert aber tatsächlich selten. Eigentlich gibt es immer etwas zu tun, aber ab und zu tritt dieser Fall doch mal ein, und dann sieht man es einfach sofort. Und das ist im Prinzip das Wichtigste. Ich gucke immer mit unserem Technical Designer auf das Backlog, und wir priorisieren es gemeinsam. So stellen wir sicher, dass eine gute Balance aus Produkt- und Tech-Features – wie wir immer sagen – entsteht. Eigentlich ist ein Produkt ja beides. Aber wir alle wissen, dass technische Schulden oder technische Migrationen doch manchmal untergehen. Deswegen haben wir für uns entschieden, dass wir das gemeinsam gestalten und priorisieren. Und das funktioniert tatsächlich ganz gut.«

Ellen nickt anerkennend. »Sehr gut. Klingt auf jeden Fall aufgeräumt und schlank.«

Jil lacht und fährt grinsend fort: »Ja, schon. Also, ich versuch's. Wir haben letztes Jahr allerdings auch eine radikale Aufräumaktion gestartet. Dabei haben wir alles rausgeschmissen, was älter als sechs Monate war. Wir haben entschieden, dass das entweder in ein persönliches Ideen-Backlog – wo auch immer das gespeichert wird – oder in einen Team-Pool kommt. Wir haben auch einen Ideenpool auf einem Online-Whiteboard, in den man alles reinschreiben kann, was man will. Aber das Backlog muss sauber bleiben und up to date sein. Bei einem Ticket, das vor einem Jahr erstellt wurde, weiß sowieso keiner mehr, was da eigentlich genau passieren sollte und warum. Und wenn wir das nicht beantworten können, kann ich es auch nicht priorisieren, es kommt nie an den Anfang, und dann wird es nie passieren. Es wabert nur noch vor sich hin, und genau deswegen ist so ein Eintrag im Backlog im besten Fall nicht älter als sechs Monate.«

8.9 Scrum? Kanban? Scrumban!

Ellen brennt noch eine Frage unter den Nägeln: »Ich muss einmal konkret nachfragen, da du es noch gar nicht explizit erwähnt hast: Ihr arbeitet nach Scrum, ist das richtig?«

Jil schüttelt lachend ihren Kopf: »Also, bei uns im Team ist es Kanban.«

Ellen bohrt nach: »Ah ja, okay. Also habt ihr beides? Ihr habt Scrum Teams und Kanban Teams, und du arbeitest mit deinem Team nach Kanban? Kannst du mal erzählen: Gibt es auch Stellen, an denen euer Kanban kaputt ist, und wie macht sich das bemerkbar? Oder sogar Stellen, wo du als Product Ownerin merkst, dass es dich ein bisschen wahnsinnig macht?«

Jil überlegt: »Im Unterschied zu Scrum gibt keinen wirklich richtigen Abschluss. Das hat ja auch Vorteile, wenn man weiß, dass es einen definierten Zeitrahmen gibt. Man kann festlegen, was man sich ungefähr in diesem Zeitrahmen vornimmt. Und dann schaut man am Ende, was davon passiert ist und was nicht. Man entscheidet, was in den nächsten Sprint übernommen wird und was zusätzlich hinzukommt.

Genau das gibt es bei Kanban halt gar nicht. Dementsprechend schwierig ist es, Commitments zu geben, weil du nicht sagen kannst, was in den nächsten oder übernächsten Sprint mit reinkommt. Es ist mehr etwas wie: ›It is done when its done.‹ Es dauert ungefähr vier bis sechs Wochen, aber garantieren können wir das auch nicht. Das ist das eine, was die Stakeholder-Kommunikation ein bisschen herausfordernd macht. Und das andere ist, dass du schnell in einen Modus kommst, in dem du vom Nächsten zum Nächsten springst, weil du einfach nur abschließt. Aber du hast nicht diesen Moment des Innehaltens und auch des Zelebrierens dessen, was du in diesem Zeitraum geschafft hast. Das sind zwei Dinge, die mir dazu einfallen.«

Ellen schaut sich in dem gemütlichen Bereich, in dem sie sitzen, um und denkt, dass er für das Zelebrieren solcher Anlässe eigentlich ideal sein müsste: »Habt ihr dafür eine Alternative geschaffen im Team?«

Jil freut sich sichtlich über die Frage: »Wir haben eine Friday Celebration eingeführt. Dabei sprechen wir über die großen Dinge, die wir in dieser Woche geschafft haben, und zelebrieren das gemeinsam im Team.

Manchmal nutzen wir auch eine Retrospektive, in der wir uns einen ›Appreciation Moment‹ nehmen. Dann sagen wir so was wie: ›Hey, das lief supergut, weil ...‹ oder ›Toll, dass wir das geschafft haben, weil ...‹ So versuchen wir das ein bisschen zu kompensieren.«

Ellen fasst zusammen: »Das heißt, ihr habt eine Scrumban-Mischung. Ihr nutzt Kanban und arbeitet mit den Meetings aus Scrum.«

Jil nickt: »Genau, wenn du jetzt zum Beispiel eine Retrospektive meinst, dann ja.«

»Und Friday Celebration klingt auch gut«, *stellt Ellen fest.*

Jil strahlt über die Feststellung: »Das ist mit eins der besten Meetings in der ganzen Woche.«

8.10 Ein gutes Reporting-Tool ist Pflicht

Jetzt wird Ellen noch mal konkret: »Sehr gut. Auf die Frage, wie du den Überblick behältst, hast du vorhin ein paar Werkzeuge genannt. Gibt es darüber hinaus ein weiteres Tool, von dem du sagst, dass du ohne dieses als Product Ownerin nicht leben kannst? Was muss ein Product Owner oder eine Product Ownerin aus deiner Sicht unbedingt für Werkzeug haben?«

Jil fängt an zu erzählen: »Zugang zu einer guten Visualisierungs- und Reporting-Software.«

Ellen hakt schnell nach, um sicher zu sein, dass sie weiß, worum es geht: »Also ein gut aufbereitetes Dashboard?«

Jil bestätigt das: »Ja. Ich brauche die wichtigsten KPIs schnell auf einen Blick, ohne sie wäre ich im Blindflug unterwegs. Das sollte Pflicht sein für jeden Product Owner.«

Ellen hat so langsam alles beisammen, was sie interessiert. Aber eine Frage muss noch sein: »Kannst du mir auch noch sagen, was ein Product Owner auf gar keinen Fall tun sollte? Was ist ein absolutes No-Go?«

Jil runzelt die Stirn: »Ein absolutes No-Go?«

Ellen bleibt liebevoll hartnäckig: »Letzte Frage für heute, versprochen!«

Jil grübelt nach und murmelt vor sich hin: »Absolutes No-Go ... das ist schwierig. Es gibt da ein paar kleine Dinge, aber ...«

Ellen merkt, dass Jil wirklich ins Grübeln geraten ist, und ergänzt: »Ist ja schon mal gut, dass es kein wirkliches No-Go gibt. Das spricht auch dafür, vieles ausprobieren zu können.«

Jil nickt bestätigend: »Aber vielleicht sollte man das Team fragt, dem fallen sicher ein paar Dinge ein, die ich auf gar keinen Fall tun sollte. – Wenn ich so darüber nachdenke, muss ich mich dieser Frage vielleicht von der anderen Seite nähern. Es ist unfassbar wichtig, dieses absolute Vertrauen in das Team und in die Expertise der einzelnen Rollen zu haben. Wirklich darauf vertrauen zu können, dass jeder das Richtige tut und nach bestem Gewissen für das Produkt arbeitet. Also sollte man im Umkehrschluss nicht zu viel Misstrauen haben und dadurch Dinge an sich reißen, ein Kontrollfreak werden, Mikromanagement betreiben. Das sind dann alles Dinge, die daraus resultieren. Das ist diese ›Ground Truth‹, die ich mir immer wieder in Erinnerung zu rufen versuche.«

Ellen strahlt jetzt über das ganze Gesicht: »Super spannend! Vielen, vielen Dank, dass du mir ein paar Einblicke gegeben hast in dein Leben als Product Ownerin, Jil. Ich nehme ein paar richtig gute Impulse mit. Und nächstes Mal lade ich dich zum Lunch bei uns am Hafen ein!«

Die beiden Frauen verabschieden sich voneinander. Draußen schwingt sich Ellen mit vielen neuen Ideen auf ihr Fahrrad. Eine davon ist, sich auf jeden Fall zukünftig mit anderen Menschen in agilen Rollen auszutauschen, denn aus dem Gespräch mit Jil nimmt sie viel mit zurück in ihren Alltag.

Kapitel 9
Was liegt an? Planning und Daily

Ein Scrum Team verbringt bis zu 10 % seiner Zeit mit Planung. Leg dir ein strukturiertes Vorgehen zu, dann bist du immer gut vorbereitet und hast mehr Zeit für die kreativen Anteile deiner Rolle.

»Hallo Kim, super, dass das klappt.« Ellen steht auf und kommt Kim ein paar Schritte entgegen. Die beiden haben sich heute ein kleines Teambüro reserviert, weil Ellen für drei Wochen in den Urlaub geht und danach noch eine Weiterbildung besucht. Kim möchte sich selbst in die Product-Owner-Rolle entwickeln und hat angeboten, die Vertretung zu übernehmen. »Ja, ich freue mich auch, und ich habe so viele Fragen! Am meisten Sorge macht mir das Planning am Montag. Können wir damit anfangen?« Ellen nickt, sie hat für Kim schon eine Checkliste dazu angelegt, was sie alles während des Sprints macht, und das Planning steht ganz oben. »Am wichtigsten ist, dass du da gut vorbereitet bist und dann loslässt und dem Team vertraust, dass es seinen Job macht. Aber das weißt du ja selbst schon.« Jetzt lächeln sie beide. »Klar, ich mache den Job in der Entwicklung ja auch schon länger. Zeig mal deine Checkliste. Ich habe mir auch den Scrum Guide ausgedruckt.«

Das Gute an einem Vorgehen wie Scrum ist das ritualisierte Vorgehen. Ein Team kann es im Prinzip anhand einer Checkliste durchlaufen. Genau das machen Ellen und Kim sich jetzt zunutze. Allerdings gibt Scrum nur einen sehr weit gefassten Rahmen vor. Wie die Dinge im Detail laufen, muss jedes Team für sich selbst herausfinden. Deswegen sind sowohl Vorbereitung als auch regelmäßige Reflexion wichtig.

Mit den Vorarbeiten hast du – gemeinsam mit deinem Team und mit den Stakeholder*innen – den Rahmen geschaffen, damit nun die Arbeit am Produkt beginnen kann. Für dich ist es damit aber nicht getan. Während eines jeden Sprints forschst du weiter nach Anforderungen, optimierst den Wert eures Produkts und machst deine Erkenntnisse laufend sichtbar. Gleichzeitig gehört zu deiner Rolle auch, dass du die Qualität überwachst und gegebenenfalls auch mal die Reißleine ziehst. Jeder Sprint wird dabei durch die Scrum-Rituale zeitlich und inhaltlich strukturiert (Abbildung 9.1). Sie vor- und nachzubereiten sowie laufend das Product Backlog zu pflegen, sind deine zentralen Aufgaben. In diesem Kapitel setzt du dich intensiv mit dem Sprint Planning (der Sprint-Planung) und den dazugehörigen Aufgaben während des Sprints auseinander.

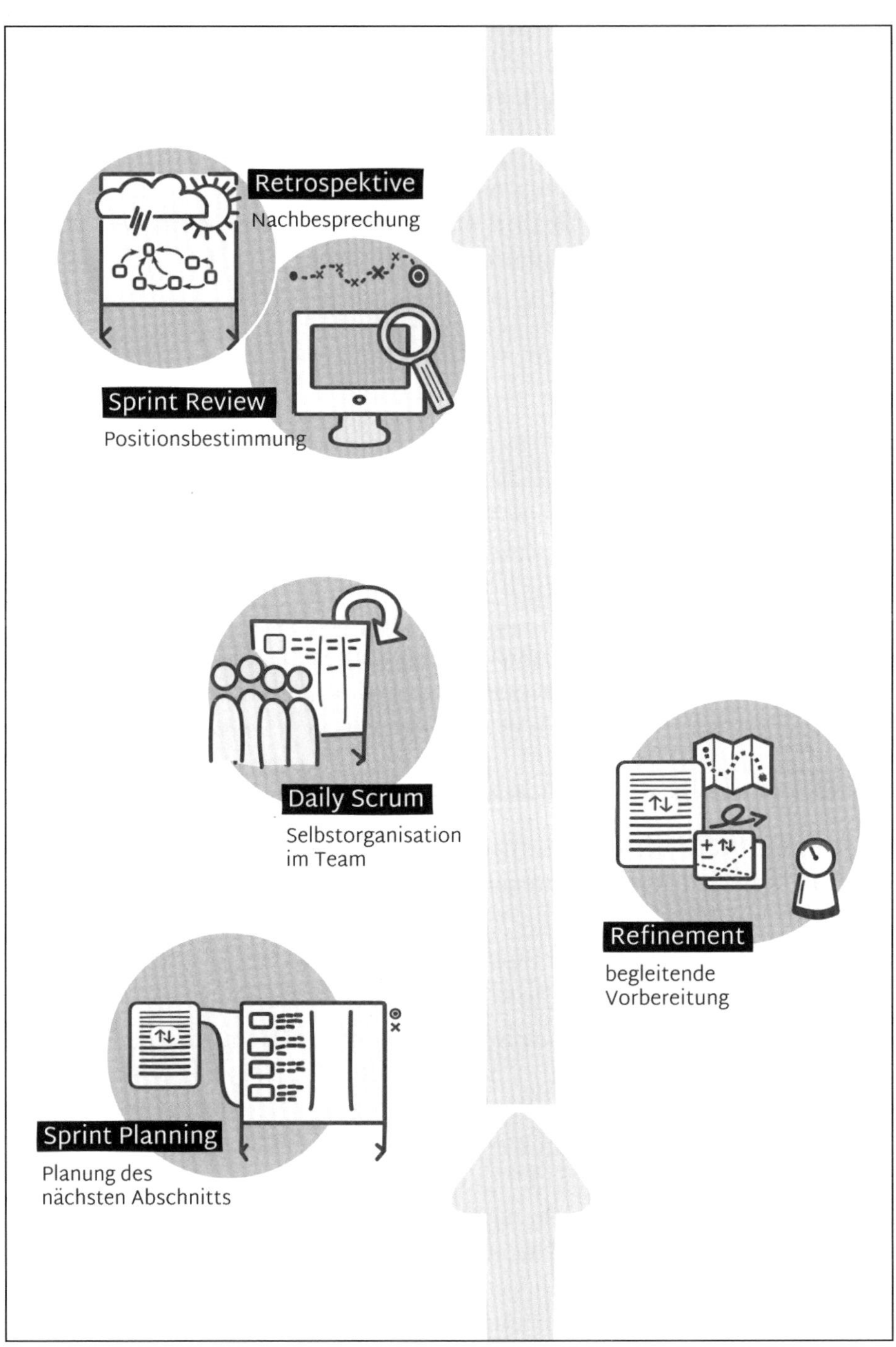

Abbildung 9.1 Die Scrum-Rituale strukturieren deine Arbeit.

9.1 Das Sprint Planning vorbereiten

Nach dem Sprint ist das Sprint Planning das längste Sprint-Event im Scrum (siehe Abbildung 9.2).

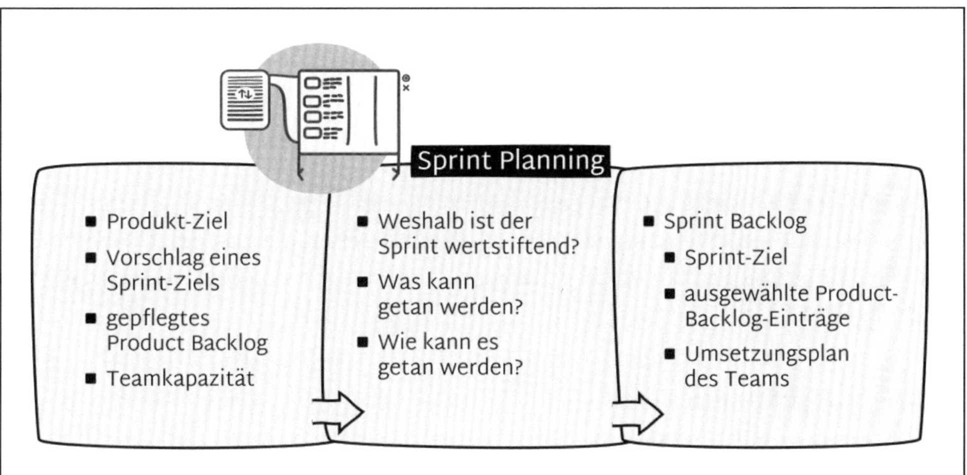

Abbildung 9.2 Das Planning im Überblick

Es bildet die Grundlage für die Zusammenarbeit im Scrum Team. Im Scrum Guide wird die Länge der Events ins Verhältnis zur Sprint-Länge gesetzt: Wenn euer Sprint vier Wochen lang ist, dann dauert das Sprint Planning demnach einen ganzen Tag. Im Sprint Planning wird festgelegt, worauf ihr hinarbeitet, welchen Umfang das Entwicklungsteam leisten kann und wie der gemeinsame Arbeitsplan für den kommenden Sprint aussieht. Damit ist auch die Agenda für das Meeting klar:

1. Was machen wir in diesem Sprint?
2. Wie viel Arbeit wollen wir erledigen?
3. Wie genau gehen wir vor?

Bei den ersten beiden Agenda-Punkten übernimmst du wichtige Aufgaben im Team. Als Product Owner*in bist du nämlich dafür verantwortlich, dass alle gut vorbereitet teilnehmen und diese Planungsaufgabe erfüllen können. Du hast also vor jedem Sprint Planning eine ganze Reihe von Hausaufgaben zu machen, die sich immer um diese beiden Fragen drehen:

- Wie willst du den Wert und den Nutzen eures Produkts in diesem Sprint steigern?
- Welche Anforderungen sollen aus deiner Sicht im nächsten Sprint umgesetzt werden?

Beim dritten Agenda-Punkt hast du – keck gesagt – nichts zu suchen, denn das Entwicklungsteam entscheidet selbst, wie es seine Arbeit organisiert. Du kannst das Planning also verlassen; es ist aber sinnvoll, wenn du in der Nähe des Teams bleibst, um für kurze Klärungen bereitzustehen.

9.1.1 Product Backlog auf den aktuellen Stand bringen

Zur Vorbereitung des Plannings bringst du dein Product Backlog auf den aktuellen Stand:

- Sind die Product-Backlog-Einträge, die du im nächsten Sprint platzieren willst, *ready*, das heißt, sind sie so beschrieben, zerlegt und gegebenenfalls geschätzt, dass die Entwickler*innen im Prinzip direkt nach dem Planning mit der Umsetzung beginnen können?
- Sind größere Anforderungen so zerlegt, dass sie zu eurer Sprint-Länge passen?
- Sind alte Einträge archiviert?
- Sind überflüssige Einträge gelöscht?

Definition of Ready

Viele Teams nutzen neben der Definition of Done (siehe Abschnitt 7.5, »Definition of Done«) auch eine *Definition of Ready*. Hier legen sie fest, welche Qualitätskriterien ein Backlog-Eintrag erfüllen muss, damit er in den Sprint gegeben werden darf. So eine Definition of Ready könnt ihr zum Beispiel während einer Retrospektive erarbeiten, wenn ihr gemerkt habt, dass die Formulierung eurer Product-Backlog-Einträge häufig zu Missverständnissen führt.

9.1.2 Product-Backlog-Einträge gut beschreiben

Einen Product-Backlog-Eintrag gut zu beschreiben, heißt, die Anforderung möglichst nah am erkannten Bedürfnis zu formulieren und Parameter zu benennen, anhand deren die Entwickler*innen erkennen können, ob die Anforderung zufriedenstellend beschrieben wurde. Wenn du beispielsweise ein E-Bike entwickelst, das ein Verkehrsunternehmen im Stadtverkehr einsetzt, könnte eine Anforderung sein:

*»Als Fahrradfahrer*in möchte ich laut auf mich aufmerksam machen können, um andere Verkehrsteilnehmende bei Gefahr zu warnen.«*

Geeignete Akzeptanzkriterien wären dann:

- *Warnvorrichtung ist mit einer Hand bequem während der Fahrt zu bedienen, auch wenn die Hand leicht eingeschränkt ist (Behinderung, Handschuh usw.).*
- *Warnvorrichtung funktioniert auch, wenn das Fahrzeug typischen Gefahrensituationen ausgesetzt ist (Stürze, Ausweichbewegungen, schlechtes Wetter).*
- *Warnvorrichtung ist auch bei einem Lärmpegel von 65 dB(A) gut zu vernehmen.*

Diese Formulierungen öffnen einen Lösungsraum für die Expertise des Entwicklungsteams. Es kann eine im Kontext der gesamten Entwicklung sinnvolle Lösung entwickeln und hat durch die Akzeptanzkriterien einen klaren Rahmen, innerhalb dessen es sich bewegt. Wenn die Lösung fertig ist, kann sie anhand der Kriterien gut getestet werden, und die Abnahme erfolgt auf einer verhältnismäßig objektiven Basis.

Ganz anders sähe das aus, wenn du in eine der typischen Fallen beim Vorbereiten von Product-Backlog-Einträgen tappst. Sie lauten »zu detailliert« oder »zu ausgeplant«. Schauen wir uns das kurz genauer an:

»Zu detailliert« wäre deine Anforderung, wenn du sie so beschreiben würdest:

*»Als Fahrradfahrer*in möchte ich laut auf mich aufmerksam machen können, um andere Verkehrsteilnehmende bei Gefahr zu warnen.«*

mit Akzeptanzkriterien wie diesen:

- *möglichst große Fahrradklingel*
- *möglichst rot*
- *Zweitonglocke mit einer Tonhöhe von 440 Hz*

Hier hättest du mit deinen Akzeptanzkriterien deutlich überzogen. Nicht nur, dass du die Art der Lösung (Fahrradklingel) und zwei sehr vage Kriterien (möglichst groß, möglichst rot) vorgibst, du schlägst auch noch ein ausgesprochen präzises Kriterium vor, das vermeintliche Sachkenntnis deinerseits vermuten lässt, in Wahrheit aber von Unkenntnis zeugt. Die Entwickler*innen in eurem Team haben jetzt ein richtiges Problem. Sie sind auf eine Lösung festgelegt, die sie nicht selbst bestimmen und erkennen können, und müssen sich mit einem unsinnigen Kriterium herumschlagen.

»Zu ausgeplant« passiert, wenn sich Anforderungen und Aufgaben miteinander vermischen. Dann lauten die Akzeptanzkriterien vielleicht so:

- *Konzept für eine geeignete Warnvorrichtung liegt vor.*
- *Prototyp für Warnvorrichtung ist gebaut.*
- *Prototyp für Warnvorrichtung ist mit Kundschaft getestet.*

Im Prinzip kein schlechtes Vorgehen, aber es handelt sich hier nicht um Akzeptanzkriterien für eine Lösung, sondern um Statusberichte zu einem Aufgabenfortschritt. Und damit nimmst du dem Entwicklungsteam die Möglichkeit, die eigene Arbeit auf eine für sie passende Weise selbst zu organisieren. Du mischst dich zwar nicht in die Art der Lösung ein, sorgst aber unter Umständen für erhebliche Ineffizienzen beim Vorgehen und verhinderst dabei auch, dass das Team eigene Wege und Strategien findet.

Dein Job an dieser Stelle lautet also: Stelle sicher, dass die Product-Backlog-Einträge für den kommenden Sprint eurer Definition of Ready entsprechen und angemessen beschrieben sind, also nicht zu detailliert und nicht zu ausgeplant. Es sollte sich um kompakte, gut formulierte User Stories handeln. Räume bei der Gelegenheit auch immer mal dein Backlog auf:

- Können andere sich darin schnell und unkompliziert orientieren?
- Ist klar, woran in nächster Zeit gearbeitet wird?
- Sind die Anforderungen verständlich und nachvollziehbar beschrieben?

9.1.3 Expert*innen einladen

Diese Auseinandersetzung mit den kommenden Anforderungen kurz vor dem Planning hat auch noch eine weitere wichtige Funktion. Du stimmst dich inhaltlich auf das Planning ein und kannst feststellen, ob ihr für die Planung des Sprints eventuell Expertise von Menschen braucht, die nicht in eurem Team mitarbeiten. Wenn du im kommenden Sprint zum Beispiel das Thema Datenschutz im Fokus hast, bietet es sich an, von vornherein die Datenschutzbeauftragten eures Unternehmens einzubeziehen, sodass ihr Wissen in eure Planung einfließen kann. Auch notwendige Abstimmungen während des Sprints werden so erleichtert, weil alle die Anforderungen im O-Ton kennenlernen und auch gemeinsam in den Kalender schauen können. Besprich deswegen rechtzeitig mit dem Team, ob ihr Gäste zu Beratungszwecken zum Planning einladen möchtet und wer das sein könnte.

Tipp: Expert*innen für einen Sprint onboarden

Wenn ein Sprint absehbar besonders viel Expertise von außerhalb des Entwicklungsteams braucht, bietet es sich an, die Expert*innen für die Dauer des Sprints im Team mitarbeiten zu lassen. Das spart lange Wege und umständliche Abstimmungsschleifen.

Der Erfolg des kommenden Sprints hängt erheblich von deiner Vorbereitung ab. Denn deine Vorstellungen und wie du sie kommunizierst, steuern, wo es langgeht. Je sorgsamer du dein Backlog vorbereitest, umso besser sind die Weichen für eine gute Entwicklungsarbeit in den nächsten Wochen gestellt.

9.2 Das Sprint-Ziel formulieren

Der Beginn des Sprint Plannings ist dein großer Moment. Hier stellst du für das Team kompakt und motivierend dar, was du im letzten Sprint über euer Produkt gelernt hast und was du dir für den nächsten Sprint vorstellst. Dazu zückst du die Liste der Anforderungen, die du im Moment für besonders wertvoll hältst und die du im kommenden Sprint umgesetzt wissen willst.

Stelle deine Ideen kurz vor. Du musst dazu nicht jede Anforderung im Detail vorlesen. Versuche lieber, kompakt zu vermitteln, worum es dir im nächsten Sprint geht und was du von der Umsetzung erwartest. Das könnte dann zum Beispiel so klingen:

»Ich habe für den nächsten Sprint fünf Stories zum Thema Warnvorrichtung vorbereitet. Wir hatten bei den Testläufen mit dem neuen E-Bike-Prototyp eine Reihe von Beinahe-Unfällen, deswegen will ich das jetzt in den Fokus nehmen.«

Damit gibst du eine erste Idee vom Umfang der Stories, die du vorbereitet hast, auf welchen Aspekt eures Produkts sie einzahlen und welches Learning du damit umsetzen willst. Im Anschluss hat es sich bewährt, dem Entwicklungsteam die Gelegenheit zu geben, sich individuell mit den Stories auseinanderzusetzen, um dann inhaltlich fundiert in das weitere Planning einzusteigen.

9.2.1 Anforderungen inhaltlich verstehen

Hier sind drei Methoden, mit denen ihr das schnell und unkompliziert bewältigen könnt:

1. Legt eine Lesepause ein, in der alle Gelegenheit haben, in Ruhe in euer digitales Product Backlog zu gucken und die vorbereiteten Stories zu lesen.
2. Drucke die Stories (inklusive wichtiger Details) vorher aus und hänge sie im Raum verteilt auf. Veranstaltet eine Galeriebesichtigung, bei der ihr euch einzeln oder in kleinen Gruppen durch den Raum bewegt, die Stories durchlest und gegebenenfalls Fragen und Ergänzungen dazu klärt.
3. Wenn ihr das Refinement in einer kleineren Gruppe gemacht habt, teilt euch in Kleingruppen auf, sodass immer eine Person, die am Refinement teilgenommen hat, in einer Gruppe ist. Geht die Anforderungen in den kleinen Gruppen durch.

Ihr könnt die Methoden abwechselnd einsetzen und euer Planning damit lebendiger gestalten. Wichtig ist, dass ihr im Anschluss offene Fragen und Ergänzungen in der großen Runde klärt, bevor ihr weiter plant.

9.2.2 Mit Diskussionsbedarf strukturiert umgehen

Es mag Sprints geben, bei denen es besonders wichtig ist, dass ihr alle an Bord seid, und in denen gleichzeitig eine Menge Diskussionsbedarf zu den Inhalten herrscht, bevor ihr euch auf ein Sprint-Ziel einigen könnt. Dann kannst du die oben genannten Methoden noch um die Diskussionsmethode *klar, unklar, strittig* ergänzen.

Du kannst diese nutzen, um kritische Punkte strukturiert anzusprechen und gleichzeitig sichtbar machen, dass es bei allem Diskussionsbedarf auch Themen gibt, die nicht mehr angefasst werden müssen. Male dazu ein Poster mit vier Spalten mit den Überschriften »Anforderung«, »klar«, »unklar«, »strittig« (siehe Abbildung 9.3). Dann liest du die Anforderungen vor und bittest um Feedback: Ist sie klar, unklar oder strittig? Sowie jemand »unklar« oder »strittig« sagt, ordnest du die Anforderung in die entsprechende Spalte ein. Dabei gilt unklar vor strittig. Alle anderen Anforderungen landen in der Spalte »klar«. Wenn alle Anforderungen einsortiert sind, deckt ihr Anforderung für Anforderung alle Unklarheiten auf. Manchmal lösen sich dabei auch schon strittige Punkte mit auf. Im Anschluss besprecht ihr die strittigen Punkte und einigt euch jeweils auf einen Umgang damit.

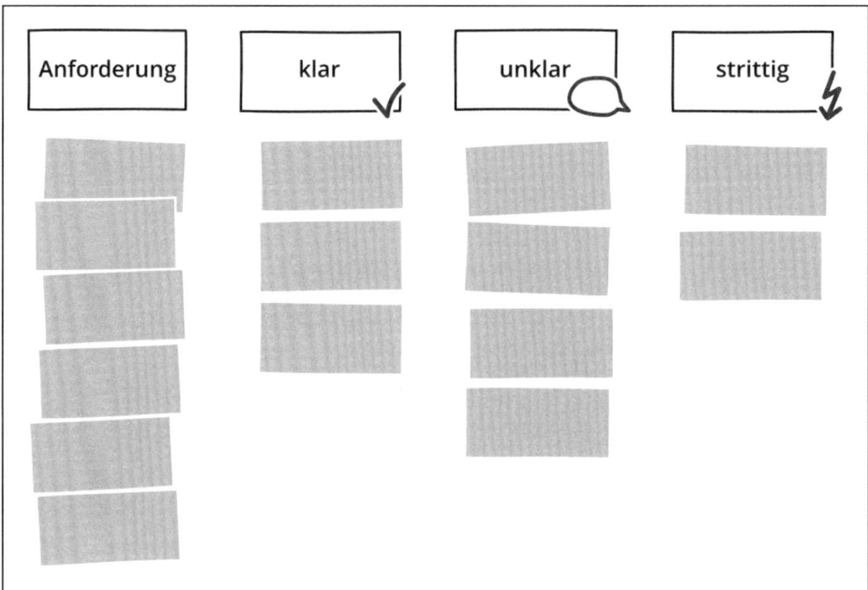

Abbildung 9.3 Die Methode »klar, unklar, strittig« hilft dir dabei, Diskussionen zielführend zu strukturieren.

9.2.3 Das Sprint-Ziel formulieren

Wenn alle einen Überblick über deine Vorbereitung haben, könnt ihr gemeinsam euer *Sprint-Ziel* formulieren. Das Sprint-Ziel ist ein gemeinsames Ziel, auf das ihr euch für den nächsten Sprint festlegt. Es steht über euren Stories und sollte diese in einen für euch sinnvollen Zusammenhang stellen. Es dient dazu, dass ihr einen gemeinsamen Fokus während des Sprints habt und euch unterwegs daran orientieren könnt. Gerade bei komplexeren Anforderungen sollte es euch helfen, gute Entscheidungen zu treffen. Es ist euer »Wieso-weshalb-warum?« für den Sprint und darf euch gern fordern.

Flow

Viele Wissensarbeiter*innen sehnen sich auch bei der Arbeit nach dem *Flow*-Gefühl (siehe Abbildung 9.4), also einem Zustand, in dem dir die Dinge selbstvergessen und mühelos von der Hand gehen und du vollen Zugang zu deinen kreativen Möglichkeiten hat. Dieser Bewusstseinszustand entsteht, wenn die Anforderungen von außen ein kleines bisschen über den eigenen Fähigkeiten liegen auf der feinen Trennlinie zwischen Über- und Unterforderung. Hierbei kann ein gut gesetztes Ziel eine wichtige Rolle spielen. Es kann sich also lohnen, im Team herauszufinden, wo die Grenze liegt, damit ihr die Ziele entsprechend motivierend stecken könnt.

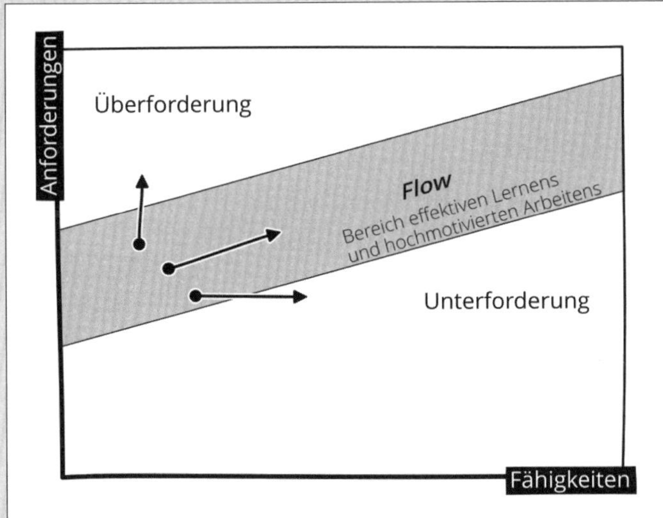

Abbildung 9.4 Flow entsteht, wo Herausforderung und eigenes Können sich optimal ergänzen. Das entspricht dem oberen rechten Quadranten in dieser Abbildung (nach Csikszentmihalyi, 2004).

Um ein geeignetes Sprint-Ziel zu formulieren, könnt ihr euch mit Blick auf die vorbereiteten Anforderungen und die Vorstellungen der Product-Owner-Rolle Fragen wie diese stellen:

- Was wollen wir in diesem Sprint lernen?
- Welches Risiko wollen wir bewusst eingehen?
- Welcher Aspekt motiviert uns besonders?
- Was wollen wir Außergewöhnliches liefern?
- Wem wollen wir eine Freude bereiten?
- Wem können wir helfen?
- Was wollen wir unbedingt vermeiden?
- Welche Pflicht müssten wir erfüllen?
- Wie viel können wir quantitativ schaffen?

Diese Fragen helfen euch, herauszufinden, was für euch im nächsten Sprint das verbindende und motivierende Element ist. Denn darum geht es hier: Ihr braucht als Scrum Team für jeden Sprint eine gute Geschichte, eine gemeinsame Logik, die euch trägt und euch ermöglicht, optimal zusammenzuarbeiten.

Das Äquivalent zum Sprint-Ziel in Kanban

Auch wenn ihr nicht nach Scrum arbeitet, sondern einen eher kontinuierlichen Lieferprozess wie zum Beispiel bei Kanban nutzt, kann es hilfreich sein, alle paar Wochen innezuhalten und euch gemeinsam euer nächstes Ziel zu vergegenwärtigen. Hole das Team dazu regelmäßig alle sechs bis zwölf Wochen zusammen oder nutze Termine wie Release-Wechsel oder Meilensteine als Anlass.

Das Sprint-Ziel ist ein kompakter Satz, den zum Beispiel du auf ein Blatt Papier schreiben oder als besonderes Ticket in eurem digitalen Sprint Board anlegen kannst, sodass ihr es bei jeder Gelegenheit – und insbesondere während des Daily – gut vor Augen habt.

Um das Sprint-Ziel gemeinsam zu formulieren, stehen euch mehrere Methoden zur Verfügung. Drei lernst du gleich hier kennen:

1. Die einfachste Variante ist, euch iterativ an den Satz heranzutasten. Dazu schreibst du einen ersten Entwurf auf ein Flipchart oder Online-Board, und ihr feilt dann Wort für Wort daran herum, bis der Satz fertig ist. Wenn ihr auf Papier gearbeitet habt, streicht einfach so lange Begriffe und Satzteile durch, bis alle zufrieden sind. Am Ende schreibt ihr den Satz für euer Sprint-Ziel noch mal in schön ab und fertig.

2. Ihr könnt das Ziel auch dem »1-2-4-alle«-Muster erstellen (vgl. Liberating Structures, online b). Dazu bekommen alle eine Minute Zeit, um sich zu überlegen, was das Sprint-Ziel sein könnte, und schreiben diesen Satz auf. Dann tut ihr euch paarweise zusammen und legt eure Ziele nebeneinander: Wie könnte ein gemeinsames Ziel aussehen? Dafür habt ihr drei Minuten Zeit. Dann trefft ihr euch zu viert und wiederholt den Schritt, dieses Mal mit fünf Minuten Zeit. Danach liegen je nach Teamgröße zwei oder drei Vorschläge vor, die ihr dann in der großen Gruppe abstimmen könnt.
3. Die dritte Variante beginnt auch wieder mit einer Reflexionsminute, in der alle ihre eigene Idee von dem Sprint-Ziel auf ein (analoges oder digitales) Post-it schreiben. Dann sammelt ihr die Ideen auf einer Wand, in dem jede Idee vorgelesen wird und die Urheber*in entscheidet, wie sie zu den bereits bestehenden Ideen passt. So entstehen mehrere Ideen-Cluster. Gebt jedem Cluster einen Titel und leitet ab, wie ein verbindendes Sprint-Ziel lautet.

Tipp: Der Langweile-Sprint

Manchmal häufen sich im Product Backlog ungeliebte Aufgaben an: Code muss aufgeräumt werden, Prozesse migriert, Legacy Code bereinigt – alles Sachen, die langfristig auf den Wert einzahlen, aber kurzfristig zum Gähnen langweilig scheinen. Bündele diese Aufgaben zu einem »echt langweiligen Sprint« und zelebriere ihn dann ausgiebig mit dem Team. Das Sprint-Ziel lautet dann: »Alle wirklich langweiligen Aufgaben erledigen und uns dafür feiern, wie fleißig wir sind.«

Tipp: Der Woodstock-Sprint

Mit der Zeit wirst du feststellen, dass die Entwickler*innen Lieblingsstories haben, die sie gern priorisiert sähen, die du aber, aus welchen Gründen auch immer, weiter unten ansetzt. Bündele auch diese zu einem Sprint und stelle allen frei, welche Stories aus deinem Backlog sie im kommenden Sprint bearbeiten wollen. Du wirst staunen, welche kreative Energie hier freigesetzt wird und wie die Lernkurve plötzlich nach oben springt.

9.3 Aushandeln: Was kommt in den Sprint?

Wenn alle Zeit hatten, sich mit den vorbereiteten Anforderungen auseinanderzusetzen und ihr ein gemeinsames Sprint-Ziel formuliert habt, müsst ihr entscheiden, was ihr im nächsten Sprint auch wirklich umsetzen wollt.

Scrum ist hier sehr klar, was die Zuständigkeiten angeht: Die Entwickler*innen wählen im Gespräch mit dir als Product Owner*in aus den vorbereiteten Anforderungen aus, worauf sie sich für den kommenden Sprint festlegen wollen. Die Entscheidung über Inhalt und Umfang liegt also beim Entwicklungsteam und nicht bei dir als Product Owner*in.

Für viele deiner Product-Owner-Kolleg*innen ist das eine herausfordernde Situation. Nach außen vertrittst du das Team und dessen Umsetzungsgeschwindigkeit und zeichnest für den Wert des Produkts verantwortlich. Nach innen darfst du aber nicht bestimmen, wie viel in welcher Zeit umgesetzt wird. Ist das nicht ungerecht? – Nein, ist es nicht.

Ihr seid als Scrum Team für eure Ergebnisse und eure *Velocity*, zu Deutsch *Umsetzungsgeschwindigkeit*, gemeinsam verantwortlich. Nur das Entwicklungsteam kann beurteilen, wie komplex eine Anforderung ist und wie aufwändig sie sich in der Umsetzung darstellt. Dazu zieht es Daten aus vorangegangenen Sprints heran, zum Beispiel eben die Umsetzungsgeschwindigkeit, die häufig in Story Points pro Sprint gemessen wird. Es beurteilt die Anforderungen auch vor dem Hintergrund der Akzeptanzkriterien und der Definition of Done und zieht ebenfalls in Betracht, ob alle im Team mitarbeiten können (z. B. Urlaub, Krankheit) und ob es Schnittstellen zu Expertise außerhalb des Teams gibt. Auf dieser Grundlage trifft es eine Vorhersage, wie viel es sich im nächsten Sprint vornehmen kann. Und dieser Vorhersage solltest du vertrauen.

Die Versuchung, dich einzumischen, ist groß

Die Versuchung, dich hier einzumischen, mag groß sein, insbesondere dann, wenn du selbst Erfahrung als Entwickler*in hast und qua Erfahrung auch fachlich beitragen könntest (siehe dazu Abschnitt 1.4, »Was ist NICHT dein Job?!«). Das Rollenkonzept von Scrum sieht hier eine konsequente Aufgabentrennung vor, die auch aus psychologischer Sicht sinnvoll ist. Denn Menschen können sich nicht gleichzeitig auf das »Wieso, weshalb, warum?« und auf das »Wie?« konzentrieren: Die Neurowissenschaftler*innen Robert Spunt, Emily Falk und Matthew Lieberman (2010) haben Probanden gebeten, sich beim Ausüben von alltäglichen Tätigkeiten entweder auf das »Warum« oder auf das »Wie« zu konzentrieren, und dabei die Gehirnaktivitäten gemessen. Und siehe da: Es werden jeweils unterschiedliche Hirnareale aktiviert, und es gibt Hinweise, dass sich die beteiligten Prozesse gegenseitig unterdrücken. Denken wir »Wie«, funktioniert »Warum« nicht – und andersherum. Deswegen ist es wichtig, dass du das Entwicklungsteam seine Arbeit machen lässt. Wie es das tut, entscheidet es am besten selbst.

Scrum und agiles Vorgehen im Allgemeinen sind nicht dazu da, Entwicklungsprozesse zu beschleunigen oder Druck aufzubauen. Sie sind so gestaltet, dass in Entwicklungsprozessen früher geliefert werden kann (und damit früher Feedback eingeholt und gegebenenfalls Anpassungen vorgenommen werden können) und dass eine optimale Umsetzungsgeschwindigkeit gefunden und über lange Zeit aufrechterhalten werden kann.

Damit entsteht zwar nicht zwingend (aber meistens) eine höhere Geschwindigkeit, aber vor allem eine höhere Anpassungsfähigkeit und eine verbesserte Zuverlässigkeit. Deine Aufgabe als Product Owner*in ist, deine Planung und deine Außenkommunikation auf diese optimale Umsetzungsgeschwindigkeit einzustellen und den Entwickler*innen hier zu vertrauen.

Es kann natürlich passieren, dass dir diese Umsetzungsgeschwindigkeit zu langsam ist oder sich zuverlässige Planung einfach nicht einstellen will. Die Antwort ist nicht, in klassische Projektmanagementmuster zurückzufallen (wie zum Beispiel Druck aufbauen, Controlling verschärfen, mehr Leute ins Team holen), sondern diesen Sachverhalt mit Daten zu belegen und in der Retrospektive zum Thema zu machen:

- Woran liegt es, dass eure Vorstellungen von Umsetzungsgeschwindigkeit nicht zusammenpassen?
- Weshalb sind die Vorhersagen des Teams nicht zuverlässig genug für deine Arbeit als Product Owner*in?

Die Gründe können nämlich vielfältig sein, und in der gemeinsamen Retrospektive habt ihr die Chance, sie zu beheben (siehe auch Kapitel 13, »Auf eine gute Zusammenarbeit! Die Retrospektive«).

Tipp: Gleichmäßiges Tempo ist ein wichtiger Indikator

Im achten agilen Prinzip heißt es: *»Agile Prozesse fördern nachhaltige Entwicklung. Die Auftraggeber*innen, Entwickler*innen und Benutzer*innen sollten ein gleichmäßiges Tempo auf unbegrenzte Zeit halten können.«*

Dieses hat weitreichende Konsequenzen. Es betrachtet Agilität nicht als reines Produktionsmodell, in dem Kundennutzen und Ressourceneinsatz in Einklang gebracht werden. Sondern hier steht, dass Menschen auf eine gesunde Art zusammenarbeiten müssen, um auch langfristig gute Ergebnisse zu erzielen. Und zwar Menschen aller Hierarchiestufen und in allen Rollen, die an einem unternehmerischen Entwicklungsprozess beteiligt sind.

Damit ist dieses Prinzip für mich der wahre Prüfstein für die Agilität eines Unternehmens: Gelingt es allen Beteiligten, sich so aufeinander einzustellen, dass sie sich gegenseitig nicht überlasten? Sondern im Gegenteil ein gutes Tempo finden, in dem sie für lange Zeit, ja sogar unbegrenzt, gute Ergebnisse liefern können?

Die agile Methode *Extreme Programming* (*XP*) übersetzt dieses Prinzip unter anderem in eine »Keine Überstunden«-Regel, weil Überstunden ein Zeichen schlechter Planung sind. Damit hast du einen ersten Anhaltspunkt, wie du eure Performance zu diesem Prinzip messen kannst.

Der Umfang eures Sprints wird also durch die Umsetzungsgeschwindigkeit, die Verfügbarkeiten der Entwickler*innen, eure Schnittstellen zu anderen Teams und euer gemeinsames Sprint-Ziel gerahmt, und das Entwicklungsteam hat in jedem Planning die Aufgabe, diesen Rahmen zu füllen. Je besser und klarer du dein Product Backlog strukturiert hast, umso leichter fällt diese Aufgabe. Auch die Qualität der Product-Backlog-Einträge spielt hier eine wichtige Rolle. Sie sollten gut zerlegt (oder wenigstens zerlegbar) und gegebenenfalls auch schon geschätzt sein. Wie ihr da als Team hinkommt, kannst du ausführlich in Kapitel 12, »Kurs anpassen: das Review«, nachlesen.

Beim Aushandeln des Sprints solltet ihr euch immer bewusst machen, dass ihr im Sprint zusammen daran arbeiten wollt, euer gemeinsames Sprint-Ziel zu erreichen. Viele Teams landen schnell in einer Team-gegen-Product-Owner*in-Dynamik. Sie ist so vertraut, weil sie sich wie »Team gegen Führungskraft« anfühlt, was in vielen Unternehmen leider lange praktiziert wurde und auch immer noch vielerorts gang und gäbe ist. Aber das ist nicht die Beziehung zwischen Product-Owner-Rolle und Entwicklungsteam. Ihr seid alle zusammen ein Team und nehmt darin unterschiedliche Aufgaben wahr: Die eine Rolle entscheidet über das »Was?« und die andere über das »Wie?« und implizit auch über das »Wie schnell?«. Das müsst ihr in jedem Sprint wieder in Einklang bringen und eure Vorstellungen im Planning synchronisieren. Darum ist die Leitfrage: »Welche der vorbereiteten Anforderungen können wir ambitioniert realistisch umsetzen, um unser Sprint-Ziel zu erreichen?«

Eventuell ändern sich dabei noch mal die Prioritäten im Backlog, oder ihr zerlegt beziehungsweise kombiniert Anforderungen neu. Wie viele andere Stellen im Scrum ist auch dieser Teil des Plannings ein Lernprozess, und ihr werdet mit der Zeit routinierter vorgehen.

Im dritten Teil des Plannings spielst du als Product Owner*in nur noch eine Nebenrolle. Das Entwicklungsteam nimmt sich hier die Anforderungen vor, auf die es sich festgelegt hat, übersetzt diese in konkrete Aufgaben und plant, wie es im kommenden Sprint zusammenarbeiten will. Du hast hier kein Eisen im Feuer und kannst dich in dieser Zeit anderen Aufgaben widmen, zum Beispiel der Aktualisierung des Product Backlogs anhand der Erkenntnisse aus dem Sprint. Es empfiehlt sich aber, dass du in Sichtweite des Entwicklungsteams bleibst, denn bei der Detailplanung treten oft Nachfragen auf, die du dann schnell beantworten kannst.

9.4 Daily zur Information nutzen

Dein Entwicklungsteam kommt jeden Tag um die gleiche Uhrzeit für eine Viertelstunde zusammen, um sich gegenseitig zu informieren, wie der Sprint läuft, ob das Sprint-Ziel erreicht werden kann und wie sich alle gegenseitig unterstützen können. Wenn du als Product Owner*in auch an Product-Backlog-Einträgen arbeitest, nimmst du als Entwicklerin an diesem Daily selbstverständlich teil und bringst deine Arbeit mit ein. So weit so Scrum Guide. Aber auch wenn du selbst nicht an Product-Backlog-Einträgen arbeitest – was im Übrigen der Normalfall sein sollte –, ist es empfehlenswert, dich in Absprache mit deinem Entwicklungsteam regelmäßig zum Daily Scrum hinzuzugesellen, weil es schlicht und einfach die beste Informationsquelle ist (siehe Abbildung 9.5). Dein Job während dieser 15 Minuten ist dann allerdings sehr anstrengend: Mund halten und zuhören. Das Daily ist das Selbstorganisationsmeeting des Teams, und dazu solltest du als Product Owner*in nichts beizutragen haben.

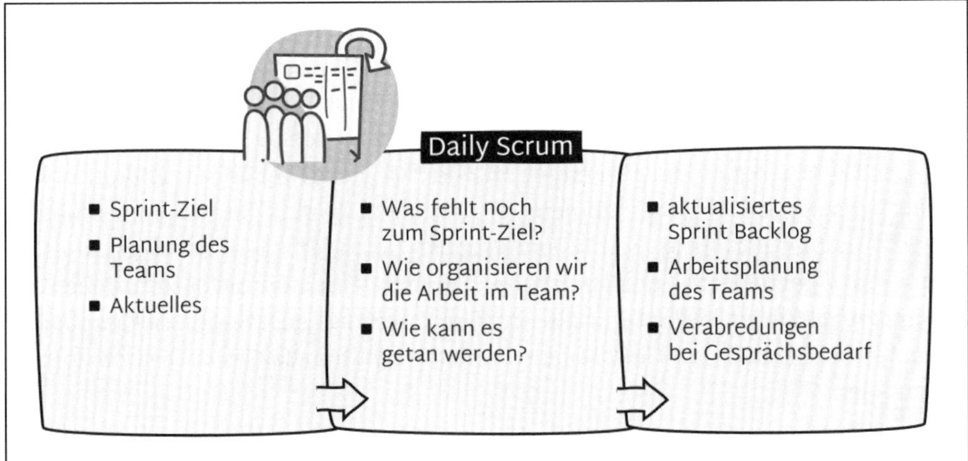

Abbildung 9.5 Das Daily im Überblick

Erinnere dich an den letzten Abschnitt: Du bist für das »Was?« und die strategische Richtung des Produkts zuständig, das Entwicklungsteam bestimmt eigenständig die Art und Weise, wie es die gewünschte Anforderung in eine geeignete Lösung überführt. Wenn du am Tag vielleicht nur 15 Minuten mitbekommst, wie das Entwicklungsteam vorgeht, mag sich das auch mal »falsch« oder »ineffizient« anfühlen, ist es aber in der Regel nicht. Und wenn doch, dann ist die Retrospektive der Ort, an dem ihr das aufgrund konkreter Daten besprechen solltet. Und nicht das Daily.

Dennoch ist das Daily ein wichtiges Meeting für dich, wenn es dir gelingt, es zum Zuhören zu nutzen. So bekommst du nämlich auf sehr einfache Art und Weise mit, wie sich der Sprint entwickelt und worauf du im Refinement oder in der Abstimmung nach außen achten musst.

Tipp: Ein Zeitpuffer nach dem Daily

Ich empfehle Teams, nach dem Daily einen Puffer von 45 Minuten freizuhalten. So können Gesprächsbedarfe, die sich aus dem Daily untereinander oder mit der Product Owner*in ergeben, schnell und unkompliziert geklärt werden. Gibt es keinen Bedarf, kann einfach weitergearbeitet werden. Darüber hinaus bietet es dir die Möglichkeit, täglich im Entwicklungsteam präsent zu sein und Teamenergie zu tanken.

9.5 Dem Team Orientierung geben

In der Product-Owner-Rolle bist du dafür verantwortlich, das *Produkt-Ziel* zu formulieren. Vermutlich hast du es in einer geeigneten Form niedergeschrieben oder anderweitig visualisiert. Alle relevanten Personen können es leicht einsehen. Möglicherweise hast du beim Formulieren auch die SHIELD-Kriterien verwendet (siehe Abschnitt 2.3.2, »Die SHIELD-Kriterien«) oder ein Framework wie OKR (siehe Abschnitt 17.2, »Vom ersten Scrum Team zum agilen Unternehmen«) angewendet. Das sind gute Voraussetzungen, um während der Sprints aktiv mit dem Produkt-Ziel zu arbeiten. Nutze es, sooft du kannst, um deinem Team – und auch eurem Umfeld – Orientierung dazu zu geben, wo ihr mit dem aktuellen Sprint hinwollt. So sollte zumindest euer Sprint-Ziel klar darauf einzahlen. Mache es dir zur Gewohnheit, immer wieder für alle diesen Zusammenhang herzustellen:

Das ist die Story, an der wir gerade arbeiten ...

So führt sie uns zum Sprint-Ziel ...

Und das zahlt hier ... auf unser Produkt-Ziel ein.

Auf diese Art und Weise bewirkst du, dass alle Beteiligten mit der Zeit die Produktlogik verstehen und wiedergeben können. Und das ist ein großer Schatz. Es befähigt alle, weitgehend unabhängig gute Entscheidungen im Sinne des Produkts zu treffen. Es bietet in Entscheidungssituationen Referenzpunkte, um Entscheidungen sicher und nachvollziehbar treffen zu können. Es erweitert den Kreis derer, die über das Produkt nachdenken, und hilft so dabei, Unstimmigkeiten aufzudecken. Es erleichtert das Priorisieren im Großen wie im Kleinen.

Mach dir vor allem in den ersten gemeinsamen Sprints die Mühe, ausführlich zu erläutern, was genau du denkst und warum – auch und gerade wenn du das Gefühl hast: »*Das müssten doch alle verstehen, das ist doch offensichtlich.*« Das Entwicklungsteam wird diese Dienstleistung in Sachen inhaltlicher Führung gern entgegennehmen und mit der Zeit Klarheit und Eigenständigkeit gewinnen.

9.6 Sind wir done done? Die Definition of Done nutzen

Mit jedem Sprint entsteht ein wertvolles und nützliches Inkrement eures Produkts. Das heißt, ihr entwickelt immer eine weitere Ausbaustufe eures Produkts, die Nutzen für eure Kundschaft und Nutzenden stiftet, die fertig gebaut ist und deren Qualität gesichert ist und die du als Product Owner*in in Produktion setzen könntest, aber nicht musst. Der Lieferumfang eines jeden Sprints sollte also so bemessen sein, dass am Ende auch wirklich ein fertiges und nützliches Stück Produkt herauskommt und keine weiteren Arbeiten daran mehr anstehen.

Damit das funktioniert, sieht Scrum ein sogenanntes *Commitment* für das Scrum Team vor: die *Definition of Done*.

Sie beschreibt für alle verständlich den Zustand, den ein neues Stück Produkt haben muss, um alle für euch relevanten Qualitätskriterien zu erfüllen. Sie ist also eine Checkliste, in der ihr als Team festhaltet, was alles getan werden muss, damit eine Anforderung beziehungsweise ein Product-Backlog-Eintrag als erfüllt betrachtet werden kann.

Streng genommen ist es sogar so, dass ein Product-Backlog-Eintrag nur dann im Review präsentiert und Kundschaft zur Verfügung gestellt werden darf, wenn er die Definition of Done erfüllt.

Du kannst deinen Kolleg*innen im Entwicklungsteam hier gleich einen doppelten Gefallen tun, indem du einerseits dein Product Backlog mit Anforderungen und nicht mit Aufgaben füllst (siehe Abschnitt 9.1.2, »Product-Backlog-Einträge gut beschreiben«) und andererseits konsequent prüfst, ob die Einträge eure Definition of Done erfüllen, bevor du sie im Review zeigst. Dabei ist wichtig, dass ihr die Definition of Done gemeinsam weiterentwickelt, wenn sich neue Qualitätsanforderungen ergeben oder bestehende überflüssig geworden sind. Das könnt ihr zum Beispiel regelmäßig in der Retrospektive überprüfen und gegebenenfalls anpassen.

9.7 Wertvoll und nützlich? Features abnehmen

Eine wichtige Aufgabe während des Sprints ist, die umgesetzten Product-Backlog-Einträge abzunehmen und dir dabei einen Überblick darüber zu verschaffen, was ihr im kommenden Review Meeting zeigen und live ausprobieren könnt.

Gewöhne dir an, neu entstandene Features laufend abzunehmen. Dazu kannst du dich jeden Tag im Daily darüber informieren, welche Features wohl heute fertig werden, und dich dann mit den Entwickler*innen verabreden, um die Anforderungen an das Feature anhand der Akzeptanzkriterien und eurer Definition of Done abzunehmen. Diese Art von *Pair Review* zahlt sich schnell aus, weil ihr so anhand eurer Kriterien ein gemeinsames Verständnis von euren Qualitätsvorstellungen entwickelt, von dem ihr auch mittel- und langfristig profitieren werden.

Insbesondere am Anfang eurer Zusammenarbeit oder bei komplexen Anforderungen solltet ihr euch ausreichend Zeit für das Pair Review nehmen und eure Kriterien ausführlich besprechen. Dabei lässt sich vieles feststellen, das euch hilft, eure Zusammenarbeit kontinuierlich zu verbessern:

- Wie verständlich sind die Anforderungen formuliert?
- Wie hilfreich sind die Akzeptanzkriterien – bei der Entwicklung und bei der Abnahme?
- Bedeuten die Aspekte in eurer Definition of Done für alle das Gleiche? Oder gibt es unterschiedliche Auslegungen? Wie könnt ihr sie konkretisieren?
- Ist eure Definition of Done ausreichend? Was müsst ihr ergänzen? Oder streichen?

Es bietet sich an, diese Fragen von Zeit zu Zeit in einer Retrospektive zu klären und damit die Qualität eurer Anforderungen und eurer Lieferungen zu steigern.

Review Meetings sind keine Status-Meetings

Manchmal tappen Teams in die Falle, das Review als Abnahme- oder Status-Meeting zu sehen. Dann werden dort erst die Stories vorgestellt, die fertig geworden sind, oder zu jedem Ticket wird der Stand abgefragt. Das ist aus mehreren Blickrichtungen problematisch. Erstens verlagern diese Teams eine Tätigkeit, die am besten eine einzelne Person vorbereitet, in ein Gruppen-Meeting mit Gästen. Das ist langweilig und verschwendet Zeit. Zweitens besteht die Gefahr, einzelne Teammitglieder vor Gästen zu entblößen. »Warum ist das nicht fertig geworden?« ist eine schnell gestellte Frage, die ebenso schnell als Vorwurf gelesen wird. Drittens vergibt sich das Team die Chance, Feedback zu den Dingen zu bekommen, die fertig geworden sind, und wichtige produktstrategische Hinweise aufzunehmen. Das heißt: Ins Review gehört alles, was fertig geworden ist, und zwar in einer Form, die von den Beteiligten ausprobiert werden kann.

9.8 Refinement: Anforderungen erkennen

Neben den eher formalen Tätigkeiten, wie das Product Backlog zu pflegen oder Meetings vor- und nachzubereiten, ist deine Hauptaufgabe im laufenden Sprint, neue Anforderungen zu erkennen. Diese Aufgaben werden auch unter dem Begriff *Refinement* zusammengefasst (siehe Abbildung 9.6 und auch Kapitel 7, »Frisch sortiert ist halb gewonnen: das Refinement«). Das bezieht sich zum einen auf die Anforderungen, die ihr im aktuellen Sprint in Arbeit habt. Denn daraus ergeben sich oft neue Fragestellungen – zum Beispiel weil erst beim Implementieren klar wird, wie unterschiedlich die Bedürfnisse von Zielgruppe zu Zielgruppe sind.

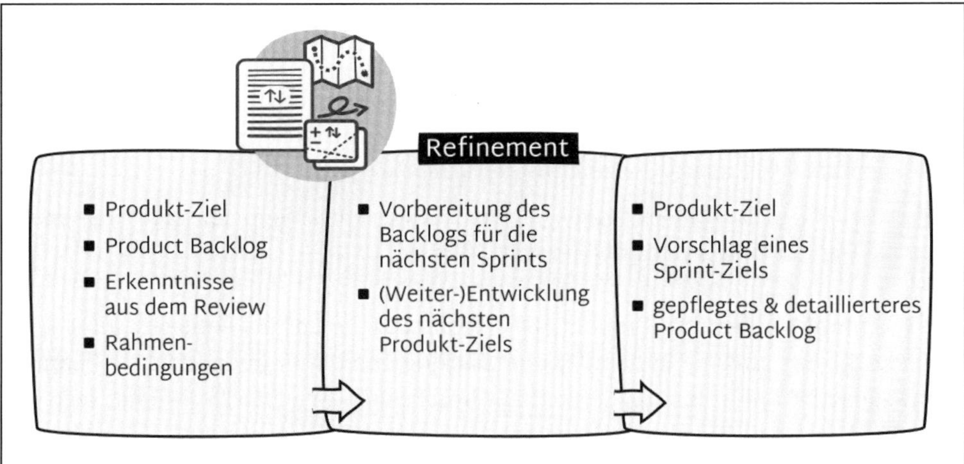

Abbildung 9.6 Das Refinement im Überblick

Zum anderen wollen die Stories, die du bereits für die kommenden Sprints in Planung hast, weiter ausgearbeitet, zerlegt und beschrieben werden. Auch hier sind in jedem Sprint Veränderungen zu erwarten, weil sie vermutlich in direktem Bezug zu dem stehen, was im laufenden Sprint passiert. Es passiert nicht selten, dass das Entwicklungsteam mit einer Lösung aufwartet, die euch ganz neue Möglichkeiten erschließt, und dann willst du diese natürlich auch sofort nutzen. Oder eine Umsetzung gelingt nicht wie geplant und kostet mehr Zeit, sodass du mit Blick auf deine Meilensteinplanung Änderungen an deinem Product Backlog vornehmen musst.

Hinzu kommen all die Anforderungen, die sich neu ergeben, weil du über dein Produkt nachdenkst, Daten analysierst, auf Impulse aus dem Umfeld reagierst, Ideen von einschlägigen Webseiten, aus Büchern oder auf Konferenzen aufnimmst.

Aus unserem Erfahrungsschatz: Das Ideen-Backlog

Eine Product Ownerin, mit der ich längere Zeit zusammengearbeitet habe, hatte ihr Product Backlog auf einer großen Magnettafel im Büro des Entwicklungsteams aufgebaut. Es war in drei Spalten organisiert:

- Rechts: alle Anforderungen, die ready waren und für den nächsten Sprint vorsortiert.
- In der Mitte: alle Anforderungen, die sie mit Blick auf die kommenden Sprints und Releases schon geplant, aber noch nicht ausdetailliert hatte.
- Links: alle Ideen, die ihr aus verschiedenen Gesprächen und Quellen durch den Kopf gegangen waren.

Entwicklungsteam und Stakeholder*innen waren eingeladen, die linke Spalte auch selbst mit Ideen zu füllen. Ich habe sie oft beobachtet, wie sie die Ideen an der Tafel immer wieder neu geclustert oder leise davor mit Teammitgliedern über die Anforderungen diskutiert hat. Damit war für alle klar und transparent, woher Ideen kamen und wie die Prioritäten der Product Ownerin zustande kommen sind.

Diese Struktur lässt sich auch leicht in digitalen Boards implementieren, indem du sogenannte Trenner-Tickets einfügst (Prokscha, 2019).

Alle Erkenntnisse über dein Produkt, die du während des Sprints entdeckst, finden am Ende des Sprints Eingang in dein Product Backlog und damit in das nächste Planning (siehe auch Abschnitt 7.8, »Das Refinement ritualisieren: Wie machen wir das regelmäßig?«).

9.9 Sprint-Wechsel vorbereiten

Zum Ende des Sprints gilt es, den Sprint-Wechsel vorzubereiten. Damit sind die drei Meetings Review, Retrospektive und Planning gemeint. Sie finden am Ende des Sprints in diese Reihenfolge statt. Der Sprint-Wechsel dauert je nach Sprint-Länge ein bis zwei Tage. Das Planning Meeting haben wir ausführlich zu Beginn dieses Kapitels beschrieben. Einen detaillierten Überblick über das Review Meeting findest du in Kapitel 12, »Kurs anpassen: das Review«, und über die Retrospektive in Kapitel 13, »Auf eine gute Zusammenarbeit! Die Retrospektive«.

9.10 Den Sprint abbrechen

Es kann sein, dass du als Product Owner*in in die schwierige und ausgesprochen seltene Situation kommst, einen Sprint abbrechen zu müssen.

Gründe dafür können sein:

- dass dein Unternehmen die Produktentwicklung aus strategischen Gründen (und unerwartet) einstellt,

- Entwicklungen am Markt, welche die eingeschlagene Richtung nachhaltig infrage stellen,
- dass sich gesetzliche Rahmenbedingungen so verändern, dass ihr grundlegend anders vorgehen müsst,
- dass eine Technologie ausfällt,
- dass ein erhebliches Sicherheitsrisiko in der verwendeten Technologie bekannt wird.

Was immer der Anlass ist, er ist vermutlich ernst, und dein Vorgehen will gut abgewogen sein.

9.10.1 Deine Entscheidung vorbereiten

Laut Scrum Guide bist du die einzige Person, die einen Sprint abbrechen kann. In der Praxis wird das keine einfache und auch keine einsame Entscheidung sein. Dafür wird es vermutlich eine zügige Entscheidung sein. Wenn du mal kurz überlegst, liegt eure Sprint-Länge bei zwei bis vier Wochen. Für viele und insbesondere für größere Unternehmen ist das schon ein anspruchsvolles Zeitfenster für eine Entscheidung. Ein echter Anlass für einen Sprint-Abbruch wird vermutlich aus dem Nichts entstehen und schnelles Handeln von deiner Seite nach sich ziehen. Er ist also eine Ausnahmesituation. Mit hoher Wahrscheinlichkeit wirst du diese Situation nicht erleben. Aber es hilft, vorbereitet zu sein, insbesondere wenn du in einem hochdynamischen Umfeld arbeitest oder eine sehr innovative Technologie entwickelst oder verwendest. Hier sind ein paar Vorsichtsmaßnahmen, die auch in anderen kritischen Situationen nicht schaden:

- Monitore regelmäßig eure Entwicklungsrisiken (siehe Abschnitt 2.7, »Unwägbarkeiten und Risiken konstruktiv wenden«).
- Nutze die Review Meetings, um relevante Ereignisse in eurem Umfeld rechtzeitig mitzubekommen (siehe auch Kapitel 12, »Kurs anpassen: das Review«).
- Fertige eine Liste an, wen du im Fall eines Abbruchs in welcher Reihenfolge informieren willst (siehe auch Abschnitt 2.10, »Die Kommunikation mit den Stakeholder*innen aufbauen«).
- Arbeite eng mit der Scrum-Master-Rolle zusammen. Sie bringt alle Kompetenzen mit, um dich in kritischen Situationen methodisch und als Coach zu unterstützen.

Paralleles Denken

Der Neurowissenschaftler David Rock (2009) schreibt in seinem Buch »Coaching with the Brain in Mind«, wie fruchtbar die Zusammenarbeit mit einem qualifizierten Coach auch bei fachlich komplexen Themen aus neurologischer Sicht ist. Der Coach übernimmt nämlich in der Regel die Aufgabe, die Gedanken des Coachees zu strukturieren, damit der Coachee sich vollkommen auf die Inhalte konzentrieren kann. Das bedeutet insbesondere bei Themen mit vielen Variablen eine Entlastung des Gehirns und führt nicht selten zu besseren Lösungen.

Die sechs Denkhüte von Edward de Bono (1989) haben einen vergleichbaren Effekt. Hier wird das sogenannte parallele Denken genutzt – also dass die Gruppe eine Perspektive jeweils gemeinsam einnimmt und diese Perspektive dann auch gemeinsam wechselt. Dazu setzen sich die denkenden Personen, also zum Beispiel du als Product Owner*in oder dein ganzes Team, nacheinander symbolisch die sechs Denkhüte auf. Jeder Denkhut ist mit einer Farbe und einer Fragerichtung verbunden:

- Blauer Hut (Strukturen und Prozesse): Wie gehe ich vor? Wie ist der Stand?
- Weißer Hut (Fakten und Anforderungen): Welche Fakten sind bekannt? Welche Anforderungen an die Lösung gibt es?
- Roter Hut (Gefühle und Meinungen): Welche Gefühle verbinden wir mit dem Problem? Welche Meinung habe ich dazu?
- Schwarzer Hut (Risiken und Skepsis): Was könnte alles schiefgehen? Wo lauern Risiken? Welche Gefahren bestehen?
- Gelber Hut (Chancen und Optimismus): Was ist das Beste, das passieren könnte? Welche Chancen sehe ich?
- Grüner Hut (Kreativität): Welche ungewöhnlichen Ideen habe ich? Wo sehe ich echte Potenziale? Was liegt hinter dem Horizont?

Indem die Fragerichtungen voneinander getrennt werden, wird auch hier das Gehirn insgesamt entlastet, sodass die Qualität der Gedanken steigt. Du kannst die sechs Denkhüte sehr vielseitig einsetzen – nicht nur in Krisensituationen.

9.10.2 Deine Entscheidung kommunizieren

Im Sinne der Transparenz ist es wichtig, dass du deine Entscheidung, einen Sprint abzubrechen, gut kommunizierst. In Richtung Team, in Richtung Stakeholder*innen und gegebenenfalls auch in Richtung Kundschaft und Nutzenden. Die beteiligten Personen werden deine Entscheidung vermutlich zunächst emotional aufnehmen. Da kann Frust mitschwingen, dass etwas vermeintlich nicht geschafft wurde, oder Enttäuschung, dass sich eine Situation – anders als erwartet – widrig entwickelt hat. Da mag auch Wut sein, weil investierte Zeit verschwendet scheint, Hilflosigkeit, weil die Situation als Scheitern empfunden wird, oder Trauer, weil Abschied von lieb gewonnenen Aspekten des Produkts genommen werden muss. Auch wenn die Entscheidung für dich rein sachlich sein mag, in ihrer Wirkung ist sie es vermutlich nicht (siehe auch Abschnitt 6.2, »Zusammenarbeit durch angemessene Kommunikation initiieren«).

Ein Sprint-Abbruch ist ein seltenes und schwerwiegendes Ereignis auch für die Dynamik im Team. Gib dem Entwicklungsteam Zeit, deine Entscheidung zu verarbeiten, und schaffe gegebenenfalls Raum in der Retrospektive dazu. Nutze hier auch die Kompetenz der Scrum-Master-Rolle in eurem Team. Überlegt zusammen, wie ihr die Entscheidung kommunizieren wollt und wie sie sich auf die verschiedenen Personen auswirkt: Welche Botschaft wollt ihr vermitteln? Und auf welche Art und Weise?

Kein Grund für einen Sprint-Abbruch

Ein hoher Krankenstand im Team, vermeintlich langsames Vorgehen, eine Einmischung von der Seite oder auch fehlende Motivation sind kein Grund, einen Sprint abzubrechen. Phänomene wie diese sind ein Anlass, in der nächsten Retrospektive genau hinzusehen, Ursachen dafür zu finden und die Arbeitsbedingungen gemeinsam zu verändern.

9.10.3 Aufräumen

Wenn du einen Sprint abgebrochen hast, steht eine Reihe von Aufräumarbeiten an. Du willst natürlich herausfinden, ob Dinge, die schon fertig sind, gegebenenfalls trotzdem oder anderweitig verwendet werden können. Dazu schaust du dir alle Product-Backlog-Einträge, die »done« sind – beziehungsweise das zugehörige Inkrement –, an und nimmst sie ab, soweit es dir sinnvoll erscheint.

Dann sichtest du alle unvollständigen Product-Backlog-Einträge und entscheidest, wie du damit weiter vorgehen willst, gegebenenfalls auch im Refinement mit Entwickler*innen aus eurem Team:

- unverändert weiterverwenden, gegebenenfalls neu schätzen (wenn schon Arbeit geleistet wurde)
- anpassen und neu schätzen
- löschen

9.10.4 Wie geht es weiter?

Natürlich stellt sich auch die Frage, wie es nach dem abgebrochenen Sprint weitergeht. Mit deiner Entscheidung versetzt du dein Team in den Leerlauf. Natürlich werdet ihr konkrete Aufräumarbeiten haben, wie Tickets aktualisieren oder Code aufräumen, aber so richtig viel zu tun habt ihr jetzt nicht mehr.

Wenn du dein Product Backlog schnell an die neue Situation anpassen kannst, empfiehlt es sich, den Sprint-Wechsel einfach vorzuziehen. Wertet die Gründe für den Abbruch inhaltlich im Review aus und überlegt, was sie für euer weiteres Vorgehen in dieser Ausnahmesituation bedeuten. Nehmt euch in der Retrospektive Zeit, eure Gefühle im Umgang mit der Situation zu besprechen, damit ihr sie innerlich gut loslassen und nach vorn schauen könnt. Und setzt gemeinsam eine neue Planung bis zu eurem nächsten oder gegebenenfalls auch übernächsten regulären Review auf, damit ihr euren Sprint-Rhythmus wieder aufnehmen könnt. Wann ihr den Takt wieder aufnehmt, hängt davon ab, wie früh im Sprint du dich für den Abbruch entschieden hast.

Es kann sein, dass business as usual nach so einer Entscheidung nicht möglich ist. Dann ist es sinnvoll, im Team oder sogar im Kreis derer, die ihr regelmäßig in das Review einladet, zu besprechen, was ein angemessener nächster Schritt ist. Vielleicht braucht ihr eine neue Produktvision, Investor*innen müssen gefunden werden, die Planung grundsätzlich aktualisiert oder die Unternehmensstrategie angepasst.

9.11 Dann machen wir eben was anderes: der Pivot

Wenn du ein neues Produkt entwickelst, heißt das auch, dass du kontinuierlich dazulernst, ob dein Produkt funktioniert oder nicht. Dabei hast du vermutlich zwei Aspekte im Blick:

- Gelingt es uns, das Produkt mit einem angemessenen personellen und finanziellen Einsatz herzustellen?
- Bekommen wir genug Gelder zurück (Kundschaft, Investor*innen), um das Produkt weiter zu finanzieren?

Beide Fragen entscheiden über den wirtschaftlichen Erfolg und damit vermutlich auch darüber, ob ihr als Scrum Team weiter daran arbeiten könnt.

Wenn du als Product Owner*in bemerkst, dass du eine oder beide dieser Fragen dauerhaft nicht zufriedenstellend beantworten kannst, ist es Zeit, tiefer einzusteigen. Denn selbst wenn ihr eure Sprint-Ziele erreicht, musst du eventuell einen grundlegenden Kurswechsel vornehmen, weil das Problem auf einer höheren Ebene liegt.

Die Anlässe für so einen Kurswechsel sind vielfältig. Vielleicht habt ihr auf ein Feature gesetzt, das für eure Zielgruppe gar nicht so wichtig ist, aber viel Entwicklungsaufwand bedeutet. Oder ihr habt eine zahlungskräftigere Zielgruppe gar ganz außer Acht gelassen. Es kann auch sein, dass ihr bei der Wahl der Technologie eine Fehlentscheidung getroffen habt und eure Entwicklungsarbeit damit unweigerlich teurer wird als die der

Konkurrenz. Möglicherweise ist aber auch eure Preisstrategie nicht ausgereift, oder ihr stellt ein Produkt für den Consumer-Markt her, das eigentlich in den B2B-Markt gehört.

Diese Art von Kurswechsel wird auch *Pivot* (engl. Drehpunkt) genannt. Ein Pivot stellt deine Produktvision (noch) nicht infrage. Er stellt vielmehr eine grundlegende Änderung deiner Produktstrategie dar: Wenn du deine Vision nachweislich auf dem einen Weg nicht erreichen kannst, welchen anderen Weg kannst du noch gehen?

Der Begriff Pivot geht zurück auf Eric Ries (2009), den Autor des Buchs »Lean Start-up«. Er beschreibt darin den Pivot als Vorgehensmodell für Start-ups: Baue ein möglichst minimal lauffähiges Produkt (*Minimum Viable Product*, kurz *MVP*, siehe auch Abschnitt 3.2, »Deine Vorgehensstrategie entwickeln«) und hol dir damit so früh wie möglich Feedback aus deinem Markt ein. Nur so lernst du, was der Markt braucht und wie du es wertstiftend herstellen kannst.

Du hast grundsätzlich sieben verschiedene Möglichkeiten, deinen Kurs anzupassen:

- *Zoom-in-Pivot*: Können wir uns auf ein spezifisches Feature unseres Produkts konzentrieren?
- *Zoom-out-Pivot*: Müssen wir unser Produkt weiterdenken? Ist es vielleicht nur ein Feature von etwas Größerem?
- *Customer-Segment-Pivot*: Sollten wir uns auf eine andere Zielgruppe konzentrieren?
- *Customer-Need-Pivot*: Sollten wir ein ganz anderes Produkt für unsere Zielgruppe entwickeln?
- *Business-Architecture-Pivot*: Wäre es sinnvoll, den Fokus von B2C nach B2B zu verlegen und andersherum?
- *Technology-Pivot*: Kommen wir mit einer völlig anderen Technologie weiter?
- *Business-Model-Pivot*: Wie können wir unser Erlösmodell, unsere Preisstrategie oder unsere Positionierung verändern?

Als Product Owner*in musst du also auch schwierige Entscheidungen treffen und vermitteln. Du übernimmst damit die inhaltlichen Führungsaufgaben für dein Produkt und für dein Team. Wie das Zusammenspiel mit anderen Führungsrollen gestaltet werden kann, erfährst du im nächsten Kapitel.

Kapitel 10
Gemeinsam führen

"Arbeiten, das kann man doch gar nicht allein! (...) Was man ein Unternehmen nennt, ist aus einer Ansammlung von verschiedenen Individuen entstanden, die ihre Kräfte bündeln, um ein gemeinsames Ziel zu erreichen." (Hobonichi, 2021) Weise Worte von Satoru Iwata, dem ehemaligen CEO von Nintendo – auch für die Führungsarbeit in einem agilen Team.

Ellen rollt mit den Augen und holt tief Luft. Sie lässt sich auf einen Stuhl fallen und schüttelt mit dem Kopf. So hatte sie sich das nicht vorgestellt. Warum sind denn Karla und Benno so genervt gewesen im Meeting eben? Sie hatte doch nur vorgestellt, was sie an Entwicklungsmaßnahmen für das Team geplant haben. Gemeinsam mit Rami hatten sie einen guten und endlich mal innovativen Ansatz konzipiert. Rami kommt um die Ecke und sieht Ellens Blick. »Na, das hatte ich mir auch anders vorgestellt«, lacht er. »Eigentlich dachten wir doch, dass wir alle an einem Strang ziehen, aber das war jetzt eher Tauziehen. Manchmal ist es gar nicht so einfach, gemeinsam zu führen.«

Ellen und Rami haben sich etwas überlegt. Aber ihre Ideen sind bei den anderen offenbar nicht so gut angekommen, wie sie gehofft hatten. Und da ihnen bewusst ist, dass sie gemeinsam mit den anderen führen, kann es sehr frustrierend sein, wenn diese die eigenen Ideen nicht gleich mit Begeisterung aufnehmen. Die Welt ist durch Digitalisierung und Globalisierung heute weniger klar und einfach als früher. Eine Führungskraft kann nicht mehr alles besser wissen. In neuen Führungsansätzen ist dies berücksichtigt, beispielsweise indem Führung oft nicht mehr allein stattfindet.

In diesem Kapitel zeigen wir dir, wie vielfältig heute Führungsrollen sind, welche Herausforderungen sich stellen und welches Potenzial sie auch bieten. Dazu gehört auch, sich selbst zu führen und mit anderen – Personen in ganz unterschiedlichen Rollen in einer Organisation – gemeinsam zu führen.

Bevor wir so richtig einsteigen, möchten wir kurz betonen, dass du in diesem Kapitel nichts über Führungsmodelle finden wirst. Es gibt eine Vielzahl von Modellen, die je nach Organisation und ihrem Auftrag im Einsatz sind und ihre Daseinsberechtigung haben. Es gibt also nicht das eine universelle Modell, das für alle richtig ist. Daher raten wir dir, dich mit den Modellen vertraut zu machen, mit denen deine Organisation arbeitet. Schau dir auch eure Führungsgrundsätze oder -leitlinien an und orientiere dich daran. Du bist in der Product-Owner-Rolle eine der Führungskräfte in eurer Organisation und solltest daher eure Modelle und Leitlinien gemeinsam mit den anderen Führungskräften anwenden.

10.1 Wer macht was?

Steht im Scrum Guide nicht, dass du für Management verantwortlich bist und die Scrum-Master-Rolle für Führung? Schließlich kommt bei dir in der Rollenbeschreibung das Wort »Management« vor. Und bei der Scrum-Master-Rolle ist von einer »Führungspersönlichkeit« die Rede, die dem Scrum Team und der Organisation dient. Da scheint es also einen Unterschied in dem zu geben, wofür ihr in euren Rollen jeweils verantwortlich seid. Auf den ersten Blick könnte also Management bei dir und Führung bei der Scrum-Master-Rolle liegen.

Ganz so trennscharf ist das im wahren Leben nicht. Eine Stärke von Scrum ist, dass die jeweilige Rolle einen Fokus setzen darf. Das ist bei dir in der Product-Owner-Rolle der Fokus auf das Produkt. Und in der Scrum-Master-Rolle liegt der Fokus auf der Optimierung der Zusammenarbeit. Beides zusammen sorgt dafür, dass der Wert dessen, was ihr entwickelt, maximiert wird.

Und das Thema Führung ist eines, das in beiden Rollen wichtig ist. Daher hilft dir in der Product-Owner-Rolle ein gutes Verständnis davon, was Führung ist und wie Führung gemeinsam mit anderen gelingt.

Tipp: Dinge managen und Menschen führen

Als grobe Faustregel habe ich mal mitgenommen, dass Dinge *gemanagt* und Menschen *geführt* werden. Als Führungskraft kann ich selbstverständlich beides. Aber wenn ich wählen darf, dann nehme ich mir lieber die Aufgaben, die mit Menschen zu tun haben. Vor etwa 15 Jahren durfte ich das erste Mal im Tandem ein großes Team führen. Ich habe es damals als große Bereicherung empfunden, einen Fokus setzen zu dürfen und im Tandem voneinander etwas zu lernen. Rückblickend war das für mich das erste Mal ein Arbeiten in den Rollen Product Owner und Scrum Master. Dieses Zusammenspiel begeistert mich bis heute.

10.2 Die Grundlagen im Agilen Manifest

Wenn du dir das Agile Manifest (Agile Manifesto, online) anschaust, dann sind dort sowohl Management als auch Führung vertreten.

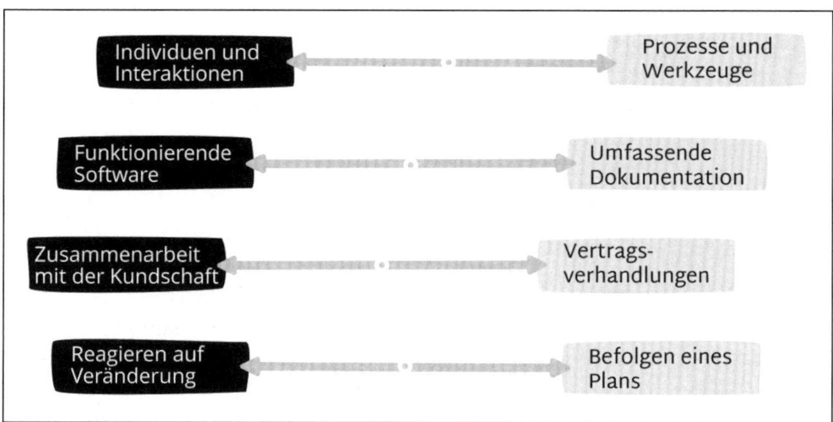

Abbildung 10.1 Das Agile Manifest enthält Elemente von Management, rechts in den Spannungsfeldern, und Führung, links (angelehnt an das Agile Manifesto, online).

Auf der rechten Seite stehen die Dinge, die es zu managen gilt, also die Prozesse und Werkzeuge, die Dokumentation, die Vertragsverhandlungen und der Plan. Die rechte Seite im Griff zu haben, schafft die Grundlage, um auf der linken Seite agieren zu können. Dabei dient die rechte Seite immer als Werkzeug für die linke Seite und darf nicht zum Bremsklotz werden.

Die Punkte auf der linken Seite sind die Punkte, die Führung brauchen, also die Interaktionen und Individuen, die Zusammenarbeit mit den Kunden*innen und das Reagieren auf Veränderung.

Jedes Vorhaben benötigt die richtige Balance aus beiden Seiten, also aus Führung und Management. Wenn die rechte Seite überbetont wird, entsteht schnell eine zermürbende Effizienzmaschine, die Kreativität, Engagement und jedwede Innovationskraft im Keim zu ersticken droht. Wird die linke Seite überbetont und kein ordnender Rahmen zur Seite gestellt, laufen die Teams Gefahr, sich zu verzetteln, und nichts wird mehr fertig. Wenn sie dann doch liefern, mangelt es häufig an Qualität. Zur agilen Arbeit im Sinne des Manifests gehört es daher, die vier Spannungsfelder immer wieder auszuloten und sich fortwährend diese beiden Fragen vor Augen zu halten:

- Welche Strukturen und Arbeitsweisen sind hilfreich und fördern gute Ergebnisse?
- Welche Strukturen und Arbeitsweisen hemmen die produktive Vorgehensweise?

Du schaust mit deinem Team, deinem Umfeld und deinem Auftrag nach der für euch richtigen Balance. Allerdings verrät dir der letzte Satz im Agilen Manifest, dass die Erfahrung zeigt, dass du Führungsthemen ein wenig mehr Raum geben solltest, als du vielleicht anfänglich denkst.

10.3 Führen und Managen

Harrison Owen, der als Begründer der Open-Space-Technologie gilt, hat sich ausführlich damit beschäftigt, wie Menschen miteinander komplexe Probleme lösen. *»Die Open-Space-Technologie (OST) ist, um das Mindeste zu sagen, ein trügerisch einfacher Ansatz zur Durchführung besserer, produktiverer Versammlungen, bei denen Gruppen von fünf bis 1000 Leuten sich schnell selbst organisieren können, um effektiv mit komplexen Themen in sehr kurzer Zeit umzugehen.« (Owen, 2008, S. 17)*. Daher passen einige der zugrunde liegenden Gedanken sehr gut zu deiner Führungsrolle als Product Owner*in. In seinem Buch »The Spirit of Leadership – Führen heißt Freiräume schaffen« (Owen, 2008) beschreibt Harrison Owen eine neue Art von Führung. Er reflektiert die Frage, ob es keine Führungspersonen mehr gibt oder ob vielleicht die Art von Führung, wie wir sie aus früheren Zeiten gewohnt sind, einfach nicht mehr angemessen ist.

Grundsätzlich unterscheidet er Führung und Management folgendermaßen:

- Zu managen heißt, zu kontrollieren und im System zu arbeiten. Du hältst dich zum Beispiel an die Vorgaben der Organisation und organisierst die Arbeit dementsprechend.
- Führen heißt zu befreien und an dem System zu arbeiten. Hier hinterfragst du die bestehenden Vorgaben der Organisation und arbeitest mit anderen daran, ob diese Vorgaben hilfreich sind und gestaltest einen sinnvollen Rahmen.

Er beschreibt Führung vor allem als die Aufgabe, Spirit freizusetzen und zu fokussieren (Owen, 2008).

Die fünf Funktionen von Führung in deiner Product-Owner-Rolle

Harrison Owen beschreibt, dass es fünf Funktionen von Führung gibt. In der folgenden Auflistung kannst du sehen, wie sie dir in deiner Rolle als Product Owner*in in den Phasen als Orientierung dienen können.

Spirit durch Vision wachrufen – eine Produktvision haben, die andere dafür begeistert, an der Entwicklung des Produkts mitzuwirken.

Spirit durch gemeinsames Geschichtenerzählen wachsen lassen – während des Projektverlaufs durch Kommunikation dafür sorgen, dass alle weiterhin gerne mitwirken.

Spirit durch Struktur erhalten – die passenden Artefakte auswählen und pflegen, sodass die Begeisterung erhalten bleibt.

Spirit an seinem Ende trösten – das Ende der Projektlaufzeit gemeinsam zelebrieren, indem ihr das Vergangene ehrt, die Gegenwart anerkennt und in die Zukunft aufbrecht.

Spirit nach der Trauerarbeit wieder erwecken – für andere da sein, den Raum für neu entstehende Dinge offen halten, zukunftsgewandte Fragen stellen.

Viele Führungsansätze stammen aus den Zeiten, in denen es viele Menschen gab, die Aufgaben erledigt haben, für die eine relativ kleine Einarbeitungszeit oder eine kurze Ausbildung ausreichend waren. Hier gab die führende Person Anweisungen, bestimmte, was und wie es gemacht wurde, und war dafür verantwortlich, aufkommende Probleme zu lösen. In der Führungsrolle wurde gedacht, und in der Rolle der Mitarbeitenden wurde gemacht.

Hier war allerdings das Umfeld noch weniger dynamisch und die Dinge noch nicht so komplex miteinander verwoben wie im digitalen Zeitalter. Seitdem erleben und gestalten wir Wandel in einer nie da gewesenen Geschwindigkeit. Dementsprechend sollte auch eine Führungsrolle angepasst arbeiten.

Die Führung unter ständigem Wandel beschreibt Harrison Owen folgendermaßen: *»Aber da gibt es noch eine andere Geschichte, in der nicht ausschließlich der eine oder einige wenige führen. Fragen, nicht Antworten dominieren, und die richtige Sache ist überhaupt keine Sache.*

In dieser Geschichte gibt es keinen Mangel an Führung, sondern eher das Entstehen einer ganz anderen Art von Führung. Sie ist neu, wirklich vorhanden und wirklich effektiv. Führung unter den Bedingungen des ständigen Wandels ist eine kollektive und immer wieder neu verteilte Funktion und nicht Privateigentum einiger weniger oder des/der einen. Die Führungsrolle muss sich die Frage stellen, wie die menschlichen Möglichkeiten verwirklicht werden können, und sich dafür engagieren. Und das Ziel von Führung ist nicht die Etablierung irgendeines perfekten Zustands (der ›richtigen Sache‹), sondern eine höhere Qualität des Unterwegsseins.« (Owen, 2008, S. 10)

Es geht also darum, anders zu führen als bisher, aber was genau ist damit gemeint?

10.3.1 Dienlich führen

Im Scrum Guide ist von Servant Leadership die Rede, also von dienlicher Führung. Auch wenn die Rolle des Servant Leaders bei der Scrum-Master-Rolle angesiedelt ist, solltest du verstehen, was es damit auf sich hat. Denn dienlich führen kann auch in deiner Rolle wichtig sein. Es geht bei diesem Führungsansatz darum, dass dein Wirken sich als Dienst an den Menschen, die du führst, orientiert.

Mit zunehmender Bedeutung der Wissensarbeit erwies sich ein anderer Führungsstil als besser geeignet als das altbekannte »Command and Control«. Diese Mitarbeitenden sind jetzt hoch spezialisierte und gut ausgebildete Menschen. Es geht darum, diese Menschen gemeinsam etwas entwickeln zu lassen. Ihre Zusammenarbeit orchestrierst du in der Führungsrolle. Bei dieser Art der Führung ist der Fokus darauf gerichtet, das Potenzial zu entwickeln, das in allen von uns steckt, und so zu einem guten Ergebnis beizutragen. Dazu gehört es, gut zuzuhören, um zu verstehen, was einzelne Personen ausmacht. So trägst du dazu bei, eine gute und vertrauensvolle Basis miteinander aufzubauen. Und das braucht Zeit. Führen bedeutet, sich Zeit für Menschen zu nehmen. Es bedeutet auch, nicht alle Probleme für andere zu lösen, sondern gemeinsam zu beobachten, Experimente aufzusetzen und dann genau auszuwerten, was geschehen ist. Dabei ist jede Abweichung von einem erwarteten Ergebnis als Lernmöglichkeit zu betrachten. Du hilfst in der Product-Owner-Rolle deinem Team dabei, Probleme selbst zu lösen, indem du dafür den Raum und die Ressourcen schaffst. Du bist verantwortlich dafür, dass das Produkt entsteht, aber wie es entsteht, liegt in der Verantwortung deines Teams.

Diese Art von Führung ist ein wichtiges Element aus dem Toyota-Produktionssystem (Spear, 2004). Toyota hat früh erkannt, dass Menschen in ihren Produktionsprozessen eine wichtige Rolle spielen und es wichtig ist, sie zu fördern und einzubeziehen. Daher werden Führungskräfte dort im Rahmen ihrer Ausbildung auch darin trainiert, gut zu beobachten, Hypothesen aufzustellen und diese zu überprüfen, um so kontinuierlich Verbesserungen umzusetzen. Und dies geschieht nie in Isolation, sondern in enger Zusammenarbeit mit den Menschen, die diese Arbeit verrichten. So werden kontinuierlich kleine Verbesserungen umgesetzt mit dem Ziel, immer Wert für die Kundschaft zu schöpfen. Und genau das wollen wir auch, wenn wir agil unterwegs sind.

Tipp: Mach dir Mut

Führung im agilen Kontext benötigt Mut. Den Mut, Dinge anders anzugehen, als Menschen es bei ihren Führungskräften bisher erlebt haben. Vielleicht fühlst du dich noch unsicher, und wenn du dann in der Situation bist, in der du eigentlich anders handeln wolltest, fällst du wieder in alte Muster zurück.

Du kannst dir diese neuen Handlungsmuster antrainieren und dir damit selber Mut machen. Gehe dafür in Gedanken konkrete Situationen aus deinem Arbeitsalltag durch. Überlege dir ...

- ... was du tun wirst,
- ... was du sagen wirst,
- ... welche Handlungsoptionen du nutzen möchtest.

Je genauer du dein Handeln in Gedanken durchgehst, desto eher schaffst du es, mutig in der konkreten Situation zu handeln.

Dieses »Unterwegssein« aus dem Zitat von Harrison Owen ist es, was eure Arbeit im agilen Kontext ausmacht und auch deine Führungsrolle beeinflusst. Ihr seid auf dem Weg, ein komplexes Produkt für eure Auftraggeber*innen zu entwickeln. Dabei werdet ihr immer wieder auf die unterschiedlichsten Herausforderungen stoßen. Jetzt liegt es unter anderem bei dir, auszuwählen, welche Strategie geeignet ist. Hier kann dir das Cynefin Framework Orientierung bieten.

10.4 Cynefin Framework

Dave Snowden, der Komplexitätsforscher und Entwickler des Cynefin Frameworks (Snowden & Boone, online), erläutert in einem Artikel den Nutzen seines Modells: Die Verwendung des Cynefin Frameworks kann Führungskräften helfen, zu erkennen, in welchem Kontext sie sich befinden, sodass sie nicht nur bessere Entscheidungen treffen, sondern auch die Probleme vermeiden können, die entstehen, wenn ihr bevorzugter Managementstil sie zu Fehlern verleitet.

Das Modell gibt dir Begriffe an die Hand, um die unterschiedlichen Aspekte deines Vorhabens zu charakterisieren, sodass du dich gezielt mit anderen darüber austauschen kannst, welches Vorgehen angemessen sein könnte.

Das Cynefin Framework (siehe Abbildung 10.2) besteht aus vier sogenannten Domänen:[1]

- **einfach/offensichtlich** – Du hast es mit einem Problem zu tun, das einfach zu verstehen ist. Zur Lösung existieren bewährte Arbeitsabläufe, Best Practices, bei denen unmittelbar einleuchtet, dass diese funktionieren werden. Erfolg in dieser Domäne entsteht durch eine solide Arbeitsplanung und das Anwenden von Best Practices.

1 Einige Absätze gleichen den Absätzen aus unserem Buch »Daily Play. Agile Spiele für Coaches und Scrum Master« (Dellnitz et al., 2021), das bei den Quellen aufgeführt ist.

- **kompliziert** – Du hast es mit einem klar umrissenen Problem zu tun. Menschen mit Erfahrung und Expertise hinsichtlich dieser Art Aufgaben können das Problem analysieren, um einen geeigneten Lösungsweg auszuarbeiten und vorzuschlagen. Die sorgfältige Analyse ist hier der Schlüssel, um effektiv voranzukommen.
- **komplex** – Wenn du ein neuartiges Problem zu lösen hast, fehlt dir zu Beginn die Erfahrung, um zu analysieren und einzuschätzen, welche Facetten des Problems von Bedeutung sind und welche nicht. Außerdem ist unklar, wie eine effektive Lösung aussieht und entstehen kann. Um hier herauszufinden, ob ihr als Team auf dem richtigen Weg seid, stehen die Strategien Experimentieren und Lernen im Vordergrund.
- **chaotisch** – Manchmal verstehst du einfach nicht mehr, was passiert. Du bist nicht sicher, ob du überhaupt am richtigen Problem arbeitest, und klare Aussagen gibt es auch nicht. Willkommen in der chaotischen Domäne! Die gute Nachricht: Du kannst hier kaum etwas falsch machen, Hauptsache, du tust etwas. Sobald du anfängst, etwas zu tun, bewegst du dich meist bald schon wieder in einer der anderen Domänen.

Abbildung 10.2 Das Cynefin Framework hilft bei der Auswahl der Strategie. (eigene Darstellung nach Snowden & Boone, online)

Betrachte die Domänen des Cynefin-Modells einmal in Ruhe und versuche, eure Arbeit dort einzuordnen. Vermutlich stellst du fest, dass nicht alle Teile eurer Arbeit in ein und dieselbe Domäne passen. Bei einigen Problemstellungen wird es klar sein, wie ihr herangehen müsst, bei anderen braucht es etwas mehr Analyse. Dies sind die Aufgaben, mit denen ihr euch als Team gut auskennt und die ihr alle tagtäglich erledigt. Das Team weiß, wie es die Sachen angeht, die Arbeit verläuft gut strukturiert, und alle haben bewährte Lösungsstrategien an der Hand, falls es doch einmal zu Problemen kommen sollte. Das alles fällt in den rechten Bereich des Cynefin-Modells mit seinen Domänen »einfach/offensichtlich« und »kompliziert« und wird auch als geordnet bezeichnet. Traditionelle Managementmethoden sind für diesen Bereich wie geschaffen. Sie versuchen, vor allem Planbarkeit und Effizienz zu maximieren.

Daneben gibt es vermutlich auch Aspekte eurer Arbeit, die eher der komplexen oder gar chaotischen Domäne zugeordnet sind. Dies sind zum Beispiel Probleme, die für euch neu sind und bei denen das Team erst lernen muss, wie es am besten damit umgeht. Wenn dein Team an Projekten arbeitet, in denen es neue Produkte und Dienstleistungen entwickelt, ist es sehr offensichtlich, dass seine Themen in der ungeordneten Domäne liegen. Auch wenn dein Team vermeintlich nur geordnetes Tagesgeschäft erledigt, kann es sein, dass es in den ungeordneten, also in den linken Bereich des Modells gerät – beispielsweise wenn eine Pandemie alles radikal verändert, du von heute auf morgen im Homeoffice sitzt und die Zusammenarbeit mit anderen komplett neu organisieren musst. Traditionelle Managementmethoden kommen hier schnell an die Grenzen. Deswegen sind agile Methoden als Ergänzung hilfreich. Sie kombinieren einen strukturierten Prozessrahmen mit Offenheit und Flexibilität. So kannst du angemessen auf neue Erkenntnisse und unvorhergesehene Ereignisse reagieren.

In deiner Führungsrolle ist es gut zu wissen, in was für einem Umfeld die Menschen aus deinem Team bisher gearbeitet haben. Denn insbesondere in Stresssituationen werden sie auf diejenigen Managementstrategien zurückgreifen, die ihnen vertraut sind. Du erkennst, dass die Menschen unterschiedliche Managementstrategien anwenden, gut daran, dass es zu deutlich mehr Reibung kommt oder das Team sich festfrisst. Wenn es zum Beispiel ein komplexes Problem zu lösen gilt, hilft es nicht, immer weiter zu analysieren. Dann ist es Teil deiner Führungsrolle, deinem Team da rauszuhelfen und eine besser geeignete Strategie auszuwählen. Hier hilft dir auch gerne die Scrum-Master-Rolle.

Für das komplexe Umfeld ist es dein Job, in der Produkt-Führungsrolle Umfelder und Experimente zu schaffen, die das Entdecken von Mustern ermöglichen. Du musst dazu das Maß an Interaktion und Kommunikation in eurem Team erhöhen. Nutze dazu Methoden, die helfen, Ideen zu generieren und in die Umsetzungsverantwortung zu gehen, indem du zum Beispiel Großgruppenmethoden einsetzt, um Diskussionen anzustoßen, Grenzen setzt, Anziehungspunkte stimulierst, Diversität und Dissens förderst – für all das legst du den Grundstein und beobachtest, was sich zeigt. Diese Fähigkeit – zu beobachten und Dinge geduldig zu reflektieren – ist eine wichtige Kompetenz in deiner Führungsrolle, die es ermöglicht, dass sich Muster erst zeigen können und ihr als Team damit arbeiten könnt.

10.5 Dich selbst führen

Bevor du darüber nachdenkst, wie Führung gemeinsam mit anderen funktioniert, ist es hilfreich, zuerst auf dich selbst zu schauen. Wie in jeder Beziehung ist es auch in der Arbeitsbeziehung hilfreich, sich selbst gut zu kennen. Das bedeutet, dir darüber im Klaren zu sein, was du:

- *leisten kannst* – Welche Kompetenzen hast du? Welche musst du eventuell noch erlernen? Wobei benötigst du Unterstützung?
- *leisten magst* – Wo liegen deine persönlichen Grenzen, was Zeiteinsatz, physische und psychische Kraft angeht?
- *brauchst* – Welche Rahmenbedingungen sind dir für gute Arbeit wichtig?

Je klarer du dabei für dich selbst bist, desto einfacher wird es für dich werden, festzustellen, wenn etwas für dich nicht mehr stimmig ist[2]. Und so wird es dir auch leichter fallen, deinem Umfeld zu erläutern, falls es einer Änderung bedarf. Denn auch wenn deine Rolle bei der Arbeit die gleiche ist, kann es im Projektverlauf dazu kommen, dass sich außerhalb der Arbeit etwas ändert. Zum Beispiel weil du in die Elternrolle gehst, ein Haus baust, Beziehungen zerbrechen, dir Krisen zu schaffen machen oder Menschen in deinem Umfeld zum Beispiel pflegebedürftig werden. Meist sind wir versucht, dann die Arbeitsrolle weiterhin professionell auszufüllen und das andere nebenbei auch mit erledigen zu wollen. Je nach Tragweite und Dauer ist das aber nicht leistbar, und dann ist es gut, wenn du weißt, ab wann du Dinge ändern willst, und mit anderen darüber ins Gespräch gehst. Denn wie heißt es so schön: »*Andere können dir immer nur vor den Kopf schauen, nie hinein.*«

10.5.1 Keine Zeit für dich ...

In Kapitel 4, »Zeit für Feedback«, haben wir dir bereits einige Mittel aufgezeigt, mit denen du und dein Entwicklungsteam in einen kontinuierlichen Lern- und Reflexionsprozess gelangt. Aber wie sieht es eigentlich mit dir selbst aus? Hast du dich im Auge? Bei all dem Trubel, den du erzeugst, kann es schon mal unübersichtlich werden. Du hast die Bedürfnisse der Kundschaft im Blick, deine Stakeholder*innen wollen dich von ihren Anliegen überzeugen, und dein Entwicklungsteam braucht kurzfristig Informationen von dir, damit es weitermachen kann. Damit du dich und deine Bedürfnisse nicht aus dem

2 Wir schätzen diese Fragen in unserer praktischen Arbeit sehr und möchten diese Erfahrung hier weitergeben. Sie auf diese Art zu stellen, ist nicht unsere eigene Idee – leider wissen wir nicht mehr, wer uns dazu inspiriert hat, und belassen es so bei einem namenlosen Dankeschön.

Auge verlierst, nennen wir in diesem Abschnitt einige hilfreiche Methoden und Tipps, mit denen du dich immer mal wieder reflektieren kannst.

Dein erster Gedanke ist vermutlich, dass du dafür keine Zeit hast. Unserer Erfahrung nach hast du genug Zeit dafür, aber ob du sie dir auch nimmst, ist im Alltag oft eine ganz andere Frage. Neben all den Terminen und To-dos fällt die Zeit für dich selbst vielleicht als Erstes hinten runter, obwohl sie eigentlich die Voraussetzung für alles andere ist. Mach dir in regelmäßigen Abständen einen Termin mit dir selbst und nimm ihn ernst. Was wir damit meinen: Warte nicht darauf, dass es irgendwann mal eine ruhige Zeit gibt, die du dann dafür nutzt. Denn die kommt nicht. Stattdessen, wie ihr es auch im Scrum Team mit euren Ereignissen macht: Setze einen Termin, nimm diesen dann auch wahr und wirf ihn nicht bei der erstbesten Anfrage über den Haufen.

Der Prozess der kontinuierlichen und auch kritischen Auseinandersetzung mit sich selbst, um die eigenen Ziele besser ansteuern zu können, wird als *Selbstführung* bezeichnet. Er ist einer der wichtigsten Voraussetzungen, um andere und auch gemeinsam mit anderen gut führen zu können. Plane deshalb Zeiten ein, die wirklich dir gehören. Das ist nicht nur wichtig, um deine nächsten Schritte zu durchdenken und einen kühlen Kopf zu bewahren, sondern vor allem, damit du dich und dein Tun konstruktiv hinterfragen kannst.

Das liest sich jetzt leichter, als es sich in deiner Realität anfühlt. Du hast möglicherweise das Gefühl, ohne dich funktioniere es nicht, und kannst daher nie so richtig abschalten. Dieser Umstand sollte bereits dein erstes Thema für eine Selbstreflexion sein. Damit du wirken kannst, musst du in einer guten Verfassung sein. Dazu gehört auch ausreichend Erholung und Abstand vom Thema, denn wenn du den Wald vor lauter Bäumen nicht mehr siehst, verlierst du den Blick für deine Vision. Hier kann dir die folgende Methode helfen, um dir zu erleichtern, Zeit für dich zu finden:

Das *Worst-Case-Szenario* kannst du mit dir selbst oder einer Person deines Vertrauens durchspielen. Wenn du das Gefühl hast, dass es gerade ohne dich nicht läuft und du zum Beispiel nicht in den Urlaub gehen kannst, dann male dir möglichst konkret aus, was im schlimmsten Fall passieren könnte. Oft stellt sich in der Reflexion heraus, dass die Folgen nicht so schlimm sind, wie zuerst angenommen.

Kommt dabei ein Szenario heraus, das dir immer noch Sorge bereitet? Dann schreibe auf, was es verhindern könnte, auch wenn du im Urlaub bist. Dabei können dir folgende Fragestellungen helfen:

- Wie kann dein Entwicklungsteam dir helfen? Was kannst du direkt abgeben?
- Wie kann die Scrum-Master-Rolle in der Zeit das Entwicklungsteam unterstützen und mit den Stakeholder*innen kommunizieren?

- Was brauchst du selbst jetzt noch, um mit einem guten Gefühl nicht da sein zu können?

Nutzt die Antworten auf diese Fragen für einen gemeinsamen Plan, mit dem du entspannt abwesend sein kannst.

10.5.2 Was treibt dich an?

Zusätzlich zu ausreichender Erholung und Zeit für die Selbstreflexion ist es wichtig, dass du dir bewusst machst, was dich an deiner Arbeit glücklich macht. Wenn du das weißt, kannst du diese Aspekte stärker fokussieren und auch mit anderen darüber in den Austausch treten. Um herauszufinden – oder dich immer mal wieder daran zu erinnern –, was dich an deiner Arbeit glücklich macht, kannst du deine neu gewonnenen Reflexionsmomente wunderbar nutzen. Oft ist es nicht nur ein ganz spezieller Moment in deinem Arbeitsalltag, sondern der Mechanismus dahinter. Hier zwei Beispiele:

- Du bekommst ein tolles und konstruktives Feedback zum neuen Feature von deinen Stakeholder*innen. Es ist nicht nur dieses Feedback in genau der Situation, das dich glücklich macht. Es ist vielleicht die Wertschätzung und Anerkennung für die geleistete Arbeit oder das Gefühl der partnerschaftlichen Zusammenarbeit auf Augenhöhe.
- Im Planning habt ihr nun endlich das gleiche Verständnis von einem Backlog-Eintrag, nachdem du lange das Gefühl hattest, ihr redet völlig aneinander vorbei und das Entwicklungsteam versteht einfach nicht, was du meinst. Den Kick gibt dir hier nicht diese konkrete Situation, sondern er resultiert vielleicht aus deinem Bedürfnis danach, verstanden zu werden. Aber auch hier kann der Grund für dein Glücksgefühl die partnerschaftliche Zusammenarbeit sein, genau wie im ersten Beispiel.

Zwei unterschiedliche Situationen können also denselben Mechanismus teilen beziehungsweise das gleiche Bedürfnis erfüllen. Wenn deine Bedürfnisse erfüllt sind, bist du tendenziell glücklicher. Wir haben zwei einfache Übungen für dich, die dir helfen, die Glücksmomente in deiner Arbeit zu identifizieren, damit du erkennen kannst, welche deiner Bedürfnisse erfüllt sein müssen, damit du glücklich(er) bist.

Tipp: Deine Gedanken schriftlich sortieren

Journaling ist eine hilfreiche Methode, um deine Gefühle und Gedanken zu ordnen. Es gibt unterschiedliche Arten des Journalings, von denen du dir die für dich passende auswählen kannst. Gemeinsam ist ihnen, dass du deine Gedanken und Gefühle regelmäßig schriftlich festhältst. Hierbei nutzt du Fragen, die dir eine Struktur bieten.

10.5.3 Golden Moment of the Day

Der *Golden Moment of the Day* ist eine Journaling-Methode und eignet sich für dich, wenn du von heute an deine Glücksmomente bewusst festhalten möchtest. Dafür benötigst du jeden (Arbeits-)Tag nur wenige Minuten.

Menschen konzentrieren sich oft auf die Dinge, die nicht gut laufen. Das hat Vorteile, weil wir meist darauf aus sind, uns zu verbessern. Es kann aber auch sehr auslaugend und einseitig sein. Deshalb ist es wichtig, dass du dir auf der anderen Seite ganz bewusst die Momente vor Augen führst, die gut gewesen sind. Mit dem Fokus auf die tollsten Momente des Tages füllst du nicht nur dein Glückskonto, sondern du kannst nach einiger Zeit Muster erkennen und gewinnst Hinweise darauf, welche Arten von Situationen dich besonders glücklich machen und welche deiner Bedürfnisse damit erfüllt werden.

Besorge dir ein (digitales oder analoges) Notizbuch und nimm dir jeden Tag vor dem Feierabend fünf Minuten Zeit. Denke an den Arbeitstag, der hinter dir liegt, und reflektiere:

- Was war der beste Moment des Arbeitstags?
- Warum war das der beste Moment?

Schreibe die Antworten auf. Nach zwei Wochen kannst du alleine oder mit einer Person deines Vertrauens reflektieren.

- Was fällt dir an den Ergebnissen auf?
- Welche Zusammenhänge zwischen den Situationen gibt es?
- Welches deiner Bedürfnisse wurde erfüllt?
- Was möchtest du beibehalten?
- Was möchtest du ändern?

Auch nach den zwei Wochen kannst du deine Notizen weiterführen und daraus ein festes Ritual machen. Diese kleine Übung kann dir helfen, besser mit deinen Bedürfnissen und denen anderer Menschen umzugehen – etwas, das du in deiner Product-Owner-Rolle ständig brauchst.

10.5.4 Das Glücksbarometer

Vielleicht möchtest du lieber einen Zeitraum in der Vergangenheit reflektieren und dir noch mal die Momente oder Phasen in deiner Arbeit als Product Owner*in vor Augen führen, die dich glücklich gemacht haben. Dazu eignet sich diese einfache Übung. Am Ende erhältst du ein gutes Bild deiner emotionalen Lage während unterschiedlicher vergangener Situationen.

Für die Übung benötigst du ein Flipchart-Papier und Stifte in verschiedenen Farben. Zeichne nun ganz links eine senkrechte Skala von 0 bis 10. Während 0 ganz unten ist und bedeutet, dass du kein Glück verspürt hast, steht die 10 ganz oben und beschreibt, dass du vor Glück fast geplatzt wärst. Dann zeichnest du ganz unten eine lange waagerechte Linie. Das ist deine Zeitachse. Befülle sie mit Monaten oder Wochen, je nachdem, wie groß der Zeitraum ist, den du dir genauer ansehen willst. Nun gehst du diese Zeit noch mal intensiv durch. Erinnere dich an alle wichtigen Momente und zeichne sie chronologisch ein.

Die Markierung für den jeweiligen Moment machst du immer an der Stelle, an dem Zeitpunkt und empfundenes Glück sich auf dem Glücksbarometer treffen. Schreibe auf ein Post-it, um welchen Moment es sich handelt und was diesen ausgemacht hat, und klebe die Post-its entweder mit auf die Zeitachse oder mit dem Datum auf ein Board daneben. Verbinde nun die Markierungen, sieh dir das Bild genau an und beantworte für dich folgende Fragen:

- Welche Schlüsse kann ich aus dem Bild ziehen?
- Gibt es Verbindungen zwischen den Momenten, in denen ich am glücklichsten war?
- Welche Verbindungen kann ich konkret entdecken?
- Welche meiner Bedürfnisse wurden hier erfüllt?
- Wie kann ich den Momenten, in denen ich nicht glücklich war, künftig entgegenwirken oder besser für mich sorgen?
- Was möchte ich beibehalten?
- Was möchte ich gerne ändern?

Das Ergebnis kann dann aussehen wie in Abbildung 10.3.

Egal wie du vorgehst, wichtig für dich und deinen Erfolg als Product Owner*in ist, dass du weißt, was du brauchst, um stark in deiner Rolle sein zu können. Egal ob mit einer*m Coach*in an deiner Seite oder mit dir allein, ritualisiere die Zeit für dich und plane sie ganz selbstverständlich mit ein.

In Kapitel 15, »Heiße Konflikte willkommen!«, werden wir erläutern, dass es beim Thema Kommunikation nie rein um die sachliche Ebene geht, sondern immer die emotionale Ebene mit im Spiel ist. Zu erkennen, welche Emotionen dich gerade beeinflussen, ist ein wichtiger Baustein dafür, die Zusammenarbeit mit anderen konstruktiv gestalten zu können.

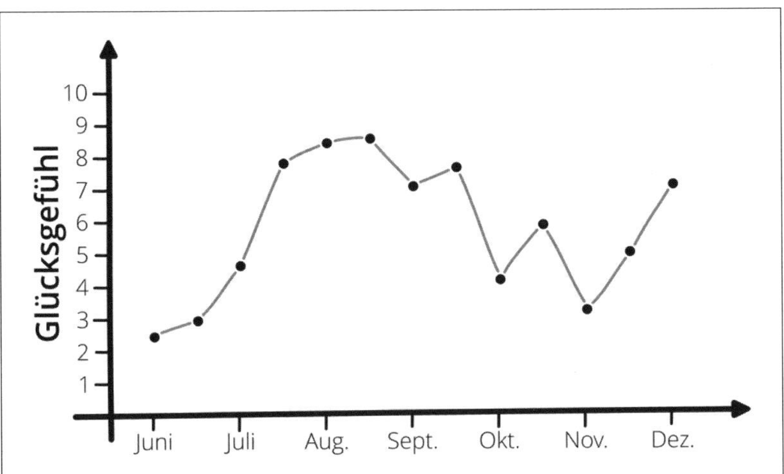

Abbildung 10.3 Mit dem Glücksbarometer erhältst du eine gute Übersicht über die Glücksmomente deiner Arbeit.

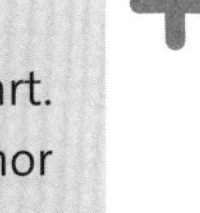

Tipp: Du bist erfolgreicher, wenn es dir gut geht!

Tatsächlich ist es ein Trugschluss, dass Erfolg zu Glück führt. Es ist genau umgekehrt. Wenn wir glücklich sind, sind wir erfolgreicher. Der Harvard-Professor Shawn Achor (2020) hat in einer Reihe von Arbeiten festgestellt, dass Menschen deutlich mehr Erfolge erzielen, wenn sie sich in einem positiven Gemütszustand befinden. Unser Gehirn ist im Glück um 31 % produktiver, wir sind kreativer und aktiver.

Es kann auch hilfreich sein, dich mit einer anderen Person auszutauschen und dich coachen zu lassen. Gedanken und Ideen, die wir aussprechen und anderen erläutern, helfen dabei, Klarheit zu bekommen. Daher ist ein Gespräch oder auch die schriftliche Beantwortung von Fragen oder Journaling eine gute Methode, dich immer wieder auszurichten und Klarheit zu gewinnen.

10.6 Mit anderen führen

Als Product Owner*in gibt es ganz unterschiedliche Konstellationen, in denen du führen wirst. Im Alltag führst du sicher viel im Tandem mit der Scrum-Master-Rolle. Auch im Zusammenspiel mit den Entwickler*innen wirst du führen, wenn es zum Beispiel darum geht, mit den Kund*innen auszuloten, was machbar und realistisch ist. Und auch mit

Führungskräften aus deiner Organisation wird es immer wieder zu Situationen kommen, in denen ihr gemeinsam führt.

Hier sind sechs Tipps für gemeinsame Führung:

1. Klärt eure Rollen miteinander: Wer ist wofür verantwortlich? Wo benötigt ihr Zuarbeit voneinander, um gemeinsam erfolgreich zu sein?
2. Prüft eure Kommunikationsstruktur: Wo habt ihr die Möglichkeit, euch gegenseitig auf Kommunikationskanälen zu berechtigen, sodass ihr gegenseitig mitbekommt, was bei den jeweils anderen los ist?
3. Schafft euch einen Regeltermin, in dem ihr alle Schnittstellenthemen besprechen könnt. Setzt diesen so regelmäßig, dass es euch möglich wird, kleine Dinge immer wieder zwischendurch miteinander zu klären. Mit dem Team hast du die Retrospektive, um dies zu tun. Mit anderen Führungsrollen solltest du dir einen solchen Termin extra schaffen. Sollte dein Projekt größer sein, kann ein Framework wie Nexus hilfreich sein, um die Abstimmung gut zu koordinieren (siehe auch Abschnitt 17.2, »Vom ersten Scrum Team zum agilen Unternehmen«).
4. Nutzt auftretende Spannungen als Hinweis darauf, dass etwas noch unklar ist. Und nutzt die Chance, es zu klären. Es ist völlig normal, dass ihr unterschiedlicher Meinung seid, denn ihr setzt in eurer Arbeit einen unterschiedlichen Fokus. Je besser es dir gelingt, zu schauen, wie ihr zueinander findet, desto leichter wird die Zusammenarbeit mit der Zeit.
5. Arbeitet euch immer von dem Punkt an vorwärts, an dem ihr noch einer Meinung seid. Es ist leicht, sich nur in den Differenzen zu verzetteln. Wenn ihr mit dem startet, was euch eint und wovon ihr ein gemeinsames Verständnis habt, wird es viel leichter, vorwärtszukommen.
6. Spielt eine Runde Delegation Poker, um Themen zu klären, an denen ihr gemeinsam beteiligt seid. (Wie das geht, erfährst du im nächsten Unterabschnitt.)

Innerhalb eures Scrum Teams könnt ihr auch mit einem spielerischen Ansatz in die Rollenklärung gehen.

Tipp: Mit dem Rollenpuzzle Verantwortlichkeiten klären

Scrum kommt mit einem ungewöhnlichen Rollenkonzept um die Ecke. Das Besondere daran ist die Aufteilung der Führungsrolle. Darin liegt für viele Organisationen, insbesondere in der Anfangsphase, eine Herausforderung. Das Rollenpuzzle kannst du gut einsetzen, um dieses Rollenkonzept inhaltlich zu vermitteln und Unklarheiten zu beseitigen.

Im Rahmen des Spiels werden die Verantwortlichkeiten durch das Team den jeweiligen Scrum-Rollen zugeordnet. Mit unterschiedlichen Kartenfarben wird hierbei gekennzeichnet, wer die primäre oder sekundäre Verantwortung für diese Tätigkeit trägt. So deckt ihr schnell auf, an welchen Punkten ihr noch Klärungsbedarf habt, und könnt Unstimmigkeiten auflösen.

Weitere Informationen zum Spiel findest du im Buch »Daily Play« (Dellnitz, Julia et al., 2021).

10.6.1 Delegation Poker

Delegation Poker ist ein Kartenspiel mit sieben Delegationsleveln, die genutzt werden können und die unterschiedliche Grade an Delegation abbilden (Management 3.0, online).

Du kannst es nutzen, um an konkreten Beispielen mit anderen zu klären, welches Delegationslevel für diese Art von Aufgaben für euch passend ist.

Jedes Teammitglied erhält ein Set Handkarten mit den sieben Delegationsleveln:

- Verkünden – Ich entscheide und werde euch die Entscheidung mitteilen.
- Verkaufen – Ich entscheide und werde euch versuchen zu überzeugen, dass des die richtige Entscheidung war.
- Befragen – Ich hole mir vor meiner Entscheidung euren Rat ein.
- Einigen – Wir werden uns gemeinsam einigen.
- Beraten – Ich berate euch, aber ihr trefft die Entscheidung.
- Erkundigen – Ihr entscheidet. Ich werde mich nach eurer Entscheidung erkundigen.
- Delegieren – Ich überlasse euch die Entscheidung

Auf Extrakärtchen schreiben alle ihre Beispiele, die sie gerne besprechen würden. Diese Kärtchen werden gemischt und verdeckt auf einen Stapel gelegt. Dann wird das erste Kärtchen umgedreht, und die Person, die es geschrieben hat, erläutert das Beispiel kurz. Alle Mitspielenden überlegen, welches Delegationslevel sie hier für angemessen halten, und wählen die entsprechende Handkarte. Auf ein Kommando legen alle gleichzeitig ihre Karte offen vor sich auf den Tisch. Wie damit gearbeitet wird? Jetzt habt ihr ein Bild davon, was alle für das passende Delegationslevel halten. Seid ihr euch nicht komplett einig, ist es interessant, die am weitesten auseinanderliegenden Level zu Wort kommen zu lassen und zu erfahren, warum sie genau dieses Level für geeignet halten. Ihr könnt so im Gespräch spielerisch die unterschiedlichen Annahmen aus den Köpfen kitzeln.

Nachdem die Gründe für die Entscheidung genannt wurden, nehmen alle ihre Karten zurück auf die Hand und spielen erneut das Level aus, das sie mit den nun gehörten Informationen für passend halten. Oft klärt sich durch das Gespräch einiges, und ihr findet ein Delegationslevel, das euch allen passend erscheint. Damit diese Gespräche produktiv verlaufen, lohnt es immer wieder, auf die gemeinsame Kommunikation zu achten und daran zu arbeiten (siehe Abschnitt 6.2, »Zusammenarbeit durch angemessene Kommunikation initiieren«).

10.6.2 Führen mit Führungskräften aus der Organisation

In eurem Projekt sind viele Menschen unterschiedlicher Expertise vertreten. Je nach Organisation bringt das gleich eine ganze Gruppe von weiteren Führungskräften mit sich. Sie haben ihre Mitarbeitenden in euer Projekt entsendet und bleiben nach wie vor als Führungskraft für diese Menschen verantwortlich. Denn Führung bringt in einer Organisation einiges an Verantwortung mit sich. So haben Führungskräfte eine Fürsorgepflicht für die Sicherheit und Gesundheit von Mitarbeitenden. Sie müssen den Schutz von Persönlichkeitsrechten zum Beispiel bei Mobbing oder Diskriminierung wahren, sich darum kümmern, Wiedereingliederung nach längerer Krankheit zu gestalten, Arbeitszeugnisse ausstellen und ihre Mitarbeitenden dabei unterstützen, sich zu entwickeln. Zudem können sie die sogenannten Unternehmerpflichten delegiert bekommen, um zum Beispiel dafür Sorge zu tragen, dass die Arbeitssicherheit eingehalten wird. Daraus ergibt sich eine große Bandbreite an Aufgaben und Tätigkeiten, die es rechtfertigen, dass Menschen sich ausschließlich auf Führungsaufgaben fokussieren. Diese Pflichten einer Führungskraft werden meist an die offiziellen Führungsrollen in deiner Organisation übergeben, also die Bereichs-, Abteilungs-, Gruppen- oder Teamleitungen.

Oft kommen dazu noch Vorgaben der eigenen Organisation, zum Beispiel in puncto Führung oder Umsetzung der Strategie. Damit jetzt nicht das große Durcheinander entsteht, ist es hilfreich, zu klären, wer welche Aufgaben übernimmt und wie ihr euch abstimmen wollt. Dies ist nicht immer einfach, wie folgendes Beispiel illustriert.

Stell dir vor, ihr habt ein Entwicklungsprojekt, das aus mehreren Teams besteht. Die Entwickler*innen sind alle zu 100 % im Projekt, bleiben aber ihrer Gruppe weiter zugeordnet. Ihre Gruppenleitungen sind für die Entwicklung der Mitarbeitenden, also für ihre Fort- und Weiterbildung, verantwortlich. Da sie aber als Führungskräfte nicht Teil des Projektteams sind, haben sie keinen Arbeitsalltag mehr mit ihren Mitarbeitenden. Nun sollen sie mit einem begrenzten Weiterbildungsbudget die Entwicklung jeder einzelnen Person voranbringen. Gleichzeitig habt ihr als Führungstandem aus Product-Owner-

Rolle und Scrum-Master-Rolle einen guten Blick auf die Menschen bei ihrer Arbeit. Ihr könnt eventuell in der Zeit im Projekt viel besser beurteilen, wo es fachlichen Weiterbildungsbedarf gibt und was für ein Softskill-Training weiterhelfen könnte. Vielleicht wollt ihr im Projekt ganz andere Methoden des Lernens miteinander nutzen, wie Pair Programming, Coding Dojos oder auch ganz experimentelle Formate. Euer Blick ist davon geprägt, Wert für eure Kundschaft zu schaffen, und ihr habt eine klare Idee, was da hilfreich wäre. Die Führungskräfte beschäftigen sich derweil eventuell mit anderen Fragestellungen. Beispielsweise wie diejenige Person sich in eine ganz andere Rolle hineinentwickeln soll, weil das zur Strategie der Gruppe passt oder was für Pläne für die Zeit nach dem Projektende bestehen. Auch die Gruppenleitung hat eine klare Idee davon, was gut wäre. Und leider gibt es nur ein begrenztes Zeit- und Geldkontingent. Daher ist es wichtig, dass ihr eure Perspektiven regelmäßig übereinanderlegt und klärt, wie ihr gemeinsam dafür Sorge tragt, dass ihr in einer Richtung unterwegs seid und nicht unabsichtlich gegeneinander arbeitet.

10.6.3 Führen im Tandem mit der Scrum-Master-Rolle

Ihr arbeitet in eurem Kontext in einem Projekt, also einem zeitlich begrenzten Rahmen, in dem es gilt, eine bestimmte Fragestellung/Aufgabe zu lösen. Hierbei bist du gemeinsam mit der Scrum-Master-Rolle das Führungsduo im Projekt. Ihr tragt gemeinsam dafür Sorge, dass das Entwicklungsteam einen guten Rahmen zum Arbeiten hat, regelmäßig liefert und sich kontinuierlich verbessert.

Dabei kann es sein, dass ihr sehr eng zusammenarbeitet oder je nach Projektgröße auch mal weniger eng im Alltag miteinander in Kontakt seid. Tragt gemeinsam dafür Sorge, dass ihr eurem Führungsauftrag gerecht werden könnt, indem ihr für einen regelmäßigen, fruchtbaren Austausch sorgt. Da ihr bei der Arbeit unterschiedlichen Fokus setzt und auch auf unterschiedliche Erfahrungen zurückgreifen könnt, habt ihr hier einen wahren Schatz, den ihr nutzen könnt.

Tipp: Regelmäßige Timeboxen für Austausch

Ich habe gute Erfahrungen damit gemacht, sich eine regelmäßige Timebox für den Austausch zu setzen. Denn es sammeln sich doch erstaunlich viele Themen an, die, jedes für sich genommen, vielleicht nicht so wichtig wirken und die dann im Zusammenspiel auf einmal eine ungute Dynamik entfalten können. Nehmt euch auch regelmäßig Zeit für eine Retrospektive und damit verbunden für die kontinuierliche Verbesserung eurer Zusammenarbeit.

10.6.4 Führen gemeinsam mit dem Team

Im obigen Zitat von Harrison Owen in Abschnitt 10.3, »Führen und Managen«, ist es zum Thema Führung schon angeklungen: Führung in Zeiten des Wandels ist eine kollektive Funktion. Früher war es vielleicht möglich, dass die Person in der Führungsrolle immer über alles am besten Bescheid wusste. Aber diese Zeiten sind lange vorbei. In deiner Product-Owner-Rolle bist du gut beraten, zu wissen, wann du jemandem aus deinem Team die Führung überlässt. Wenn ihr unterschiedlicher Auffassung seid, wer jetzt wo die Führung übernimmt, könnt ihr zum Beispiel eine Runde Delegation Poker miteinander spielen. Auch Retrospektiven können ein guter Ort sein, solche Fragen anzusprechen und miteinander zu klären.

10.6.5 Remote führen

In den letzten Jahren ist es für viele Menschen in der Product-Owner-Rolle zum Alltag geworden, remote zu arbeiten. Damit geht die Herausforderung einher, remote zu führen. Hier gibt es einige Punkte, die sich doch sehr deutlich unterscheiden von der Vor-Ort-Führung. Vor Ort siehst du Menschen mit all ihren Facetten. Das fehlt dir in der Remote-Arbeit komplett. Wenn ihr vor Ort seid, kannst du zum Beispiel Mimik wie Augenrollen, Stirnrunzeln oder auch Kopfnicken sehen und das für Nachfragen nutzen. Sind bei einer Videokonferenz die Kameras aus, ist das unmöglich, und du verlierst so einiges an Feedback und Resonanz. Oft werden auch die Mikrofone ausgeschaltet, um störende Nebengeräusche zu vermeiden. Das ist auf der einen Seite gut, damit ihr euch alle besser fokussieren könnt. Andererseits gehen so auch Teammomente verloren. Wann immer es möglich ist, macht eure Kameras und Mikrofone an.

Aus unserem Erfahrungsschatz: Wie witzig

Mir ging es mit einem Scrum Team einmal so, dass wir alle die Mikros ausgeschaltet hatten, jemand einen wirklich guten Witz gerissen hat und ich laut lachend vor dem Rechner saß. Da traf es mich wie ein Blitz, denn ich habe niemand anderen lachen hören und mich gefragt, ob die anderen jetzt auch laut lachend vor ihren Rechnern sitzen. Ein Entwickler und ich haben dann schnell das Mikro angemacht, sodass die anderen uns lachen hören konnten, und dem Beispiel sind dann weitere gefolgt, sodass wir diesen Moment als Team genießen konnten.

Für dich bedeutet es, dass du viel bewusster daran arbeiten musst, dieses Feedback und diese Resonanz einzuholen. Also viel mehr konkret nachfragst und bewusst Möglichkeiten schaffst, dass Menschen sich auf vielfältige Art einbringen können. So kannst du Dinge wie Umfragen oder Meldungen über den Chat nutzen und dafür sorgen, dass nicht nur das Bild der Menschen, die gerne sprechen, mit in deine Entscheidungen einfließt. Auch visuelle Unterstützung durch Online-Whiteboards sind eine große Hilfe, um Input aller im Team einzusammeln.

Ebenso kannst du einzelne Personen weniger gut wahrnehmen in einer solchen Arbeitskonstellation. Du kannst nicht sehen, ob jemand müde oder abgespannt ausschaut, vor Freude strahlt oder ein verschmitztes Grinsen auf dem Gesicht hat. Und genauso geht es den anderen Personen mit dir. Lass daher andere wissen, wenn du dich über etwas ärgerst oder freust oder wenn du Fragen hast. Im Remote-Kontext ist es wichtig, diese Dinge viel deutlicher zu verbalisieren, da sie sonst viel schneller verloren gehen und Potenzial für Konflikte bieten.

Eventuell hast du es sogar mit Personen aus unterschiedlichen Zeitzonen zu tun. Dann achtet darauf, dass ihr Meeting-Zeitfenster vereinbart, die für alle passen, sodass niemand sich ausgeschlossen fühlt.

Die letzten Jahre haben gezeigt, dass es sich lohnt, wenn du in der Product-Owner-Rolle gut remote führen kannst. Denn es wird immer schwieriger, Menschen für Rollen zu rekrutieren und sie zu einem Umzug zu bewegen, wo doch alle technischen Möglichkeiten vorhanden sind, remote zusammenzuarbeiten.

Insgesamt geht es also beim Thema Führung darum, einen Rahmen für gute Arbeit zu schaffen, sodass dein Team sich auf die Umsetzung fokussieren kann. Was es dabei alles aus technischer Sicht zu bedenken gilt, erfährst du im nächsten Kapitel.

Kapitel 11
Tech für Anfänger*innen

*Als Product Owner*in eines digitalen Produkts musst du auch eine Reihe eher technischer IT-Themen im Blick behalten. Auch ohne eigenen Hintergrund solltest du dabei genug von den Themen verstehen, um diese in der Arbeit mit dem Team zu berücksichtigen.*

Ellen brummt ganz schön der Kopf nach dem Meeting mit Karla, der IT-Leiterin. Gemeinsam mit Rhia trotten sie zurück in ihr Büro. »Boah Rhia, ich hatte noch gar nicht auf dem Zettel, dass wir uns zum Start noch um so viel technischen Kram kümmern müssen. Das kenne ich zwar alles vom Hörensagen, aber ich dachte, die Infrastruktur wäre einfach fertig und da, wir sagen Karla Bescheid, zwei, drei Anrufe, fertig.« Rhia nickt schmunzelnd, während sie zuhört. »Ich weiß ... Das rutscht immer hinten runter, und wir machen das alles im Team dann so nebenbei, weil wir es ja brauchen. Aber dafür ist es eigentlich viel zu wichtig.« »Ich weiß.« Ellen lässt die Schultern fallen. »Ihr seid ja ehrlicherweise auch nicht die ersten, die mir das erzählen. Ich habe mich einfach nie so wirklich damit beschäftigt und war ganz zufrieden, wenn sich andere drum gekümmert haben.« Rhia kann sich ein Lächeln nicht verkneifen. »Schon okay. Du musst am Ende des Tages die Dinge ja auch nicht alle im Detail machen, nur gemeinsam mit uns schauen, dass wir das strategisch in der Planung mit verankern. Das klingt doch machbar, oder?« Ellen muss auch grinsen. »Klar, das machen wir so. Setzen wir uns nach dem Mittag mal zusammen?«

Ellen hatte bereits den Verdacht, dass sie gewissen technischen Details nicht genügend Beachtung schenkt. Schon mehrfach wurde sie darauf aufmerksam gemacht. Aber Details sind eben Details, klein und unscheinbar. Und doch: Sie können sich akkumulieren und zu einer großen Herausforderung werden, wenn sie sich dann so richtig zusammengeballt haben. Nachvollziehbar ist trotzdem, dass sie diesen Punkten im Alltag nicht so viel Priorität eingeräumt hat. Für Rhia sind sie dagegen purer Alltag: Schmunzelnd und lächelnd zeigt sie hier aber Verständnis dafür, dass Ellen sie nicht immer auf dem Radar hat. Das Schöne ist an diesem Gespräch der beiden: dass Ellen sich auf ihr Team verlassen kann. Sie muss nicht alles selbst machen. Sie muss nur dem Team Raum geben und auf dessen Expertise vertrauen.

Rund um die Entwicklung und den Betrieb eines digitalen Produkts gibt es eine ganze Reihe von Themen, die einen großen Einfluss auf die Qualität und die Entwicklungseffizienz haben und die du deshalb kennen solltest. Das bedeutet nicht, dass du jedes Detail in aller Tiefe kennen musst, diese Expertise bringt dein Team mit. Du bist aber dennoch verantwortlich, einen Rahmen zu setzen, wie, wann und in welchem Umfang ihr euch um die einzelnen Aspekte kümmert und dass du genügend Zeit mit einplanst, damit diese nicht in der Alltagsarbeit untergehen.

Dieses Kapitel hat daher einen stärkeren Überblickscharakter. Wir haben die Themen dabei in vier Blöcke gegliedert:

- Alles, was du über den Softwareentwicklungs- und Lieferprozess wissen solltest.
- Die Themen, an die du denken musst, um einen professionellen Betrieb eurer Software aufzubauen und sicherzustellen.
- Rechtliche Aspekte, die du kennen und berücksichtigen solltest, um keine Probleme zu bekommen.
- Schließlich: Die Technologien und Entwicklungspraktiken im IT-Umfeld entwickeln sich schnell weiter, sodass du auch die Aus- und Weiterbildung deines Teams im Blick behalten und in die Arbeit integrieren solltest.

Zu jedem Thema findest du dabei einen Überblick darüber, worum es geht und was du über das Thema wissen solltest, Hinweise dazu, wie du das Thema bei der Planung und in der Zusammenarbeit mit dem Team berücksichtigen solltest, und schließlich Tipps dazu, wer deine besten, ersten Ansprechpartner zu den Themen sind.

11.1 Zuverlässig und mit hoher Qualität entwickeln und liefern

Deine Kundschaft erwartet von dir, dass eure Software zuverlässig und ohne Fehler läuft und Updates zügig und mit minimalen Auswirkungen auf die Nutzung beziehungsweise den Betrieb ankommen. Aus Unternehmenssicht soll das natürlich mit möglichst niedrigem Aufwand sichergestellt werden. Die Wartung und die Weiterentwicklung eures Produkts werden sich hoffentlich über viele Jahre erstrecken. Damit ist es essenziell, dass die entsprechenden Prozesse auch nachhaltig und robust funktionieren.

Zu deinem Produkt gehört daher nicht nur die Software, die eure Kundschaft direkt nutzt, sondern auch die Werkzeuge und Prozesse, die ihr benötigt, um eure Software zu entwickeln, zusammenzubauen und auszuliefern. In enger Abstimmung mit deinem Entwicklungsteam solltest du daher dafür sorgen, dass ihr rechtzeitig investiert in:

- Infrastruktur und Verfahren zur Verwaltung von unterschiedlichen Entwicklungsständen und für die Qualitätssicherung,
- Skripte und Verfahren, um eure Software zusammenzubauen und in den unterschiedlichen Testumgebungen und bei eurer Kundschaft bereitzustellen, sowie
- Prozesse, um Daten zu migrieren, wenn sich Strukturen geändert haben.

Dein Team muss während der gesamten Lebensdauer des Produkts stets in der Lage sein, die Software in ihren unterschiedlichen Entwicklungsständen gut zu verstehen und leicht zu analysieren. Dies ist die Basis, um bei Änderungen Abhängigkeiten und Seiteneffekte früh zu erkennen und bei Fehlern schnell reagieren zu können.

Automatisierte Roll-out-Prozesse und Fallback-Prozesse helfen eurer Software, schnell in die Nutzung zu kommen und damit die Bandbreite an installierten Versionen gering zu halten, sodass sich Probleme besser nachvollziehen und einkreisen lassen.

11.1.1 Entwicklungs-, Integrations- und Build-Umgebung

Software besteht aus sehr vielen Einzelteilen. Das sind – neben den Hunderten oder Tausenden Programmdateien, die dein Team selbst schreiben wird – Softwarebibliotheken, Konfigurationsdateien, Grafiken, Bilder und Texte sowie Anweisungen, wie alles das zusammengebaut und installiert werden soll. All diese Artefakte ändern sich im Zuge der Entwicklung stetig, müssen zwischen allen Beteiligten synchronisiert werden, und dabei muss sichergestellt sein, dass sie in der richtigen Version vorliegen und zusammengefügt werden können.

Wenn es um professionelle Softwareentwicklung geht, ist ein System zur *Versionskontrolle* aller Artefakte daher unabdingbar. Entsprechende Werkzeuge wie Git oder Subversion speichern die Versionsstände aller Dateien, die zu eurem Produkt gehören, und protokollieren die vorgenommenen Änderungen über die Zeit. Sie ermöglichen damit:

- Änderungen, die von einem Teammitglied gemacht wurden, den anderen Teammitgliedern nachvollziehbar zur Verfügung zu stellen,
- Versionsstände zu markieren und zu archivieren, damit sie auch später noch nachvollzogen und wiederhergestellt werden können,
- mehrere Entwicklungszweige mit unterschiedlichen Versionen zu verwalten.

Sollte sich das Team bei der Entwicklung einmal verrennen, kann es so auch noch Tage später recht einfach die gemachten Änderungen zurücknehmen. Genauso kann, wenn Fehler im Kundenbetrieb eures Produkts analysiert werden müssen, immer noch genau nachvollzogen werden, welche Dateien in welcher Version in das Release eurer Software eingeflossen sind.

Die *Integration* der Artefakte aller Beteiligten aus dem Versionssystem findet über mehrere Ebenen (siehe Abbildung 11.1) statt. Zu jeder Integrationsebene gehören passende *Build-Prozesse*. Diese bauen aus allen Dateien – also Programmdateien, Softwarebibliotheken, Ressourcen wie Icons, Konfigurationsdateien und weiteren – das eigentliche Softwareprodukt, sodass es installiert und ausgeführt werden kann.

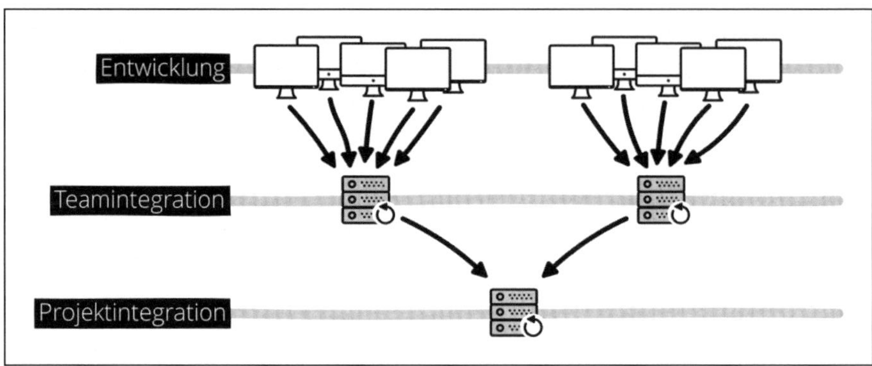

Abbildung 11.1 Integrationsebenen einer Projekt-Build-Umgebung

Auf der Entwicklungsebene integriert das Teammitglied während der Entwicklung die letzten im Versionssystem bereitgestellten Ergebnisse der anderen im Team und testet, ob diese zusammen mit den eigenen Änderungen funktionieren. Da die Teammitglieder parallel arbeiten, kann es immer mal passieren, dass es Wechselwirkungen zwischen den vorgenommenen Änderungen gibt, welche die oder der Einzelne nicht erkennt und die zu Fehlern führen. Daher braucht es auf der Teamebene auch eine kontinuierliche Integration und entsprechende Tests, um diese möglichst frühzeitig zu erkennen und zu verhindern, dass mit ihnen weitergearbeitet wird. Auf der Projektebene passiert dasselbe mit den Ergebnissen aller beteiligten Teams.

Die Integrationen auf Team- und Projektebene sollten so weit wie möglich durch das Team automatisiert werden. Idealerweise startet automatisch ein Build, wenn ein Teammitglied einen neuen Softwarestand eincheckt, und zumindest ein Standardsatz an Tests wird automatisch ausgeführt. Auf die Art bekommt das Entwicklungsteam unmittelbar eine Rückmeldung, wenn sich Probleme einschleichen. Mindestens aber einmal pro Tag – beziehungsweise in der Nacht – sollte ein Integrationslauf bis auf die Projektebene passieren.

Bei komplexeren Softwareprodukten und in größeren Projekten mit mehreren Teams braucht es ein gutes Konzept, wie die Infrastruktur hierfür aufgesetzt werden kann. Der

Aufwand für all das ist erheblich, aber notwendig. Du musst gemeinsam mit deinem Team die initiale Erstellung sowie die Weiterentwicklung und Pflege einplanen. Das kann entweder darüber passieren, dass das Team einfach Kapazitäten während des Sprints dafür reserviert, oder indem ihr Tech-Stories ins Product Backlog mit aufnehmt (für größere Aktivitäten) (Vigenschow, 2015).

Das Wichtigste

- Der Aufwand für Pflege und Betreuung von Versionskontrolle, Integrations- und Build-Umgebungen ist erheblich. Sprich frühzeitig mit dem Team darüber, wie ihr ihn berücksichtigen und planen könnt. Betrachte diese Infrastruktur als Teil deines Produkts, die einerseits erst ermöglicht, dass es das Produkt gibt, und die andererseits große Auswirkungen auf Entwicklungseffizienz hat.
- Kläre auch mit dem Team und achte darauf, dass keine Kopfmonopole bei dem Thema entstehen. Wenn nur ein, zwei Leute wissen, wie das Rückgrat eurer Entwicklung funktioniert, ist das ein großes Risiko!
- Stell sicher, dass ihr eure Software so früh und so häufig wie irgendwie möglich integriert und testet, um Probleme frühestmöglich zu bemerken. Automatisierung ist dafür essenziell.
- Suche dir Ansprechpartner im Team zu den Themen. Auch der*die Scrum Master*in sollte auf diese Aspekte mit ein Auge haben.

11.1.2 Qualitätssicherungsmaßnahmen

Jede Programmzeile, die ihr neu schreibt oder verändert, hat das Potenzial, Fehler in eurer Software zu verursachen. Ein wesentlicher Teil der Softwareentwicklung besteht daher im Testen und der Qualitätssicherung eures Produkts. Dazu gehören Aktivitäten wie:

- die Identifikation von Qualitätsanforderungen und Testfällen,
- ein Review des Softwarecodes und der Dokumente, um die Verständlichkeit, Vollständigkeit und Nützlichkeit abzusichern – dies ist die Basis für Wartbarkeit und leichte Veränderbarkeit eurer Software,
- die Entwicklung, Durchführung und Dokumentation von Testfällen, um das richtige Funktionieren abzusichern,
- die Entwicklung, Durchführung und Dokumentation von Testfällen, um nicht funktionale Anforderungen wie die Performance, die Datensicherheit oder auch die Benutzbarkeit abzusichern.

Eure Entwicklungsinfrastruktur muss diese Aktivitäten effizient unterstützen, und die Lösungen dafür gibt es leider nicht von der Stange. Sie müssen durch dein Team für euer Produkt und euer Umfeld passend aufgebaut werden.

Integrationstest

In Entwicklungsteams arbeiten nicht alle gleichzeitig an einer Sache, sondern die meisten werden sich um unterschiedliche Aspekte oder Teile des Produkts kümmern. Alle aus dem Team sind daher dafür verantwortlich, immer wieder zu prüfen, ob ihre Arbeit auch im Zusammenspiel mit den Änderungen der anderen funktioniert, und die dafür notwendigen *Integrationstests* durchführen.

Bei der Integration und den Tests in der eigenen Entwicklungsumgebung können aufgrund der parallelen Arbeit alle erst mal nur ihre eigene Arbeit wirklich prüfen. Um abschließend zu testen, ob auch im Zusammenspiel alles funktioniert, braucht es die Integration und die entsprechenden Tests auf der Teamebene. Bei mehreren Teams wiederholt sich dieses Muster entsprechend auf der Projektintegrationsebene (Vigenschow, 2010).

Auf jeder Integrationsebene aus Abbildung 11.2 müssen also erneut Integrationstests durchgeführt werden, um abzusichern, dass

- keine Fehler durch Wechselwirkungen mit anderen Änderungen auftreten,
- übergreifende Funktionalitäten fehlerfrei sind, die erst jetzt in Gänze getestet werden können, da sie auf andere Systeme und Änderungen angewiesen waren, die auf den anderen Integrationsebenen nicht verfügbar waren.

Sobald ein integrierter Stand eures Produkts erfolgreich getestet wurde, kann er wieder als Basis für die Entwicklungsarbeit und die Integration auf den darunterliegenden Ebenen dienen. Je länger das dauert, desto älter ist der Entwicklungsstand, mit dem die Teammitglieder in ihrer persönlichen Entwicklungsumgebung arbeiten, und desto höher die Chance, dass unerwartete Probleme und Fehler später bei der Integration auftauchen. Es ist also in eurem Interesse, den Feedback-Zyklus aus Entwicklung, Integration und Test so kurz und so robust wie möglich zu gestalten.

Die Integration auf Projektebene sollte mindestens einmal täglich (typischerweise nachts) erfolgen. Auf Teamebene erfolgt die Integration meist mehrmals täglich, oft sogar unmittelbar, sobald jemand aus dem Entwicklungsteam eine neue Anpassung in die Versionsverwaltung eincheckt. In der eigenen Entwicklungsumgebung sollte direkt nach jedem Entwicklungsschritt getestet werden.

All das bedeutet, dass die entsprechenden Tests automatisiert sein sollten, um sie in kurzer Zeit durchlaufen zu können. Für ein Test-Set auf Entwicklungsebene bedeutet das wenige Sekunden bis Minuten, auf einer Gesamtprojektebene idealerweise auch nicht mehr als ein bis zwei Stunden. Die Testtiefe und -breite ist dafür notwendigerweise in den einzelnen Umgebungen unterschiedlich ausgeprägt, im Zusammenspiel aller Ebenen ergibt sich dennoch eine hohe Abdeckung aller zu prüfenden Aspekte.

(Integrations-)Testumgebungen

Der Bedarf an Testumgebungen wird oft unterschätzt. Um effektiv testen zu können, braucht ein Projekt meist eine Vielzahl unterschiedlicher Testumgebungen:

- Testumgebungen für **manuelle (explorative) Tests**. Diese Testumgebungen ermöglichen die Entwicklung von Testabläufen und das Aufspüren von fehlenden Tests. Alle neuen Features sollten initial auch manuell getestet werden, um gegebenenfalls Lücken in den durchgeführten Test aufzuspüren (es gibt immer welche).
- Umgebungen für **automatisierte Tests**. Diese enthalten spezielle Infrastruktur für die automatisierte Ausführung, Überwachung und Auswertung der Tests sowie die Möglichkeit zur Steuerung der Umgebung aus dem Testablauf hinaus.
- Umgebungen für **Last- und Performancetests**. Diese Umgebungen sind so ausgelegt und aufgebaut, dass Tests mit großen Datenvolumen und vielen parallelen Zugriffen simuliert werden können.
- Gerätetestfarmen, die eine Vielzahl **unterschiedlicher Endgeräte** (meist Smartphones oder Tablets) unterschiedlicher Bauart und mit unterschiedlichen Betriebssystemversionen bereitstellen.
- Umgebungen zur **Demonstration des Entwicklungsstands und der Begutachtung neu entstandener Funktionalität** zusammen mit Stakeholder*innen. Das sind vom Grundsatz her manuelle Testumgebungen, die aber häufig einem anderen Aktualisierungszyklus unterliegen und oftmals auch schon bei den Kund*innen installiert werden.
- Testumgebungen, in **denen spezielle Drittsysteme im Original** zur Verfügung stehen. Häufig gibt es Abhängigkeiten zu anderen Systemen, die nur begrenzt für Tests zur Verfügung stehen (beispielsweise wegen Lizenzeinschränkungen), deshalb nur in einzelne Testsysteme eingebunden werden können und ansonsten simuliert werden müssen.

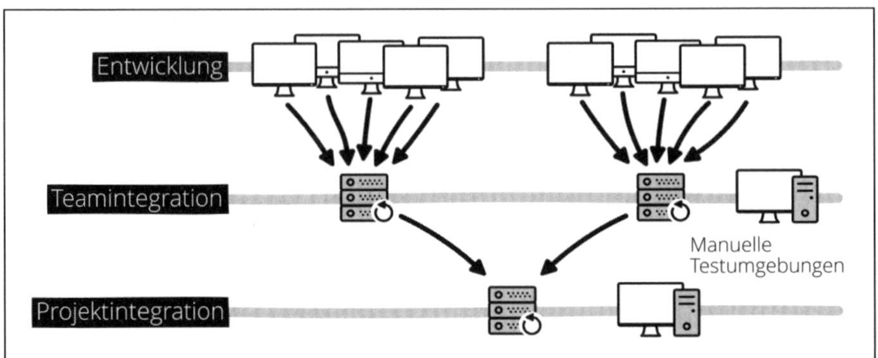

Abbildung 11.2 Integrationsebenen mit weiteren Testumgebungen

Für alle diese Umgebungen gilt, dass sie eine Reihe von Anforderungen erfüllen müssen, um zu verlässlichen Testaussagen zu kommen:

- Die Umgebungen müssen sich einfach und schnell auf einen definierten Grundzustand zurücksetzen und ein beliebiger Stand eures Produkts muss sich einspielen lassen.
- Die Umgebung muss »exklusiv« zur Verfügung stehen. »Spielumgebungen«, in denen mehrere Entwicklungsteams gleichzeitig arbeiten und testen, führen schnell zu nicht reproduzierbaren Problemen aufgrund von Wechselwirkungen.
- Konfigurationen und Datenstände müssen schnell und einfach auf einen zum Testablauf passenden Stand gesetzt werden können.
- Die Umgebungen sollten genauso professionell gemanagt werden wie eine Produktionsumgebung. Euer gesamter Entwicklungsprozess hängt von der Verfügbarkeit dieser Umgebungen ab.

Testgetriebene Entwicklung

Wenn dein Team sich entscheidet, testgetrieben zu entwickeln, wird es auf jeder Ebene noch vor der Realisierung der Features automatisierte Tests implementieren. Diese neuen Tests schlagen erst einmal fehl. Das Team entwickelt dann gegen diese Tests die eigentliche Programmierung, bis die Tests wieder »grün« werden (Vigenschow, 2010).

Diese Art des Arbeitens fühlt sich zu Beginn erst mal langsam an, sorgt aber erfahrungsgemäß für eine höhere Qualität und bessere Architektur der Software, denn jeder Test ist letztlich eine sehr genaue Form einer Anforderungsdefinition. Über den Lebenszyklus eures Produkts überwiegen die Vorteile. Wir empfehlen dir und deinem Team daher, gegebenenfalls eure Bedenken erst noch mal zurückzustellen und es einmal auszuprobieren.

Peer Review

Eine weitere verbreitete Maßnahme ist das *Peer Review* und/oder Pair Working. Beim Peer Review geht eine andere Person aus dem Entwicklungsteam den Code oder die Dokumentation durch und prüft sie gegen eine vorher definierte Checkliste. Bei Unsicherheiten und Auffälligkeiten diskutieren Autor*in und Reviewer*in darüber. Dies fördert einerseits die Qualität des Codes und seiner Dokumentation und andererseits das gemeinschaftliche Lernen. In der regulierten Industrie (Automotive, Pharma, Medizingeräte usw.) müssen die Durchführung und die Ergebnisse aller Qualitätssicherungsmaßnahmen dokumentiert werden. In diesem Fall erfolgt ein Peer Review in der Regel werkzeuggestützt und nach offiziell definierten Prozessen.

Beim Pair Working erfolgt bereits die gesamte Entwicklung in Paaren. Die Idee dahinter ist, dass sich immer eine Person auf die Umsetzung konzentriert, während die andere Person in der Beobachtungsrolle auf Fehler und Probleme achtet sowie die nächsten Schritte überlegt. Die Rollen werden dabei in kurzen Intervallen getauscht. Insbesondere bei komplexen Aufgaben entstehen so bessere Lösungen, und Fehler werden früher entdeckt und behoben.

11.1.3 Automatisierte Regressionstest

Tests gehören in jedem Stadium der Entwicklung elementar dazu. Eine besondere Rolle spielen dabei *Regressionstests*. Regressionstests sind Tests, die erfolgreich absolviert wurden und jetzt regelmäßig wiederholt werden sollen, um unerwünschte Seiteneffekte und Fehler aufgrund von Änderungen zu entdecken und daraufhin beheben zu können. Automatisierte Tests spielen hier ihre ganze Stärke aus.

Automatisierte Regressionstests müssen mit geringem Aufwand regelmäßig, auf jeder Integrationsebene und nach jeder Änderung ausgeführt werden können. Fehler fallen so schnell auf, lassen sich leicht nachvollziehen und korrigieren. Die Menge an Fehlern, die ihr spät oder sogar erst durch Hinweise eurer Nutzerschaft findet, reduziert sich signifikant, und das beschleunigt den Entwicklungsprozess (Vigenschow, 2015).

Idealerweise erfolgt in eurer Entwicklungsumgebung die Ausführung von Regressionstest automatisch nach Änderungen. Die Umgebung sollte dabei etwaige Fehler unmittelbar darstellen, sodass das Team reagieren kann. Ihr solltet gemeinsam darauf achten, dass alle gefundenen Fehler möglichst direkt behoben werden, da sonst vorhandene Fehler neue Fehler überdecken, was euch noch weiter zurückwerfen kann.

In deiner Rolle als Product Owner*in kannst du erwarten, dass es zum Sprint-Ende keine Regressionsfehler in der Software gibt. Sollte das dennoch öfter vorkommen, kläre mit dem Team, ob ihr Geschwindigkeit aus eurer Entwicklung nehmen solltet oder ob ihr durch Verbesserung eurer Infrastruktur die Probleme mildern könnt.

11.1.4 Deployment-Prozesse – die Auslieferung

Eure Entwicklungsumgebung habt ihr sauber aufgebaut und alles funktioniert. Doch wie kommt das Produkt zu eurer Kundschaft? Zu den Integrations- und Testebenen in Abbildung 11.2 kommen zwei weitere Aspekte hinzu: die Freigabe und die Lieferung (siehe Abbildung 11.3).

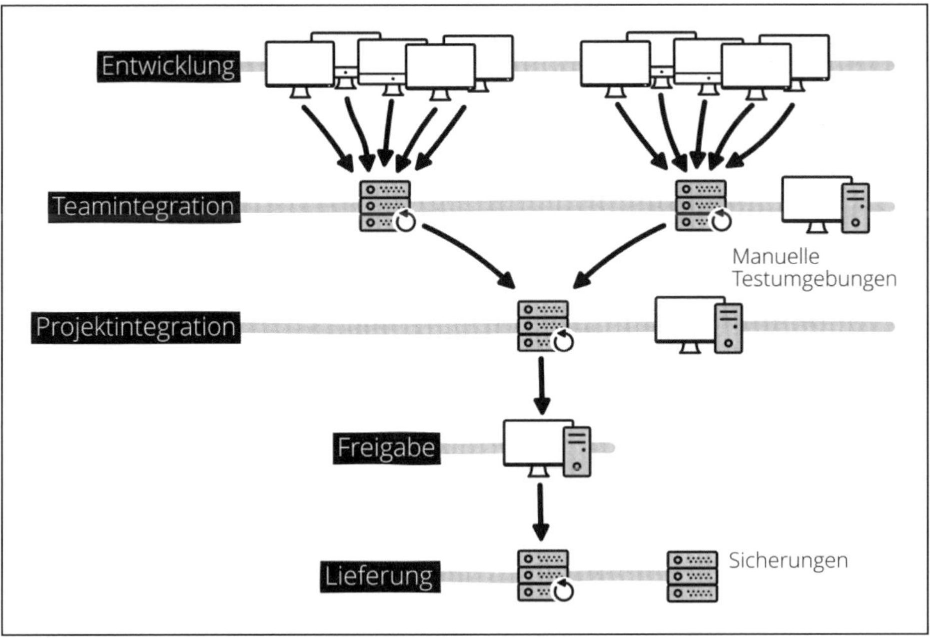

Abbildung 11.3 Integrations- und Lieferebenen

Sobald das Produkt alle Tests durchlaufen hat und du als Product Owner*in zufrieden bist mit dem Stand der Dinge, könnt ihr diese Version liefern. Dazu »taggt« ihr diese Version in der Versionsverwaltung, markiert und speichert sie also als eine zusammengehörige Konfiguration. So könnt ihr auch noch viel später wieder auf diese Lieferung zugreifen, um beispielsweise Fehler zu analysieren.

Diese Lieferversion muss nun noch für die endgültige Freigabe fertiggestellt werden. Je nach Art deines Produkts und den Anforderungen des Umfelds deiner Kundschaft gehört dazu nochmals eine Reihe von Aktivitäten, die häufig in wiederum einer speziellen Freigabeumgebung stattfinden:

- Der endgültige Bau von Softwarepaketen zur Lieferung. Diese werden häufig digital signiert, um sie vor späteren Manipulationen zu schützen.
- Der Test der Lieferpakete, ob diese sich problemlos installieren lassen.
- Die Dokumentation aller Lieferbestandteile in einem Lieferschein, der die enthaltenen Funktionalitäten und vorgenommenen Änderungen beschreiben.
- Unter Umständen muss eure Software vor der endgültigen Lieferung noch Dritten zur Zertifizierung vorgelegt werden, wenn ihr euch beispielsweise in einem regulierten Umfeld befindet, etwa in Bereichen der kritischen Infrastruktur, dem Medizin- oder dem Bankenbereich.
- Zum Teil behält sich auch eure Kundschaft nochmals vor, eigene weitere Tests durchzuführen, bevor sie euer Produkt zur Installation annimmt.

Der nächste Schritt, die eigentliche Lieferung und Installation, gestaltet sich wiederum je nach Produkt und Umfeld sehr unterschiedlich. Auch wenn dieser Schritt durch andere Personen und andere Teams als deinem eigenen vollzogen wird, bist du mit deinem Team in der Verantwortung dafür, dass dabei alles klappt. In kleinen Organisationen installiert und betreut ihr unter Umständen eure Software selbst auf den Produktivsystemen. In größeren Organisationen gibt es fast immer eigens dafür verantwortliche Personen oder Teams. Besteht eure Kundschaft aus externen Unternehmen, unterstützt ihr gegebenenfalls diese bei der Installation und Konfiguration auf ihren Systemen. Auch dies müsst ihr dann organisieren und vorbereiten. Apps oder Anwendungen für Einzelpersonen werden heutzutage häufig über entsprechende App Stores bereitgestellt, die ihr entsprechend mit eurer Software bestücken müsst.

Du solltest diesen Aufwand nicht unterschätzen und – vor allem – du solltest ihn einplanen. Es ist gute Praxis, die Lieferung eurer Software als Sprint-Fokusthema zu setzen, damit sich alle darauf konzentrieren können.

DevOps

In deiner Rolle als Product Owner*in bist du für den Erfolg deines Produkts als Ganzes verantwortlich, das schließt die Lieferung und den Betrieb mit ein.

Unter dem Begriff *DevOps* gibt es seit einiger Zeit Bestrebungen, die traditionell getrennten Bereiche der Entwicklung (Development) und des Betriebs (Operations) wieder enger zusammenzuführen. Der Fokus liegt dabei sowohl auf der Kultur der Zusammenarbeit wie auf der Entwicklung durchgängig nutzbarer technischer Methoden und Werkzeuge (Vigenschow, 2015).

Je mehr du und dein Team auch vom IT-Betrieb versteht, desto leichter wird es für euch sein,

- zu verstehen, wie sich euer Produkt im realen Einsatz verhält und wie ihr es darauf robust vorbereitet,
- Fehler im Betrieb zu analysieren, zu beheben und die Korrekturen zu den Kund*innen zu bringen,
- zu analysieren, wie eure Kundschaft euer Produkt tatsächlich nutzt und wo Potenziale für die weitere Entwicklung schlummern.

Bei der Erarbeitung und Etablierung entsprechender Prozesse kann euch auch euer*eure Scrum Master*in helfen, speziell im Hinblick auf die übergreifende Zusammenarbeit und die kontinuierliche Verbesserung eurer Prozesse.

11.1.5 Den Wandel der Zeit meistern

Wenn dein Produkt erfolgreich ist – und davon gehen wir natürlich aus –, wird es unter Umständen über einen langen Zeitraum bei eurer Kundschaft im Einsatz sein. Je erfolgreicher, desto länger wird das sein. Einige Softwaresysteme laufen über Jahrzehnte hinweg! Doch damit kommt eine neue Dimension zu eurer Arbeit hinzu: der (technische) Fortschritt.

Im Laufe der Zeit verändert sich so einiges in eurem Umfeld:

- Neue Versionen von Betriebssystemen und Gerätschaften kommen auf den Markt.
- Die von euch verwendeten Softwarebibliotheken, Anwendungen und Werkzeuge entwickeln sich weiter.
- Andere Systeme und Software, mit denen euer Produkt zusammenspielt, erscheinen in neuen Versionen oder verschwinden unter Umständen sogar vom Markt.
- Euer Geschäftsmodell verändert sich unter Umständen: Statt als einmaliger Kauf soll euer Produkt jetzt als Abo verfügbar sein. Statt als Gesamtanwendung für eine*n einzelne*n Kund*in sollen jetzt einzelne Module für eine breite Käuferschaft angeboten werden.
- Auch eure Plattform ändert sich unter Umständen: Aus einer Desktop-Anwendung soll eine Webanwendung werden oder doch gleich eine App?

Im einfachsten Fall nehmt ihr ein paar Anpassungen vor und testet, ob eure Anwendung beispielsweise auch noch in der neusten Browserversion stabil läuft. Neue Betriebssystemversionen sind da häufig schon problematischer. Spätestens wenn du dich entscheidest, dein Produkt strategisch neu auszurichten, kann sich das bis in die grundlegende Architektur eures Produkts auswirken und auf all die Themen, die wir in diesem Kapitel schon angesprochen haben. Wie bereitest du dich und dein Produkt also am besten darauf vor, damit du – im besten agilen Sinne – diese möglichen Veränderungen willkommen heißen kannst und ihr mit Leichtigkeit auf sie reagieren könnt?

Da du nicht wirklich wissen kannst, wie sich dein Umfeld in den nächsten Jahren verändert wird, kannst du eigentlich gar nicht viel tun. Im Gegenteil, wenn ihr versucht, entsprechende Flexibilität für etwaige Eventualitäten in eure Software einzubauen, schafft ihr ein Problem: Ihr schleppt Ballast mit euch rum für Probleme, die unter Umständen nie kommen – und wenn sie kommen, dann meist etwas anders, als ihr dachtet, sodass ihr doch alles wieder umbauen müsst.

Aus unserem Erfahrungsschatz: Nicht in mögliche Probleme investieren

Ich habe mal ein Team betreut, das in weiser Voraussicht kommen sah, dass sich in der Umgebung der Software einiges ändern würde. Sie haben versucht, diese Veränderungen vorwegzunehmen, und eine Architekturentscheidung getroffen, die dann eine gute Lösung ermöglichen sollte.

Die Veränderung kam, aber leider nicht ganz so, wie das Team angenommen hatte. Sie brauchten dann ein halbes Jahr, um die vorher gewählte Lösung aus- und eine besser passende Lösung wieder einzubauen.

Den Großteil dieser Zeit hätten wir uns damals sparen können, wenn wir die Veränderung abgewartet und erst dann gehandelt hätten.

Unser Rat ist daher einfach und besteht aus den folgenden zwei Prinzipien:

- »Keep it simple« – und damit schlank und wartbar.
- Haltet euch an Standards, denn für Standards wird es Migrationswege geben.

Dein Team wird das vermutlich zunächst nicht begeistern. Schlank und nahe an den Standards bedeutet eben nicht, mit den neuesten coolen Sprachen oder vielversprechenden Werkzeugen zu arbeiten. Und Standards sind einfach langweilig. Doch Produktentwicklung ist im besten Fall *ein Marathon* und *kein Sprint* – auch wenn es Scrum mit dem Begriff *Sprint* für die Iterationen anders vermuten lässt. Sensibilisiere dein Team für die Problematik. Sobald ihr das erste Mal erlebt, wie ihr von diesen Prinzipien profitiert, steigt die Zufriedenheit im Team schnell wieder an.

Dennoch solltest du und solltet ihr als Team auch mitbekommen, wie sich euer Umfeld verschiebt und wie sich die Standards verändern. Darum solltest du auch ein Augenmerk darauf haben, dass die Aus- und Weiterbildung deiner Teammitglieder nicht im Alltag untergeht. In Abschnitt 11.4, »Aus- und Weiterbildung«, findest du noch mehr zu dieser Thematik.

11.2 Anwendungen professionell betreiben

Die Software sieht toll aus! Alles ist getestet, freigegeben und geliefert. Die Party kann beginnen. Allerdings gibt es da ein paar Dinge, für die du mit deinem Team auch noch verantwortlich bist:

- Die proaktive Überwachung eurer Software während der Nutzung, um im Idealfall Probleme noch vor eurer Kundschaft zu entdecken.
- Die Gewährleistung des Supports für euer Produkt und die Unterstützung im Fehlerfall.
- Und im Fall der Fälle solltet ihr einen Plan und getestete (!) Verfahren haben, um eure Anwendung ohne signifikanten Datenverlust wieder frisch aufzusetzen.

So offensichtlich diese Dinge scheinen mögen, so oft werden sie verschleppt, bis es ein jähes Erwachen gibt.

11.2.1 Monitoring

Die Überwachung eurer Anwendung im Betrieb – das Monitoring – kannst du dir wie beim Formel-1-Rennen vorstellen. Dort übermittelt der Rennwagen per Funk kontinuierlich alle relevanten Werte des Fahrzeugs an die Renn-Crew. Das geht weit über die Anzeigen hinaus, die auf dem Armaturenbrett zu sehen sind. Den einzelnen Expert*innen steht eine Vielzahl interner Parameter aus dem Fahrzeug zur Verfügung, sodass sie

- frühzeitig erkennen können, wenn sich Probleme anbahnen,
- Betriebsparameter feintunen können,
- Hinweise für die optimale Fahrweise geben können.

Das solltet ihr für euer Produkt auch leisten können.

Die Entwicklung eines leistungsfähigen Monitorings ist zusätzlicher Aufwand. Das Monitoring ist zwar keine Funktionalität, die eure Kundschaft direkt haben möchte, aber es ist die Basis, um den Betrieb organisieren und eure Kundschaft bei Problemen unterstützen zu können. Und das erwartet eure Kundschaft eben doch.

Die Daten, die ihr fürs Monitoring benötigt, müssen aufgezeichnet und aufbereitet werden, idealerweise in Echtzeit visualisiert und in der Regel auch für spätere Analysen archiviert. Das kann auf den Systemen eurer Kundschaft oder bei euch selbst passieren.

In deiner Rolle als Product Owner*in bist du mithilfe deines Teams dafür verantwortlich, mit deiner Kundschaft und den Betriebsteams zu klären, welche Anforderungen und technischen Rahmenbedingungen es zum Aufbau einer entsprechenden Infrastruktur gibt. Betriebsdaten können relativ sensibel sein, sodass ihr genau klären müsst, was aufgezeichnet werden darf und auf welchem Weg die Daten zu euch kommen können.

Ihr solltet bei jedem Feature mitprüfen:

- Soll das Feature in das Monitoring einbezogen werden? (Im einfachsten Fall: Ist ein Service verfügbar oder nicht? Im komplexesten Fall ist ein ganzes Set von Nutzungs-, Interaktions- und Performanceparametern zu erfassen.)
- Gibt es unter Umständen dabei besonders schützenswerte Daten, beispielsweise personenbezogene Daten?
- Wer sollte unter welchen Umständen diese Daten überwachen beziehungsweise auswerten können? Die Menschen müssen dazu auch qualifiziert werden.

Uns interessiert beim Monitoring nicht der Öldruck, sondern Daten wie die Speichernutzung der Anwendung, Fehlermeldungen, genutzte Bandbreiten oder Durchlaufzeiten. Alle Informationen, die bei der Analyse und Lösung von Problemen helfen können. Oder besser noch: Ähnlich wie in der Formel 1 kann ein gutes Monitoring sich anbahnende Probleme frühzeitig sichtbar machen, sodass ihr Gegenmaßnahmen einleiten könnt und der Betrieb ohne (größere) Unterbrechung weiterlaufen kann.

11.2.2 Capacity-, Availability- und Performancemanagement

Einige Fragestellungen rund um den Betrieb von Software, die euer Monitoring im Blick haben sollte, sind so grundlegend, dass es standardisierte Begriffe für sie gibt und in der Regel Menschen in der Organisation, die genau diese Aspekte im Blick haben sollten. Frag rechtzeitig nach ihnen, sie können dir mit ihrer Expertise zur Seite stehen und dir erklären, welche Informationen sie von euch brauchen.

Mit *Capacity-Management* bezeichnet man das Monitoring und die proaktive Bereitstellung aller von eurer Anwendung benötigten Ressourcen, beispielsweise:

- Festplattenplatz und Datenbankauslastung
- Netzwerkkapazitäten
- Lizenzen
- Anwendungsperformance (Rechenkapazität)

Zu einem professionellem Capacity-Management gehört, vorausschauend im Auge zu behalten, wie der Bedarf sich wohl entwickeln wird. In deiner Product-Owner-Rolle bist du auch für diese Aspekte verantwortlich.

Beispiel: Ressourcen für mehr Nutzer*innen bereitstellen

Ihr plant im Herbst eine Marketingkampagne und hofft auf 10.000 neue Nutzer*innen? Werden die verfügbaren Ressourcen ausreichen, und ist eure Anwendung darauf vorbereitet, kurzfristig entsprechend zu skalieren? Habt ihr bereits entsprechende Tests gemacht?

Das *Performancemanagement* ist eine Spezialisierung des Capacity-Managements. Es fokussiert darauf, die Antwortzeiten unter allen definierten Lastszenarien und die Robustheit eurer Software unter diesen Rahmenbedingungen sicherzustellen.

Das *Availability-Management* soll die Verfügbarkeit eurer Anwendung absichern. Dazu gehören geplante Ausfallzeiten für Wartung und Updates genauso wie ungeplante Verzögerungen aufgrund von Abstürzen und Fehlern.

Sofern eure Software nur zu den Bürozeiten im Einsatz ist, ist die Nichtverfügbarkeit meist ein weniger kritisches Thema. Muss sie allerdings rund um die Uhr an 365 Tagen im Jahr verfügbar sein, sieht es anders aus. Du und dein Team werdet euch intensiv Gedanken machen müssen, wie ihr das erreichen könnt, und ihr müsst beobachten, welche Schwachstellen sich im Betrieb auftun. Die Lösungen dafür können sehr aufwändig und teuer werden. Für eure Kundschaft wird es aber nicht weniger teuer, wenn aufgrund eines Ausfalls das gesamte Unternehmen stillsteht. Es liegt in deiner Verantwortung und ist Aufgabe deines Entwicklungsteams, dass ihr euch frühzeitig mit dem Thema beschäftigt und auch für den schlimmsten Fall vorsorgt (Vigenschow, 2015).

11.2.3 Backup- and Recovery-Prozesse

Wenn der schlimmste Fall eintritt, habt ihr hoffentlich ein Backup. Cyber-Attacken sind heutzutage sicherlich der häufigste Grund, warum ihr ein (hoffentlich aktuelles) Backup wieder einspielen müsst. Festplattencrashs, andere Hardwareprobleme oder auch ein dummer Fehler in der Administration oder in der Anwendung selbst: Der Tag wird kommen, an dem du froh sein wirst, entsprechende Funktionen und Prozesse als Teil deines Produkts vorgesehen zu haben.

Beim *Backup* werden alle relevanten Informationen aus dem System zu einem bestimmten Zeitpunkt ausgelesen und an einem sicheren Ort abgelegt. Beim *Recovery* werden diese Daten aus dem Backup-Speicher wieder zurück ins System gespielt, sodass der Zustand der Daten in der Anwendung dem gleicht, den es zum Zeitpunkt des Backups hatte (Vigenschow, 2015).

Es ist essenziell, beide Prozesse ebenfalls *vor jeder Lieferung* zu testen. Änderungen in den Datenstrukturen oder den Zugriffsfunktionen können eure Backup- und Recovery-Prozesse ganz oder teilweise beschädigen, ohne dass es gleich auffällt. Eure Kundschaft verlässt sich auf euch!

11.2.4 Support- und Problemmanagementprozesse

Trotz aller Sorgfalt in der Entwicklung und einem aussagekräftigen Monitoring – auch bei deinem Produkt wird es zu Störungen und Fehlern kommen. Sitzt eure Kundschaft im eigenen Unternehmen, mag die Betreuung noch relativ einfach zu organisieren sein. Ist eure Anwenderschaft über mehrere Standorte verteilt oder auch einfach groß, braucht es professionell organisierte Unterstützung. In der Regel gibt es in deiner Organisation dafür schon eigene Einheiten, dennoch bleibt auch für dich und dein Team genug zu tun:

- Ihr müsst die Support-Mitarbeitenden mit eurer Software vertraut machen, sie mit Informationen ausstatten, wie sie bei Problemen helfen können, und dafür gegebenenfalls auch Werkzeuge entwickeln und bereitstellen.
- Bei akuten größeren Störungen werden Mitglieder aus deinem Team den Support gegebenenfalls unterstützen müssen.
- Aufgetretene Probleme müssen durch dein Team untersucht und Fehler beseitigt werden.
- Auch die Störungen, die euer Support-Team selbst beheben kann, solltet ihr regelmäßig besprechen, um die Ursachen identifizieren und abstellen zu können.

In deiner Product-Owner-Rolle solltest du die Entwicklung der Menge und Art der Fehler sehr genau im Blick behalten. Dein Team muss immer Kapazitäten bereithalten, um sich um Fehler kümmern zu können. Habt ihr zu viele, sinkt eure Entwicklungsgeschwindigkeit. Das führt dann häufig dazu, dass ihr Terminprobleme bekommt, der Druck steigt und ihr noch mehr Fehler macht. Ein Teufelskreis. Dein*e Scrum Master*in und du, ihr solltet die Situation erkennen und frühzeitig handeln. Klärt mit dem Team, worin die Grundursachen für die hohe Fehlerzahl liegen, und investiert entsprechend, beispielsweise in

- die Verbesserung eurer Testprozesse, -werkzeuge und -methoden,
- eine etwas niedrigere Entwicklungsgeschwindigkeit, um weniger Fehler während der Entwicklung zu machen und mehr Kapazität in die Qualitätssicherung zu geben,

- das Refactoring problematischer Programmteile, um sie leichter wartbar und weniger fehleranfällig zu machen.

Die besten agilen Teams kümmern sich so rechtzeitig um grundlegende Probleme, dass sie auch ohne aufwändige Problemmanagementsysteme auskommen.

11.3 Rechtliche und Sicherheitsanforderungen sicherstellen

Du wolltest doch nur ein Softwareprodukt entwickeln, mit deinem Team Probleme lösen und eine einzigartige Nutzungserfahrung kreieren! Aber in deiner Product-Owner-Rolle bist du leider auch für den Teil verantwortlich, der allen am wenigstens Spaß macht: darauf zu achten, dass ihr alle rechtlichen Rahmenbedingungen und Vorgaben einhaltet.

11.3.1 Lizenzmanagement

Die Wahrscheinlichkeit, dass ihr alle Elemente eures neuen Produkts von Grund auf selbst entwickelt, dürfte nahezu bei null liegen. In irgendeiner Form werdet ihr auf Softwarebibliotheken, Anwendungen oder ähnliche Komponenten anderer Hersteller zurückgreifen:

- Datenbanken, Webserver, Message-Broker etc.
- Lösungen für die Generierung, das Scannen, die Analyse und/oder den Druck von Dokumenten
- Algorithmen für die Analyse und Aufbereitung von Daten
- Bibliotheken für die Gestaltung von Oberflächen
- Grafiken, Icons, Schriften
- ...

Vieles davon gibt es vermeintlich einfach im Internet herunterzuladen, und Entwicklungsteams haben da oft auch erst mal gar keine Hemmungen. Damit ihr euer Produkt aber auch legal eurer Kundschaft verkaufen und zur Verfügung stellen dürft, musst du sichergehen, dass ihr über die entsprechenden Rechte verfügt und die Pflichten erfüllt, die mit diesen unter Umständen verbunden sind. Die Lizenzbedingungen und die damit möglicherweise verbundenen Kosten sind neben der grundsätzlichen Eignung für euren Zweck ein Kriterium für die Auswahl und den Einsatz externer Produkte in der Entwicklung.

Aufgabe des *Lizenzmanagements* ist es, dafür Sorge zu tragen, dass

- klar ist, unter welchen Rahmenbedingungen ihr von euch verwendete Komponenten einsetzen dürft,
- ihr über die erforderlichen Lizenzen in der erforderlichen Menge sowohl für die Entwicklung wie auch für den Betrieb verfügt,
- ihr die in der Regel mit der Nutzung verbundenen Kennzeichnungs- und Nachweispflichten erfüllt.

Kommerzielle Produkte

Beim Einsatz kommerzieller Lösungen, wie einer Datenbank, ist das Lizenzmanagement in der Regel vergleichsweise übersichtlich und in den Verträgen klar beschrieben. Die vereinbarten Lizenzgebühren sind zu entrichten und im Preismodell des Produkts zu berücksichtigen. Teil der Lizenzen sind in der Regel entsprechende Support-Pakete der Hersteller für die Unterstützung bei Problemen. Hierbei ist es wichtig, dass du den Vertrieb über diese Kosten rechtzeitig informierst. Denn ohne diese Information können keine kostendeckenden Preislisten erstellt werden.

Open-Source-Lizenzen

Deutlich komplizierter gestaltet sich das Lizenzmanagement beim Einsatz von Open-Source-Produkten, die es unter einer Vielzahl von Lizenzen gibt. Auf der Webseite der Open-Source-Initiative (*https://opensource.org/licenses*) gibt es eine Auflistung und Erläuterung der populärsten Lizenzmodelle. Es gibt allerdings noch viele weitere Varianten und Spezialisierungen, sodass ihr vor dem Einsatz von Open-Source-Software gut daran tut, die Lizenzen von Menschen mit entsprechender Expertise prüfen zu lassen. Gegen die Lizenzbedingungen zu verstoßen, kann enorme Kosten nach sich ziehen, da hinter vielen Open-Source-Projekten mittlerweile auch große Firmen als Rechteinhaber stecken, deren Rechtsabteilungen ausgesprochen durchsetzungsstark sind.

Der Begriff *Open Source* sagt vordergründig, dass der Zugriff auf den Quellcode erlaubt ist, um diesen zu analysieren und gegebenenfalls zu verändern. Damit einhergehend gibt es allerdings stets auch Regelungen dazu, was bei der Verteilung der so erstellten Softwareprodukte zu beachten ist. Das Spektrum reicht dabei von *»Permissive« Lizenzen* wie beispielsweise den BSD-Lizenzen, die die Verwendung der Software auch in Produkten mit anderen Lizenzen erlauben, solange auf die Verwendung hingewiesen wird, bis zu *»Copyleft« Lizenzen* wie beispielsweise den GNU-Lizenzen, die erfordern, dass die Produkte, in die sie eingebunden werden, ebenfalls unter die entsprechende GNU-Lizenz gestellt wird.

Diese Darstellung ist stark vereinfacht, und wenn ihr euch nicht auskennt, können diese Lizenzen zu einem rechtlichen Minenfeld für euch werden. Eine Rechtsberatung können und dürfen wir in diesem Buch nicht machen. Daher ist es besonders wichtig, dass ihr euch rechtzeitig vor dem Einsatz bestimmter Open-Source-Produkte mit eurer Rechtsabteilung abstimmt und du die konkreten Lizenzen auf ihre Konsequenzen für dein Produkt prüfen lässt.

11.3.2 Sicherheitsprobleme und Updates

Du und dein Team müsst auch sicherstellen, dass ihr über Sicherheitsprobleme und Updates der von euch verwendeten Komponenten Bescheid wisst. Egal ob es um frei verfügbare Komponenten oder eingekaufte Software geht, Folgendes solltet ihr klären:

- Wo und auf welchem Weg bekommt ihr entsprechende Benachrichtigungen? Gibt es Webseiten oder Mailinglisten, bei denen ihr euch dafür registrieren solltet?
- Wer aus eurem Team kümmert sich um welche Komponenten und reagiert, falls es kritische Probleme gibt?

Legt euch eine Liste in der Art des folgenden Beispiels an, die ihr regelmäßig überprüft:

Komponente	Verantwortlich	Informationsquelle
Allgemein	Ellen (Anna)	RSS-Feed: *https://www.bsi.bund.de/DE/Service-Navi/Abonnements/RSS/rss_node.html*
Log4J	Bernd (Kim)	*https://logging.apache.org/log4j/2.x/security.html*
...	...	...

Tabelle 11.1 Beispieltabelle für die Überwachung der eingesetzten Komponenten auf Sicherheitsprobleme und Updates

11.3.3 Datenschutz, Datensicherheit

Datenschutz und Datensicherheit – ist das nicht das Gleiche? Die beiden gehen zwar Hand in Hand, unterscheiden sich aber dennoch. Gemeinsam ist beiden Themen, dass sie ein weites Feld sind und aus ihnen Anforderungen an dein Produkt entstehen, die du zwingend berücksichtigen und umsetzen musst. Wieder gilt: Dieser Text ist keine Rechtsberatung. Stimme dich unbedingt mit eurer Rechtsabteilung ab beziehungsweise suche Rat bei auf diese Themen spezialisierten kompetenten Rechtsberatungen.

Datenschutz und die Datenschutzgrundverordnung

Personenbezogene Daten genießen einen besonderen Schutz, der in der Datenschutzgrundverordnung (DSGVO) geregelt ist. Der Begriff *Datenschutz* bezieht sich auf diesen Schutz, den ihr in eurem Produkt gewährleisten müsst. Personenbezogen sind Daten, sobald sie sich auf eine natürliche Person beziehen. Namen, Adressen, Telefonnummern sind offensichtliche Beispiele, aber auch die Bestellhistorie, Lieblingsfarben, wann sich jemand in euer Produkt einloggt, gehören genauso dazu.

Grundsätzlich gelten die Prinzipien von Zweckbindung und Datenminimierung für die Sammlung und Verarbeitung personenbezogener Daten:

- Daten dürfen nur für den Zweck verarbeitet werden, für den sie ursprünglich erhoben wurden.
- Es dürfen nur Daten erhoben werden, die für den Zweck erforderlich sind.

Das steht im Widerspruch zu Big Data und dem Wunsch, alle verfügbaren Informationen noch weiter auszuwerten. Ohne eine separate, freiwillig erteilte und dokumentierte Einwilligung eurer Kundschaft könnt ihr kein Nutzungsverhalten tracken und nicht mal eben schauen, wer die aktivsten Nutzer*innen sind. »Einfach mal Daten sammeln/auswerten« kann für dich als projektverantwortliche Person sonst rechtliche Konsequenzen haben.

Im Rahmen der DSGVO musst du sicherstellen, dass ihr

- eure Kundschaft über ihre Rechte informiert und wie sie diese durchsetzen kann,
- einer Person ermöglicht, über die zu ihr erhobenen Daten Auskunft zu erhalten, und ihr ermöglicht, diese Daten zu korrigieren oder löschen zu lassen,
- jederzeit ermöglicht, dass gegebene Einwilligungen zur Datenverarbeitung widerrufen werden können,
- ermöglicht, Daten zu exportieren, sodass sie gegebenenfalls zu anderen Anbietern mitgenommen werden können,
- verhindert, dass automatische Entscheidungen über Personen getroffen werden – beispielsweise ob ein Mietvertrag angeboten wird oder Ähnliches.

Was diese Punkte in der Praxis genau bedeuten können und wie ihr euer Produkt entsprechend gestaltet, kann sehr knifflig sein. Plane ausreichend Zeit und Raum dafür ein und nimm das Thema nicht auf die leichte Schulter.

Darüber hinaus musst du sicherstellen, dass ihr mit allen Partnerunternehmen Verträge zur Auftragsdatenverarbeitung abschließt, bei denen sich Daten von euch befinden werden oder die diese verarbeiten (Cloudanbieter, Webhoster etc.). Auch hierzu weiß eure Rechtsabteilung vermutlich schon Bescheid und kann unterstützen.

Datensicherheit

Daten erheben und verarbeiten zu dürfen ist das eine, was ist nun aber mit der Datensicherheit? *Datensicherheit* betrifft alle Daten, mit denen ihr operiert, also nicht nur die personenbezogenen.

Datensicherheit ist eine technische Aufgabe, mit der ihr alle Daten gegen Verlust, unbefugte Manipulationen, Diebstahl oder andere Bedrohungen schützt. Fehlende Datensicherheit kann deinem Produkt oder unter Umständen deinem gesamten Unternehmen erheblichen Schaden zufügen.

Datensicherheit ist eng mit betrieblichen Fragestellungen und eurer Softwarearchitektur verbunden. Du musst sicherstellen, dass dein Team sich der Fragen, die sich aus den Themen Datenschutz und Datensicherheit ergeben, bewusst ist und ihr diese frühzeitig angeht. Sofern ihr nicht selbst die Expertise habt, werdet ihr diese sonst von außen einkaufen müssen.

11.3.4 Zertifizierungen

In bestimmten Branchen kann es notwendig sein, dein Produkt zu zertifizieren, um am Markt agieren zu dürfen. Im Rahmen der Zertifizierung werden durch Dritte bestimmte Kriterien der Software, eures Umgangs mit Daten, eures Entwicklungsprozesses oder der Dokumentation geprüft und bewertet.

Weit verbreitet sind die ISO-Zertifizierungen, zum Beispiel ISO 9001 über Qualitätsmanagementsysteme oder ISO 27001 zum Informationssicherheitsmanagement, die im Rahmen der Softwareentwicklung wichtig sein können. Daneben ist es in der regulierten Industrie auch üblich, dass ein Softwarelieferant durch seine Kund*innen regelmäßig auditiert wird. Hier ist es also von besonderer Bedeutung, dass du in deiner Product-Owner-Rolle genau über die formalen Anforderungen deiner Kund*innen Bescheid weißt. Schwerwiegende Verstöße, die bei solchen Audits gefunden werden, können meldepflichtig sein und haben damit im schlimmsten Fall Auswirkungen auf alle deine Kund*innen.

Prüfe daher frühzeitig – beziehungsweise lasse von deinem Team prüfen –, welche Normen und Zertifizierungen ihr in eurem Projektumfeld berücksichtigen müsst. Sprich dazu auch mit deinen Stakeholder*innen, denn die daraus erwachsenen Aufwände sind in aller Regel erheblich. Wenn ihr im regulierten Umfeld tätig seid, wird es bei euch bereits eine Qualitätsmanagementabteilung geben, die dir wertvolle Informationen liefern kann.

11.4 Aus- und Weiterbildung

Dein Produkt ist ein großer Erfolg und wird wohl lange im Einsatz bleiben. Gratuliere! Im Laufe der Zeit werden sich dann aber auch die von deinem Team genutzten Technologien und Entwicklungspraktiken weiterentwickeln, genau wie unter Umständen die zuletzt betrachteten rechtlichen Rahmenbedingungen. In der IT wird es nie langweilig, und ihr solltet darauf achten, dass ihr mit euren Kenntnissen auf dem Stand der Entwicklung bleibt.

Selbst wenn ihr euch entscheidet, bestimmte Trends nicht zu verfolgen – durchaus häufig keine schlechte Entscheidung –, solltet ihr dennoch darauf achten, eine gewisse Expertise zu den Themen im Team aufzubauen, um diese qualifiziert bewerten zu können. Gemeinsam mit den disziplinarisch Verantwortlichen in deiner Organisation und deinem Team solltest du schauen, wie ihr eure Weiterbildung plant und umsetzt. Es gibt drei Themenbereiche: Technik, Vorgehensweisen und Prozesse sowie Kommunikation und Zusammenarbeit.

Wie viel Zeit willst und kannst du in die Weiterbildung von dir und deinem Team investieren? Mach dir klar, dass es ein Investment in die Zukunft eures Produkts und des Teams ist und es sich nicht einfach nur um Kosten handelt. Plane Kapazität dafür ein, genauso wie für Fehlerkorrekturen oder die Unterstützung bei Anwendungsproblemen. Innovative Firmen mit langjährigem Markterfolg gehen typischerweise von etwa vier Stunden pro Woche aus, also etwa 10 % der Arbeitszeit (Vigenschow, 2021).

Aus- und Weiterbildung kann viele Formen annehmen. Werdet zusammen mit eurem*eurer Scrum Master*in kreativ:

- Klassische Schulungen zum Selbststudium oder in Form von Trainings sind als Einstieg gut geeignet. Meist werden aber nur einzelne aus eurem Team diese wahrnehmen können. Ähnliches gilt für Konferenzen, auf denen neuste Trends vorgestellt werden.
- Hackathons und Ähnliches sind großartig, um mit Spaß und Energie Neues in der Praxis auszuprobieren und Erfahrungen zu sammeln. Wer vorher bei einer Schulung war, hat hier die Chance, sein neues Wissen zu erproben und auch an andere weiterzugeben. Gleichzeitig entstehen Impulse und Prototypen für euer Produkt, die helfen, einzuschätzen, ob mit dem Neuen auch ein echter Geschäftswert verknüpft ist.
- Praktiken wie Pair Programming im Team erhöhen nicht nur die Qualität, sondern sorgen auch dafür, dass informell während der Arbeit Know-how kontinuierlich ausgetauscht wird. Durch die Einbindung externen Coaches oder Mentoren bekommt ihr frische Impulse.

- Wer lehrt, lernt auch noch mal eine Menge! Die meisten Menschen im IT-Umfeld investieren auch selbstorganisiert viel Zeit in ihre Weiterbildung. Vielleicht bekommt ihr einen regelmäßigen internen Vortragszirkel organisiert, für den Teammitglieder aufbereiten, was sie zuletzt gelernt haben, und es dem Rest des Teams vermitteln.

In jedem Fall sprich mit deinem Team und macht einen gemeinsamen Plan. Ein gut ausgebildetes und motiviertes Team ist wohl die wichtigste Zutat für ein erfolgreiches Produkt.

Damit dieses motivierte Team nicht versehentlich an den Bedürfnissen eurer Kundschaft vorbeientwickelt, holt es sich regelmäßig Feedback zum Ausbaustand ab. Wie das funktioniert, erfährst du im nächsten Kapitel.

Kapitel 12
Kurs anpassen: das Review

Das ist vielleicht deine größte Verantwortung: Um erfolgreich ins Ziel zu kommen, musst du regelmäßig schauen, was passiert ist, und darauf basierend den Kurs anpassen. Das Review Meeting ist dafür der Dreh- und Angelpunkt.

12

»Frau Dr. Peters sah nicht glücklich aus ...« Nach dem Sprint Review räumt Bernd gemeinsam mit Ellen noch den Meeting-Raum auf und wirkt dabei selbst auch eher unglücklich. »Haben wir ein Problem? Hätte ich lieber nichts sagen sollen?« Ellen schaut Bernd mit schräg gelegtem Kopf aus der anderen Ecke des Raums an. »Nee, das war schon richtig und wichtig, das in dem Kreis anzusprechen. Die Entscheidung, auf das neue Oberflächenframework zu wechseln, war ja nicht unsere. Und dass wir dadurch Platzprobleme bei den großen Screens bekommen würden, haben wir ja auch erst jetzt beim Ausprobieren gemerkt.«

Ellen sammelt gerade die Post-its mit den Anmerkungen aus dem Review von der Wand und wedelt mit dem großen roten noch mal Richtung Bernd. »Das hier war das Entscheidende: Peters und Olsson haben direkt miteinander darüber gesprochen, was ihnen wichtig ist, und das für uns als Risiko formuliert und in die Planung geschoben. Ich kann da jetzt wunderbar mit arbeiten. Wir finden raus, ob wir den Workflow so angepasst bekommen, dass die Vertriebsabteilung von Olsson damit leben kann, und wenn nicht, dann müssen Olsson und Peters miteinander aushandeln, ob sie neue Monitore kaufen. Was auch immer rauskommt, alle wissen Bescheid und wissen, was an der Entscheidung dranhängt.«

Bernd schaut immer noch skeptisch. »Aber glücklich sah sie trotzdem nicht aus, als ich das demonstriert habe, insbesondere als ich meinte, ich wäre nicht sicher, wie viele Screens das noch betreffen könnte.« Ellen zwinkert Bernd zu. »Das war ja auch gemein von dir, sie nicht einfach zu erlösen. Mach dir keinen Kopf, sie muss das fragen, und es geht ja doch um so einiges an Geld und Zeit, dass sie da nicht glücklich ist, ist klar. Du hast deinen Job gut gemacht, das kann sie gut unterscheiden. Wir haben alle wichtigen Informationen zusammen, wissen, was die Optionen sind und was wir jetzt noch rausfinden sollten. Alle können sich auf die Situation einstellen, und im nächsten Sprint sind wir schlauer. Dann schauen wir mal, was das für den Plan am Ende tatsächlich bedeutet.«

Der Sprint ist rum, ihr steckt richtig tief in der Arbeit: Alles gut, weiter so? Wenn die Realität auf die Planung trifft, gibt es immer etwas zu lernen – manchmal nur Kleinigkeiten, manchmal ganz grundsätzliche Dinge. Und so wie Bernd wirst auch du vermutlich manchmal das Gefühl haben, dass nicht alle glücklich sind damit, wie es läuft. Aber wie Ellen richtig bemerkt: Ein erkanntes Problem ist unangenehm, aber man kann damit arbeiten. Planung funktioniert nur so weit, wie eure Erfahrung reicht und solange die Rahmenbedingungen stabil sind. Auf neue Erkenntnisse und sich verändernde Rahmenbedingungen zu reagieren und stetig euren Kurs nachzujustieren, ist der Kern agilen Arbeitens und eine deiner wichtigsten Aufgaben. Durch das Einbeziehen deines Stakeholder-Umfelds kannst du dabei das Wissen und die Möglichkeiten der gesamten Organisation nutzen und so den Weg für andere Lösungen ebnen. Zum Ende eines jeden Sprints triffst du dich dazu mit deinem Team und den Stakeholder*innen zum Sprint Review.

12.1 Das Sprint Review

Beim Sprint Review begutachtet ihr das im Sprint Erreichte, reflektiert den damit erreichten Stand eures Produkts und überlegt, wie ihr vor diesem Hintergrund euren Kurs in den nächsten Sprints anpassen solltet. Der Scrum Guide empfiehlt, sich dafür bei einer Sprint-Länge von vier Wochen einen halben Tag Zeit zu nehmen.

Die Basis des Sprint Reviews ist erst mal, ein Bild der Lage zusammenzutragen, damit ihr überhaupt wisst, wo ihr steht:

- Funktionieren eure Lösungen wie gedacht? Fügt sich alles zusammen?
- Habt ihr die Wünsche und Bedürfnisse eurer Stakeholder*innen noch im Blick?
- Kommt ihr voran wie erhofft, oder gibt es Schwierigkeiten?
- Wie entwickelt sich euer Umfeld, und müsst ihr reagieren?
- Welche Entwicklungen gibt es in euren Märkten?

Am Ende des Review Meetings solltet ihr nicht nur ein gemeinsames Bild von der Lage haben, sondern auch eine Vorstellung davon, ob und wie ihr eure Ziele und euer Product Backlog gegebenenfalls anpassen müsst. In Abbildung 12.1 findest du eine Kurzübersicht zum Meeting.

Dabei handelt es sich beim Review Meeting um ein Event, zu dem bewusst auch Menschen außerhalb des Teams eingeladen werden. Sie können euch wertvolles Feedback geben in Bezug auf blinde Flecken (denn ihr befasst euch sehr intensiv mit dem Produkt und seid darum auch sehr nahe dran – zu nahe vielleicht in manchen Fällen) und auf Missverständnisse (beispielsweise die konkreten Nutzungsszenarien betreffend).

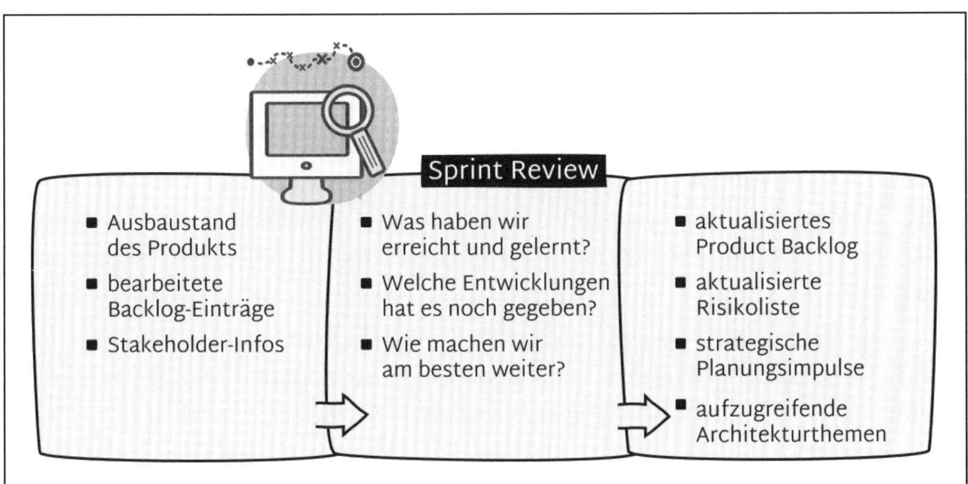

Abbildung 12.1 Übersicht über das Sprint Review: Inputs, Kernfragen und Ergebnisse des Meetings

12

Wie du schon gemerkt hast, besteht ein großer Teil deiner Arbeit darin, mit verschiedenen Menschen zu kommunizieren. In Kapitel 4, »Zeit für Feedback«, haben wir dir bereits eine ganze Reihe an Informationen zum Thema Feedback und Lernen gegeben. Eure Stakeholder*innen sind wahrscheinlich nicht alle gleich versiert, wenn es um Themen wie »Feedback geben«, »Bedürfnisse ausdrücken« oder »ehrliche Kritik anbringen« geht. Darum liegt es auch an euch, am Team, an der Scrum-Master-Rolle und auch an dir in der Product-Owner-Rolle, die Stakeholder*innen gut zu führen, damit ihr an wertvolles Feedback kommt. In Kapitel 4 hast du dazu bereits eine ganze Menge handwerklicher Tipps bekommen. In diesem Kapitel geht es darum, wie du insbesondere das Review Meeting als das zentrale Feedback-Meeting bestmöglich gestaltest.

12.2 Das Review Meeting vorbereiten

Das Review Meeting ist »dein« Meeting. In der Product-Owner-Rolle verantwortest du, dass ihr an den richtigen Dingen arbeitet, dass sich euer Produkt stetig weiterentwickelt und dabei nützlicher und wertvoller wird. Im Sprint Review geht es für dich darum, herauszufinden, ob deine Strategie in diesem Sinne aufgeht. Du solltest dich daher gut vorbereiten, um all die Informationen aus dem Meeting mitzunehmen, die du dafür brauchst. Erarbeite dir daher zum Ende des Sprints bereits selbst ein Bild der Lage und frage dich, welche Themen und Fragen du zusammen mit allen Beteiligten im Meeting beleuchten möchtest.

12.2.1 Was habt ihr erreicht, und wo steht ihr jetzt damit?

Einige Tage vor dem Ende des Sprints sollten dein Team und du abschätzen können, was ihr alles im Sprint erarbeiten konntet. Du solltest dir alles, was im Sprint fertig wird, bereits mit den an der Entwicklung beteiligten im Sprint angeschaut haben (siehe auch Abschnitt 9.7, »Wertvoll und nützlich? Features abnehmen«). Das Sprint Review ist kein Abnahme-Meeting! Was immer ihr an Abnahme und Qualitätssicherung verabredet habt, passiert innerhalb des Sprints, so habt ihr die Möglichkeit, unmittelbar zu reagieren.

Im Review Meeting liegt euer Fokus dann nicht mehr auf den einzelnen Features, sondern auf dem Stand des Produkts als Ganzes. Sprich zur Vorbereitung des Reviews mit den Mitgliedern deines Entwicklungsteams und erstelle dir eine Übersicht:

- Welche Backlog-Einträge konnten umgesetzt werden? Welche Funktionen des Produkts sollte das Team daher im Sprint Review demonstrieren? Und wie?
- Zu welchen Aspekten der Anwendung wünscht ihr euch Feedback und von welchen Stakeholder*innen?
- Was hat gut funktioniert, was war schwierig während der Entwicklung? Welche Konsequenzen ergeben sich daraus aus deiner und der Sicht des Teams für die weitere Arbeit?
- Sind euch bei der Realisierung Lücken aufgefallen oder neue Ideen gekommen?

Es geht bei dieser Übersicht nicht darum, dass du daraus einen Report erstellst. Sie soll dir vor allem helfen, die passenden Stakeholder*innen ins Review einzuladen und strukturiert durch den eigentlichen Termin zu führen.

Die Stakeholder*innen einzubeziehen, ist wichtig, denn sie betrachten die Ergebnisse von außen, sehen andere Probleme und Chancen in den Dingen, die entstanden sind, und können sagen, ob ihre Bedürfnisse und Anforderungen tatsächlich gut genug berücksichtigt wurden. Wie eng oder weit ihr mit euren Stakeholder*innen zusammenarbeitet, hängt natürlich vom Projekt ab. Aber selbst zu internen Stakeholder*innen ergibt sich im Arbeitsalltag eine gewisse Distanz. Nicht alle werden sich immer für euch Zeit nehmen können oder wollen – leider. Daher ist es gute Praxis, die Personen, deren Feedback ihr als besonders wichtig identifiziert habt, nochmals explizit in das jeweilige Review einzuladen (siehe auch Abschnitt 12.2.3, »Gäste einladen«).

Auch für euch als Team ist das Review die Chance, wieder an Flughöhe zu gewinnen, zu betrachten, was bei den anderen im Team entstanden ist, und vor allem auch bewusst das Produkt als Ganzes wahrzunehmen. Selbst wenn ihr als Team alle zusammen in einem Büro sitzt, bekommt ihr im Alltag nicht immer alles mit. Für das Team ist das

Review auch der Ort, um erkannte Architekturfragen und Schwächen in der Umsetzung anzusprechen (siehe auch Abschnitt 12.5.2, »Die inneren Umstände«). Es ist wichtig, dass du und eure Stakeholder*innen diese Themen auch kennen, und vor allem, dass ihr ein Bild der Auswirkung auf eure weitere Arbeit gewinnen könnt. Ermutige dein Team daher, diese Punkte mit ins Review einzubringen.

12.2.2 Und was habt ihr nicht erreicht?

Immer wieder kommt in Scrum Teams die Frage hoch, wie man mit Dingen umgehen sollte, die nicht (ganz) fertig geworden sind. Sollen diese im Review gezeigt werden oder nicht?

Um zu einer guten Antwort zu kommen, muss man sich die Funktion des Sprints Reviews noch mal vor Augen führen: aus dem aktuellen Stand des Produkts ableiten, wie es am besten weitergehen kann. Es kann daher oft Sinn machen, auch Dinge zu zeigen und zu besprechen, die nicht fertig geworden sind oder die Probleme gemacht haben. Denn insbesondere aus diesen lässt sich eine Menge darüber lernen, was realistisch zu erreichen ist und wo auch mit weiteren Schwierigkeiten zu rechnen ist. Wichtig ist dann aber, genau dieses Lernen in den Fokus zu stellen und nicht nur auf das Geschaffte zu schauen.

Ein weiterer Grund, sich Unfertiges anzuschauen, ist, dass es eine bewusste Entscheidung sein sollte, ein Feature weiterzuverfolgen, aufzugeben oder neu auszurichten – statt einfach blind weiterzumachen. Das Review ist ein guter Rahmen, um innezuhalten und sich zu fragen, ob es den Aufwand noch Wert ist. Das spricht ebenfalls dafür, »Unfertiges« zu zeigen.

Andererseits lauert hier auch eine Gefahr. Dein Team und du solltet lernen, dass ihr euch realistisch schaffbare Entwicklungsschritte vornehmt und diese möglichst sauber mit dem Sprint abschließt. Das ist die Voraussetzung, um sich am Ende des Sprints tatsächlich frei entscheiden zu können, in eine andere Richtung weiterzuarbeiten, ohne überall Baustellen zurückzulassen. Daher empfehlen wir Teams häufig auch, unfertige Dinge nicht weiterzuzeigen, zumindest übergangsweise. Das kitzelt ein wenig den Frust darüber heraus, nicht zeigen zu dürfen, woran man im Sprint gearbeitet hat. Triff dazu eine bewusste Entscheidung gemeinsam mit deiner*m Scrum Master*in und greift das Thema dann in der Retrospektive auf.

Wenn Backlog-Einträge, die ihr euch vorgenommen hattet, nicht »fertig« sind, können sie dennoch gut genug sein im Hinblick auf euer Sprint-Ziel. »Gut genug« heißt in dem Fall, dass ein Feature nicht so schön und so komfortabel ist, wie es sein könnte, aber für den Augenblick als Basis für die weitere Entwicklung genügt. Das ist kein schlechter Zustand. Nutzt das Review dann, um den Stand zu demonstrieren und gemeinsam zu prüfen, ob und wann ihr das Feature noch abrunden wollt.

12.2.3 Gäste einladen

Du solltest dir rechtzeitig vor dem Sprint Review Gedanken darüber gemacht haben, wer außer eurem Team alles dabei sein soll. Deine Gäste fallen meistens in eine dieser beiden Kategorien:

- Regelmäßige Gäste sind häufig im Stakeholder*innen-Umfeld zu finden. Es handelt sich dabei beispielsweise um Auftraggebende, Linien-Führungskräfte, Power User*innen oder auch relevante Expert*innen (Datenschutz, Finanzen), die die Produktentwicklung begleiten.
- Situationsbezogene Gäste sind zum einen Personen aus eurem Unternehmen, die zu den Themen, die ihr im Sprint behandelt habt, fundiertes Fachwissen beisteuern können oder auch mit den Ergebnissen weiterarbeiten müssen. Zum anderen sind es Nutzende, die euch wichtige Impulse über den Nutzen oder auch die Usability eures Produkts geben können.

Auch wenn es am Anfang etwas Überzeugungsarbeit bedarf, scheue nicht davor zurück, diese Gäste bereits von Anfang an einzuladen. Ein häufiger Vorbehalt ist der Zeitaufwand für die Teilnahme, aber wenn alle regelmäßig gemeinsam auf den Stand der Entwicklung schauen, können viele andere Abstimmungsschleifen wegfallen. Hilf in Zusammenarbeit mit der Scrum-Master-Rolle euren Gästen zu verstehen, was sie optimal beitragen können und welche Einflussmöglichkeiten sie gewinnen.

Wenn du es schaffst, dass beim Review Meeting tatsächlich die Breite aller Stakeholder*innen-Gruppen vertreten sind, wird das Review auch zu einem Begegnungsort. Nimm diesen Punkt ebenso in die Einladung auf wie auch Hinweise darauf, welche Rolle die Gäste dabei haben. Damit zeigst du ihnen nicht nur auf, wie wertvoll ihre Teilnahme ist, sondern auch, was sie selbst von diesem Meeting erwarten können und was von ihnen erwartet wird. Sie können sich so besser auf dieses Event einstellen und damit wahrscheinlich auch mehr Wert für euch schaffen.

Aus unserem Erfahrungsschatz: Das Review als Begegnungsort

Teil deiner Product-Owner-Rolle ist es, die Interessen der unterschiedlichen Stakeholder*innen-Gruppen zu managen und, wo möglich, unter einen Hut zu kriegen. Dabei solltest du aufpassen, dass du nicht zum Spielball wirst und Entscheidungen und Abwägungen, die deine Stakeholder*innen-Gruppen untereinander treffen müssen, bei dir abgeladen werden.

Vor einigen Jahren begleitete ich eine Produktentwicklung, welche die Arbeitsprozesse im Unternehmen ganz grundsätzlich verändern würde. Ich konnte unsere Product Ownerin davon überzeugen, zu den Reviews unter anderem auch Vertreter*innen des Betriebsrats und des Personalbereichs einzuladen.

Auch wenn wir uns alle zunächst an die Konstellation gewöhnen mussten, konnten wir so sehr früh kritische Punkte identifizieren, die noch offiziell verhandelt werden mussten, ohne dass wir das als Teil des Projekts hätten tun können. Entscheidend dabei: Wir hatten stets die Sicherheit, dass wir nichts entwickelten, bei dem die Chancen schlecht standen, dass man sich nicht einigen würde. Gleichzeitig konnten wir eine Atmosphäre herstellen, in der alle den Wert des Vorhabens sehen konnten und darauf bedacht waren, uns keine Steine in den Weg zu legen.

12.2.4 Den Ablauf planen

Im Scrum Guide (Schwaber & Sutherland, 2020) heißt es zum Review Meeting: »*Während des Events überprüfen das Scrum Team und die Stakeholder*innen, was im Sprint erreicht wurde und was sich in ihrem Umfeld verändert hat. Auf der Grundlage dieser Informationen arbeiten die Teilnehmenden gemeinsam daran, was als Nächstes zu tun ist. Auch kann das Product Backlog angepasst werden, um neue Möglichkeiten wahrzunehmen. Das Sprint Review ist ein Arbeitstermin, und das Scrum Team sollte vermeiden, es auf eine Präsentation zu beschränken.*« Daraus lässt sich die Grundstruktur des Reviews recht direkt ableiten:

- Was wurde im Sprint erreicht?
- Welchen Stand hat das Produkt damit jetzt?
- Welche Entwicklungen hat es im Umfeld gegeben?
- Wie sieht aktuell das Product Backlog aus, und welche Anpassungen sollten wir daran noch vornehmen?

Vorab noch eine kurze Begrüßung und eine Erinnerung für alle, worum es im Meeting geht. Zum Abschluss ein kurzes Check-out. Vom Grundsatz sehr geradlinig. In den nächsten Abschnitten geben wir dir noch die Feinheiten mit, auf die du achten solltest.

In Kapitel 6, »Zuhören, verstehen, ansprechen: dein Kommunikationsjob«, findest du allgemeine Hinweise für die Vorbereitung von Gesprächen und Workshops. Diese sind natürlich auch für das Review Meeting relevant, außerdem bekommst du auch Unterstützung durch die Scrum-Master-Rolle. Erstellt euch einen Leitfaden für das Review, den ihr für euch und die jeweils anstehenden konkreten Themen immer noch mal etwas zuschneidet. Überlegt vor allem gemeinsam, wer an welcher Stelle die Moderation übernimmt und wer was vorbereitet.

Du bist im Review in einer Doppelrolle: Einerseits ist das Review dein Meeting, das du veranstaltest, um mit allen Beteiligten ein gemeinsames Bild herzustellen, Feedback zu bekommen und Entscheidungen zu treffen. Es ist gut, wenn du dabei als Führungsperson auch sichtbar wirst. Andererseits bist du selbst beteiligt und betroffen, sodass es gut ist, wenn du die Moderation nach dem Start auch immer mal wieder abgeben und dich inhaltlich beteiligen kannst.

Sprint-Review-Beispielablauf

Du kannst den folgenden Beispielablauf als einen Startpunkt für deine eigene Planung nutzen. Er soll dir außerdem einen Eindruck davon vermitteln, wie ihr euch die Moderation und die Inputs aufteilen könnt.

Du findest zu jedem Schritt im Ablauf eine Leitfrage sowie eine kurze Beschreibung, was die Teilnehmenden erwarten können. Du kannst die Beschreibung nutzen, um in der Anmoderation jeweils die Funktion des Schritts in Erinnerung zu rufen.

Alle Angaben sind beispielhaft zu verstehen, insbesondere auch die Zeitangaben, ihr werdet mit euren konkreten Themen jedes Mal wieder schätzen müssen, ob die Zeitanteile passend sind. Vergiss auch nicht, eine Pause einzuplanen!

Wir benutzen hier [PO], [SM], [Team] und [SH] (Stakeholder*innen) als Platzhalter für die Personen in den entsprechenden Rollen. Ersetze sie durch die echten Personen in deiner Planung.

1. Begrüßung und Einstieg (5') [PO]

   Für gute Arbeitsatmosphäre und Orientierung im Termin sorgen

   Alle werden begrüßt und informiert, was für den Termin geplant ist und was die Rolle und Erwartungen an sie im Termin sind.

   Ziele und Ablauf des Reviews vorbereitet auf einem Flip-Chart

2. Überblick über das Erreichte (5') [PO]

   Welche Themen konnten im letzten Sprint bearbeitet werden?

   Alle bekommen einen ersten Eindruck davon, welche Themen im letzten Sprint bearbeitet werden konnten (und welche gegebenenfalls auch nicht), sodass sie einordnen können, was gleich demonstriert wird.

   Übersicht umgesetzte/geplante Backlog-Einträge des letzten Sprints

3. Demonstration des aktuellen Stands (1h30') [Team]

   Wie funktionieren die neuen Features im Gesamtzusammenhang?

   Die neu entstanden Features können als Teil des Gesamtprodukts in Aktion erlebt werden. Alle können aus der eigenen Perspektive Feedback zum Stand des Produkts geben.

   – Eingangserfassung mit Stories #123, #124, #128 [Team – Anna]
   – Abrechnung mit Stories #125, #126 [Team – Bernd]
   – Auftragsverwaltung mit Stories #127 [Team – Rhia]
   – Lagerverwaltung mit Stories #129, #130, #131 [Team – Ünal]
   – ...

   Autor-Kritiker-Zyklus, Sammelraster für die einzelnen Themenbereiche, Mitschreiben des Feedbacks während der Demonstration [PO/Team], [SM] moderiert Autor-Kritiker-Zyklus

4. Entwicklungen im Umfeld (20') [PO]

   Hat es relevanten Entwicklungen im Umfeld gegeben?

   Die Entwicklungen im Umfeld des Projekts werden zusammengetragen, um ihre Auswirkungen auf die weitere Arbeit einordnen zu können. Die sich daraus ergebene Konsequenzen sollen dem Team und den Stakeholdern deutlich werden.

   – Messeauftritt im Frühjahr [SH – Dr. Peters]
   – Konkurrent bewirbt neues Verfahren für nächstes Jahr [SH – Tine]
   – Ergebnisse der Kundenumfrage [SH – Hr. Olsson]

   Flipchart zum Mitschreiben, [PO] moderiert an, [SM] schreibt mit

5. Entwicklung Architektur und Technikschulden (20') [PO]

   Wie beeinflussen technische Themen unseren Handlungsrahmen?

   Gemeinsam verstehen, wie sich die innere Qualität der Anwendung entwickelt und wie das die Entwicklungseffizienz und den verfügbaren Lösungsraum beeinflusst.

   – Architekturentscheidung »Austauschbarkeit Dokumentensystem« [Team – Anna]
   – Wartbarkeit »Zuordnungslogik« [Team – Ünal]

   Flipchart zum Mitschreiben, [PO] moderiert an, [SM] schreibt mit

6. Planungsstand und Ausblick (10') [PO]

   Wie sieht der aktuelle Planungsstand mit Blick auf die nächsten Sprints aus?

   Alle bekommen eine Übersicht, welche Themen und Inhalte aus [PO]-Sicht in den nächsten Sprints bearbeitet werden können/sollten und wie diese zur langfristigen Planung passen.

   Product Backlog, Meilensteinplan, Burn-up-Chart als Input von [PO]

7. Aktualisierung Risikoliste (20') [PO]

   Wie hat sich unsere Risikoeinschätzung verändert?

   Alle können Sorgen und Bedenken äußern, sodass diese konstruktiv in die weitere Planung einfließen können.

   Risikoliste, Sammlung auf Karten, [PO] moderiert an, [SM] schreibt mit

8. Anpassungen des Backlogs (30') [PO]

   Welche Anpassungen für die nächsten Sprints schlagen wir vor?

   Vor dem Hintergrund des im Review Gelernten sind alle um Rat gebeten, wie der Fokus in den nächsten Sprints gestaltet und welche Themen neu aufgenommen oder (für den Augenblick) fallen gelassen werden sollten.

   Product Backlog, Karten zum Sammeln, [PO] nimmt Vorschläge auf

9. Abschluss (5') [PO]

   Gut auseinandergehen

   Die Gelegenheit als PO Dank für die Mitarbeit auszusprechen und für alle eine Gelegenheit, Veränderungswünsche für das nächste Review zu äußern.

12.3 Zum Start

Ein guter Start ins Review Meeting kann einen großen Unterschied machen! Im Review trefft ihr auf eure Stakeholder, es geht um Feedback, um eine realistische und ehrliche Einschätzung der Situation sowie darum, gemeinsam Verantwortung zu tragen und unter Umständen auch schmerzliche Entscheidungen zu treffen. In den meisten Organisationen tun sich die Menschen damit erst mal echt schwer. Setze darum zum Start einen klaren Rahmen.

12.3.1 Den Rahmen setzen

Im Review kommt ihr mit Menschen zusammen, mit denen ihr nicht jeden Tag zusammenarbeitet und die agiles Arbeiten unter Umständen auch noch gar nicht näher kennen. Ihnen ist daher oft nicht klar, was genau von ihnen erwartet wird und was passieren wird. Und ehrlicherweise: Solange dein Team noch nicht sehr erfahren ist, verlieren sie es auch gerne wieder aus den Augen. Insofern hole zum Start alle noch mal ab:

- Erläutere, wie Scrum im Grundsatz funktioniert, wozu das Review dient und wieso ihr euch ein vermeintlich halb fertiges Produkt anschaut.

- Mache allen klar, welche Rolle sie im Review Meeting haben: Ihr Feedback hilft dir und deinem Team, den richtigen Weg zu gehen und gute Entscheidungen zu treffen.
- Mache deutlich, dass ihr alles Feedback und alle Wünsche ernst nehmt, dass das aber nicht bedeutet, dass ihr sie unmittelbar umsetzen könnt und werdet. Dieser Punkt ist wichtig, damit keine falschen Erwartungen entstehen.
- Zu guter Letzt: Gib einen Überblick über den Ablauf und den groben Zeitplan für das Meeting heute.

Damit hast du den organisatorischen Rahmen gesteckt. Bevor ihr euch in die Themen stürzt, solltet ihr dafür sorgen, dass ihr auch als Gruppe miteinander warm werdet.

12.3.2 Bringe die Menschen in Kontakt

Mach dir bewusst, dass im Review Meeting eure Stakeholder*innen nicht nur mit euch arbeiten, sondern auch auf die anderen vertretenen Stakeholder-Gruppen treffen. Das heißt, ihr müsst einen Arbeitsraum schaffen, in dem sich alle nicht nur mit euch wohlfühlen, sondern auch mit allen anderen.

Wenn ihr zum ersten Mal in großer Runde mit euren Stakeholder*innen zusammenkommt, solltet ihr euch daher ein wenig Zeit nehmen, um als Gruppe in Kontakt zu kommen und euch auch persönlich etwas kennenzulernen. Überleg mit deinem*deiner Scrum Master*in, was ihr dafür tun könnt. Sich gegenseitig zu kennen, ist die Basis für einen wertschätzenden, vertrauensvollen Umgang miteinander und für eine gute Zusammenarbeit (siehe dazu Abschnitt 6.2, »Zusammenarbeit durch angemessene Kommunikation initiieren«).

Aber auch wenn sich die meisten schon gut kennen, denke daran, neue Teilnehmende zum Start des Reviews kurz zu begrüßen und einen Überblick darüber zu geben, wer alles in welcher Rolle da ist.

Tipp: Kurzes Check-in beim Review

Je nachdem, wie euer Review-Termin liegt, kann es sinnvoll sein, am Beginn ein kurzes Check-in zu machen, um allen eine Chance zu geben, mit ihren Gedanken anzukommen und sich gegenseitig wahrzunehmen. Das erhöht die Chance, dass sich alle auch tatsächlich im weiteren Verlauf einbringen.

Ein beliebtes, einfaches Check-in ist, abzufragen, wie sich die Teilnahme für die Anwesenden gerade anfühlt (Derby & Larsen, 2006):

- *Entdecker*innen* – freuen sich darauf, Neues und weitere Hintergründe zu erfahren und sich dabei aktiv einzubringen.

- *Shopper*innen* – nehmen gerne alle (Informations-)Angebote mit und freuen sich, wenn was Nützliches für sie dabei ist.
- *Urlauber*innen* – schätzen es mal, in anderer Umgebung zu sein und was anderes als sonst zu sehen.
- *Gefangene* – wären eigentlich lieber woanders, aber fühlen sich verpflichtet, präsent zu sein.

Ihr erreicht damit gleich drei Dinge: Ihr macht euch nochmals bewusst, dass jede dieser Haltungen berechtigt und in Ordnung ist, ihr könnt besser auf die Bedürfnisse der Gruppe eingehen, und alle haben was zur Aktivierung getan.

Bitte am besten deine*n Scrum Master*in darum, sich Gedanken um ähnliche passende Check-in-Übungen zu machen.

Denke zusammen mit deiner*m Scrum Master*in auch daran, dein Team vorab vorzubereiten. Oft sind die Mitglieder es nicht gewöhnt, so offen und unmittelbar mit Stakeholder*innen zu arbeiten. Sprecht über Erfahrungen und Vorbehalte und bereitet euch auch auf mögliche kritische Reaktionen und Feedbacks vor. Ihr seid als Team gefordert, einen professionellen Rahmen herzustellen und zu halten, auch wenn euch Kritik mal unfair erscheinen sollte. In Kapitel 15, »Heiße Konflikte willkommen!«, findest du mehr zu dem Thema.

Aus unserem Erfahrungsschatz: Ernüchterndes Feedback

Ich hatte einmal einen sehr frustrierten Product Owner vor mir, der keine Stakeholder*innen mehr zum Review einladen wollte. Sein Team gehörte zur IT-Abteilung einer Versicherungsgesellschaft, die für die Versicherungsagent*innen eine neue Verwaltungssoftware entwickeln sollte. Sie hatten die Agent*innen zum ersten Review eingeladen und um Feedback zu den ersten Features gebeten. Die Agent*innen hätten sich an den Farben der Oberfläche gestört und dass ja die meisten Funktionen der alten Software fehlten. Mein Product Owner bemerkte sehr nüchtern, sein Team und er wären bedient und hätten nach der Erfahrung keine Lust mehr, sich weiter mit den Agent*innen auseinanderzusetzen.

Erst nach und nach verstand er, was schiefgelaufen war: Während die internen Mitarbeitenden eine Einführung in Scrum erhalten hatten, waren die externen Agent*innen vergessen worden. Sie konnten nicht wissen, dass das Entwicklungsteams iterativ an Inkrementen arbeitete. Sie dachten, sie bekämen ein fast fertiges Produkt zum Testen vorgestellt. Auch im Review Meeting selbst wurden sie zu wenig geführt und wussten nicht, worauf es beim Feedback ankommt.

Als der Product Owner das verstanden hatte, konnte er sich für einen neuen Anlauf begeistern und hat bereits bei der Einladung berücksichtigt, die externen Gäste sorgsam abzuholen und sie dann auch im Review Meeting gut zu führen.

12.4 Der Stand der Dinge

Mittlerweile sind vermutlich alle schon ganz unruhig und wollen erfahren, was jetzt aus dem Sprint herausgekommen ist.

12.4.1 Was haben wir erreicht?

Gib zusammen mit deinem Team einen kurzen Überblick über die Backlog-Einträge und Themen, an denen ihr gearbeitet habt. Wichtig dabei: Haltet es wirklich kurz und verliert euch nicht Details. Der spannende, detaillierte Teil kommt. Bewährt hat sich, die Punkte auf Post-its dabeizuhaben und an die Wand zu kleben als Präsentations-Backlog für die folgende Demonstration des Produktstands.

12.4.2 Euer Produkt erlebbar machen

»Funktionierende Software ist das wichtigste Fortschrittsmaß.« – Bei diesem Prinzip geht es nicht nur darum, an irgendetwas einen Haken machen zu können. Es geht darum, die Sachen ausprobieren zu können, um aus der Erfahrung heraus Erkenntnisse ableiten zu können. Unser Gehirn hat nämlich ein Problem damit, sich neue Dinge vorzustellen, solange wir keine praktischen Erfahrungen damit gesammelt haben. Bis zum Moment des Ausprobierens sortieren wir alles erst mal bei unseren alten Erfahrungen ein. Das erkennst du immer gut daran, wenn du mit jemandem über eine neue Idee oder ein Feature sprichst und dein Gegenüber gleich erst mal antwortet mit: »Ah, das ist doch wie [hier irgendwas Altes/Bekanntes].« Andersrum: Wenn ihr ein neues Feature zeigt, werdet ihr häufig erleben, dass Anmerkungen kommen wie: »Früher konnte man aber immer hier ...« Dann habt ihr entweder eine wichtige noch fehlende Anforderung gefunden, oder ihr merkt, dass ihr ein wichtiges Bedürfnis noch nicht verstanden habt.

Vermutlich hast du dir auch schon irgendwann mal ein total tolles, cleveres Gadget gekauft, es dann zu Hause ausgepackt, benutzt, und in dem Moment war total klar, warum du vorher noch nie was davon gehört hast ... oder du verstehst die Welt nicht mehr, weil es tatsächlich total clever ist. Richtig einschätzen kann man es erst, wenn man die Dinge tatsächlich in echt erlebt und tut. Daher sollte zu jedem Review möglichst ein Demo-Teil dazugehören, in dem ihr den aktuellen Stand des Produkts demonstriert oder, noch cooler, vielleicht sogar euren Stakeholder*innen ermöglicht, es selbst auszuprobieren.

Entscheidend ist dabei, dass es sich um euer echtes Produkt handeln sollte. Das zwingt euch erstens, stetig einen vorzeigbaren, nutzbaren Qualitätsstandard zu erreichen, und zweitens fallen euch nur so auch Dinge links und rechts der Features im Fokus auf. Wenn ich neu in ein existierendes Projekt reinkomme, erfahre ich im Review spontan eine ganze Menge darüber, wie gut das Projekt aufgestellt ist:

- Funktioniert das, was im Review gezeigt wird, tatsächlich robust oder immer nur, wenn man mal Glück hat?
- Entschuldigt sich das Team ständig für all das, was es noch tun muss, aber doch nicht ganz geschafft hat?
- Sehe ich tatsächlich die echte Anwendung oder den Entwicklungsstand auf einem Entwicklungsrechner?

Aber vor allem vermittelt die Demo einen Eindruck davon, wie eure Features im Zusammenspiel funktionieren.

Aus unserem Erfahrungsschatz: Nicht alle sitzen im Büro

Ein Thema, das über die Jahre immer wieder in Reviews auftaucht: Entwicklungsteams vergessen, dass ihre Anwendungen nicht unbedingt im Büro benutzt werden: »Das sieht toll aus! Aber wenn die Sonne darauf scheint, muss die Schrift doppelt so groß und der Kontrast höher sein!«

Diffiziler wird es bei Themen wie »Die Suche an der Stelle ist klasse und genau das, was wir brauchen. Aber wir müssen einen Weg finden, dass die Kund*innen im Geschäft das im Gespräch nicht einsehen können, da tauchen ja auch persönliche Daten anderer Kund*innen auf!«

Deine Rolle dabei ist, alle Beteiligten in eine ehrliche Auseinandersetzung mit eurem Produkt zu führen, den Stakeholder*innen wertvolles Feedback zu entlocken, herauszufinden, woher der Wind weht, und zu entscheiden, wie es weitergehen soll.

12.4.3 Feedback aufnehmen

Beim Review geht es nicht darum, Rechenschaft über das Geleistete abzulegen – ihr wollt Feedback bekommen und erfahren, ob ihr auf dem richtigen Weg seid. Insbesondere euren Stakeholder*innen kommt dabei eine wichtige Verantwortung zu. Als Externe haben sie mehr Distanz und weniger blinde Flecken. Sie können unbefangener auf den Stand schauen und ihr Feedback dazu geben. Genau das wollt ihr ja auch. Doch:

Feedback zu bekommen, kann ganz schön hart sein, wenn ihr ein paar Wochen lang mit einem neuen Feature gekämpft hat und jetzt zu hören bekommt, was alles noch fehlt oder anders ist, als sich eure Nutzerschaft das vorgestellt hat. Wir haben daher ein eigenes Kapitel zum Umgang mit Feedback geschrieben (siehe Kapitel 4, »Zeit für Feedback«).

In deiner Product-Owner-Rolle solltest du den Feedback-Dialog im Review gut vorbereiten: einerseits, damit ihr tatsächliches relevantes Feedback von euren Stakeholder*innen bekommt, andererseits, damit ihr als Team dieses Feedback auch konstruktiv aufnehmen und verarbeiten könnt.

Überleg dir daher gemeinsam mit deinem Team in der Vorbereitung, zu welchen Aspekten eures Produkts ihr explizit um Feedback bittet und welche Aspekte ihr explizit ausklammern wollt. Das gibt Stakeholder*innen Orientierung und verhindert, dass ihr euch frustriert Feedback zu Dingen anhören müsst, von denen ihr eh wisst, dass ihr noch nicht an ihnen gearbeitet habt. Darüber hinaus hat es sich bewährt, mit allen Beteiligten explizite Spielregeln zu vereinbaren, wie der Prozess abläuft und wie ihr mit dem Feedback umgehen werdet. Wir empfehlen, dabei eine Abwandlung des Autor-Kritiker-Zyklus zu verwenden.

Der Autor-Kritiker-Zyklus

Der Autor-Kritiker-Zyklus soll verhindern, dass ihr euch in Rechtfertigungsschleifen verhakt und euch in der Rolle der »Autor*innen« dazu zwingt, erst mal in Ruhe zuzuhören. Der Ablauf ist wie folgt:

1. Stellt zunächst den Stand des Themas/das Feature vor. Alle späteren Feedback-Gebenden sollten dabei möglichst ausschließlich grundlegende Verständnisfragen stellen. Wenn ihr ganz hart sein wollt, lasst noch nicht mal das zu. Was sich nicht aus der Vorstellung erschließen ließ, war wohl nicht klar genug.
2. Sammelt dann Feedback ein, ohne dass ihr es als Vorstellende kommentiert. Wieder gilt: Ihr solltet ausschließlich einfache Verständnisfragen stellen, wenn ihr solche habt. Weiterführende Fragen und Diskussionen müsst ihr euch zu diesem Zeitpunkt verkneifen. Das fällt unfassbar schwer!
3. Nehmt euch kurz Zeit, die Rückmeldungen zu sortieren und zu ordnen. Auch wenn es schwerfällt: Versucht, eine konstruktive Haltung aufrechtzuerhalten. Auch wenn ihr anderer Meinung seid, wenn ihr glaubt, dass euer Gegenüber die Dinge falsch verstanden hat, so ist dies doch der aktuelle Stand. Was ihr vorgestellt habt, ist so angekommen und verstanden worden. Nehmt dies als Information an und überlegt, was das bedeutet und wie ihr damit umgehen und weiterarbeiten könntet.
4. Gebt zum Abschluss euren Feedback-Gebenden eine Rückmeldung, was bei euch angekommen ist und wie ihr plant, damit umzugehen.

Bittet eure*n Scrum Master*in darum, dass sie*er darauf achtet, dass ihr euch an »die Regeln« haltet und euch in die reine Wahrnehmungshaltung begebt. Sollten andersrum eure Stakeholder*innen tatsächlich mal unfair und persönlich werden, lasst ihn*sie auch das einfangen. Beide Seiten sollten sich ganz aufs Zuhören konzentrieren, wenn sie nicht an der Reihe sind.

In Kapitel 4, »Zeit für Feedback«, und Kapitel 6, »Zuhören, verstehen, ansprechen: dein Kommunikationsjob«, findest du zu deiner Vermittlungsrolle weitere Tipps und Kommunikationsmethoden, mit denen du Gespräche zwischen den Stakeholder*innen vereinfachen und beflügeln kannst. In Kapitel 15, »Heiße Konflikte willkommen!«, findest du außerdem Hinweise darauf, wie du dich auf eine Gesprächsführung vorbereiten kannst, und Tipps, wie du insbesondere auch heikle Kommunikationssituationen gut bewältigen wirst.

12.4.4 Widersprüchliches Feedback auffangen

Was für dein Team und dich schwierig sein kann: wenn ihr widersprüchliches Feedback im Review bekommt. Widersprüchliches Feedback gibt es in zwei Varianten.

Unterschiedliche Bedürfnisse

Es ist nichts Ungewöhnliches, dass unterschiedliche Stakeholder*innen unterschiedliche Ansichten darüber haben, wie ein Feature aussehen sollte. Sie haben schließlich unterschiedliche Bedürfnisse, Erfahrungen und Ziele, die sie verfolgen. Du wirst es nicht allen recht machen können und musst dabei ja auch noch deiner eigenen Rolle gerecht werden: Welche Lösungen kannst du in der Kosten-Nutzung-Abwägung vertreten, und welche ist die beste, um dein Produkt weiter in die Richtung deiner Vision zu bringen?

Das Review ist aber schon mal ein guter Ort, um für alle Beteiligten Transparenz darüber herzustellen, dass es unterschiedliche Ansichten und Wünsche gibt. Im Idealfall könnt ihr direkt eine Lösungsidee entwickeln, die für alle zumindest akzeptabel wäre, wenn auch nicht ideal. Wenn nicht, ist zumindest für alle ersichtlich, dass du auch nicht frei in deinen Entscheidungen bist, und es wird klarer, innerhalb welcher Grenzen ihr euch gemeinsam bewegt.

Nutze in jedem Fall den Moment, um die Bedürfnisse der einzelnen Stakeholder*innen in Bezug auf das Feature für alle nachvollziehbar festzuhalten. Sie sind für euch als Team die Basis, um mit einem tieferen Verständnis weiter an einer besseren Lösung zu arbeiten, oder für dich, um eine Entscheidung zu treffen. Auch das gehört zu deiner Rolle: Manchmal ermöglicht eine Entscheidung von dir, dass ihr euer Produkt weiterentwickeln und liefern könnt. Der Wert davon kann höher sein, als eine Einigung unter den Stakeholder*innen-Gruppen zu erzielen. Du wirst das sorgfältig abwägen müssen, aber klar Nein zu sagen und die Entscheidung zu vermitteln, kann allen Beteiligten ermöglichen, sich wieder neuen Dingen zuzuwenden.

Sich entwickelnde Bedürfnisse

Die zweite Variante widersprüchlichen Feedbacks, und für dein Team häufig sehr frustrierend, ist, wenn Stakeholder im Laufe der Zeit »einfach« ihre Meinung ändern. Vor zwei Sprints war es ihnen noch ganz wichtig, dass wir die Druckfunktion rausbringen, heute scheint es ihnen völlig egal zu sein, und die Störungsanzeige ist viel wichtiger. Du und dein Team könnt aus der Reflexion dieser Situation zwei Dinge lernen: Heiße Veränderungen willkommen und renne trotzdem nicht jedem Wunsch gleich hinterher!

Die Umstände verändern sich, ihr und eure Stakeholder*innen lernen dazu, vieles wird erst klar, wenn man es umgesetzt vor sich sieht. Sich verändernde Anforderungen sind Ausdruck des Lernens in einem agilen Projekt. »Heiße sie willkommen!«, sagt daher auch eines der agilen Prinzipien. Das fällt nicht immer so leicht, aber besser, ihr bemerkt jetzt, dass etwas nicht passt, als später, wenn es unter Umständen schwieriger und teurer ist, die Änderungswünsche noch zu realisieren.

Andersrum werdet ihr natürlich nie fertig werden und euer Budget zügig verbrennen, wenn du jeden Änderungswunsch und jede neue Idee einfach mitnimmst und umsetzen lässt. Du musst stets einschätzen und im Blick behalten, wo ihr tatsächlich dabei seid, gerade wertvolle Dinge zu erkennen und zu lernen, und wo ihr vielleicht lieber einen Gang zurückschalten solltet, innehalten und analysieren, was es eigentlich braucht.

Agiles Arbeiten heißt, gezielt zu experimentieren

Es ist ein Unterschied, ob ihr gezielt und planvoll Dinge ausprobiert oder einfach mal macht und schaut, was wohl passiert. Agiles Arbeiten bedeutet: Ihr trefft Annahmen darüber, was wertvolle Features sind, und überprüft gute Lösungen gezielt während der Entwicklung. Ihr reagiert konsequent, wenn ihr merkt, dass etwas nicht passt. Aber wenn du merkst, dass du und/oder eure Stakeholder*innen sehr unklar darin sind, was gerade benötigt wird, dann ist es sinnvoller, lieber einmal innezuhalten und zu schauen, warum das so ist.

12.5 Die Entwicklungen im Umfeld

Bevor ihr euch daranmacht, den Kurs für die nächsten Sprints neu zu setzen, ist es noch wichtig, sich anzuschauen, wie sich die Umstände entwickelt haben. Mit »den Umständen« sind all die Faktoren und Rahmenbedingungen gemeint, die eure Handlungsmöglichkeiten und Optionen prägen und beeinflussen. An dieser Stelle im Review sind auch eure Stakeholder*innen gefordert, Input beizutragen. Besprich dich vorab mit ihnen dazu.

12.5.1 Die äußeren Umstände

Während ihr im Sprint konzentriert gearbeitet habt, ist der Rest der Welt nicht stehen geblieben:

- Gibt es neue Termine oder Vorgaben, die ihr berücksichtigen müsst?
- Was macht die Konkurrenz? Müsst ihr reagieren?
- Was macht eure (potenzielle) Kundschaft?
- Gibt es andere relevante Entwicklungen, die eure weitere Arbeit beeinflussen?

Wenn du nicht aufpasst, ist es leicht, diese Dinge nicht mitzubekommen oder nicht ausreichend zu beachten. Ideal ist es, wenn dein Team diese Informationen aus erster Hand von den entsprechenden Stakeholder*innen selbst bekommt. Das ermöglicht allen Beteiligten, direkt Fragen zum Hintergrund und zur Einordnung zu stellen. Schau, dass du mit deinen Stakeholder*innen gut im Kontakt zu diesen Themen bist, und bitte sie entsprechend, die Informationen mit ins Review Meeting zu bringen.

12.5.2 Die inneren Umstände

Neben dem Blick nach außen ist es aus unserer Erfahrung an dieser Stelle auch hilfreich, noch mal zusammenzufassen, wie es bei euch unter der Haube aussieht:

- Was war leicht oder schwierig bei der Entwicklung im letzten Sprint?
- Welche Architekturfragen oder technischen Schulden zeigen sich?
- Verfügt ihr über das Know-how für die anstehenden Aufgaben, oder werdet ihr euch erst noch kundig machen müssen?
- Welche anderen Risiken oder Fragen habt ihr als Team erkannt?

Die Antworten auf diese Fragen sind bedeutsam, um zu einer realistischen Einschätzung zu kommen, ob ihr eure Entwicklungsgeschwindigkeit werdet halten können und wie gut ihr neue Anforderungen in euer Produkt werdet integrieren können.

Teams scheuen sich oft gegenüber Stakeholder*innen, diese Punkte transparent darzustellen. Sie halten sie für ihr internes Problem, wollen nicht schlecht dastehen und glauben eh nicht so wirklich daran, dass Steakholder*innen das verstehen und einschätzen können. Aber wenn die Probleme erst mal da sind, wird das Team sie allein nicht mal so eben nebenbei lösen können. Daher ist es wichtig, gemeinsam auf diese Themen zu schauen.

Technische Schulden

Es ist ganz normal, dass im Laufe der Zeit Probleme und Baustellen in eurer Software entstehen, die bearbeitet und aufgelöst werden müssen. Diese werden als *technische Schulden* bezeichnet. Die Metapher der Schulden soll dabei ausdrücken: Je länger ihr euch nicht um sie kümmert, desto mehr werden die Probleme wachsen. Eure Anwendung wird immer schwieriger zu warten, die Fehlerrate steigt, und im gleichen Zug sinkt damit eure Entwicklungsgeschwindigkeit.

Es ist ein wenig wie mit deiner Wohnung. Du lebst darin, räumst sie regelmäßig (jeden Sprint) wieder auf, und trotzdem gibt es im Laufe der Zeit Ecken, die unordentlich werden oder wo etwas kaputtgeht. Du bist gerade sehr beschäftigt und kommst daher nicht dazu, dich gleich drum zu kümmern. So bleibt es dann liegen, bis du irgendwann die Handschuhe nicht mehr auf Anhieb wiederfindest und genervt bist von dem Papierstapel in der Ecke. Es ist Zeit, mal wieder klar Schiff zu machen – und vielleicht auch nicht nur so nebenbei. Ein besseres Ordnungssystem im Flur wäre auch nicht schlecht. Vielleicht nicht genauso, aber wir sind uns sicher, so was in der Art wirst du auch kennen. Du darfst von deinem Team erwarten, dass sie regelmäßig in der Software aufräumen. Aber auch sie werden beim Aufräumen mal was übersehen oder unter Zeitdruck bewusst erst mal liegen lassen.

Der Unterschied zwischen eurer Software und einer Wohnung: Es ist für Ausstehende nicht so leicht zu erkennen, wie es um die »Aufgeräumtheit« bestellt ist. Insofern tut ihr gut daran, diesen Aspekt im Review explizit zu besprechen. Dein Team wird dabei vermutlich auch erst mal lernen müssen, ihre Themen so zu »übersetzen«, dass alle sie verstehen. Beispielsweise so:

> *»Wir haben jetzt gemerkt, dass wir mit dem Berechtigungskonzept, so wie es jetzt gebaut ist, an unsere Grenzen stoßen, wenn es in Zukunft auch Familien- und Firmenaccounts geben soll. Die Prüfungen finden sich im Augenblick an sehr vielen Stellen im Code wieder, und wenn jetzt neue Fälle hinzukommen, ist die Gefahr groß, dass wir welche übersehen und das Verhalten inkonsistent wird. Es wäre gut, wenn wir versuchen würden, das jetzt einmal sauber zu kriegen, bevor wir da weiter in die*

Breite gehen. Unsere Sorge ist, dass wir sonst sehr viel langsamer in der Entwicklung werden und trotzdem die Qualität nicht halten können.«

Ob es im Code jetzt eine schön angelegte Klassenhierarchie gibt oder die besten Designpatterns zur Kapselung der Prüflogik gewählt wurden, ist unter Umständen noch nicht mal im Team zu Ende diskutiert. Die Auswirkungen sind aber für alle greifbar. Du kannst dich mit deinem Team an den folgenden Fragen orientieren:

- Was sind die Auswirkungen des Problems? Die Antworten werden in der Regel so was sein wie:
  - Wir werden langsamer.
  - Wir produzieren mehr Fehler.
  - Wenigere Menschen im Team werden in dem Bereich Änderungen vornehmen können/sich noch trauen, es zu tun.
  - Es wird länger dauern, Fehler zu erkennen und nachzuvollziehen.
- Betrifft das unser gesamtes Produkt oder nur Teile und, wenn ja, welche?
- Wie aufwändig schätzen wir die Behebung des Problems ein, und welche Optionen sehen wir?
- Wenn wir an dem Problem arbeiten: Welche Risiken entstehen wiederum daraus?
- Wann ist aus unserer Sicht der richtige Zeitpunkt, um an dem Problem zu arbeiten?
- Wenn wir jetzt nichts an dem Thema machen, wird das Problem schlimmer werden, oder bleibt es erst mal, wie es ist?

All diese Fragen sollen helfen, die Art der technischen Schulden besser einzuordnen und zu einer guten Entscheidung zu kommen, wann ihr auf welche Weise am besten auf die Probleme reagiert. Unser Rat lautet grundsätzlich, technische Schulden so früh wie möglich anzugehen und nur in Ausnahmefällen zu warten – es sind Schulden! Dennoch: Ein größerer Umbau kurz vor einer Auslieferung ist vermutlich genauso schlecht, wie Probleme zu verschleppen, nur damit sie einen kurz vor der nächsten Auslieferung wieder einholen.

Architekturentscheidungen

Architekturentscheidungen sind weitreichende Entscheidungen über die Struktur der Software, die sich im Nachgang nur noch schwer ändern lassen. Sie sind für dich und eure Stakeholder*innen in zweierlei Hinsicht bedeutsam.

Einerseits kann es sein, dass während des letzten Sprints im Team eine Architekturentscheidung getroffen wurde. Bei einer weitreichenden Entscheidung ist es wichtig, dass alle aus dem Team diese mitkriegen und nachvollziehen können. Sollte es Bedenken geben, seid ihr jetzt noch in der Lage, ohne allzu großen Schaden zu reagieren. Hinzu kommt: Architekturentscheidungen schränken immer eure Lösungsmöglichkeiten ein. Für dich und eure Stakeholder*innen ist es interessant, zu wissen, was jetzt *nicht* mehr einfach möglich ist. Ein Beispiel könnte sein, dass die ausgewählte Bibliothek zur Dokumentenerkennung wunderbar funktioniert, aber nur auf einer Plattform läuft, die Option, eventuell doch noch den Mac zu unterstützen, ist damit verbaut.

Andererseits kann es sein, dass Teams sich nicht trauen, eine Architekturentscheidung zu treffen, eben wegen der Konsequenzen. Für die Features, die im Augenblick entwickelt werden, geht es auch noch so, aber eigentlich müsste das Problem mal grundlegend und sauber gelöst werden. Vom Prinzip her sehr ähnlich wie bei technischen Schulden, nur dass schon klar ist, dass es mit Aufräumen alleine nicht getan ist: Ein Einbauschrank muss her! Die Arbeit an derartigen Architekturentscheidungen kostet Zeit, und wenn es in der Konsequenz größere Umbauten braucht, ist sie auch nicht risikolos. Das Thema schleifen zu lassen, ist aber auch keine Lösung. Daher ist es wichtig, auch Architekturthemen im Review anzusprechen, um gemeinsam mit allen nach dem richtigen Zeitpunkt zu schauen und auch dem Team zu vermitteln, dass sie mit diesen Entscheidungen nicht alleine dastehen.

12.6 Wie weiter?

Ihr habt jetzt eine ganze Menge Informationen zusammengetragen: wo ihr mit eurem Produkt steht und wie sich euer Umfeld weiterentwickelt hat. Zeit, euren Kurs neu zu setzen. Das ist der Teil, auf den alles andere im Review bisher hingearbeitet hat. Wie solltet ihr jetzt weitermachen?

12.6.1 Wie ist der aktuelle Plan?

Als Product Owner*in solltest du eine Vorstellung davon haben, wie es weitergehen könnte. Stell daher als Erstes allen noch mal kurz vor, wie deine Überlegungen zu diesen Fragen aussehen:

- Welches ist das nächste Zwischenziel, der nächste Meilenstein, auf den du hinpeilst?
- Wie steht es um das Budget, und welche wichtigen Termine stehen an?
- Wie sieht das Backlog gerade aus, was hast du bisher für die nächsten Sprints geplant?

Dieser kurze Überblick hilft deinen Stakeholder*innen genauso wie deinem Team, sich zu orientieren und vor allem auch die nächsten großen Ziele nicht aus dem Auge zu verlieren. Die Versuchung ist immer groß, mit den Dingen weitermachen zu wollen, die einem gerade vor der Nase liegen – aber sind die auch noch wichtig, wenn ihr auf den nächsten Meilenstein schaut?

12.6.2 Risiken und offene Fragen neu bewerten

Im Grunde solltet ihr immer auf Risiken und offenen Fragen achten, sie sammeln und euch um sie kümmern. Aber insbesondere jetzt ist ein guter Moment, um vor dem Hintergrund der aktuellen Planung und der im Review neu gewonnenen Informationen eure Risikoliste zu aktualisieren. Wenn du dich an Abschnitt 2.7.3, »Mit Risiken umgehen«, erinnerst, sollten die Punkte auf der Risikoliste der entscheidende Treiber deiner Vorgehensstrategie und deiner Priorisierung sein. Sammelt und aktualisiert daher gemeinsam mit euren Stakeholder*innen:

- Welche Risiken und offenen Fragen haben sich während der Entwicklung und jetzt im Review neu gezeigt?
- Welche der bereits erkannten Risiken auf der Risikoliste sind akuter geworden oder haben sich erledigt?

Wieder einmal ist der Input eurer Stakeholder*innen wertvoll. Mit ein wenig mehr Abstand und einer anderen Perspektive lassen sich auch schwierige Themen leichter erkennen und ansprechen. Hilf gemeinsam mit dem*der Scrum Master*in allen, indem du den Kontext und die Relevanz der Fragen klarmachst. Wenn ihr gemeinsam regelmäßig über eure Risiken schaut, verlieren diese für alle ihren Schrecken, und ihr könnt euch konstruktiv um Lösungen bemühen.

12.6.3 Das Backlog anpassen

Der letzte inhaltliche Schritt im Review ist nun, gemeinsam zu überlegen, ob es Vorschläge für Anpassungen im Product Backlog gibt, also Aspekte aufgetaucht sind, auf die ihr kurzfristig reagieren solltet. Anpassungen könnten sein:

- Punkte, die du neu ins Product Backlog mit aufnimmst.
- Die Reihenfolge, in der ihr die Dinge weiter angeht: was jetzt aktuell wirklich das Wichtigste ist und daher im nächsten oder übernächsten Sprint getan werden sollte.
- Punkte, die ihr jetzt explizit nicht starten solltet oder vielleicht gleich ganz streicht.

Die Möglichkeit, sich an dieser Stelle direkt mit allen auszutauschen, ist enorm wertvoll. Stakeholder*innen bekommen mit, dass es zur Umsetzung ihrer Wünsche tatsächlich Arbeit bedarf und dass ihre Wünsche auch mit anderen konkurrieren. Die Kapazität in einem Sprint ist endlich – eine Sache, die sonst gerne mal ausgeblendet wird. Andersherum verliert auch das Entwicklungsteam während seiner Arbeit schnell aus dem Auge, warum sie die Dinge eigentlich tun und warum bestimmte Rahmenbedingungen eine Rolle spielen. Sich im Review Meeting gemeinsam zu synchronisieren und gemeinsam über das weitere Vorgehen zu entscheiden, schafft ein viel größeres Verständnis bei allen Beteiligten und eröffnet damit auch einen viel größeren Handlungsspielraum.

Im direkten Gespräch lassen sich Ziele anpassen, damit die Realisierung leichter wird. Genauso lassen sich neue Optionen für eine Realisierung finden, um Ziele noch zu erreichen, die schon nicht mehr erreichbar schienen. In diesem Austausch und in den Entscheidungen, die ihr hier trefft oder zumindest vorbereitet, steckt einer der Eckpfeiler des agilen Arbeitens: aus den Erkenntnissen der Praxis nach neuen, besseren Wegen zu suchen, um eure Ziele zu erreichen. Dieser Punkt darf und sollte daher auch gerne mehr Raum einnehmen als nur ein paar Minuten am Ende. Nutze die Vielfalt der Perspektiven, um den Kurs für die nächsten Sprints gut auszurichten.

12.7 Was nicht ins Review gehört

Neben all den Dingen, die ihr im Review Meeting tun solltet, gibt es ein paar, die du raushalten solltest. Das heißt nicht, dass die Punkte nicht wichtig wären, aber sie gehören an eine andere Stelle im Scrum-Prozess.

12.7.1 Die langfristige Strategie anpassen

Verstrickt euch innerhalb der Review Meetings nicht in großen Grundsatzfragen. Die Versuchung ist groß, wo doch eh schon die meisten Stakeholder*innen da sind, und es gibt immer ein paar Menschen, die vor allem und stets die ganz großen Fragen im Blick haben. Das Review Meeting ist ein taktisches Meeting. Es geht darum, den Kurs für die nächsten paar Sprints zu setzen – nicht darum, die gesamte Reise infrage zu stellen.

Sollte es tatsächlich so sein, dass aus dem Review Meeting die Erkenntnis entsteht, dass du mit den Stakeholder*innen noch mal ganz grundsätzlich auf euer Vorhaben gucken solltest, dann plant das als separates Meeting im Nachgang. Dann hast du Zeit und Ruhe dafür, ohne das gesamte Team in Beschlag zu nehmen.

12.7.2 Themen für die Retrospektive

Im Review Meeting kommen (hoffentlich) immer wieder auch Probleme auf den Tisch. Vieles dreht sich um die Fragen, was schwierig ist oder Probleme macht und was das für die weitere inhaltliche Arbeit bedeutet. Und bei einer Reihe dieser Punkte werdet ihr dann auch denken: »Mist, die wären doch vermeidbar gewesen!« In der Rückschau ist das auch immer leicht gesagt. Sei es drum: Die Vergangenheit könnt ihr nicht ändern – die Zukunft schon. Mit Blick nach vorne gibt es zwei Dinge zu tun:

1. Im Review Meeting schaut und prüft ihr, wie ihr das Problem jetzt behebt und welche Auswirkungen das auf die weitere Planung hat. Hier ist nicht der Ort, um über verschüttete Milch zu weinen, sondern um zu schauen, wie ihr die Dinge wieder in Ordnung und ins Laufen bekommt.
2. Um in Ruhe Ursachenforschung zu betreiben, nehmt ihr die Themen mit in die Retrospektive. Dort sind der Ort und das Umfeld, um strukturiert zu schauen, wie das Problem entstanden ist und was ihr tun könnt, um zukünftig ähnliche Probleme möglichst zu vermeiden. Das Ergebnis ist dann häufig eine Anpassung eurer Arbeits- und Qualitätssicherungsprozesse.

Aus unserem Erfahrungsschatz: Nickeligkeiten

Vor einigen Jahren stellte ich im Review Meeting in einem Projekt fest, dass regelmäßig die Texte in der Anwendung nicht richtig eingebunden und übersetzt waren. Eine stets schnell behobene Nickeligkeit, von der ich mich aber fragte, wieso sie immer wieder passierte.

Ich nahm das Thema mit in unsere Retrospektive. Dort stellte sich heraus, dass das Team fand, solche Probleme gehörten doch nicht in ihren Verantwortungsbereich. In der Vergangenheit hätte es immer eine externe Qualitätssicherung gegeben, die darauf geachtet hätte. Wenn mir das wichtig wäre, sollte ich halt wieder jemanden für die Qualitätssicherung organisieren.

Das war in dem Moment insgesamt kein sehr angenehmes Gespräch mit der Gruppe, aber es war ein guter Aufhänger, um zu klären, was wir voneinander erwarten und welche Verantwortung auch bei den Mitgliedern des Entwicklungsteams liegt.

Im Review Meeting regelmäßig auf den Stand des Produkts zu gucken, hilft euch sehr dabei, sich einschleichende Qualitätsprobleme frühzeitig zu entdecken. Insofern schaffe einen Raum, in dem diese Beobachtungen angesprochen werden – aber achte auch darauf, welche Aspekte in welches Meeting gehören. Glücklicherweise findet eure Retrospektive ja gleich im Anschluss an das Review Meeting statt. Und damit befasst sich dann auch gleich das nächste Kapitel.

Kapitel 13
Auf eine gute Zusammenarbeit! Die Retrospektive

Lernen und Reflektieren sind ein unverzichtbares Element agilen Vorgehens. Schwierige Themen und Herausforderungen können so zügig angesprochen und Lösungsvorschläge im Team erarbeitet werden. Vereinbarungen und Experimente werden dann im Sprint genauso überprüft und angepasst wie alles andere auch.

Ellen sitzt an ihrem Schreibtisch und starrt auf den Bildschirm. Sie ist ganz schön müde. So viele Themen laufen bei ihr zusammen, und jetzt hat sie auch noch Ärger mit der Finanzabteilung, weil sie das Release verschieben muss. Sie klickt sich durch die Sprint-Reports. ›Kein Wunder‹, denkt sie, ›wir sind ja auch viel zu langsam. Aber wie soll ich das ansprechen? Ich bin doch nicht die Chefin des Teams. Manchmal ist Product Ownerin sein doof.‹ Rami hat sich zu ihr gesellt: »Hallo Ellen, was ist los? Du wirkst unfroh mit dem, was der Sprint-Bericht aus deinem Tool dir sagt?!« Ellen fasst sich ein Herz und erzählt Rami von ihrem Dilemma. Rami überlegt einen Moment und teilt seine Einschätzung: »Weißt du, dem Team geht es ganz ähnlich. Einige sind traurig, weil wir das Sprint-Ziel wieder nicht erreichen. Andere finden, wir nehmen uns immer zu viel vor, sagen es aber nicht rechtzeitig. Ich glaube, wir besprechen es mal in Ruhe in der Retrospektive morgen und schauen, was wir daraus lernen können.«

Ellen ist mit ihrem Entwicklungsteam in einem guten Kontakt, und sie beginnen, schwierige Themen zu reflektieren, wann immer sie aufkommen. Ellen nimmt sich auch selbst immer mal wieder Momente für sich, in denen sie sich mit ihrer Rolle und ihrer Arbeit auseinandersetzt und sich fragt, was sie beibehalten und was sie ändern möchtest. Damit leistet sie einen wichtigen Beitrag dafür, dass sich Team und Produkt stetig weiterentwickeln können. Oft braucht es allerdings über den Arbeitsalltag hinaus noch einen ritualisierten und sicheren Raum, in dem alle ohne Zeitdruck ins Reflektieren und in den gemeinsamen Austausch kommen, um noch etwas genauer hinzusehen. Genau wie Rami es vorschlägt. In Scrum erfüllt diese Funktion die Retrospektive. Auch wenn die Ausgestaltung der Retrospektive und das Führen durch den Prozess bei der Scrum-Master-Rolle liegt, ist es für dich wichtig zu wissen, wie sie funktioniert und wobei dich dein*e Scrum Master*in unterstützen kann. Davon handelt dieses Kapitel.

13.1 Wie wird's gemacht?

Zu den agilen Prinzipien des Agilen Manifests gehört, dass das Team in regelmäßigen Abständen reflektiert, wie es effektiver werden kann, und sein Verhalten anpasst. Die Retrospektive (kurz Retro) ist genau dafür da und deshalb auch fester Bestandteil von Scrum. Sie ist ein Meeting zum Ende eines jeden Sprints, in dem ihr (du und dein Entwicklungsteam) euch Zeit nehmt, eure Zusammenarbeit, aber auch die Zusammenarbeit mit euren Stakeholder*innen, und ganz konkrete Arbeitssituationen aus dem letzten Sprint zu reflektieren. Ihr schaut in der Retrospektive unter anderem darauf:

- eure Kommunikation im Team,
- Arbeitsweisen und Prozesse,
- die Performance,
- eure Stimmung,
- eure Zusammenarbeit mit Schnittstellen und Stakeholder*innen.

Häufig wird davon ausgegangen, dass die Product-Owner-Rolle keinen aktiven Part in der Retrospektive übernimmt und damit auch nicht Teil davon ist. Dem ist nicht so. Du bist Teil des Scrum Teams, und insbesondere die Qualität deiner Zusammenarbeit mit dem Entwicklungsteam ist entscheidend für euren Erfolg. Als Product Owner*in solltest du also immer bei der Retrospektive dabei sein und trägst, genau wie das Entwicklungsteam, die Verantwortung dafür, dass ihr sie gut nutzt.

Wie bereits erwähnt, findet die Retrospektive zum Ende eines Sprints im unmittelbaren Anschluss an das Review statt. Der Scrum Guide empfiehlt bei Sprints mit einer Länge von einem Monat eine Retrospektive von drei Stunden. Sind eure Sprints kürzer angesetzt, könnt ihr auch die Dauer der Retrospektive etwas reduzieren. Gehe aber am besten davon aus, dass ihr zu Beginn länger braucht, um in einen guten Austausch miteinander zu kommen. Auch die Retrospektive braucht etwas Übung. Außerdem gibt es meist mehr Themen zu besprechen, wenn ihr noch nicht lange zusammenarbeitet. Mit der Zeit werdet ihr euch einspielen und euch an das Vorgehen und das gemeinsame Reflektieren gewöhnen. Zu Beginn kannst du die Retrospektive also erst mal für drei Stunden ansetzen, damit ihr in Übung kommt. Ihr werdet schnell raushaben, wie viel Zeit ihr wirklich braucht, und könnt den zeitlichen Rahmen immer mal wieder anpassen.

Tipp: Retrospektiven mit Stakeholder*innen

Das Konzept der Retrospektive kannst du auch außerhalb von Scrum nutzen. In einem Umfeld mit vielen Stakeholder*innen empfehlen wir dir, in regelmäßigen Abständen – zum Beispiel alle drei Monate – eine Retrospektive mit ihnen durchzuführen.

13.2 Die richtigen Rahmenbedingungen

In der Praxis erleben wir immer wieder Teams, die dazu neigen, zugunsten ihrer To-dos, oder weil sie ad hoc keine Themen sehen, die Retrospektive ausfallen zu lassen oder zu kürzen. Es liegt erst mal nahe, bei erhöhtem Arbeitsaufkommen nach Zeitfenstern zu suchen, die ihr euch freischaufeln könnt. Die Folge ist allerdings, dass kein ausreichender Moment entsteht, um Themen wirklich zu bearbeiten. Sie werden als Folge verdeckt weiter »mitgeschleppt«, und das Team verliert zunehmend an Produktivität. Insbesondere Product Owner*innen haben unserer Erfahrung nach eine Tendenz, die Retrospektive schwänzen zu wollen – tue das nicht. Gerade in herausfordernden Zeiten braucht ihr die Retrospektive umso mehr, um gut weiterarbeiten zu können.

13.3 Psychologische Sicherheit

Google hat zwei Jahre lang geforscht, was Effektivität in Teams ausmacht (Duhigg, 2016). Dabei haben sich im Ergebnis fünf Merkmale herauskristallisiert, die besonders wichtig sind.

Dazu gehören: Verlässlichkeit, klare Ziele und Rollenverteilungen, ein Verständnis für den Beitrag, den das Team leistet, und der Glaube daran, dass die Arbeit des Teams von Bedeutung ist. Was sich aber als größter Hebel herausgestellt hat, ist psychologische Sicherheit. Diese Ergebnisse sagen aus, dass es weniger auf die einzelnen Akteure eines Teams selbst ankommt, sondern vor allem auf deren Interaktion untereinander.

Auch bei der Arbeit sind wir Menschen. Dieser Umstand ist allerdings lange nicht als so wichtig erachtet worden wie heute. In Zeiten des Taylorismus galt der Mensch eher als Arbeitsmaschine, und wichtig war vor allem, dass alle Zahnräder ineinandergriffen. Heute reicht das nicht mehr aus, denn unsere Arbeit spielt sich auf mehreren Ebenen ab und ist viel komplexer geworden. Heute weiß man, wie wichtig Menschlichkeit bei der Arbeit ist, um mit dem hohen Maß an Komplexität besser umgehen zu können. Trotzdem sind wir es meist noch nicht gewohnt, uns auch in unserem Team ganz offen und ehrlich und ganz als wir selbst zu zeigen. Viele glauben, das Unterdrücken der eigenen

Gefühle stelle eine gewisse Professionalität dar. Dem ist nicht so. Aber natürlich können wir nicht alle den Schalter umlegen und plötzlich ungeschönt ehrlich zueinander sein. Dafür brauchen wir erst mal das Gefühl, dass das okay wäre – und hier kommt die psychologische Sicherheit ins Spiel.

Sie zeigt sich darin, dass ihr eure Gedanken und Gefühle offen teilt, ohne Angst davor zu haben, dass dadurch euer Ansehen im Team sinken könnte oder dass Konflikte oder andere unangenehme Konsequenzen entstehen könnten, die ihr nicht gelöst bekommt. Ihr äußert auch unangenehme Wahrheiten, könnt gut Fehler eingestehen und zeigt euch auch mal verletzlich und unsicher. Ein psychologisch sicheres Team geht miteinander mehr Risiken ein, ist mutiger, übernimmt mehr Verantwortung und pflegt ein hohes Maß an Vertrauen in sich und die einzelnen Teammitglieder. Abbildung 13.1 fasst diese drei grundlegenden Aspekte psychologischer Sicherheit zusammen (Zahne & Perlrine, 2019).

Abbildung 13.1 Drei Aspekte, die zur psychologischen Sicherheit beitragen (nach Zahne & Perlrine, 2019)

Für gute Retrospektiven in deinem Team ist psychologische Sicherheit also eine wichtige Voraussetzung, und gleichzeitig stärkt ihr eure psychologische Sicherheit mit jeder guten Retrospektive.

Wichtig ist auch, dass ihr euch mit einem liebevollen Blick für euch und eure Themen begegnet. Es geht darum, dass ihr euch wirklich öffnen wollt und könnt und euch sicher fühlt. In der agilen Welt gibt es zwei oberste Gebote für Retrospektiven, die euch dafür den richtigen Rahmen geben können. Damit ihr diese Gebote verinnerlichen könnt und stets präsent habt, empfehlen wir dir, sie zu Beginn einer jeden Retrospektive zu platzieren und daran zu erinnern.

Die *Prime Directive for Retrospectives* (die oberste Direktive) nach Norman Kerth verhindert, dass ihr euch in einer Retrospektive der Schuldfrage widmet, und richtet euch für einen sorgsamen und verständnisvollen Umgang miteinander aus (Kerth, 2001, S. 7). Sie lautet übersetzt wie folgt:

> *Unabhängig davon, was wir entdecken werden, verstehen und glauben wir aufrichtig, dass in der gegebenen Situation, mit dem verfügbaren Wissen und den verfügbaren Ressourcen und unseren individuellen Fähigkeiten jede*r das Beste getan hat.*

Finger Pointing und Schuldzuweisungen sind somit in der Retrospektive fehl am Platz. Ihr habt keine Zweifel daran, dass jede*r von euch immer sein*ihr Bestes gibt, und konzentriert euch deshalb darauf, was ihr für die Zukunft gemeinsam besser machen könnt.

Die *Vegas-Regel* ist dir vielleicht schon aus diversen Filmen bekannt. Las Vegas ist hier im übertragenen Sinne die Retrospektive.

> *Was in Vegas passiert, bleibt in Vegas.*

Die Vegas-Regel solltet ihr zwingend einhalten. Sie sorgt dafür, dass keine Informationen über die Inhalte und Zwischentöne einer Retrospektive den Kreis der Teilnehmenden verlassen. Sie ist ein Grundstein für gegenseitiges Vertrauen und eine offene Diskussion.

Was meinen wir genau damit? Hier ein Beispiel: Ellen hat einen Konflikt mit Anna. In der Retrospektive wird der Konflikt deutlich und mit dem ganzen Team bearbeitet und gelöst. Dabei fließen auch Tränen. Dank der Vegas-Regel können Ellen und Anna sich sicher sein, dass die Teilnehmenden im Nachgang nicht darüber sprechen.

13.4 Lass uns über Gefühle sprechen

Unsere Emotionen machen viel mit uns. Bestimmt kennst du das Gefühl, einen Kloß im Hals zu haben oder dass dein Herz wild klopft. Vielleicht wird dir heiß oder kalt, und Adrenalin schießt durch deinen Körper. Diese Reaktionen sind so deutlich, dass wir Menschen meist sehr genau wissen, wenn uns etwas beschäftigt.

Natürlich wird es dir in der Retrospektive auch passieren, dass es emotional wird. Damit sich eure psychologische Sicherheit festigen kann, ist es deshalb wichtig, dass du dir bewusst machst, wie du mit Emotionen umgehen kannst. Sowohl mit denen der anderen Teammitglieder als auch mit deinen eigenen.

Führe dir immer wieder vor Augen, dass die Wahrnehmung anderer nicht deiner eigenen entsprechen muss. Das ist völlig normal. 20 Menschen haben 20 unterschiedliche

Wahrnehmungen von dem Raum, in dem sie gemeinsam sitzen. Wir speichern unterschiedliche Informationen und nehmen Situationen anders wahr. Dabei richtet sich unser Bild davon immer nach eigenen Erfahrungen, Interessen und anderen Aspekten. Die Landkarte, die wir nutzen, entspricht also nie ganz der Landschaft, in der wir uns bewegen.

Die wichtigste Grundregel ist deshalb, dass Gefühle okay sind, auch die, die du vielleicht nicht nachvollziehen kannst. Es steht uns nicht zu, die Grenzen von anderen zu bewerten oder zu beurteilen. Vielleicht irritiert dich die Emotion eines Teammitglieds, weil du sie als übertrieben empfindest. In so einem Fall gilt es trotzdem, die Situation so anzunehmen, wie sie ist, und das Gefühl der anderen Person zu akzeptieren.

Geh empathisch mit deinem Team um. Es ist immer besser, auf Emotionen zu reagieren, als diese links liegen zu lassen. Verständnis und Mitgefühl verstärken euren Teamspirit und bestärken euch darin, offen und ehrlich über alles sprechen zu können.

13.5 Die Retrospektive für kritisches Feedback nutzen

Du wirst immer mal wieder an einen Punkt kommen, an dem du Feedback an dein Entwicklungsteam richten möchtest, weil etwas gerade nicht gut läuft. In so einem Fall solltest du immer zügig den Austausch mit deinem Team suchen. Darüber hinaus eignet sich die Retrospektive gut dafür, denn hier seid ihr alle zusammen und habt genügend Zeit, um euch diesen Themen zu widmen.

Wichtig ist, dass du dich inhaltlich immer entsprechend auf die Retrospektive vorbereitest, insbesondere dann, wenn du ein kritisches Feedback geben möchtest. Im ersten Schritt kannst du dir dafür noch mal die Feedback-Regeln aus Kapitel 4, »Zeit für Feedback«, ansehen. Im zweiten Schritt ist es wichtig, dass du dir genau vor Augen führst, was der Kern des Feedbacks ist und was du durch dein Feedback erreichen willst.

Es gibt unterschiedliche Gründe, aus denen du das Gefühl haben könntest, mal kritisches Feedback an dein Entwicklungsteam senden zu wollen, beispielsweise:

- Dein Entwicklungsteam zieht nicht mit und/oder ist ständig anderer Meinung.
- Dein Entwicklungsteam ist für dein Empfinden nicht schnell genug und erreicht ständig die Sprint-Ziele nicht oder nimmt sich nicht genügend vor.
- Die Qualität in der Umsetzung stimmt nicht.
- Die Zusammenarbeit mit den Stakeholder*innen funktioniert nicht gut.

Damit du deine Botschaft so rüberbringen kannst, dass sie angenommen werden kann, ist es wichtig, dass du dich an Daten und Fakten hältst, soweit es welche gibt. Führe dir zusätzlich konkrete Situationen vor Augen, die zeigen, was aus deiner Sicht gerade schiefläuft, und teile sie in der Retrospektive mit deinem Team. Damit hast du mehr Gehör und deutlich bessere Chancen, verstanden zu werden, als mit generischen Aufforderungen wie: »Ihr müsst schneller werden.« Dein Feedback spiegelt außerdem immer erst mal deine Wahrnehmung wider. Wichtig ist, dass ihr die Retrospektive nutzt, um gemeinsam zu verstehen, was tatsächlich los ist.

13.6 Ein typischer Ablauf

Retrospektiven laufen häufig nach einem ähnlichen Schema ab, das wir in Abbildung 13.2 dargestellt haben (Derby und Larsen, 2006).

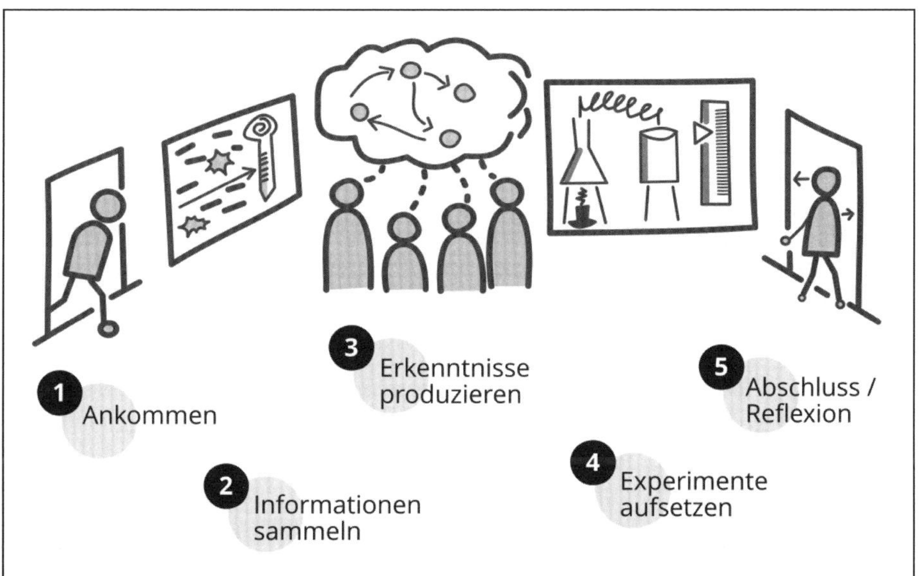

Abbildung 13.2 Die fünf Phasen einer Retrospektive

Damit du dir das Vorgehen noch besser vorstellen kannst, zeigt dir das folgende Beispiel einer Retrospektive, wie das konkret aussehen kann, wenn du Ellens Rolle einnimmst.

Rami, der Scrum Master, führt eine Retrospektive zum letzten Sprint mit dem Scrum Team durch. Zum Start erinnert er alle an die oberste Direktive und die Vegas-Regel. Anschließend bittet er alle, sich einen Smiley auszuwählen, der widerspiegelt, wie es ihnen im letzten Sprint ging. Ellen wählt einen Smiley mit gerunzelter Stirn, weil sie sich im letzten Sprint echt Gedanken über den Fortschritt gemacht hat. Rami lässt alle aus der Runde kurz teilen, was hinter ihrer Smiley-Wahl steht. Sie merkt, dass sie gar nicht allein mit den Sorgen ist.

Dann lässt Rami alle gemeinsam Beobachtungen aus dem letzten Sprint sammeln (du findest diese Methode beschrieben als »Die originalen Vier«, Retromat, online):

- *Was müssen wir uns merken, was gut lief, damit wir es nicht vergessen?*
- *Was haben wir gelernt?*
- *Was sollten wir beim nächsten Mal anders machen?*
- *Was überrascht uns immer noch?*

Diese Übung hilft, die Gedanken zu sortieren und zu strukturieren. Außerdem können so auf wertschätzende Weise auch die schwierigen Situationen thematisiert werden, die erlebt wurden. Die Punkte zu den einzelnen Fragen werden auf Post-ist geschrieben, damit diese danach auf einem Board mit vier Spalten gesammelt und geclustert werden können.

Ellen nutzt die Gelegenheit, um einige der anstrengenden Diskussionen, die sie mit dem Team während des Sprint Plannings und während des Sprints hatte, als Beispiele für Dinge einzubringen, die sie gerne anders machen möchte. Bei der Vorstellung der gesammelten Punkte kommt viel Zustimmung aus dem Team, die meisten fanden die Diskussionen auch nervig und würden sich wünschen, dass das aufhört. Es ist eines der drei Topthemen, die sie sich innerhalb der Retro näher anschauen werden.

Sie teilen sich in drei Gruppen auf, und Ellen geht in die Gruppe, die sich mit den anstrengenden Diskussionen beschäftigt. Zusammen malen sie ein Ursache-Wirkung-Netz, um besser zu verstehen, welche Faktoren wohl dazu beitragen, dass sie sich immer wieder in so kraftraubenden Diskussionen verstrickt. Sie kommen zu zwei wichtigen Erkenntnissen:

Das Team hat nicht mitbekommen, dass zum nächsten Meilenstein tatsächlich alle Sonderfälle und Fehlerbehandlungen weglassen werden können, da es nur darum geht, einen ersten Durchstich für das externe Design-Team zu bekommen. Das Team hatte Sorgen, dass die Sachen auf sie zurückfallen könnten und sie schlecht dastehen würden, darum waren sie so hartnäckig. Alle vereinbaren, dass Ellen in Zukunft zum Start eines jeden Refinements und Sprint Plannings immer noch mal deutlich sagt und auch als Folie zeigt, was der Fokus des nächsten Meilensteins ist.

Es gibt ein paar technische Themen, auf die das Team Ellen schon seit einiger Zeit aufmerksam zu machen versucht. Bisher hat Ellen sie immer wegen des engen Zeitplans »weggewischt«. Die Themen fangen aber jetzt an, das Team ernsthaft zu beißen, und kosten extra Zeit. Das Team vereinbart, dass Rami helfen soll, in einem kleinen Termin die Themen so aufzubereiten, dass Ellen sie versteht und sie gemeinsam im Backlog priorisieren kann.

In der Abschlussrunde der Retrospektive äußern einige aus dem Team, genauso wie Ellen, dass alle doch mal wieder sehr froh sind, die Zeit für die Retrospektive genommen zu haben. Auch und gerade obwohl alle die Zeit aktuell so drängt. Alle haben wieder eine Menge voneinander und übereinander gelernt und Unklarheiten in der Zusammenarbeit beseitigt.

13.7 Nach der Retro ist vor der Retro

Das Beispiel im letzten Abschnitt zeigt, welche Ergebnisse am Ende einer Retrospektive stehen können. Die Retrospektive steckt den Rahmen für die iterative Verbesserung eurer Zusammenarbeit. Deshalb geht ihr immer mit konkreten Vereinbarungen raus. Sie betreffen die Dinge, die ihr in eurer Zusammenarbeit verändern oder beibehalten und verbessern wollt.

Es ist wichtig, dass ihr eure Ergebnisse aus der Retrospektive wie verabredet in die Umsetzung bringt und regelmäßig und verbindlich schaut, wie ihr damit unterwegs seid. Verlieren sich die Ergebnisse nach einer Retrospektive, macht das die gemeinsame Reflexion und Arbeit nicht nur unglaubwürdig, sondern ihr verpasst eine Chance, euch weiterzuentwickeln.

Behaltet eure Vereinbarungen deshalb gut im Auge. Die Erfahrung, dass sich durch eure Retrospektiven nachhaltig etwas verändert und wirklich verbessert, stärkt euer gegenseitiges Vertrauen und lässt den Prozess der Retrospektive unverzichtbar werden.

Manchmal hilft an dieser Stelle auch ein Blick von außen. Im nächsten Kapitel kommt deshalb ein Agile Coach zum Einsatz. Und wieder gibt es einen Kaffee dazu ...

Kapitel 14
Guter Rat von Lennart

Neulich im Gespräch mit Jil hatte diese erwähnt, wie hilfreich ein Agile Coach sein kann. Das hat Ellen neugierig gemacht, und daher trifft sie sich heute mit Lennart, der selbstständig ist und als agiler Coach arbeitet.

Ellen steigt aus der U-Bahn und geht in Richtung Coworking Space, wo sie sich gleich mit Lennart trifft. Er arbeitet von dort, wenn er nicht gerade bei seiner Kundschaft vor Ort im Einsatz ist. Keine fünf Minuten dauert es, und Ellen betritt das Erdgeschoss. Hier sieht es aus wie in einem Café. Sie schaut sich um. An langen Tischen sitzen Menschen mit Laptops, die fleißig arbeiten oder sich miteinander unterhalten. Im Hintergrund läuft leise Musik, von der Kaffeebar her zischt die Espressomaschine, und es ist Geschirrklappern zu hören. Und da ist ja auch Lennart. Er winkt sie zu sich heran: »Hallo Ellen. Schön, dass du da bist. Magst du einen Kaffee?« »Ja, sehr gerne! Das ist eine schöne Arbeitsatmosphäre, ich kann gut nachvollziehen, warum du diesen Ort als deinen Arbeitsplatz ausgesucht hast«, *sagt sie. Die beiden nehmen ihre Getränke in Empfang, und Ellen schaut sich weiter um.* »Komm, dort, das ist einer meiner Lieblingsplätze für Gespräche«, *sagt Lennart und deutet mit dem Kopf auf eine breite Fensternische, die mit Kissen ausgestattet ist. Die beiden machen es sich gemütlich. Lennart lächelt sie an:* »Na, dann erzähl doch mal, was du gerne von mir wissen möchtest!«

14.1 Was macht ein Agile Coach?

Ellen schiebt sich das Kissen im Rücken zurecht und fragt: »Was genau macht eigentlich ein Agile Coach?« *Lennart nimmt einen Schluck von seinem Kaffee.* »Also, das Erste, was ich in dem Unternehmen mache, in dem ich gerade arbeite, ist, herumzulaufen und mit den Menschen zu sprechen, die sich für agiles Arbeiten interessieren. Mal wollen sie agiles Arbeiten einführen oder Kanban ausprobieren, mal Dailys testen, mal selbstorganisierte Teams aufbauen. Anschließend begleite ich ihre ersten Schritte dahin. Und genau, wie sich das für einen Coach gehört, gehe ich dann auch wieder raus, sobald sie ihre agilen Arbeitsweisen mit mir zusammen ausprobiert und dann implementiert haben.

Ich werde beauftragt, agile Strukturen im Unternehmen einzuziehen, und bin dafür verantwortlich. Ich arbeite zum Beispiel gerade an einem großen Digitalisierungsprojekt mit. Nach Projektende soll daraus eine agile Linientätigkeit entstehen. Hier habe ich alle Führungsebenen dabei unterstützt, einen Tribe mit Squads daraus zu machen. Dazu gehört ebenfalls, das Thema durch die Instanzen zu tragen, sodass das alles auch personalrechtlich genehmigt und mit Personal ausgestattet wird.

Und natürlich gehört zum agilen Coaching das Coaching von Personen. Agil bedeutet dabei, die Menschen in der Entwicklung und im Coaching in ihren agilen Rollen zu begleiten. Das sind Rollen wie Tribe Leads, Chapter Leads, Product Owner und andere. Genau wie wir hier jetzt zusammengekommen sind: ein Agile Coach und eine Product Ownerin mit einem agilen Anliegen, oder?« *Er lächelt Ellen aufmunternd zu.*

14.2 Der Unterschied zur Scrum-Master-Rolle

Ellen nickt langsam und legt dann den Kopf fragend schief: »Was genau ist denn der Unterschied zur Scrum-Master-Rolle?«

Lennart nickt, als hätte er diese Frage bereits erwartet: »Als Readers-Digest-Zusammenfassung: Ich begleite Einzelpersonen – auch zusammen mit und in ihren Teams –, die agiles Arbeiten ausprobieren wollen. Und ich arbeite »am System«, wie wir es nennen. Das bedeutet, im Sinne einer Organisations- oder Unternehmensentwicklung agile Prozesse einzuführen und das Mindset, das dazugehört, zu vermitteln. Dazu halte ich Trainings und Workshops ab und trete auch bei Veranstaltungen auf.

Und in all dem liegt nun auch der Unterschied zur Arbeit eines Scrum Masters. Während ich als Agile Coach am System arbeite, arbeiten Scrum Master im System. Das heißt, sie sind Teil eines Teams und dafür verantwortlich, ein Team oder mehrere Teams in den agilen Arbeitsweisen zu unterstützen. Scrum Master sind deswegen sehr viel direkter an der konkreten Produkt-, Prozess- oder Dienstleistungsentwicklung beteiligt. Als Agile Coach bin ich das nicht. Ich bin viel mehr im Metaverse des Unternehmens unterwegs.« *Lachend schließt Lennart seine Zusammenfassung, und über dieses Bild muss auch Ellen schmunzeln.*

14.3 Wie ein agiler Coach unterstützt

Ellen geht jetzt ins Detail. »Sag mal, wie kannst du mich denn im Alltag bei meiner Arbeit unterstützen?«

Lennart lächelt, und Ellen hat den Eindruck, dass ein freudiges Blitzen durch seine Augen geht, als er ihre Frage beantwortet: »Als Coach kann ich dir helfen, indem wir uns gemeinsam deine Arbeitssituation anschauen und ich dich dann darin unterstütze, sie in verschiedene Aspekte zu zerlegen. Wir finden gemeinsam heraus, was aus dem Umfeld kommt, welchen Anteil das Team einnimmt – also deine direkten Mitarbeitenden –, was davon vielleicht ein methodischer Anteil ist und welchen Anteil du selbst einbringst. Und wenn wir das einigermaßen sortiert haben, können wir gemeinsam überlegen, was du vielleicht verändern kannst und woran wir erkennen, ob sich was in deinem Sinne verbessert hat. Die Coaching-Prozesse dauern meistens ein bisschen länger. Dadurch, dass ich agiler Coach bin, bin ich neben dem Coaching, wofür ich ausgebildet bin, auch sehr vertraut mit agilen Arbeitsprozessen und den Besonderheiten, die im agilen Arbeiten eines Unternehmens auch noch von außen auf dich zukommen.«

14.4 Tipps für das Stakeholder-Management

Ellen fällt sofort etwas ein, das sie schon länger beschäftigt: »Ich finde es ganz schön anspruchsvoll, die Stakeholder meines Produkts zu managen. Hast du da einen Tipp für mich?«

Lennart lehnt sich zurück und schaut kurz aus dem Fenster, bevor er antwortet: »Schwierigkeiten beim Stakeholder-Management? Auch da müsste man mal genauer hingucken, was die Aspekte des Themas für dich sind. Grundsätzlich ein guter Tipp ist – falls ihr das nicht schon im Team gemacht habt –, sich einmal systematisch die Stakeholder-Wolke anzugucken, etwa mit einer Stakeholder-Analyse oder mit einer Umfeldanalyse. Das würde ich zusammen mit dir mal aus deiner Sicht durchführen.

Welches sind die großen Stakeholder, die einen starken oder mittleren Einfluss auf das Projekt haben. Wie ist dieser Einfluss qualifizierbar, ist er positiv, negativ, neutral? Wir würden dann ein paar Hypothesen dazu entwickeln, was dahintersteht, dass die Stakeholder auf eine gewisse Art und Weise agieren. Anschließend kannst du auf Grundlage einer solchen Betrachtung viel besser Schwerpunkte setzen:

Um wen musst du dich mehr kümmern, bei wem brauchst du weniger Zeit und Aufwand? Wie gehst du mit einzelnen Leuten um, damit sie ihre Einstellung zum Projekt vielleicht verbessern? Wen brauchst du dabei zur Unterstützung an deiner Seite? Das sind alles Fragen, die man sich im Rahmen eines solchen Analyseschritts anschaut.

Und daraus folgen dann zwei, drei Tipps. Ein Tipp für dich persönlich ist: Unternimm ruhig ein bisschen was zum Beziehungsaufbau und zur Beziehungspflege dort, wo es aus der Stakeholder-Betrachtung heraus nötig ist – so etwas wie mal vorbeischauen oder gemeinsam Essen gehen, Gelegenheiten schaffen, um über dein Projekt zu reden.

Binde auch die Stakeholder als Gruppe ruhig in die eigenen agilen Zeremonien ein: durch Einladungen dafür sorgen, dass sie tatsächlich in die Reviews kommen, oder sie auch mal zu etwas anderem einladen, sodass sie das Team beim Arbeiten erleben. Das sind Dinge, die das Stakeholder-Management erleichtern, weil die Beziehungskanäle dann offen sind und besser bespielt werden können. Das zusätzliche Einladen in eure Zeremonien sorgt bei dir auch dafür, dass du für dein eigenes Zeitmanagement nicht noch extra Stakeholder-Pflegezeiten einplanen musst, weil du alles sowieso schon im Kalender stehen hast.«

14.5 Es gibt keine schlechten Nachrichten

Ellen zieht die Nase kraus – wie immer, wenn sie über etwas nachdenkt. ›Anscheinend bin ich nicht die Einzige mit diesem Thema‹, *denkt sie sich und erinnert sich daran, wie Jil gesagt hat, dass Fragenstellen »the only way« ist, um etwas herauszufinden.*

Sie gibt sich also einen Ruck und fragt: »Manchmal muss ich ja auch schlechte Neuigkeiten überbringen. Wenn wir etwas nicht schaffen, wie kommuniziere ich das am besten? Richtung Team und Richtung Stakeholder?«

Lennart nickt verständnisvoll und muss ein wenig schmunzeln bei seiner Antwort: »Ach ja, das Thema schlechte Nachrichten in Projekten ist immer so eine Sache. Wenn man jedoch ganz genau hinschaut, gibt es in der empirischen Produktentwicklung tatsächlich nicht wirklich schlechte Nachrichten. Es gibt nur Entwicklungsstände, mit denen man umgehen muss. Das hört sich ein bisschen akademisch an, hilft aber bei der Kommunikation, wenn man das selbst ein bisschen verinnerlicht hat. Wenn man etwas nicht schafft, gibt es ja Gründe. Und die kann man mit dem Team zusammen erkunden. Man kann sich, wenn man in Sprints und empirisch arbeitet, überlegen, was man im nächsten Sprint anders macht, und lernt daraus. Man ist quasi in einem fortwährenden Lernprozess, in dem schlechte Nachrichten darauf hinweisen können, wo man besser werden kann.

Stakeholdern schlechte Nachrichten zu vermitteln – dass man zum Beispiel etwas nicht geschafft hat –, ist nochmal etwas anderes. Die haben eine andere Motivationslage und befinden sich möglicherweise auch auf einer anderen Hierarchieebene. Ich habe die Erfahrung gemacht, dass auch hier Transparenz das Wichtige und Richtige ist und nicht eine Verschleierung. Und dass es sehr hilft, Konsequenzen in Bezug auf die schlechten Nachrichten ebenfalls zu kommunizieren: was diese schlechte Nachricht wirklich, auch für die Stakeholder, bedeutet, was bereits im Team überlegt worden ist. Welche Maßnahmen sind schon angedacht, welche Wege sind designt worden, um da in Zukunft besser zu werden. Das ist letztendlich alles, was du an der Stelle tun kannst, denn du bist ja Mittlerin der Entwicklung und nicht allein verantwortlich für das, was passiert. Das ist in der Product-Owner-Rolle ein bisschen anders als in einer Rolle mit klassischer Ergebnisverantwortung. Aber bei der Kommunikation kann dir auch dein Scrum Master helfen, indem solche Themen im Review moderiert werden. Das kann noch mal dabei unterstützen, den Kern deiner Aussagen rüberzubringen.«

14.6 Wenn Führung fordert

Durch Lennarts ruhige und zugewandte Art motiviert, traut Ellen sich jetzt an die nächste Frage: »Die Art, als Product Owner zu führen, fordert mich auch. Vielleicht kannst du mir dazu einen Rat geben?«

Lennart richtet sich ein wenig auf und schaut Ellen ruhig und konzentriert an: »Wenn du sagst, dass die Art, als Product Owner zu führen, dich fordert, kann ich dir pauschal keinen Rat oder Tipp geben. Das eigene Gefühl von Forderung und Überforderung kann nämlich durch eine ganze Reihe von Aspekten ausgelöst werden, die mit einem selbst zu tun haben können, die mit dem Umfeld zu tun haben können, die möglicherweise mit der Teamdynamik zu tun haben können, die im Entwicklungsteam mit dir herrscht, die einzelne Beziehungen zu Personen als Ursache haben können. Oder die auch in hierarchischen Spielen mit der Stammorganisation, mit den Stakeholdern liegen.

Interessant ist es für einen Product Owner immer, genauer auszumachen, welche Art von ›Führung‹ in Anführungsstrichen ihm eigentlich zugeschrieben wird: vom Unternehmen und vielleicht auch von sich selbst. Das Thema Führung bei Product Ownern wird häufig gleichgesetzt mit den Aufgaben, die eine Projektleitung oder vielleicht auch eine Teamleitung hat. Und genau das ist nicht richtig. Denn Führung im agilen Kontext bedeutet immer gemeinsame Führung – sodass die Aufgaben, die eine klassische Führungskraft hat, auf mehreren Schultern liegen. Und beim Product Owner liegt hauptsächlich die Verantwortung für das Produkt und die Wertschöpfung, die mit diesem Produkt verbunden ist und erzielt wird. Andere Themen, die ebenfalls zur Führung gehören – Mitarbeiterführung, Personaleinsatz, dispositive, disziplinarische Führung –, sind verteilt. Entweder auf die Fachvorgesetzten deiner Teammitglieder, oder du hast einen Scrum Master zur Seite, der im Lateralen führen kann undLeute methodisch unterstützt.

Und du hast natürlich ein Team, das du zusammen mit deinem Scrum Master in ein Stück Selbstorganisation entwickeln solltest, wo Eigenführung des Teams möglich ist.

Aus dieser Wolke das herauszufinden, was dich in die Forderung oder Überforderung bringt, wäre Gegenstand eines Coaching-Gesprächs. Dann überlegen wir gemeinsam, was man initiieren kann, was du vielleicht mal anders machen kannst, um besser mit diesen Anforderungen oder Forderungen an das Thema Führung und deine Rolle umzugehen.«

14.7 Der Weg zum Agile Coach

Ellen nickt und ist bei den Ausführungen von Lennart neugierig geworden: »Jetzt möchte ich doch wissen: Wie wird man eigentlich Agile Coach?«, *fragt sie und trinkt den letzten Schluck ihres Kaffees.*

Lennart rutscht jetzt auch ein Stück aus der Fensternische heraus: »Da gibt es tatsächlich nicht den einen Weg, den alle agilen Coaches gehen«, *erklärt Lennart.* »Für mich gehört eine solide Coaching-Ausbildung als Grundlage dazu, damit wir unsere Rolle verstehen und das richtige Handwerkszeug kennen. Und du brauchst ein gutes Verständnis von Agilität und wie agile Vorgehensweisen, Prozesse und Strukturen eine Organisation dabei unterstützen können, ihre Ziele zu erreichen.

Viele meiner Kolleginnen und Kollegen haben selbst lange in den unterschiedlichen agilen Rollen gearbeitet und bringen so Wissen um die Herausforderungen mit und einen reichen Erfahrungsschatz, weil sie selbst viel erlebt und erprobt haben.«

Zum Abschied gibt Lennart Ellen noch einen sehr konkreten Tipp: »Bei Kollegen fällt mir gerade noch etwas ein. Es ist oft hilfreich, sich mit Kolleginnen und Kollegen in einem strukturierten Gesprächsrahmen auszutauschen. Da gibt es zum Beispiel die kollegiale Beratung. Schau dir mal an, wie das funktioniert, suche dir ein paar Menschen und probiert es einfach mal aus.«

Ellen strahlt: »Super, da setze ich mich gleich mal dran, wenn ich zurück am Rechner bin.« *Die beiden verabschieden sich, und Ellen verlässt mit neuen Impulsen den Coworking Space.*

Kollegiale Beratung und Troika-Consulting nutzen

Die *kollegiale Beratung* ist eine sehr wirksame Beratungsform für Gruppen. Dabei beraten sich die Teilnehmer*innen wechselseitig zu schwierigen Themen ihres Berufsalltags und entwerfen – in der agilen Fassung – strukturierte Experimente für problematische Situationen.

Die Methode hilft dabei, berufliche Probleme besser zu lösen, Kooperations- und Führungsverhalten weiterzuentwickeln, fundiertere Entscheidungen zu treffen, Belastungen zu vermindern und insgesamt wirksamer zu handeln. Sie eignet sich für feste Teams genauso wie für Gruppen, die nur sporadisch zusammenkommen.

Die kollegiale Beratung läuft nach vorgegebenen Schritten und in bestimmten Rollen ab und dauert eine Stunde. Diese Arbeitsstruktur hilft dabei, sich als Gruppe auf das Thema zu konzentrieren und in kurzer Zeit zu neuen Perspektiven oder Lösungsansätzen zu kommen. Dafür ist es wichtig, sich sehr diszipliniert an den vorgegebenen Ablauf für die einzelnen Schritte zu halten, die Rollen aktiv zu nutzen und die vorgesehenen Timeboxen einzuhalten.

Weitere Details und einen konkreten Ablauf findest du unter *http://www.smidig.de/kollegiale-beratung-agil-gekleidet*.

Troika Consulting ist eine *Liberating Structure* und so was wie die kleine Schwester der kollegialen Beratung. Dabei wird eine ähnliche Struktur in nur 10 bis 15 Minuten durchlaufen: *https://liberatingstructures.de/liberating-structures-menue/troika-consulting/*.

Dass Gespräche mit Kolleg*innen nicht immer so einfach sind und wie es im Konfliktfall weitergehen kann, darum geht es im nächsten Kapitel.

Kapitel 15
Heiße Konflikte willkommen!

In diesem Kapitel erhältst du Tipps, wie du auch in kritischen Situationen in einem respektvollen Austausch mit anderen bleiben kannst, und du erfährst, warum das wichtig ist für die Zusammenarbeit.

Ellen hat die Telefonkonferenz gleich aufgelassen. Sie wartet auf Benno und Anna, die etwas mit ihr besprechen wollen. Sie hat noch eine Viertelstunde, bis es losgeht. Da sieht sie, dass Anna schon im Warteraum ist, und lässt sie eintreten. Anna ist noch gar nicht im Bild, auf ihrem virtuellen Hintergrund wandert ein Polarlicht am Nachthimmel. Dann taucht sie plötzlich auf, und Ellen sieht schon an ihrem Blick: Irgendwas stimmt hier nicht. Da klopft auch schon Benno an. Hier: betretenes Schweigen vor Party-Lichterkette. »Okay«, denkt Ellen. »Entweder haben wir hier ein Riesenmissverständnis am Start, oder die beiden haben sich ernsthaft verhakt. Was ärgerlich wäre, weil sie doch gerade an unserem neuen Begeisterungsfeature arbeiten.« Ellen atmet einmal durch und versucht erst mal, für eine gute Atmosphäre zu sorgen. Vielleicht findet sie ja raus, was die beiden wirklich beschäftigt.

Es gehört zu uns Menschen, dass es mal kracht, und es gehört auch an den Arbeitsplatz, dass nicht alles immer konfliktfrei abläuft. Die Frage ist darum nicht, wie das zu vermeiden ist, sondern wie man konstruktiv damit umgehen kann. Ellen ist einerseits so feinfühlig, dass sie sofort wahrnimmt, dass etwas im Busch ist. Andererseits hat sie auch schon Ideen, was sie jetzt tun könnte. Im Fokus hat sie nicht etwa eine Interpretation darüber, was vorgefallen sein könnte, und auch nicht, wie sie den konkreten Konflikt lösen kann. Im Fokus hat sie, wie sie die beiden Konfliktparteien an einen Tisch bringt und was sie tun kann, um einerseits herauszufinden, was los ist, und um andererseits den beiden die Möglichkeit zu bieten, selbst mit dem Konflikt umzugehen.

In diesem Kapitel erfährst du mehr dazu, wie du mit deiner Kommunikation auf Konflikte reagieren kannst. Erst einmal ist es dabei wichtig, die emotionale und die sachliche Ebene zu trennen. Auf beiden Ebenen können Unstimmigkeiten entstehen, es stehen dir aber für beide Ebenen jeweils unterschiedliche Instrumente zur Verfügung, um Probleme zu bearbeiten. Gerade für emotionale Konflikte ist es immer auch wichtig, eine gewisse Distanz zu schaffen. Wie du das hinkriegen kannst, erklären wir dir. Wir geben dir dazu auch ein wertvolles Instrument an die Hand: die Arbeit mit Kommunikationsmodellen. Eine besondere Beachtung finden außerdem zwei Aspekte, nämlich der höfliche Umgang mit anderen und der Umgang mit Elefanten im Raum. Dazu helfen dir auch Methoden zur Vorbereitung auf schwierige Gespräche sowie Selbstbewusstsein, wenn es darum geht, mal »Nein!« zu sagen, oder auch wenn du Grenzen von Kommunikation (an-)erkennen musst.

Wichtigstes Learning im Zusammenhang mit Konflikten ist allerdings als Allererstes: Konflikte sind per se nichts Schlechtes! Konflikte lassen sich wunderbar dazu nutzen, die Zusammenarbeit nachhaltig zu verbessern und die Innovationskraft zu stärken.

Aus unserem Erfahrungsschatz: Konflikte positiv nutzen

Unternehmen stellen fest, dass bei einer agilen Transformation die Konflikte plötzlich exponentiell anwachsen. Der erste Auftrag an mich ist daher oft, Teams zu zeigen, wie sie Konflikte vermeiden können. Es braucht dann meist eine Weile, bis ihnen klar wird, dass die eigentliche Aufgabe darin liegt, *anders* mit Konflikten umzugehen: nicht eskalieren, sondern die Symptome aufnehmen und nach den Ursachen forschen. Und dann entdecken, was für innovative Verbesserungen möglich sind – für die Zusammenarbeit und für die Produkte.

Tendenziell lässt sich beobachten, dass in selbstorganisierten Kontexten Konflikte etwas häufiger an die Oberfläche kommen als in klassisch hierarchisch geordneten Organisationen. Das hat damit zu tun, dass sie nicht schon in einem Anfangsstadium nach weiter oben in der Hierarchie eskaliert werden können oder dass sie aus Sorge vor Übergriffen auf weitere Mitarbeitenden oder Abteilungen verdrängt werden. Aber keine Angst: Konflikte sind erstens normal, und zweitens können sie ein enormes Potenzial zum Guten entwickeln.

In den folgenden Abschnitten erfährst du, wie du eine solide Basis für einen respektvollen Austausch schaffen kannst. Dazu zeigen wir dir, wie Kommunikationsmodelle bei der Reflexion helfen können. Du bekommst außerdem konkrete Instrumente an die Hand, mit denen du konflikthaltige Gespräche entschärfen kannst, sodass ihr vollkommen von den Reibungen profitieren könnt und du damit dein Produkt verbessern kannst.

15.1 Konflikte für Innovationen nutzen

Du bist in deinem Alltag sicher schon mit dem einen oder anderen Konflikt konfrontiert worden. Mitarbeitende aus klassischen Unternehmensstrukturen (oder auch aus typischen Strukturen unseres Bildungssystems) sind es nicht gewohnt, dass sie sich selbst um Konflikte kümmern müssen. Oft haben sie nicht gelernt, mit Konflikten konstruktiv umzugehen, weil immer jemand da war, der aus einer Hierarchieposition heraus die Schlichtung übernommen hat.

Konflikte zeigen *blinde Flecken* auf und können die Aufmerksamkeit auf Umstände lenken, die vorher nicht im Blick waren. Wenn alles reibungslos läuft, sind Menschen meist nicht in der Lage, Innovationen zu kreieren. Je diverser ein Team aufgestellt ist, desto mehr Innovationspotenzial steckt in der Zusammenarbeit – aber eben auch mehr Konfliktpotenzial.

In Kapitel 6, »Zuhören, verstehen, ansprechen: dein Kommunikationsjob«, haben wir das Modell für synergetische Collaboration vorgestellt: Wenn Menschen mit anderen zusammenarbeiten wollen, müssen sie der emotionalen Ebene und der Beziehung zu anderen genauso viel Gewicht einräumen wie der Sache. Sie müssen sich gegenseitig nicht mögen, aber sie können sich ganzheitlich wahr- und ernst nehmen. Das ist hilfreich bei der Analyse von Konflikten. Ein Konflikt ist definiert als Irritation auf der emotionalen Ebene. Im Gegensatz dazu werden Irritationen auf der Sachebene als *Meinungsverschiedenheiten* bezeichnet und können durch passende Argumentation geklärt werden (siehe dazu Abschnitt 3.3, »Wie sag ich es den anderen?«). Bei Konflikten geht es also darum, dass wir uns persönlich angegriffen oder verletzt fühlen oder anderweitig emotional engagiert sind.

Konflikte versus Meinungsverschiedenheiten

Betrifft eine Spannung die Sachebene, so handelt es sich um eine Meinungsverschiedenheit. Beispiel: Rhia bewertet Story X mit 1 Story Point. Kim bewertet sie mit 21 Story Points. Die beiden sind sich nicht einig, was die Sache genau beinhaltet.

Betrifft eine Spannung die Emotionsebene, so handelt es sich um einen Konflikt. Beispiel: Anna bemängelt, dass Egon von allen als unzuverlässig wahrgenommen wird, weil er seine Arbeit nie rechtzeitig bereit hat und immer zu spät kommt. Die Vorwürfe von Anna sind emotional aufgeladen und beinhalten Verallgemeinerungen wie »alle«, »nie« und »immer«.

Wie lassen sich aber Meinungsverschiedenheiten und Konflikte im Alltag trennscharf identifizieren? Wie so oft in der Realität gibt es auch hier nicht nur Schwarz und Weiß. Es gibt Irritationen, die sowohl die Sachebene wie auch die emotionale Ebene betreffen beziehungsweise in denen sich diese beiden Ebenen überlagern. Trotzdem ist es hilfreich, eine ungefähre Abschätzung zu unternehmen, um dann entsprechende Instrumente einzusetzen.

15.1.1 Meinungsverschiedenheit auf der Sachebene

Die Parteien streiten sich über Fakten und Einschätzungen dazu. Sie können für ihre Position sachlich argumentieren. Ziel ist es, ein gutes Resultat zu erhalten. Die Streitenden können sich auf die Argumente der Gegenseite einlassen, sie prüfen und sachlich darauf reagieren. Das bessere Argument gewinnt. Hilfreiche Fragen: »Kannst du das Argument der Gegenpartei nachvollziehen?«, »Wie müsste die Gegenpartei argumentieren, um dich zu überzeugen?«, »Was müsste passieren, dass du dich zu dieser Lösung committen könntest?« Die letzte Frage könnte dabei auch überleiten zur emotionalen Ebene, falls es sich dennoch um einen Konflikt handelt.

15.1.2 Konflikte auf der Emotionsebene

Die Parteien streiten sich über Dinge, die für die Zielerreichung nicht wichtig scheinen. Das können Details sein oder vage Annahmen. In der Auseinandersetzung geht es den Involvierten darum, Macht zu demonstrieren. Sie greifen ihr Gegenüber oft auch auf der persönlichen Ebene an (z. B. mit Killerphrasen und durch Einschüchterung, siehe Abschnitt 15.3, »Höflich miteinander umgehen«).

Hilfreiche Fragen: »Ich habe den Eindruck, dass es hier um mehr geht als um die Streitfrage. Was könnte deiner Meinung nach der Grund sein, warum du in diesem Punkt gewinnen willst?«, »Es wirkt auf mich, als sei hier früher etwas vorgefallen. Kannst du mir einen Hinweis geben, was euch so auseinandergebracht haben könnte?« Solche Fragen eignen sich meist in einem ersten Schritt für ein bilaterales Sondierungsgespräch, ohne dass beide Parteien gleichzeitig anwesend sind. Das entspannt die Lage etwas. Man sollte in diesem Fall unbedingt mit allen Parteien ein solches Gespräch führen und dabei nicht über jene sprechen, die jeweils nicht anwesend sind.

15.1.3 Konflikte, ausgetragen auf der Sachebene

Dieselben Personen(-gruppen) geraten immer wieder aneinander und streiten über alle Sachinhalte, mit denen sie in Berührung kommen. Sie widersprechen sich grundsätzlich, unabhängig vom Inhalt. Es fehlen ihnen gute Argumente.

Dies ist ein sehr gängiges Muster, vor allem in konfliktscheuen Umgebungen. Menschen, die miteinander in Konflikt stehen, suchen sich eine andere Bühne, da sie den Konflikt nicht offen austragen dürfen. Es ist darum auch ein sehr gefährliches Muster, weil andere Personen mit hineingezogen werden können und weil die eigentliche Ursache des Konflikts nicht bearbeitet wird. Die Atmosphäre wird oft immer angespannter, und nicht am Konflikt Beteiligte versuchen oft, sich zu entziehen, oder verlassen sogar das Team oder das Unternehmen. Hilfreiche Fragen: »Mir scheint, ihr geratet öfter aneinander. Was könnte der Grund dafür sein?«

15.1.4 Meinungsverschiedenheit, ausgetragen auf der Emotionsebene

Seltener kommt es vor, dass Meinungsverschiedenheiten auf der emotionalen Ebene ausgetragen werden. Dies könnte beispielsweise der Fall sein, wenn jemand fachlich schlechter aufgestellt ist und darum nicht die richtigen Argumente findet. Meist handelt es sich in solchen Fällen effektiv aber um eine Vermischung von Sach- und emotionaler Ebene: Jemand weiß gut Bescheid, darf sich aber beispielsweise aus Hierarchiegründen nicht richtig einbringen, wird nicht ernst genommen und lässt dann die Gefühle mit sich durchbrennen.

Die hilfreichen Fragen schließen darum direkt an jene an, die unter »Konflikte auf der Emotionsebene« aufgeführt sind.

Gerade wenn Konflikte nicht auf der Oberfläche stattfinden, braucht es teilweise etwas länger, bis man sie entdeckt. Arbeitet hier zusammen: Sobald jemandem ein Verhalten oder eine Reaktion seltsam vorkommt, sollte es thematisiert werden. Ihr könnt dazu auch die Retrospektive (siehe Kapitel 13, »Auf eine gute Zusammenarbeit! Die Retrospektive«) nutzen. Je öfter ihr den Mut habt, Irritationen anzusprechen, und je offener ihr für die Ergebnisse solcher Gespräche seid, desto mehr Routine gewinnt ihr im Team im Umgang mit Konflikten. Weitere Instrumente und Tipps zum konstruktiven Umgang mit Konflikten findest du im weiteren Verlauf dieses Kapitels.

Konflikte auf der Emotions- und Beziehungsebene fordern viele Menschen deutlich mehr als Konflikte auf der Sachebene. Sie kosten meist viel Kraft und mindern dadurch die eigene Produktivität. In der Regel verraten persönliche Konflikte auch viel über sich selbst und vielleicht sogar mehr als über die anderen Personen, die in den Konflikt involviert sind. Oft ist auch nicht die Störung mit dem Gegenüber die wirkliche Herausforderung, sondern die Auseinandersetzung mit der Frage, warum wir uns durch das Verhalten der anderen Person so fühlen. Vielleicht möchtest du dich damit im ersten Moment nicht beschäftigen und lieber wegschauen. Viele Menschen haben einen Konflikt mit dem Konflikt, denn sie wollen ihn gar nicht erst haben. Für deine Entwicklung als Product Owner*in und für die Erreichung deiner Ziele ist es allerdings wichtig, dass du dich dieser Aufgabe stellst.

Als Nächstes geht es um die Frage, wie wir eine gute Basis für den Austausch schaffen können – auch und gerade in konflikthaltigen Situationen.

15.1.5 Konfliktarten

Es gibt verschiedene Arten von Meinungsverschiedenheiten und Konflikten. Dominik Häußer (2021, S. 283–285) unterscheidet im Umfeld von Anforderungskonflikten in die folgenden »Konfliktarten«:

- *Sachkonflikt*: falsche oder unvollständige Fakten in Bezug auf strittige Anforderungen oder unterschiedliche Interpretationen (streng genommen eher eine Meinungsverschiedenheit als ein Konflikt).
- *Interessenkonflikt*: unvereinbare Interessen, wobei ein sachlicher Austausch von Argumenten in vielen Fällen doch noch möglich ist, sodass die jeweils andere Position mindestens noch nachvollziehbar wird, selbst wenn sie mit der eigenen Position nicht vereinbar ist.
- *Wertekonflikt*: Argumente der Gegenseite können nicht nachvollzogen werden, und es wird emotional diskutiert, wenn unterschiedliche Werte oder Wertesysteme aufeinanderprallen (oft: soziale und hierarchische Beziehungen, negatives zwischenmenschliches Verhalten).
- *Beziehungskonflikte*: liegen oftmals Sach- und Interessenkonflikten zugrunde, machen sich durch widersprüchliche Forderungen und durch Nichteingehen auf Lösungsvorschläge bemerkbar.
- *Strukturkonflikte*: ungleiche Macht- und Autoritätsverhältnisse.

Dabei vermischen sich diese Konfliktarten oftmals auch miteinander und treten dann nicht mehr in Reinform auf. Du kannst – beispielsweise mit dem Fischgrät-Diagramm aus Abschnitt 2.9, »Die Abhängigkeiten ermitteln«, oder der 5-Why-Methode aus Abschnitt 4.8, »Impulse im Entwicklungsalltag aufgreifen« – den eigentlichen Ursachen auf den Grund gehen. Wenn du es so schaffst, einzelne Konfliktanteile zu identifizieren und den Konfliktarten zuzuordnen, fällt dir auch das Lösen leichter, weil du dann entsprechend ansetzen kannst.

Kläre beispielsweise bei Sachkonflikten erst einmal die Faktenlage und finde so heraus, ob es Missverständnisse gibt. Nicht selten wollen eigentlich alle das Gleiche, nur verwenden sie andere Wörter dafür (siehe auch Abschnitt 6.1, »Verständlichkeit und Verständigung herstellen«).

Versuche bei Interessenkonflikten, den kleinsten gemeinsamen Nenner herauszuarbeiten. Darauf könnt ihr dann weiter aufbauen. Und indem ihr hier eine erste Gemeinsamkeit erlebt, steigt meist auch die Motivation, zusammen diese Basis zu erweitern.

Hinter Wertekonflikten und sowieso hinter Beziehungskonflikten kann auch Zwischenmenschliches stehen, das weit zurück reicht. Dies aufzuarbeiten, kann Wunder wirken.

Und: Die Werte und Haltungen anderer zu erkennen und verstehen zu lernen, führt meist dazu, dass man sich aktiver mit den eigenen Werten auseinandersetzt. Hier auf der Beziehungsebene anzusetzen, bringt oft auch für die Sache viel (vgl. *synergetische Collaboration* in Abschnitt 6.2, »Zusammenarbeit durch angemessene Kommunikation initiieren«).

Strukturkonflikte lassen sich dagegen oftmals entschärfen, indem man sich über die Rahmenbedingungen klar wird. Hier arbeitest du für dich und für dein Team heraus, wo eigentlich euer Handlungsspielraum ist. Wenn euch dieser für eure Arbeit nicht ausreicht, geht ihr entsprechend auf andere zu und versucht, neue Rahmenbedingungen auszuhandeln.

15.2 Die Basis für Austausch schaffen

Die Basis für gute Zusammenarbeit ist – neben sinnvollen Aufgaben – gute Kommunikation. Was dies beinhaltet, haben wir bereits in Kapitel 6, »Zuhören, verstehen, ansprechen: dein Kommunikationsjob«, dargelegt: verständlich formulieren, Emotionen und Beziehungsebene wahrnehmen und genauso wertschätzen wie auch die Sachebene, respektvoll und nach agilen Werten kommunizieren. Diese Werte gelten sowohl für alltägliche Situationen wie auch für herausfordernde Konfliktfälle, und sie sind besonders wichtig, je heterogener sich eine Gruppe zusammensetzt. In Konflikten kannst du zusätzliche weitere Instrumente nutzen.

15.2.1 Mithilfe von Modellen eine neutrale Perspektive einnehmen

Modellbildung hilft dabei, einen Ausschnitt der Realität besser zu erfassen. Dabei treten einzelne Aspekte der Realität in den Vordergrund. Auf diese Art sind viele Modelle aus der Praxis und aus der Wissenschaft entstanden, die dabei helfen können, das Verständnis der jeweiligen Situation zu verbessern (siehe Abbildung 15.1). Natürlich kommt es darauf an, dass ein Modell zur Situation passt, also wesentliche Elemente der Realität in einen Zusammenhang stellt und nützliche Annahmen hervorbringt. Weiter unten haben wir dir einige nützliche Kommunikationsmodelle für unterschiedliche Situationen zusammengestellt.

Wenn du ein geeignetes Modell für eine Situation gefunden hast, hast du damit auch ein wirksames Instrument gefunden, um Zusammenarbeit zu unterstützen: Das Modell hilft auch in der Gruppe, die Komplexität einer Situation zu reduzieren und wesentliche Elemente zu erkennen. Es bietet Strukturen an, die ihr nutzen könnt, um eure Ideen, Vorstellungen, Beobachtungen oder Interpretationen zu einem Sachverhalt systematisch zu sammeln. Es nimmt Konflikte weg von Personen, weil ihr euch nicht direkt ansprechen müsst, sondern das Modell gewissermaßen als Bande nutzt. Dadurch entsteht ein vielfältiges und von allen geteiltes Bild, das ihr wiederum für die Selbstreflexion nutzen könnt.

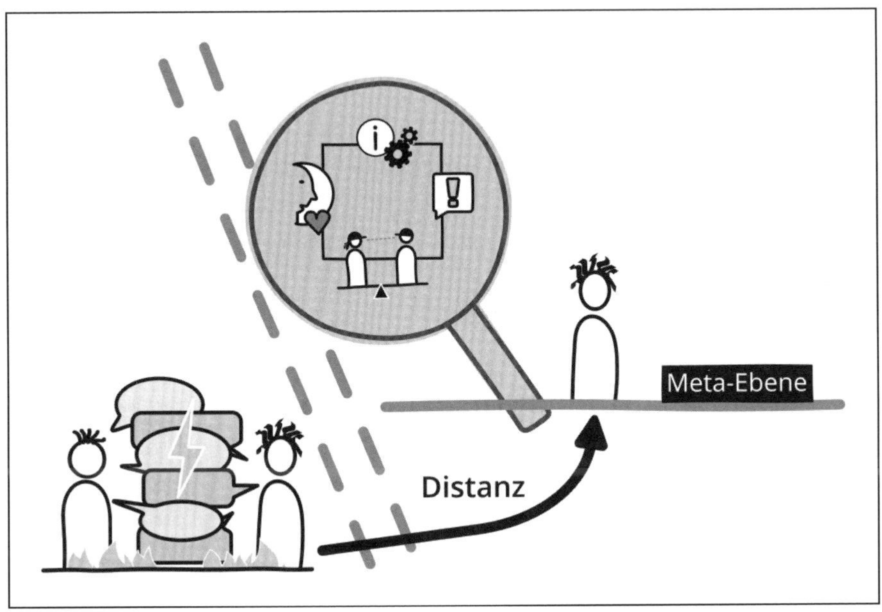

Abbildung 15.1 Selbstreflexion ermöglichen mit Modellen (nach Demarmels, 2021c)

Konflikte finden gemäß Definition auf der persönlichen, emotionalen Ebene statt – Uneinigkeit auf der sachlichen Ebene sind keine Konflikte, sondern Meinungsverschiedenheiten und können entsprechend auch mit anderen Instrumenten angegangen werden (z. B. mit entsprechenden Argumentations- und Entscheidungsstrategien). In Konflikten fühlen sich Menschen oft verletzt oder angegriffen, und es fällt ihnen schwer, sich zu distanzieren. Andere Menschen versuchen, Konflikte eher über die Sachebene zu lösen, weil ihnen entweder die persönliche Ebene wirklich nicht wichtig ist oder aber weil sie diese nicht wahrnehmen oder nicht benennen können, was eigentlich los ist. Die Konflikte verschwinden deshalb aber nicht, sie brechen in verschiedenen Formen immer wieder an die Oberfläche. Beispielsweise können ständige kleine Streitereien auf der Sachebene zwischen denselben zwei Personen auf einen tiefer liegenden Konflikt hindeuten, aber auch wenn sich jemand nicht mehr an Diskussionen oder am sozialen Austausch im Team beteiligt.

Tipp: Modelle als praktisches Hilfsmittel

Wenn ich mit Menschen in Konfliktsituationen arbeite, sagen sie mir oft, dass sie praktische Lösungen brauchen und keine Theorie. Sie scheuen sich davor, sich auf etablierte Kommunikationsmodelle einzulassen. Wenn wir aber gerade selbst in einen Konflikt verwickelt sind, fällt es uns meist schwer, uns zu distanzieren und die Situation von außen zu beobachten. Und genau dabei können uns die Kommunikationsmodelle helfen. Mein Tipp ist darum: Nutze Modelle, um dich und die Situation ganzheitlich erfassen zu können.

Damit wir über uns selbst nachdenken können, hilft es manchmal, wenn wir uns mit einem Kommunikationsmodell von der konkreten Situation distanzieren (Demarmels, 2021c). In der Kommunikation spricht man von der *Meta-Ebene*: Wir gehen aus der Situation raus und betrachten sie von außen (siehe Abbildung 15.1).

Ein Modell reduziert die Komplexität der Realität, indem es bestimmte Fokuspunkte setzt. Wenn wir eine Situation also durch die Brille eines bestimmten Modells betrachten, können wir viele andere Dinge ausblenden und uns auf einen Knackpunkt konzentrieren. Weil wir uns von außen betrachten, fällt es leichter, alternative Interpretationen und Lösungen zu finden. Wir spielen das unten einmal konkret durch.

Erst einmal geben wir dir einen sehr knappen Überblick über etablierte Modelle für die zwischenmenschliche Kommunikation. Es geht bei der folgenden nicht abschließenden Aufzählung darum, dir einen Denkanstoß zu geben für jene Modelle, die du eventuell schon kennst:

- *Fünf Axiome für zwischenmenschliche Kommunikation* (Watzlawick et al., 1962): Zusammenhang von Inhalt und Art und Weise (z. B. Gestik/Mimik), von Inhalt und Beziehung (z. B. Wer sagt was zu wem?), von Aktion und Reaktion (z. B. Wer reagiert auf wen?)
- *Vier Seiten einer Nachricht* (Schulz von Thun, 2020; siehe auch im Abschnitt 15.2.3): sachliche und emotionale Ebenen in einer Aussage sowie Reaktionen des Gegenübers
- *Sprechakttheorie* (Austin, 1955 und Searle, 1969): Missverständnisse (z. B. Gemeintes versus Verstandenes, Intention versus Reaktion)

Die Modelle beleuchten jeweils eine bestimmte Perspektive und können darum einer konkreten Situation mehr oder weniger angemessen sein beziehungsweise werden sich als mehr oder weniger unterstützend erweisen bei der Lösung eines Konflikts – je nachdem, wie gut sie den Konflikt abbilden können.

15.2.2 Axiome für zwischenmenschliche Kommunikation

Das wohl berühmteste Axiom von Paul Watzlawick (Watzlawick et al, 1962; vgl. auch Frischherz et al., 2022, S. 36–40) lautet: »Man kann nicht nicht kommunizieren.« Es besagt, dass man sich Kommunikation und vor allem der Deutung anderer nicht entziehen kann. Wenn ich in einer Situation schweige, dann wird auch mein Schweigen gedeutet und als Reaktion gelesen (z. B. als Trotz oder als Machtdemonstration).

Anna sagt: »Es ist halb zehn.« Bernd schweigt.

Natürlich könnte es sein, dass Bernd Anna nicht gehört hat und darum keine Reaktion zeigt. Es ist aber ebenso naheliegend, dass Anna sein Schweigen so interpretiert, dass er absichtlich nicht reagiert, beispielsweise um zu signalisieren, dass sie nicht seine Vorgesetzte ist und ihm darum gar nichts zu sagen hat.

Watzlawick und sein Team haben bei der Arbeit mit psychisch beeinträchtigten Menschen fünf solcher Axiome herausgearbeitet. Ein Axiom ist dabei ähnlich wie ein Naturgesetz: Es handelt sich um Muster, nach denen Menschen kommunizieren. Beispielsweise deuten sie in einer Situation, in der nichts gesagt wird, eben auch Schweigen als Reaktion auf den vorangegangenen Input.

Das zweite Axiom besagt, dass jede Äußerung einen Inhalts- und einen Beziehungsaspekt hat. Dabei bestimmt der Beziehungsaspekt den Inhalt. Das heißt: Je nachdem, wie wir in Beziehung stehen zu unseren Gesprächspartner*innen, werden wir den Inhalt auch anders deuten. Es macht also beispielsweise einen Unterschied, ob ein Mitglied der Geschäftsleitung oder ein*e Teamkolleg*in mir ein kritisches Feedback auf meine Arbeit gibt oder mich lobt.

Anna sagt: »Es ist halb zehn.«

Es macht einen Unterschied, ob Anna mit Bernd im Team arbeitet und die beiden das heutige Review Meeting vorbereitet haben oder ob Anna CEO ist und Bernd letzte Woche schon einmal verwarnt hat, weil er wiederholt zu spät war und unvorbereitet in Meetings aufgetaucht ist.

Das nächste Axiom hält fest, dass die Interpunktion in der Kommunikation Einfluss nimmt auf unser Verhalten in einem Gespräch. Mit Interpunktion ist hier gemeint, wo wir beispielsweise einen Anfang einer Auseinandersetzung sehen und was wir als Aktion beziehungsweise Reaktion sehen. In den meisten Konflikten betrachten wir unser eigenes Handeln und Sprechen als Reaktion auf eine Provokation von anderen. Und die anderen umgekehrt sehen ihr Handeln und Sprechen als Reaktion auf eine Provokation unsererseits. Dadurch ergibt sich die sogenannte Kreisförmigkeit von Kommunikation: Wir reagieren fortlaufend auf andere. Das macht es oft schwierig, in Konflikten zu schlichten, weil sich alle selber im Recht sehen und von der Gegenseite den ersten Schritt fordern.

Anna sagt: »Es ist halb zehn.« Bernd schweigt.

Anna sagt, Bernd habe angefangen, sich so unkooperativ zu verhalten. Er gibt ihr keine Antwort mehr auf Fragen. Bernd sagt, er antwortet Anna nicht mehr, weil sie ihm nie zuhört und ihn immer kritisiert. Ein Teufelskreis.

Das vierte Axiom unterscheidet »analoge« und »digitale« Kommunikation, wobei digital hier nichts mit Computern zu tun hat. Es geht darum, dass wir auf einer sprachlichen Ebene konkrete Aussagen mit Wörtern und einer bestimmten Grammatik haben. Wir könnten hier auch von »expliziten« Aussagen sprechen. Im Gegensatz zu diesen digitalen, exakt festgeschriebenen Bedeutungen gibt es das, was wir »zwischen den Zeilen« wahrnehmen. Dinge, die nicht konkret ausgesprochen werden, die wir hineininterpretieren. Beispielsweise, wie sich jemand fühlt oder wie jemand eine Äußerung »genau gemeint« hat.

Anna sagt: »Es ist halb zehn.« Bernd sagt: »Hm«, und runzelt die Stirn.

Digital haben wir eine klare Ansage von Anna: Sie nennt die Uhrzeit. Analog interpretiert Bernd, dass Anna nervös ist, weil in einer halben Stunde das Review Meeting beginnt. Bernds Aussage »Hm« kann digital kaum gedeutet werden. Analog könnte Anna interpretieren, dass es Bernd egal ist. Wenn sie sein Stirnrunzeln beobachtet, denkt sie vielleicht auch, dass Bernd die Zeit vergessen hat, dass seine eigene Uhr stehen geblieben ist, dass er Anna nervig findet.

Mit dem letzte Axiom schließlich beschreiben die Autor*innen den Umstand, dass wir mit Gesprächspartner*innen auf Augenhöhe sein können und die Kommunikation damit symmetrisch, ausgeglichen verläuft, oder aber, dass eine Partei sich über die andere stellen kann beziehungsweise sich unterordnet. Dann wird die Kommunikation komplementär.

Anna sagt: »Es ist halb zehn.« Bernd schweigt.

Je nachdem, wie Anna ihren Satz betont, kann Bernd vielleicht daraus schließen, wie Anna sich gerade zu ihm positioniert. Sagt sie es drohend, versucht sie sich vielleicht über ihn zu erheben und ihn zu ermahnen, jetzt vorwärtszumachen. In diesem Fall handelt es sich um eine komplementäre Kommunikation. Vielleicht meint sie es auch gut, weil sie weiß, dass Bernd manchmal während der Arbeit alles um sich herum vergisst und auch die Zeit nicht im Blick hat. So möchte sie mit einer symmetrischen Kommunikation ein Zeichen geben, dass sie nicht nur ihre eigene, sondern auch seine Zeit im Blick hat und dass sie ihn kollegial unterstützt.

15.2.3 Die Vier Seiten einer Nachricht

Grundsätzlich hast du freie Auswahl, für die Konfliktanalyse ein dir bereits bekanntes Modell zu verwenden oder ein eigenes zu entwickeln. Wir gehen hier ausführlicher auf das *Vier-Seiten-Modell* von Schulz von Thun (siehe Abbildung 15.2) ein, weil es ein gut anwendbares Modell ist und außerdem das wohl bekannteste Kommunikationsmodell im deutschen Sprachraum, von dem du wahrscheinlich auch schon gehört hast. Du kannst hier also wahrscheinlich direkt an dein Vorwissen anknüpfen.

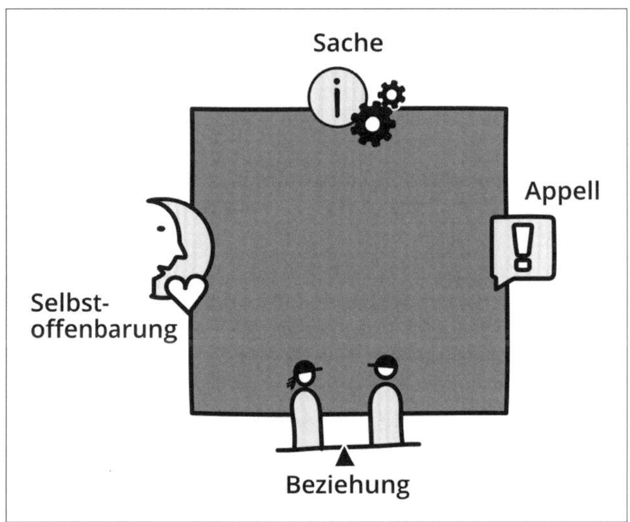

Abbildung 15.2 Das Modell »Vier Seiten einer Nachricht« von Friedemann Schulz von Thun (2020, eigene Darstellung)

Schulz von Thun sagt, dass jede Nachricht (also alles, was anderen mitgeteilt wird) immer gleichzeitig vier Seiten hat. Auf der *Sachebene* werden Informationen in Form von Fakten vermittelt. Auf der *Appellebene* soll das Gegenüber zu einer bestimmten Handlung gebracht werden. Auf der *Selbstoffenbarungsebene* geben die Sendenden etwas von sich selbst preis. Dies kann absichtlich sein oder auch unbeabsichtigt. Beispielsweise wird eine Äußerung vielleicht von jemand anderem als »gereizt« wahrgenommen, obwohl wir selbst gar nicht gemerkt haben, dass uns etwas gerade sehr nervt.

Die meisten Konflikte entstehen auf der *Beziehungsebene*. Diese hat nichts zu tun mit der aktuellen Beziehung, beispielsweise mit der hierarchischen Position, in der wir uns befinden. Vielmehr geht es darum, wie wir uns gerade in Beziehung setzen zu unserem Gegenüber. Und dort reagieren wir oft sehr empfindlich, wenn wir uns oder unsere Werte angegriffen fühlen.

Wenn Anna sagt: »Es ist halb zehn.« ...

... dann wollte sie vielleicht ausdrücken:

- Sachebene: *Die Uhrzeit ist halb zehn.*
- Appell: *Mach vorwärts.*
- Selbstoffenbarung: *Mir ist das Review wichtig.*
- Beziehungsebene: *Ich bin besser organisiert als du.*

Interessant wird die Arbeit mit Modellen, wenn wir uns selbst analysieren. Stell dir kurz eine Situation vor, in der du ganz stark einen Konflikt erlebt hast. Du wirst gedanklich wahrscheinlich hinter dir stehen, das heißt, du wirst in deiner Erinnerung denken, dass du im Recht bist und die anderen Personen gemein, blöd oder ungerecht. Wenn du die Situation nun mit dem Vier-Seiten-Modell analysierst, versuche, für jede Seite der Aussage mehrere gegensätzliche Interpretationen zu finden.

... was bei Bernd vielleicht angekommen ist als:

- Sachebene: *Die Uhrzeit ist halb zehn.*
- Appell: *Wir haben noch viel Zeit.* ODER: *Wir haben nicht mehr viel Zeit, hol dir jetzt endlich einen Kaffee.* ODER: *Mach vorwärts und hilf.*
- Selbstoffenbarung: *Ich bin nervös.* ODER: *Ich habe Angst, dass es nicht perfekt wird.* ODER: *Mir ist das Review wichtig.*
- Beziehungsebene: *Ich sorge dafür, dass du für alles genug Zeit hast.* ODER: *Ich möchte dich herumkommandieren.* ODER: *Ich bin besser organisiert als du.*

Verfahre anschließend genau so mit deiner Reaktion: Was hast du in dieser Situation geantwortet? Wie könnte die andere Person dies interpretiert haben? Finde mindestens drei unterschiedliche Interpretationen. Das Modell hilft dir dabei, dich von der eigentlichen Situation zu distanzieren und sehr strukturiert nach anderen Interpretationen zu suchen. Du kannst dabei eine Menge lernen.

Bernd hat verschiedene Möglichkeiten, auf Annas Aussage zu reagieren:

- Sachebene: *Hm.*
- Appell: *Beruhige dich, es ist noch viel Zeit.* ODER: *Lass mich in Frieden.* ODER: *Bitte erinnere mich weiter an die Zeit.*
- Selbstoffenbarung: *Ich bin nicht nervös.* ODER: *Ich fühle mich von dir bedrängt und bevormundet.* ODER: *Danke, ich finde das hilfreich für meine Planung.*
- Beziehungsebene: *Ich bin cooler als du.* ODER: *Ich lasse mich doch von dir nicht herumkommandieren.* ODER: *Du bist steif und überorganisiert, ich mach das viel besser als du.*

Oft wird gesagt, dass man konflikthaltige Gespräche wieder auf die Sachebene bringen soll. Das ist aber leichter gesagt als getan. Wenn Emotionen im Raum sind, lassen sie sich meist nicht so einfach unter den Teppich kehren. Und sie sind dort auch nicht gut aufgehoben. Effektiver ist es, wenn du Emotionen direkt ansprechen kannst. Das bedeutet nicht, dass du dann weinend mit deinem Team im Kreis sitzt und ihr gemeinsam eine Psychotherapie macht (das hatten wir bereits in Kapitel 6, »Zuhören, verstehen, ansprechen: dein Kommunikationsjob«, angesprochen). Es bedeutet, dass du Emotionen in solchen Situationen abholst.

Hier kann es sehr nützlich sein, Ursachen und Symptome zu unterscheiden. Oftmals äußern sich Konflikte nämlich auf der Symptomebene, das heißt, wir erkennen Konflikte an einzelnen kleineren oder größeren Ausfälligkeiten oder Auffälligkeiten. Die Ursachen liegen meist tiefer begraben und können dann oft auch nicht schnell nebenbei gelöst werden. Bei größeren Konflikten lohnt es sich darum, für die Konfliktlösung ein eigenes Gespräch zu vereinbaren. Während eines Austauschs musst du deshalb – besonders in der Rolle der Gesprächsführung – Emotionen abholen und priorisieren. Was könnt und müsst ihr direkt im Gespräch bearbeiten? Was könnt ihr zunächst parken und später aufnehmen? Setzt hier auch gemeinsam Ziele und Prioritäten. An Konfliktgesprächen sollten nur jene teilnehmen, die auch in den Konflikt involviert sind.

15.2.4 Sprechakttheorie

Während die Axiome von Watzlawick sowie das Modell der »Vier Seiten einer Nachricht« ermöglichen sachliche wie auch emotionale Momente in der Kommunikation zu beschreiben und zu analysieren, eignet sich die Sprechakttheorie (Austin, 1955, Searle, 1969, vgl. auch Frischherz et al., 2022, S. 47–49) insbesondere auch für die Identifikation von Missverständnissen (siehe Abschnitt 6.1, »Verständlichkeit und Verständigung herstellen«).

Wenn wir sprechen, handeln wir zugleich, beispielsweise indem wir versuchen, andere Menschen dazu zu bringen, etwas Bestimmtes zu tun. Wir können das ganz explizit machen, beispielsweise indem wir jemanden konkret um etwas bitten: »Bitte halte diesen Punkt in der Dokumentation fest.« Oder wir können implizit formulieren: »Dieser Punkt muss noch in der Dokumentation festgehalten werden.« Dann stellt sich die Frage, ob die andere Person überhaupt verstanden hat, dass sie etwas tun soll.

Folgende Sprechhandlungen können wir vollziehen:

- *die Welt darstellen* (z. B. aussagen, behaupten, erklären): »Wir haben das Sprint-Ziel noch nicht erreicht.«

- *befehlen* (z. B. bitten, fragen, auffordern): »Führe die Dokumentation nach.«, »Wann findet das Review Meeting statt?« (als Aufforderung, eine Antwort zu geben)
- *versprechen* (z. B. versprechen, drohen, anbieten): »Ich werde die neuen Aufgaben bis heute Nachmittag erfassen.«
- *ausdrücken* (z. B. danken, sich entschuldigen, gratulieren, begrüßen): »Ich lade euch ein, in der nächsten Retrospektive eure Einschätzung zu unserer Zusammenarbeit zu teilen.« – Hier geht es darum, eine Beziehung zu etablieren und zu festigen.
- *festlegen* (z. B. kündigen): »Ich kündige Ihnen und stelle Sie ab sofort frei.« – Festlegend können wir nur dann handeln, wenn wir in einer entsprechenden Position sind, zum Beispiel wenn wir als Vorgesetzte unseren eigenen Mitarbeitenden kündigen.

Wenn wir ein Missverständnis erahnen, können wir eine Äußerung aufschlüsseln in die folgenden »Teilakte«:

- *Äußerung* (Worte, Sätze)
- *inhaltliche Aussage* (neutrale Bedeutung der Äußerung)
- *Handlungsabsicht*
- *tatsächliche Wirkung*

15

Die *Handlungsabsicht* können wir nicht mit Sicherheit kennen, sondern oft nur mutmaßen, was eine Person wohl erreichen wollte. Es scheint darum sinnvoll, mehrere Interpretationen parallel zu entwickeln. Die *Wirkung* können wir hingegen beobachten, indem wir schauen, wie das Gegenüber tatsächlich reagiert hat.

Wenn wir das Beispiel von weiter oben noch einmal aufgreifen, könnte das beispielsweise so aussehen:

Anna: »Es ist halb zehn.«

- *Äußerung*: Es ist halb zehn.
- *inhaltliche Aussage*: Die Uhrzeit ist halb zehn.
- *Handlungsabsicht*:
  - darstellen: Die Uhrzeit ist halb zehn.
  - befehlen: Mach vorwärts!
  - versprechen: Ich habe mich gut vorbereitet, wir haben noch Zeit übrig.
  - ausdrücken: Lass uns noch einen Kaffee trinken.
- *tatsächliche Wirkung*:
  - falls darstellend: erfolgreich mit Zustimmung
  - falls befehlend: erfolgreich, wenn Bernd sich beeilt

- falls versprechend: erfolgreich, wenn Bernd Anerkennung gibt und beruhigt ist
- falls ausdrückend: erfolgreich, wenn Bernd mitgeht zum Kaffeetrinken

Es besteht grundsätzlich die Möglichkeit, dass eine Person die Handlungsabsicht nicht erkannt hat und dennoch in gewünschter Weise reagiert, dass also die Handlungsabsicht nicht erfolgreich übermittelt wurde, die tatsächliche Wirkung aber dennoch in beabsichtigter Weise erfolgreich war.

Tipp: An Bekanntes anknüpfen

Wenn ich in Workshops mit Teams zu Konflikten arbeite, stelle ich ihnen meistens die zwei beschriebenen Modelle »Axiome« und »Vier Seiten einer Nachricht« zur Seite. Es spielt keine Rolle, welches Modell man zur Analyse einer verzwickten Kommunikationssituation heranzieht, solange es inhaltlich passt. Mit diesen beiden Modellen kommt man schon sehr weit. Wenn jedoch der Verdacht besteht, dass es gar nicht um einen Konflikt (emotionale Ebene!) geht, sondern um eine Meinungsverschiedenheit (Sachebene), erweist sich die »Sprechakttheorie« zusätzlich als sehr nützlich.

Die Modelle sollen nicht gegeneinander abgewogen werden, und es gibt weitere Modelle zur Analyse zwischenmenschlicher Kommunikation, die sich ebenso gut eignen. Der eigentliche Fokus liegt darauf, sich wertbringend mit der Situation auseinandersetzen zu können.

15.2.5 Kontinuierlich und gemeinsam an der Zusammenarbeit arbeiten

Laut Scrum Guide fällt es vor allem in den Aufgabenbereich von Scrum Master*innen, die Menschen zu befähigen, effektiv zusammenzuarbeiten. Dein*e Scrum Master*in kann dich also in diesen Belangen unterstützen. Gleichzeitig wird deine Unterstützung sicher gerne angenommen, und es hilft dir, wenn du dich auch allein respektvoll mit anderen austauschen kannst und sie dazu verführst, sich ebenfalls respektvoll zu verhalten. Wenn ihr im Team große Mühe mit Konflikten habt, ist es auch nützlich, das gesamte Team mit entsprechenden Instrumenten weiterzubilden. Berate dich dazu mit dem*der Scrum Master*in.

Noch einmal: Menschen sind nicht perfekt. Der Anspruch an dich ist darum nicht, dass du perfekt mit Konfliktsituationen umgehen kannst. Aber mit jeder Situation, aus der du – auch im Nachhinein – etwas über dich und dein Verhalten lernst, kannst du dich künftig verbessern. Mach dir also nichts draus, falls du in der nächsten Konfliktsituation nicht sofort den Konflikt zerlegen und analysieren kannst. Versuch es einfach nachträglich, beispielsweise mit dem Vier-Seiten-Modell oder mit einem anderen Modell, das dir passend scheint. Reflektiere dein Verhalten und überlege dir, wie du es nächstes Mal anders machen könntest. Konflikt für Konflikt wirst du mehr Routine gewinnen.

Deine Basis für eine gute Zusammenarbeit und einen wertbringenden Austausch mit anderen liegt also mitunter darin, dass du dich selbst reflektierst, dein Verhalten kritisch hinterfragst und gegebenenfalls anpasst. Sei dir bewusst darüber, wie du in bestimmten Situationen auf andere wirkst und ob diese Wirkung dem entspricht, wie du wirken willst. Es gibt kein »richtig« oder »falsch«. Im Alltag wirst du nicht in jeder Situation die Wirkung erzielen können, die du möchtest. Das ist nicht schlimm. Setze statt auf Perfektion lieber auf kontinuierliche Verbesserung: Reflektiere dich und dein Verhalten regelmäßig und passe an, wenn du Optimierungschancen siehst. Hole dir zu deinem Verhalten ab und zu auch Feedback von anderen ein (siehe Kapitel 4, »Zeit für Feedback«).

Vergiss dabei nicht, was wir bereits in Kapitel 6, »Zuhören, verstehen, ansprechen: dein Kommunikationsjob«, betont haben: Es hängt nicht alles an deiner Person. Synergetische Zusammenarbeit und ein guter Austausch erfordern, dass alle Beteiligten dies wollen und ihr Bestes dazu beitragen. Dich selbst zu reflektieren, heißt also nicht, dass du an dir zweifelst, sondern vor allem auch, dass du dich versicherst, dass du dich in einer Situation angemessen verhalten hast. Und falls du zum Schluss kommst, dass dem nicht so ist: Mach einen Schritt auf die andere Person zu und such das Gespräch. Entschuldige dich, wenn du denkst, dass du etwas nicht gut gemacht hast. Thematisiere auch, wenn du findest, jemand anderer hat sich dir gegenüber nicht korrekt verhalten. Du musst dazu niemanden anklagen, du kannst von dir und von deinem Gefühl ausgehen. Wenn du aber merkst, dass jemand anderes überhaupt kein Interesse hat, an der Zusammenarbeit zu arbeiten, investiere nicht mehr Energie. Es braucht mindestens zwei für eine gute Zusammenarbeit.

In diesem Zusammenhang kannst du auch dein Team dazu befähigen konstruktiv miteinander zu kommunizieren. Wichtig ist, dass ihr bei Konflikten nicht hintenherum über andere redet, sondern das gemeinsame Gespräch sucht. Instrumente dazu findest du in den folgenden zwei Abschnitten.

15.3 Höflich miteinander umgehen

Um respektvoll miteinander umzugehen, ist es vorteilhaft, die gängigen Höflichkeitsformen zu kennen. Beachten wir die Höflichkeit in unserer Kommunikation nicht, kann sich schnell einmal jemand verletzt fühlen – obwohl dies gar nicht intendiert war. Höflichkeitsformen können je nach Kultur variieren. Grundsätzlich lassen sich dabei positive und negative Höflichkeit sowie direkter und indirekter Gesprächsstil unterscheiden (Frischherz et. al., 2017).

Positive Höflichkeit beinhaltet alles, was Menschen aktiv an Höflichkeiten austauschen. Sie signalisieren damit Nähe und Wertschätzung, also beispielsweise Dank, Lob oder auch eine Begrüßung. Mit *negativer Höflichkeit* sind Strategien gemeint, die es anderen erlauben, ihr Gesicht zu wahren. Damit wird Respekt und Distanz signalisiert, also beispielsweise indem man sich für etwas entschuldigt oder Kritik und Befehle abschwächt. Hieraus ergibt sich dann auch der erwähnte indirekte Gesprächsstil, etwa in Form von Befehlen im Konjunktiv: »Könnten Sie bitte …?« (als Frage statt als direkter Appell: »Geben Sie mir …!«).

In Konfliktsituationen kann es passieren, dass positive und negative Höflichkeit außen vor gelassen werden und Menschen darüber hinaus im Gespräch aggressive Techniken anwenden. Sie versuchen dadurch, ihre eigenen Ziele mit unfairen Mitteln durchzusetzen. Typische Beispiele dafür sind Killerphrasen und persönliche Angriffe. Killerphrasen »killen« das eigentliche Gespräch, das heißt, sie lenken vom Thema ab (Frischherz et. al., 2017, Demarmels, 2019), und zwar so:

- zur Sache: *»Das kostet viel zu viel.«*
- zur Person: *»Dafür haben Sie viel zu wenig Erfahrung.«*
- zum Vorgehen: *»Das dauert viel zu lange.«*

Wenn Höflichkeit und Respekt nicht eingehalten werden, musst du ordnend eingreifen und die Spielregeln durchsetzen. Hierzu kannst du folgende Instrumente einsetzen:

- unterbrechen, gezielte Fremdwahl (d. h. jemandem das Wort explizit übergeben)
- kritisch nachfragen und gegebenenfalls auch widersprechen
- Konflikte auf der Meta-Ebene ansprechen (z. B. bei Killerphrasen und persönlichen Angriffen)
- nach unausgesprochenen Bedürfnissen suchen (emotionale Nebenschauplätze ansprechen und parken, Diskussion auf das Thema zurückbringen)
- Fragetechniken anwenden (siehe Abschnitt 6.4.5, »Methoden zur Steuerung von Gruppendynamik«)

Das klingt dann so:

- zur Sache: *»Das kostet viel zu viel.« – »Worauf beziehen Sie sich genau mit Ihrer Aussage? Wie haben Sie die Kosten berechnet?«/»Das stimmt so nicht. Sie können die genaue Kostenberechnung hier nachlesen.«*

- zur Person: *»Dafür haben Sie viel zu wenig Erfahrung.«* – *»Wir besprechen hier nicht Personalentscheide, die zu meiner Einstellung geführt haben. Ich bitte Sie, zur Sache Stellung zu nehmen.«/»Das ist das dritte Mal in diesem Gespräch, dass Sie meine Kompetenzen infrage stellen. Ich möchte von Ihnen gerne wissen, was Ihrer Meinung nach das zugrunde liegende Problem ist.«*
- zum Vorgehen: *»Das dauert viel zu lange.«* – *»Ich spüre, dass Sie dem Projekt mit einem gewissen Unbehagen begegnen. Mögen Sie mit uns teilen, was Ihnen eigentlich Sorgen bereitet?«*

Angreifer*innen haben ihr Ziel dann erreicht, wenn das Gespräch von der eigentlichen Sache abschweift. Es gibt immer wieder berechtigte Gründe, warum man vom Thema abkommen und erst andere Dinge klären muss. Sei hier aber achtsam und lass dich nicht in Gegenangriffe verwickeln. Versuche zwar, die zugrunde liegenden Emotionen abzuholen, lenke danach aber immer wieder zur Sache zurück und behalte dabei das eigentliche Gesprächsziel im Auge.

Etwas entspannter ist es, wenn du das ganze Team dazu befähigst, wertschätzend miteinander umzugehen. Wie du das machen kannst, erfährst du im folgenden Abschnitt.

15.4 Das Kritische ansprechen: der Elefant im Raum

Kennst du ihn, den Elefanten im Raum? Alle wissen, was eigentlich das Problem ist, aber keiner traut sich, es anzusprechen. Oder vielleicht ist auch zu wenig Commitment da, niemand übernimmt die Verantwortung. In diesem Fall ist die Herausforderung nicht, dass zu wenig Vertrauen da ist, sondern dass zu wenig Energie da ist für echte Zusammenarbeit. Die Ursachen können dabei sehr unterschiedlich sein: zu wenig Transparenz, zu wenig Kompetenz, keine gemeinsamen Ziele, ZU GROSSE ELEFANTEN.

In den folgenden Abschnitten zeigen wir auf, wie die agilen Werte für solche Konfliktfälle genutzt werden können. Des Weiteren erfährst du etwas zur Rolle von psychologischer Sicherheit. Und schließlich erhältst du auch hier wieder konkrete Instrumente: Wie kannst du dich auf schwierige Gespräche vorbereiten?

15.4.1 Sich noch einmal die agilen Werte vergegenwärtigen

Um selbstorganisiert zusammenarbeiten zu können, braucht es bestimmte Rahmenbedingungen. Eine davon ist Transparenz, beispielsweise über Ziele, Aufgaben und Wert der geleisteten Arbeit. Ist die Transparenz gestört, können Teams ihre Arbeit nicht mehr effektiv leisten.

Außerdem braucht es verschiedene Arten von Feedback, beispielsweise auf das Produkt (siehe Kapitel 12, »Kurs anpassen: das Review«) und die Zusammenarbeit (siehe Kapitel 13, »Auf eine gute Zusammenarbeit! Die Retrospektive«), aber auch auf persönliches Verhalten (siehe Kapitel 4, »Zeit für Feedback«). Feedback verlangt einerseits Offenheit (von der Person, die Feedback erhält), andererseits Mut (von der Person, die kritisches Feedback gibt, und auch von jener, die dieses Feedback annimmt). Das Klima, in dem wir arbeiten, bestimmt, ob wir ehrlich miteinander umgehen können.

Auf der persönlichen Ebene spielt weiter eine Rolle, ob Informationen und Rückmeldungen konstruktiv und wertschätzend aufgenommen werden. Hören beispielsweise Vorgesetzte Mitarbeitenden nicht zu, wenn diese wichtige Hinweise geben, dann hören die Mitarbeitenden früher oder später auf, mitzudenken und sich zu äußern.

Der Schlüssel liegt also in der Art und Weise, wie wir miteinander umgehen. Das Konzept der agilen Kommunikation (siehe Kapitel 6) liefert dazu wertvolle Hinweise und Instrumente. Ein wichtiger Punkt ist für den Elefanten im Raum das Commitment: Wenn sich niemand zuständig fühlt, kritische Punkte anzusprechen, wird wohl länger nichts passieren.

Wenn neue Menschen in ein bestehendes Team kommen, zeigen sie vielleicht unbefangen auf den Elefanten. Möglicherweise handelt es sich um einen blinden Fleck, den die anderen gar nicht mehr auf dem Radar hatten. Oder die Neuen sind sich noch nicht bewusst, welche negativen Konsequenzen mit der Bestimmung des Elefanten verbunden sind. Hoffentlich können sie mit dieser Unbefangenheit aber auch das Eis brechen, sodass alle anderen sich wieder mit den Elefanten zu beschäftigen anfangen.

Was kannst du konkret tun, um das Kritische schneller und bewusster anzusprechen? Überprüfe immer mal wieder dein Commitment zur Sache. Frage dich in Gesprächen mit anderen, ob dein Beitrag im Moment der bestmögliche Beitrag ist, den du gerade leisten kannst. Ein Beitrag kann eine Wortmeldung sein, aber auch zu schweigen (Sociocracy 3.0, online b).

Konkret bedeutet dies: Prüfe, ob ein Einwand, den du gerade machen möchtest, wirklich ein Einwand ist oder nur eine Möglichkeit, einen Entscheid hinauszuzögern. Frage dich, ob du mit einem Gegenargument wirklich Wert schaffst oder nur unnötige Komplexität erzeugst. Kläre für dich, ob dein Bedürfnis im Moment für alle wichtig ist oder ob du es noch etwas zurückstellen beziehungsweise durch eine andere Handlung befriedigen kannst.

Wertvolles Schweigen kann dann so aussehen: Im Refinement kommt das Team zum Schluss, dass es den Eintrag X noch nicht ins Sprint Backlog ziehen kann, weil die damit verbundenen Aufgaben noch zu unklar sind. Du hast als Product Owner*in bereits ein größeres Verständnis des Items. Du weißt aber auch, dass von den externen Stakeholder*innen noch mehr Anforderungen dazukommen werden.

Das Team fragt dich, ob du den Eintrag erläutern kannst. Du hast zwar schon mehr Informationen, aber du weißt, dass du den Eintrag im Moment nicht genügend erklären kannst. Jetzt zu schweigen ist besser, als Zeit für eine halbe Erklärung zu verschwenden.

Wenn du dir jeweils bewusst bist, warum du dich zu einem Thema äußerst oder eben auch schweigst, wirst du dir auch des Elefanten bewusst, falls er da ist. In diesem Fall nämlich wäre deine Reaktion (sich einbringen oder schweigen) nur eine Ausrede, um um den Elefanten herumzutanzen, statt ihn konkret zu benennen.

15.4.2 Psychologische Sicherheit herstellen

Der Begriff der *psychologischen Sicherheit* geht auf Amy Edmondson (1999) zurück und bedeutet: Alle Mitglieder eines Teams sind gemeinsam der Überzeugung, dass es sicher ist, innerhalb des Teams zwischenmenschliche Risiken einzugehen. Es handelt sich also nicht um das Sicherheitsempfinden von einzelnen Individuen, sondern um das Gefühl des ganzen Teams. Dieses teilt entsprechend die Einschätzung, wie das Team sich verhalten wird, wenn ein bestimmtes Ereignis eintrifft, beispielsweise wenn jemand eine bestimmte Kritik übt oder einen bestimmten Fehler macht.

Edmondson hat Teams beobachtet und Kriterien herausgearbeitet, die für eine hohe Leistungsfähigkeit bedeutend sind. Psychologische Sicherheit als Grundlage äußert sich darin, dass die Mitglieder eines Teams offen die eigene Meinung äußern, dass alle Mitglieder insgesamt gleich viel Redeanteil haben und das Fehler und Schwächen als Option gesehen werden, um daraus zu lernen. Weiter kennen die Mitglieder im Team die Talente und Fähigkeiten anderer, schätzen sie und können sie als Team gezielt einsetzen.

Um psychologische Sicherheit zu kreieren, muss das ganze Team zusammenarbeiten. Die Sicherheit kann nicht auf Initiative einzelner oder im Vertrauen einzelner untereinander entstehen.

15.4.3 Sich auf schwierige Gespräche vorbereiten

Es hilft dir vielleicht, wenn du dich ganz bewusst auf schwierige Gespräche vorbereiten kannst, beispielsweise auf Konflikt- und Kritikgespräche (vgl. Frischherz et al., 2017). Außerdem können schwierige Themen auch mit spielerischen Möglichkeiten sicht- und greifbar gemacht werden. Dazu erfährst du hier mehr.

In einem *Kritikgespräch* geht es darum, bekannte Fehler anzusprechen und eine Veränderung herbeizuführen. Es geht dabei nicht um persönliches Verhalten, das andere stören kann, sondern um Fehler, die den Prozess oder die Wertschöpfung stören. In klassischen Unternehmensstrukturen gehören Kritikgespräche zur Gruppe der Mitarbeitendengespräche, das heißt, eine vorgesetzte Person kritisiert Mitarbeitende.

Solche Gespräche sollten nicht in der Gruppe stattfinden, damit die fehlbare Person sich nicht gegenüber der ganzen Gruppe in eine Verteidigungsposition manövriert. Achte darauf, dass du eine fehlbare Person nicht vorverurteilst, sondern ihr die Möglichkeit gibst, Stellung zu nehmen und ihre eigene Sichtweise darzulegen. Im Gegensatz zu Feedback (siehe Kapitel 4, »Zeit für Feedback«) findet hier also durchaus eine konkrete Anklage und eine Verteidigung statt. Trotzdem oder gerade deshalb ist es wichtig, eine gute Atmosphäre zu schaffen und respektvoll miteinander umzugehen. Sinnvoll ist außerdem, konkrete Maßnahmen zu beschließen und die Umsetzung verbindlich zu prüfen. Gemeinsame Ziele sind auch hierzu die Basis.

In agilen Kontexten haben Kritikgespräche Platz in Form einer gemeinsamen Reflexion der Zusammenarbeit und können in Retrospektiven gemeinsam in der Gruppe stattfinden (siehe Kapitel 13, »Auf eine gute Zusammenarbeit! Die Retrospektive«). Der Fokus darf dann nicht beim Fehlverhalten einer einzelnen Person liegen.

In einem *Konfliktgespräch* besteht im Gegensatz zum Kritikgespräch kein einseitiges Fehlverhalten, sondern es kommt zu Reibungen zwischen verschiedenen Parteien. Normalerweise versuchen diese, sich die Verantwortung dafür gegenseitig zuzuschieben. Ziel eines solchen Gesprächs ist es darum, den Ursachen auf den Grund zu gehen. Dieser Prozess findet sinnvollerweise mit allen Beteiligten statt. Bei bereits eskalierten Konflikten kann es sinnvoll sein, eine neutrale Person als Gesprächsleitung hinzuzuziehen.

Ausschlaggebend ist, dass alle Parteien ihre Sicht auf den Konflikt darstellen dürfen. Um den Kern des Konflikts zu identifizieren, braucht es meist mehrere Schritte, weil zunächst nur Symptome an die Oberfläche treten, bevor wir zur eigentlichen Ursache vorstoßen können. Ursachen von Konflikten liegen nicht auf der Sachebene, sondern auf der emotionalen Ebene – auf der Sachebene handelt es sich um Meinungsverschiedenheiten. Jedoch können sich die Ebenen auch vermischen. Es müssen darum zwangsläufig auch die Emotionen angeschaut werden – beispielsweise mit der Frage, welche Werte einer Partei verletzt werden.

Für eine nachhaltige Lösung ist zentral, dass die Parteien zusammen an einer Lösung arbeiten und sich dabei auf gemeinsame Ziele konzentrieren. Von einer reinen Lösungsorientierung möchten wir abraten: Wenn die Wurzel des Problems unklar bleibt, wird der Konflikt meist weiterschwelen und immer wieder hervorbrechen.

Gerade wenn mehrere Beteiligte von einem unbenannten Problem betroffen sind und wenn sich bislang niemand getraut hat, sich dazu zu äußern (Elefant im Raum!), kann auch ein spielerischer Ansatz mit *verdeckten Wortmeldungen* sinnvoll sein. Dadurch haben Mitarbeitende teilweise mehr Mut, ein schwieriges Thema aufzugreifen, und gleichzeitig lässt sich feststellen, dass mehrere Mitarbeitende ein Thema wahrgenommen haben und möglicherweise als belastend empfinden.

Tipp: Die Retrospektive »Finde den Elefanten«

Für die Retro »Finde den Elefanten« (Retromat, online b) brauchst du pro Teilnehmer*in einen Kartensatz mit je einer Elefantenkarte, einer Stiefelkarte, einer Sonnenkarte und einer Mondkarte.

- *Elefantenkarte*: Ich sehe mindestens einen Elefanten im Raum, das heißt ein unausgesprochenes, aber wichtiges Problem.
- *Stiefelkarte*: Seit der letzten Retro wurden meine Gefühle verletzt, und wir haben das nicht direkt angesprochen.
- *Sonnenkarte*: Alles ist in Ordnung.
- *Mondkarte*: Ich fühle mich nicht wohl, meine Einschätzung hier zu teilen, oder ich habe keine Karte, die wirklich passt.

Alle legen nun eine passende Karte verdeckt ab und die verbleibenden Karten ebenfalls anonym auf einen Ablagestapel. Dadurch bleiben die Einschätzungen anonym.

Nun werden die abgelegten Karten gemischt und aufgedeckt. Wenn mindestens ein Elefant da liegt, besteht offenbar ein ernsthaftes Problem mit der psychologischen Sicherheit im Team. Dazu solltet ihr zeitnah eine größere Retrospektive einberufen.

Mehrere Stiefel- und Mondkarten deuten ebenfalls darauf hin, dass es Probleme mit der Sicherheit im Team geben könnte. Die konkreten Probleme müssen hier nicht besprochen werden: Die Übung soll nur aufdecken, ob solche Probleme vorhanden sind. Die Erkenntnis darüber solltet ihr aber in den nächsten Retrospektiven beachten, sodass ihr die Probleme konkret angehen könnt.

Es kann gut sein, dass das Bewusstsein über den Zustand der psychologischen Sicherheit im Team etwas auslöst: Wenn alle wissen, dass sie nicht die einzige Person sind, die sich gerade etwas unwohl fühlt, dann gibt das wahrscheinlich Mut, an einer gemeinsamen Verbesserung der Situation mitzuarbeiten.

15.5 Nein sagen (können/dürfen/müssen)

Kennst du die Slapstick-Filme mit dem Förderband? Menschen am Förderband versuchen im Akkord ihre Arbeit zu tun, aber das Förderband läuft immer schneller – zu schnell für den weiteren Arbeitsprozess. Die Arbeit gerät außer Kontrolle. Auch wenn du nicht an einem Förderband stehst, kannst du sehr nachvollziehen, ob der Arbeitsprozess von dir und von deinem Team noch gut läuft. Ein Kanban-Board hilft euch dabei.

Das Team kann mit der Zeit sehr gut abschätzen, wie viel Arbeit es sich selbst zumuten kann für den nächsten Sprint. Sind zu viele Einträge im Backlog, können gewisse Aufgaben nicht abgearbeitet werden. Schlimmer noch: Vielleicht beginnt das Team, an mehreren Dingen gleichzeitig zu arbeiten. Es wird dadurch noch langsamer, und die Qualität leidet, weil die Konzentration für eine bestimmte Aufgabe abnimmt.

Nicht ohne Grund heißt es darum im Scrum Guide, dass das Team die Aufgaben mittels *Pull-System* ins Sprint Backlog nimmt. Dies bedeutet, dass du als Product Owner*in dem Team Aufgaben nicht rüberpushst. Du kannst zwar mit dem Team beraten, argumentieren und verhandeln. Du sollst aber in jedem Fall akzeptieren, wenn das Team *Nein* sagt zu einer Aufgabe.

Wenn ihr agile Entscheidungsprozesse pflegt, entspricht ein solches Nein einem Einwand: Es gibt einen Grund, der dagegenspricht, diese Aufgabe ins Sprint Backlog zu übernehmen. Beispielsweise könnte dies das Sprint-Ziel gefährden, wegen Überlastung oder weil die Aufgabe zu weit weg ist vom aktuellen Ziel.

Auch du selbst in deiner Rolle als Product Owner*in musst manchmal Nein sagen, wenn die Stakeholder*innen etwas möchten. Du bist verantwortlich für das Produkt, und du hast den Überblick über den Wert, den es schaffen soll (siehe auch Kapitel 2, »Alles im Blick: die Produktübersicht«).

15.5.1 Höflich sein bedeutet nicht, allem zustimmen zu müssen

Viele Menschen haben Angst davor, Nein zu sagen, erst recht zu einer vorgesetzten Person. Sie denken, dass es unhöflich ist. Und wenn sie keinen anderen Ausweg sehen, dann sagen sie trotzdem Ja – im vollen Wissen darum, dass sie die Verpflichtung gar nicht erfüllen können.

Ja und Nein sagen hat aber nichts mit Höflichkeit zu tun. Im Gegenteil: Es ist sogar äußerst unhöflich, sein Commitment zu etwas abzugeben, wenn man von Anfang an weiß, dass man es nicht wird einhalten können. Und in selbstorganisierten, agilen Kontexten ist es umso wichtiger, hier von Beginn an mitzudenken und sich einzubringen, aufrichtig zu sein und nur zuzustimmen, wenn man auch wirklich von etwas überzeugt ist. Denn die Arbeit des ganzen Teams und der Wert deines Produkts hängt davon ab, dass alle das leisten können, wozu sie sich committet haben.

Wir möchten hier noch einmal auf die Werte für agile Kommunikation zurückgreifen und zeigen, dass Nein sagen sich in vielerlei Hinsicht als gutes Instrument für die Zusammenarbeit erweist (siehe Kapitel 6):

- *Commitment:* Gib nur ein Commitment ab zu Dingen, für die du dich auch wirklich einsetzen kannst. Akzeptiere auch bei anderen, wenn sie kein Commitment abgeben können und mal Nein sagen.
- *Mut:* Hab den Mut, Nein zu sagen, wenn etwas aus deiner Sicht keinen Sinn macht, und hab den Mut, auch von anderen ein Nein zu akzeptieren.
- *Fokus:* Konzentriere dich auf das Ziel (beispielsweise auf die Produktvision, auf das Sprint-Ziel) und ordne Aufgaben darunter.
- *Offenheit:* Sei offen für neue Anforderungen, behalte aber das Ziel vor Augen. Sei offen für das, was das Team ins Sprint Backlog ziehen möchte, und auch für das, was es nicht reinholen möchte.
- *Respekt:* Respektiere andere und ihre Meinung. Sie beruht auf Expertise. Andere Meinungen zu respektieren, bedeutet nicht, dass du diese Meinungen als deine eigenen übernehmen musst. Hier besteht teilweise Verhandlungsspielraum.

Schaffe auch bei den Stakeholder*innen ein Verständnis für diese Werte. Zeige ihnen auf, warum ein Nein für sie und für ihr Produkt wertvoll sein kann. So könnt ihr gemeinsam eure Ziele verfolgen und euch mit Wertschätzung begegnen. Der*die Scrum Master*in unterstützt dich dabei.

15.5.2 Wissen, was Sache ist

Um gezielt Nein sagen zu können, musst du einerseits ein bestimmtes Maß an Selbstvertrauen haben. Andererseits musst du dich selbst, dein Team und dein Produkt kennen. Das Produkt ist deine Hauptverantwortung. Es hilft dir also, wenn du genau weißt, was du kannst und was deine Aufgabe ist. Es hilft manchmal auch, Stakeholder*innen diese Aufgabe zu erklären.

Im Scrum Guide heißt es dazu: »*Damit der*die Product Owner*in Erfolg haben kann, muss die gesamte Organisation seine*ihre Entscheidungen respektieren. Diese Entscheidungen sind im Inhalt und in der Reihenfolge des Product Backlogs sowie durch das überprüfbare Inkrement beim Sprint Review sichtbar.*« Du hast bestimmt schon erlebt, dass dies in der Praxis nicht immer ganz einfach umzusetzen ist. Es ist aber wichtig, dass du in dieser Frage ein Selbstbewusstsein entwickelst und für dein Produkt geradestehst. Das bedeutet, dass du manchmal auch »Nein!« sagen musst – gerade weil du weißt, was Sache ist.

15.6 Grenzen der Kommunikation anerkennen und für sich selbst sorgen

Hast du schon mal erlebt, dass du alles gibst, und trotzdem klappt es nicht mit der Zusammenarbeit mit anderen? – Vielleicht liegt es ja gar nicht an dir.

Wenn du dich an das Modell der synergetischen Collaboration aus Kapitel 6 erinnerst, dann fällt dir vielleicht wieder die eine Grundbedingung ein: Zusammenarbeit funktioniert nur, wenn alle beteiligten Parteien das auch wirklich wollen. Jemand kann sich noch so anstrengen – wenn die andere Person nicht zusammenarbeiten will, laufen alle Bemühungen ins Leere.

Es gibt Situationen, in denen jemand nicht mitmachen möchte. Das kann den Grund darin haben, dass diese Person mehr Macht hat und sich mit dieser Macht durchsetzen will, statt zusammenzuarbeiten. Es kann auch sein, dass diese Person resigniert hat und nur noch das absolute Minimum tut. Man kann versuchen, diese Personen zur Zusammenarbeit zu verführen, indem man ihnen respektvoll begegnet und ihnen einen Vertrauensvorschuss zugesteht.

Es kann aber auch sein, dass sie sich trotzdem nicht darauf einlassen und immer nur ihre Meinung durchsetzen, statt mit anderen in eine synergetische Collaboration zu kommen. Für dich ist es wichtig, das zu erkennen und dann nicht weiter Energie in die Zusammenarbeit zu stecken, sondern nach einem guten Ausweg zu suchen. Wie du diesen Zeitpunkt erkennen kannst, ist gar nicht so einfach. Mit der Zeit wirst du dazu ein Bauchgefühl entwickeln. In manchen Fällen kannst du die Thematik mit den Betroffenen sogar besprechen und ihnen ein Ultimatum stellen.

Wichtig auch hier: Wenn jemand nicht zusammenarbeiten möchte, wird diese Person Reibungen möglichst vermeiden. Das gilt auch für die offene Diskussion. Es kann also sein, dass so eine Person dir ihre Zusammenarbeit ankündigt, dann aber doch nicht in diese Richtung geht. In dem Fall stehst du wieder allein da und musst nach anderen Auswegen suchen.

In den folgenden Abschnitten findest du Situationen der Nicht-Zusammenarbeit und Lösungswege. Das geht von einfachen Interventionen über Zwischenlösungen bis hin zu getrennten Wegen.

15.6.1 Sabotageakten nicht zu lange zusehen

Wenn andere nicht kommunizieren oder alles sabotieren, ist dies oftmals ein Zeichen dafür, dass es Konflikte gibt. Die Personen sind möglicherweise verletzt oder haben Angst und gehen darum zum Gegenangriff über. Dabei muss nicht die konkrete Situation der Auslöser sein, sondern Konflikte können auch eine lange Vorgeschichte haben.

Suche das Gespräch und versuche, herauszufinden, was die zugrunde liegenden Ursachen sind. Könnt ihr das Problem selbst in Angriff nehmen, oder braucht ihr Hilfe von außen? Braucht die Person vielleicht weitere, professionelle Unterstützung? Ist sie auch bereit dazu, solche Hilfe anzunehmen?

Natürlich können in solche Konflikte auch mehrere Personen oder gar ganze Teams verstrickt sein. In diesem Fall hilft es neben der Eruierung der Ursache ebenfalls, sich auf gemeinsame Ziele zu besinnen: Was ist der kleinste gemeinsame Nenner? Dieser bestimmt dann auch, inwieweit eine Zusammenarbeit möglich ist.

Das Schöne daran: Ist der erste Schritt gemacht, besteht die Chance, dass sich weitere gemeinsame Schritte entwickeln. Und wenn nicht, haben alle etwas Wichtiges gelernt. Sie haben versucht, die Probleme gemeinsam zu lösen, sie haben es nicht geschafft. Sie können sich nun nach Alternativen umsehen.

15.6.2 Frust und Gleichgültigkeit nicht als Alltag etablieren

Gleichgültigkeit kann ebenso schädlich sein wie offene Sabotage. Wenn jemand im Team nicht teilnimmt an einer synergetischen Collaboration, steckt diese Person möglicherweise nach und nach das ganze Team an. Je mehr Menschen unzufrieden oder gleichgültig sind, desto unangenehmer wird es für die Verbleibenden. Darum solltest du in solchen Situationen nicht zu lange zusehen.

Der Frosch im heißen Wasser

Kennst du die Geschichte vom Frosch im heißen Wasser? Wenn ein Frosch plötzlich in kochendes Wasser fällt, springt er sofort wieder heraus, und wenn er Glück hat, kommt er mit kleineren Verbrennungen davon. Sitzt er aber in einem Topf mit kaltem Wasser, das sich nur langsam erhitzt, nimmt der Frosch zwar wahr, dass es immer ein bisschen wärmer wird, bleibt aber sitzen. Er wird immer schwächer, und am Ende kann er nicht mehr raushüpfen.

Sei dir darum bewusst, wenn sich das Klima um dich herum langsam verschlechtert, und reagiere, solange du noch kannst. Gerade wenn sich Mitarbeitende aus ihrem Engagement und Commitment zurückziehen, musst du unbedingt genau hinschauen.

Frage nach und erforsche die Gründe. Es kann sein, dass hinter einem kurzzeitigen Rückzug natürliche Gründe stehen: eine Grippe, private Probleme, ein sehr aktives Wochenende. Wenn du aber merkst, dass die Ursache in der Arbeit selbst liegt, versuch das mit der Person genauer zu erforschen.

Biete auch in diesem Fall wieder einen Vertrauensvorschuss in die gemeinsame Arbeit an, geh offen auf die Person zu und nimm unbedingt auch Emotionen auf. Du musst diese Emotionen nicht teilen, du sollst sie aber wahrnehmen, sodass die Betroffenen sich gesehen und wertgeschätzt fühlen. Macht euch eure gemeinsamen Ziele klar.

Dies gilt ebenso, wenn Frust und Gleichgültigkeit im Team bereits um sich gegriffen haben. Gemeinsame Ziele stärken die Zusammenarbeit. Hilfreich ist außerdem, wenn ihr euch überlegt, wo eigentlich die Leitplanken sind: Wo habt ihr Gestaltungsfreiräume, und wie könnt ihr diese nutzen? Wo gibt es Regeln von oben? Wie könnt ihr mit diesen umgehen?

15.6.3 Wenn Wertschätzung nicht mehr möglich scheint: Mediation

Was, wenn keine Wertschätzung mehr übrig ist? Wie weiter, wenn die Situation zu verfahren ist? Es gibt Konflikte – insbesondere wenn sie schon eine lange Zeit unbearbeitet vor sich hin schmoren –, die sich aus den Beteiligten heraus nicht mehr lösen lassen. In diesen Fällen kann eine externe Moderation oder Mediation unterstützen.

Die Moderation beschränkt sich meist auf einen Austausch, wobei über ein sachliches Thema diskutiert wird. Wenn ihr also grad Zeitnot habt, einen wichtigen Workshop abhalten müsst, aber es mit der Kommunikation untereinander nicht gut klappt, dann ist es hilfreich, wenn ihr eine externe Moderation organisiert, welche die Gesprächsführung übernimmt. Diese Person kann beispielsweise auch aus einem anderen Team kommen. Wichtig ist, dass sie inhaltlich keinen Einfluss nimmt und natürlich auch gegenüber den verschiedenen Beteiligten unparteiisch bleibt.

Für die konkrete Konfliktbearbeitung (also die Aufarbeitung der Emotionen, die Irritationen hervorrufen) können externe Fachpersonen in Form von Mediator*innen hinzugezogen werden. Sie sind spezialisiert auf Konfliktlösung und haben die Aufgabe, die Konfliktparteien an einen Tisch und in den Austausch über den Konflikt zu bringen. Sie verfügen über eine spezialisierte Ausbildung in diesem Bereich.

15.6.4 Getrennte Wege gehen

Es ist nicht praktisch, bei Problemen sofort aufzugeben. Bevor du dich von Mitarbeitenden verabschiedest, spüre nach, worum es im Konfliktfall geht. Wenn du aber merkst, dass an der Situation aus dem Moment heraus nichts veränderbar ist, dann trau dich auch, einen (einstweiligen) Schlussstrich zu ziehen. Nimm realistische Einschätzungen vor.

Was kann das im Alltag konkret bedeuten? Beispielsweise, dass Menschen zwar noch im Team mitarbeiten, aber eben nicht mehr zusammenarbeiten. Sie übernehmen noch ihre Aufgaben. Erwarte nicht zu viel von ihnen. Lass die Tür offen, sodass sie zu einer synergetischen Collaboration zurückfinden können, wenn ihnen das später wieder möglich ist. Und sorge gut für das übrige Team, sodass es nicht weiter auseinanderfällt.

Wenn du mit Teammitgliedern das Gespräch suchst, die sich nicht mehr länger committen mögen, zeig Mitgefühl und erarbeite dir Verständnis für ihr Verhalten. So könnt ihr hoffentlich ehrlich über die Situation sprechen. In den meisten Fällen entscheiden sich solche Menschen früher oder später selbst, das Team oder sogar das Unternehmen zu verlassen. Und meist gehen die Wege dann auch im gegenseitigen Einvernehmen auseinander, weil alle Beteiligten merken, dass es einfach nicht mehr passt.

15.6.5 Sich selbst vertrauen und stärken

Um in schwierigen Situationen offen auf andere zugehen zu können, musst du in erster Linie dein Vertrauen in dich selbst stärken und pflegen. Auf andere zuzugehen, heißt nämlich nicht, sich selbst aufzugeben. Wenn du mit dir im Einklang bist, hast du mehr Energie, dich mit anderen und ihren Sorgen zu auseinanderzusetzen. Es wird dir dann auch leichter fallen, dich abzugrenzen, Linien zu ziehen und dich selbst zu schützen, wenn dies nötig ist.

Reflektiere regelmäßig, was dich gerade umtreibt, was dir Energie gibt und was deine Batterien leert. Überlege dir, was du an deiner Situation optimieren kannst.

Wenn du das Gefühl hast, du kommst allein nicht weiter, such dir Hilfe von außen. Beispielsweise bei befreundeten Personen oder bei professionellen Coaches. Auch berufliche Netzwerke außerhalb deines Unternehmens können dich unterstützen. Du kannst dich mit anderen Menschen in ähnlichen Rollen und Situationen austauschen, und ihr könnt gemeinsam alternative Verhaltensmuster entwerfen. Mit Außenstehenden kannst du meist offener sprechen als mit Menschen, die selbst involviert sind, und Außenstehende können dir vor allem blinde Flecken aufdecken, auf die du in internen Analysen nicht so schnell kommen würdest. Nutze dazu auch die Scrum-Master-Rolle.

Ein konstruktiver Umgang mit Konflikten bedeutet auch, dass ihr euch besser auf die Umsetzung fokussieren könnt. Welche wichtige Rolle regelmäßige Auslieferungen an eure Kundschaft dabei spielen, erfährst du im nächsten Kapitel.

Kapitel 16
Liefern mit Stil

In den agilen Prinzipien heißt es: »Unsere höchste Priorität ist es, den Kunden durch frühe und kontinuierliche Auslieferung wertvoller Software zufrieden zug stellen.« Und genau das ist dein Job. In diesem Kapitel lernst du, was alles dazugehört, auf welche Stellschrauben es ankommt und wie du überprüfst, ob dein Produkt auch gut angenommen wird.

»Das war jetzt noch mal ein richtig guter Einblick in den Stand, den wir uns mit diesem Sprint erarbeitet haben. Danke euch allen!« Ellen ist deutlich anzumerken, wie froh sie ist, dass sich nach den Schwierigkeiten der letzten Zeit jetzt alles gut gefügt hat. »Ich denke, wir können und wir sollten schauen, dass wir den Stand zumindest schon mal an einem ersten kleinen Standort in Produktion nehmen. Das müsste doch als Parallelbetrieb möglich sein, und bei Problemen wären die Auswirkungen nicht so groß. Ich würde das gerne jetzt im zweiten Teil unseres Reviews mit euch allen diskutieren!« Man spürt die Spannung im Raum, jetzt wird es also ernst. Die Ersten fangen an, auf ihrem Stuhl nach vorne zu rutschen, um sich in die Diskussion zu schmeißen. Rami reagiert gleich: »Ich gehe mal davon aus, dass ihr fast alle eine Meinung dazu habt und es auch noch viele Fragen gibt. Wir haben abgesprochen, dass ich moderiere und Bernd beim Festhalten eurer Punkte unterstützt, so kann sich Ellen besser in die Diskussion einbringen, okay?« Zustimmendes Nicken aus der Runde.

Regine, Vertreterin für die Region Nord, hat als Erste ihre Hand oben: »Ich bin echt zuversichtlich nach der Demo heute, wirklich cool! Möchte aber gleich zwei Dinge zu bedenken geben: Erstens, ein kurzer Hinweis, vor Ostern ist bei uns Hochbetrieb, also wir sollten schauen, dass wir lieber danach starten. Aber vor allem, ich weiß nicht, ob ein kleiner Standort wirklich die beste Wahl ist! Ja, da geht dann nicht viel kaputt, aber lernen wir da wirklich was? Um sich die spannenden Sachen anzuschauen, auch das, was ihr heute gerade präsentiert habt, wäre mindestens ein Standort wie Kiel oder Bremen gut. Ich glaube, wir können da etwas mutiger sein, erst recht, wenn wir das im Parallelbetrieb machen können und zwischen den Systemen wechseln.« Anna wiegt ein wenig den Kopf hin und her: »Das stimmt total, aus fachlicher Sicht. Aber: Die Idee mit dem Parallelbetrieb haben wir zwar immer schon mitgedacht, aber a) müssten wir das jetzt konsequent durchentwickeln und testen ...« Die hochgezogene Augenbraue und den Blick zur Seite kennen alle schon. Ellen schmunzelt und macht eine »Aufschreiben«-Handbewegung in Richtung von Bernd. Anna fährt fort: »... und b), tatsächlich wäre ein kleiner Standort dann zum Test des Parallelbetriebs sinnvoll. Da hängt doch auch einiges dran. Ich denke, auch für den Betrieb wäre es leichter, das erst mal in einer etwas kleineren Umgebung hochzuziehen, oder Rhia?« Während die Diskussion weiter Fahrt aufnimmt, schaut Ellen mit gemischten Gefühlen auf die länger werdende Liste mit zu bedenkenden Punkten. Der Teufel steckt doch immer im Detail, und es gibt noch so vieles zu entscheiden und vorzubereiten. Aber alle ziehen mit, und wenn die Hürde der ersten Lieferung erst mal genommen ist, dann ist auch ein großer Punkt von der Risikoliste runter und damit viel klarer, wo das Projekt wirklich steht.

Zu liefern, das klingt ja erst mal ganz einfach – ihr nehmt, was da ist, und liefert es eben aus. Aber zum Liefern gehört noch viel mehr, als nur Software irgendwo hinzuschieben. In traditionellen Entwicklungsprojekten kommt zum Ende der Entwicklungsphase der Moment, in dem das Projekt seinen Modus wechselt und alle sich dransetzen, die Software für die Lieferung fertigzustellen. Nicht selten wird auch in diesem Moment zum ersten Mal überlegt, wie man das eigentlich genau machen will.

Und so kommt dann das große böse Erwachen: In der Entwicklungsumgebung lief es ja schon die ganze Zeit, aber für die Produktionsumgebung braucht es plötzlich neue Skripte, Zertifikate, Zugangsberechtigungen, Konfigurationen, auf der Zielplattform noch nicht vorhandene Bibliotheken ... es gibt noch so viel zu tun!

Hinzu kommt: Sobald ihr euer Produkt zum ersten Mal tatsächlich ausliefert, stellt ihr fest, dass die Qualität viel schlechter ist, als ihr es erwartet hättet! Bestimmte Fehler und Probleme seht ihr in Produktion zum ersten Mal. Das ist beim ersten Release immer so, egal wie sehr ihr euch müht. Die Betriebsumgebungen und Endgeräte sind eben doch immer etwas anders konfiguriert, als es in den Entwicklungs- und Testumgebungen der Fall war. Auch eure Nutzerschaft entdeckt beim erstmaligen Arbeiten mit der Anwendung noch Benutzungs- und Bedienmöglichkeiten, auf die ihr im Test noch gar nicht gekommen wart. Je früher ihr liefert, desto früher bekommt ihr auch diese Art Feedback. Damit könnt ihr dann eure Anwendung robuster machen und eure Entwicklungs- und Qualitätssicherungsprozesse weiterentwickeln, um diese Art Fehler möglichst früher finden zu können. In Abbildung 16.1 haben wir einige der positiven Effekte frühzeitigen Lieferns zusammengefasst.

In Kapitel 11, »Tech für Anfänger*innen«, haben wir Tipps dazu zusammengestellt, was du beachten solltest, um den (technischen) Rahmen zum Liefern frühzeitig und wohlstrukturiert aufzubauen. In diesem Kapitel legen wir das Augenmerk darauf, was du organisatorisch rund ums Liefern beachten solltest und welche Abwägungen du treffen musst, um den größtmöglichen Nutzen aus regelmäßigen Lieferungen zu ziehen.

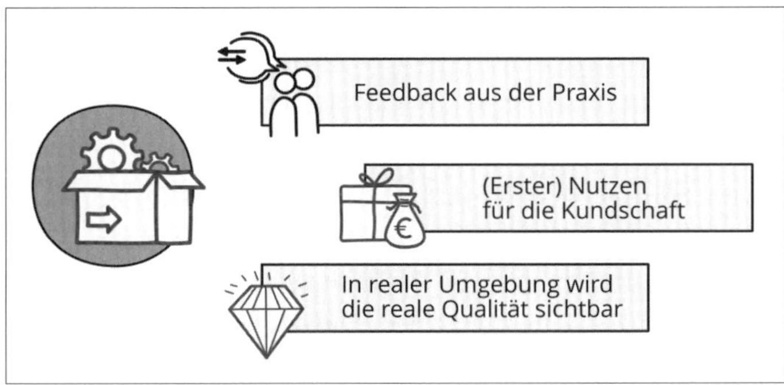

Abbildung 16.1 Frühzeitig und regelmäßig zu liefern, hat eine Reihe positiver Effekte.

16.1 Wie oft liefern?

Lange Zeit hieß es im Scrum Guide, dass mit jedem Sprint ein *potenziell lieferfähiges Inkrement* entstehen soll. Das Wort »potenziell« ist dabei wichtig: Wenn du euer Produkt mit dem Stand, den es gerade erreicht hat, liefern wolltest, dann solltet ihr das zwar jederzeit können, müsst es jedoch nicht. »Lieferfähig« heißt dabei, dass ihr wirklich bereit seid und nicht noch irgendwelche Dinge vorher fertigstellen müsst. Das bedeutet:

- Die Qualität eurer Anwendung hat tatsächlich Produktionsniveau.
- Alle Informationen und Unterlagen sind vorhanden und vorbereitet für die Übergabe an eure Kundschaft und in den Betrieb.
- Sämtliche Lieferprozesse sind vorhanden und funktionsfähig.

Auch wenn sich das hier so kurz und kompakt als drei Punkte liest – in der Praxis ist es nicht so einfach, das alles zu leisten (und ehrlicherweise auch nicht so spaßig und aufregend, wie neue Sachen zu entwickeln). Die Aufgaben fallen alle eher in die Kategorie »Hausaufgaben machen«. Je später ihr euch um diese Punkte kümmert, desto nerviger, fehleranfälliger und stressiger wird es, sie zu erledigen. Darum arbeite mit deinem Team daran, sie gar nicht erst schleifen zu lassen, sondern die nötigen Tätigkeiten früh als Teil eurer Definition of Done zu verankern und laufend mitzuerledigen.

Mittlerweile heißt es im Scrum Guide nur noch, dass mit jedem Sprint ein *wertvolles und benutzbares Inkrement* entstehen soll. Das ist ein Stück weit ein Zugeständnis daran, dass sich viele Teams und Organisationen schwer damit tun, das Level von lieferfähig zu erreichen und zu halten. Benutzbarkeit ist für einen empirischen Prozess wie Scrum als Mindestmaß zu sehen: Ohne Benutzbarkeit keine Empirie! Ein empirisches Vorgehen bedeutet, Annahmen und Vorstellung praktisch durch Ausprobieren zu überprüfen.

Wenn ihr es schafft, dass eure Kundschaft sogar die neu entstandenen Features unmittelbar geliefert bekommt und euch damit aus dem realen Einsatz Feedback geben kann, dann ist es natürlich umso besser. Es lohnt an dieser Stelle, sich das Ziel höher zu setzen!

Dennoch gilt in vielen Unternehmen die Regel, dass es nicht mehr als drei bis vier Release-Termine pro Jahr gibt. Hintergrund sind die bisherigen Erfahrungen mit den Lieferprozessen und dem Aufwand, den diese nach sich ziehen. Beispielsweise müssen Mitarbeitende geschult werden, und neue Fehler sowie veränderte Abläufe bremsen die Arbeit aus. Hinzu kommen noch Installations- und Migrationsaufwände, sofern diese nicht gut automatisiert sind. Anders gesagt: Eure Kundschaft assoziiert mit einer Lieferung vor allem Stress. Und wer hat den schon gerne regelmäßig?

Will man fair bleiben, hängen allerdings viele dieser Punkte vor allem damit zusammen, dass Lieferungen dann sehr oft sehr umfangreich sind. Und so umfangreich sind sie, weil sie so selten erfolgen. Wenn ihr in der Lage seid, kleinere Releases zu liefern, wird es für alle Beteiligten einfacher. Kleine Änderungen können Nutzer*innen auch ohne aufwändige Schulungen mit wenigen Hinweisen und einfachem Ausprobieren nebenher erlernen. Bei kleineren Änderungen könnt ihr auch mit weniger Fehlern rechnen. Und die, die dann auftreten, sind leichter und schneller zu analysieren und zu beheben.

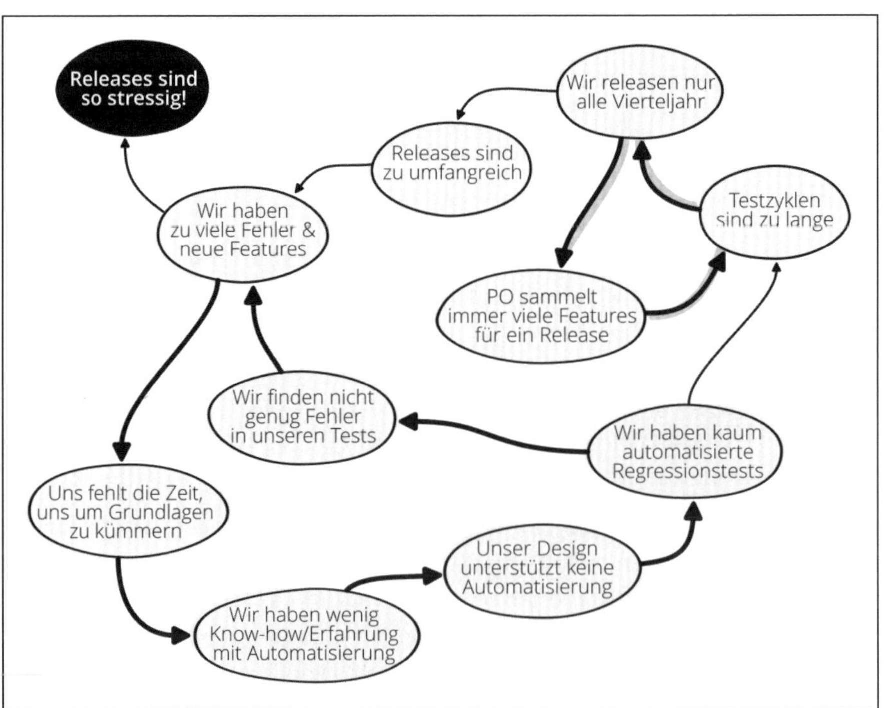

Abbildung 16.2 Typisches Ursache-Wirkung-Diagramm für stressige Releases

Tipp zu langen Release-Zyklen: Raus aus dem Teufelskreis!

Wie entkommt man dem Teufelskreis, den das Diagramm in Abbildung 16.2 darstellt? Durch zwei Maßnahmen, die sich auch kombinieren lassen:

- Releases tatsächlich nur mit wenigen Features ausstatten
- den Grad der Testautomatisierung erhöhen

Beides braucht deine Konsequenz und dein Geschick, Freiraum dafür zu schaffen.

Ein weiterer Aspekt, den wir im nächsten Abschnitt aufgreifen und der häufigen Lieferungen vermeintlich entgegensteht, ist, dass die Qualitätssicherungs-, Freigabe- und Lieferprozesse häufig sehr aufwändig sein können. Um diesen Aufwand in ein angemessenes Verhältnis zum Nutzen der kleineren Lieferungen zu bekommen, musst du mit deinem Team konsequent in Automatisierung dieser Prozesse investieren. Allerdings gibt es je nach Umfeld auch zeitfressende (externe) Begutachtungs- und Zertifizierungsprozesse, die ihr realistischerweise nicht alle paar Wochen anstoßen wollt und könnt (z. B. im Zahlungs-, Medizintechnik- oder Sicherheitsbereich).

Trotz alldem sind häufigere kleinere Lieferungen besser als seltenere größere. Das Risiko, das größere Änderungen hervorrufen, sinkt, sie lassen sich leichter in die betrieblichen Abläufe integrieren, und ihr bekommt schnelleres Feedback aus der realen Nutzung. Schaue daher zusammen mit deinem Team, wie ihr weiter daran arbeiten könnt, in Richtung häufigere, kleinere Lieferungen zu kommen. Was ihr allerdings nicht tun solltet, ist, euch Geschwindigkeit in der Lieferung durch eine Reduktion in der Gründlichkeit bei der Qualitätssicherung zu erkaufen.

16.2 Was ist alles zu tun?

Im Vorfeld einer Lieferung, währenddessen und im Nachgang der Betriebsaufnahme gibt es mehr Arbeit, als man im ersten Moment denkt. Wir schauen uns die drei Bereiche gleich näher an. Entscheidend ist: Ihr braucht Zeit, um euch um die Lieferung zu kümmern. Intuitiv planen viele Product Owner*innen eine Lieferung am Ende eines Sprints. Am Ende des Sprints seid ihr aber mit eurem Sprint-Wechsel beschäftigt. Es ist eigentlich immer sinnvoller, Lieferungen in einen Sprint mit einzuplanen. So habt ihr alle gemeinsam Zeit, euch mit voller Aufmerksamkeit der Lieferung zu widmen.

Am Ende des Sprints seid ihr aber zum einen mit dem Sprint-Wechsel beschäftigt, also den Treffen Planning, Review und Retrospektive. Zum anderen ist Liefern nicht nur ein Zeitpunkt, sondern erfordert einiges an Aktivitäten. Deswegen ist es sinnvoller, Lieferungen während des Sprints mit einzuplanen. So habt ihr alle gemeinsam Zeit, euch mit voller Aufmerksamkeit der Lieferung zu widmen.

16.2.1 Im Vorfeld

Bevor ihr eure Lieferung zusammenbauen und bereitstellen könnt, müsst ihr sicherstellen, dass ihr alle notwendigen Bestandteile, Informationen und Unterlagen auch wirklich beisammenhabt. Alles, was ihr bereits während der Entwicklung dafür erledigen könnt, solltet ihr deshalb auch dann bereits tun. In der folgenden Liste findest du typische Punkte, die sich in eurer Definition of Done dafür wiederfinden könnten:

- Texte sind in alle unterstützten Sprachen übersetzt und eingebunden.
- Alle Grafiken und andere Ressourcen liegen in Produktionsqualität vor und sind eingebunden.
- Installations-, Migrations- und Rollback-Skripte stehen bereit und sind getestet.
- Notwendige Anpassungen an Konfigurationsdateien, Lizenzen oder Zertifikaten sind vorbereitet oder werden zumindest während der Lieferung als zu erledigen dokumentiert.
- Hilfedateien, Handbücher, Tutorials und so weiter sind aktualisiert.
- Die Betriebs- und Wartungsdokumentation ist aktualisiert.

Neben diesen eher praktischen Punkten ist es sinnvoll, die administrativen Informationen kontinuierlich zusammenzutragen:

- Alle vorgenommenen Änderungen sind im Lieferschein eingetragen.
- Für erforderliche Zertifizierungen sind die Nachweise erstellt.
- Risikoeinschätzungen der Änderungen (mögliche Auswirkungen auf den Betrieb) sind dokumentiert und im Lieferschein vermerkt.

Was genau du an Informationen, und in welcher Form, im Rahmen der Lieferung bereitstellen musst, ist in jeder Organisation unterschiedlich. Sprich mit deiner Kundschaft und den Betriebseinheiten, was sie benötigen und erwarten.

Der *Lieferschein* gehört eigentlich immer dazu. In ihm werden sämtliche in der Lieferung realisierten Änderungen, behobene Fehler und neue Features aufgeführt. Zusätzlich enthält er Hinweise zur Installation und Inbetriebnahme. Eure Kundschaft sollte auf Basis des Lieferscheins ein klares Bild davon haben, was sie mit der Lieferung bekommt. In Abbildung 16.3 findest du ein Beispiel für die wichtigsten Informationen, die ein Lieferschein enthalten sollte.

Richtet sich euer Produkt an Endkund*innen, wirst du sogenannte *Release-Notes* (Versionshinweise) erstellen wollen, die auf weniger technische Weise darstellen, was sich in der Anwendung getan hat.

Lieferschein
Beispielanwendung

Version	2023.01
Release-Tag	R2.6.3

Kurzbeschreibung

Mit diesem Release werden die Grundlagen für die verkehrsabhängige Ressourcen-Planung eingeführt. In diesem ersten Schritt werden lediglich Empfehlungen angezeigt, ohne dass eine automatische Umkonfiguration erfolgt.
Ziel ist es, in den nächsten Wochen den richtigen Zeitpunkt für eine Ressourcen-Umsteuerung erkennen zu können.
Fehlerbehebung für den Sommer-Winter-Zeitwechsel sowie weitere Kleinigkeiten (siehe Bug-Liste).

Risikoeinschätzung

Auswirkungen auf die Produktion sind nicht zu erwarten.
Ggf. werden Vorgänge vom 30. Oktober in der Archivsicht nicht richtig angezeigt.

Installationshinweise

Neuer Prozess: Verkehrsdaten-Collector (siehe Doku)
- neues Cache-Verzeichnis „vkdat-cache"
- Freischaltung (ausgehend) in der Firewall
- Einbindung ins Prozess-Monitoring

Update das DB-Schemas auf v2.28 erforderlich

Fallback-Optionen

Auf Vorversion ohne Datenmigration
Cache-Verzeichnis sollte gelöscht werden

Feature-Tickets

#121 Stdkonfi. Ressourcenplanung
#123 Anzeige Verkehrslage
#126 Einblendung Verkehrshinweise
#128 Statistik Verkehrslage
...

Bug-Tickets

#328 Ausfall Zuführung
#329 Falsche Startzeiten
#335 Anzeigefehler in der Lagerbelegung
...

Abbildung 16.3 Beispielhafter Lieferschein mit den wichtigsten Informationen, die auftauchen sollten

Wenn ihr die entsprechenden Dokumente laufend während der Entwicklung aktuell haltet, habt ihr zur Lieferung diesbezüglich nicht mehr viel zu tun und könnt direkt den eigentlichen Lieferprozess anstoßen. Macht ihr das nicht, habt ihr einiges an nerviger Recherchearbeit vor euch, um sicherzustellen, dass ihr nichts überseht.

16.2.2 Jetzt liefern

Ihr seid bereit, habt alles zusammengetragen, es kann losgehen! Zur eigentlichen Lieferung gehört die technische Bereitstellung des Release sowie jede Menge Koordinations- und Kommunikationsarbeit.

Die technische Bereitstellung sollte dein Team im Griff und hoffentlich weitgehend automatisiert haben. Alle Bestandteile eurer Anwendung müssen endgültig zu einer Lieferung integriert und in euer Versionsverwaltung markiert werden. Installationspakete für alle Systeme müssen erzeugt werden und werden heutzutage typischerweise noch digital signiert, um Manipulationen vorzubeugen. Die finalen Installationspakete sollten vor der eigentlichen Auslieferung erneut kurz getestet werden, um sicherzustellen, dass auch in diesem Schritt nichts mehr schiefgegangen ist. Sofern ihr entsprechende Auflagen zu erfüllen habt, ist jetzt der Zeitpunkt, an dem ihr die Lieferung zur Begutachtung und Zertifizierung übergeben könnt. Sobald alle Freigaben vorliegen, könnt ihr die Anwendung endgültig bereitstellen.

Die weiteren Schritte, insbesondere die eigentliche Installation, finden typischerweise im Zusammenspiel mit anderen Organisationseinheiten statt. Da kommst du wieder ins Spiel: Zur Lieferung gehört auch, alle anderen Beteiligten zu aktivieren und zu informieren. Abbildung 16.4 zeigt nur einige der typischerweise wichtigsten Gruppen dabei, überlegt rechtzeitig, wer noch eingebunden werden muss.

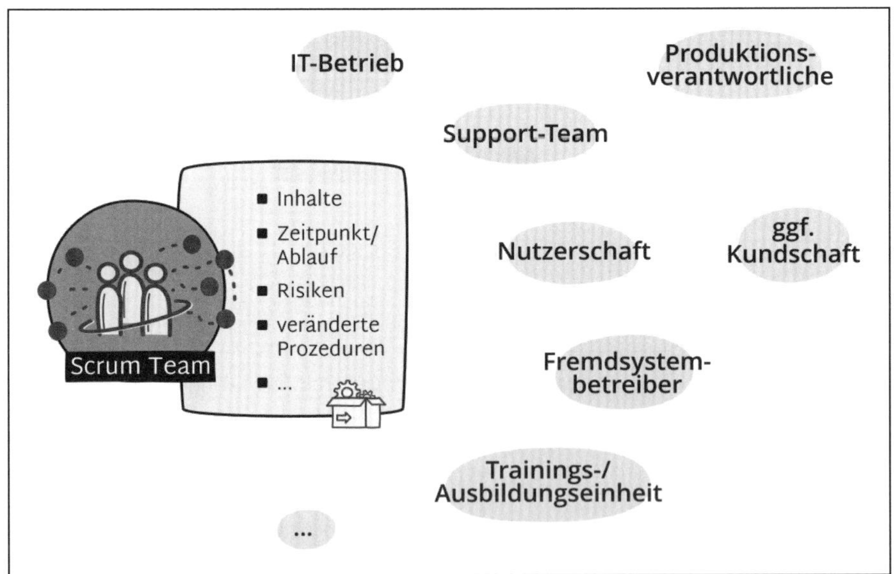

Abbildung 16.4 Die typischerweise wichtigsten Gruppen, mit denen ihr im Zuge einer Auslieferung kommunizieren müsst

Egal ob ihr eure Software jetzt selbst (also inhouse) betreibt oder diese extern eurer Kundschaft zur Verfügung stellt, du solltest in jedem Fall dafür Sorge tragen, dass ihr frühzeitig mit allen Beteiligten kommuniziert:

- Wann plant ihr, welche Inhalte zu liefern?
- Wie soll die Lieferung ablaufen? Was bedeutet das für die einzelnen Beteiligten? Wer macht was?
- Welche Probleme könnte es bei und nach der Lieferung geben, und wie werdet ihr damit umgehen?

Je früher sich alle mit ihrer Arbeit auf die Lieferung einstellen können, desto weniger Probleme werdet ihr haben. Kommunikation soll auch dabei keine Einbahnstraße sein. Statt Mails zu schreiben, nimm dir insbesondere zum Anfang Zeit und triff dich persönlich mit deinen Ansprechpartner*innen. Kläre nicht nur deine, sondern vor allem auch ihre Fragen.

Aus unserem Erfahrungsschatz: Das war jetzt unerwartet einfach

Vor einer Reihe von Jahren habe ich in Vorbereitung auf den nächsten größeren Entwicklungszyklus mit meinem Team rund ein Jahr lang die grundlegende Architektur unserer Anwendung überarbeitet. Man könnte auch sagen: Wir haben einmal generalsaniert. Wir haben uns das natürlich lange und gut überlegt, aber wir waren gemeinsam der Meinung, dass es das Risiko wert war, um wieder eine solide Basis zu schaffen für die anstehenden Aufgaben.

An dem Vorhaben waren rund 20 Entwickler*innen beteiligt. Im Vorfeld haben wir sehr sorgfältig versucht, Risiken zu identifizieren, und uns auch darüber Gedanken gemacht, welche Optionen wir für die Entwicklung und Lieferung in Produktion am Ende haben werden. Im Kern sollte sich die Anwendung eigentlich genauso verhalten wie vorher, aber natürlich gibt es bei einem so großen und grundlegenden Umbau auch immer einige Dinge, die sich trotzdem ändern, und selbstverständlich rechneten wir auch mit einer Vielzahl an Fehlern zu Beginn, einfach ob der schieren Größe des Umbaus.

Aufgrund dieser Einschätzung nahm ich direkt zum Start unserer Entwicklung bereits einmal Kontakt mit unserem Betriebs- und Support-Team auf, um auch sie darauf vorzubereiten, dass sie im nächsten Jahr ein paar Wochen Stress haben würden und vielleicht auch nicht zu viele Mitarbeitende im Urlaub sein sollten. Die Reaktion auf die Ankündigung war wenig überraschend: Einerseits gab es nicht gerade Begeisterung, andererseits waren sie sehr dankbar für die frühzeitige Information und das Versprechen, sie auf dem Laufenden zu halten.

Als wir uns langsam dem Ende der Entwicklung und dem Start der Vorbereitung zu Lieferung näherten, bekam ich überraschend Besuch. Ein Mitarbeiter des Support-Teams stand vor mir und fragte, ob sie jetzt in der finalen Testphase mittesten und uns unterstützen könnten. Sie würden gerne selbst mit der Anwendung gearbeitet haben, bevor sie in Produktion geht, um Fehlermeldungen und Verhalten der Anwendung jetzt nach dem Umbau wieder kennenzulernen und besser einschätzen zu können.

Damit hatte ich zusätzliche Unterstützung mit großer Erfahrung aus der Praxis des Betriebs für mein Team gewonnen in einer Phase, in der eh alle schon den Druck und die Last des Liefertermins und den Druck, Qualität zu liefern, massiv spürten. Wir hatten noch nie eine so gute Lieferung so problemlos in Produktion gebracht wie bei diesem Release. Natürlich auch hier mit Problemen und mit Haken, aber was wir im Vorfeld nicht mehr gefunden hatten, konnten wir durch die gute und enge Zusammenarbeit mit unseren Support- und Betriebsteams zügig abräumen. Alles dank der »Investition«, kurz einmal bei den anderen Teams vorbeigeschaut zu haben und sie einzubinden.

Wendet sich euer Produkt an Fachanwender*innen, müssen für diese meist Schulungen organisiert und noch vor Einspielung der Lieferung durchgeführt werden. Nicht selten seid ihr als Team ebenfalls gefordert, dabei zu unterstützen, sei es durch die Bereitstellung von Trainingsumgebungen oder in den Trainings selbst. In deiner Rolle als Product Owner*in solltest du dich immer für diese Dinge mitverantwortlich fühlen, selbst wenn andere Organisationseinheiten sie erledigen. Sie sind Teil eures Produkts, und ihre Qualität kann über die Akzeptanz und den Erfolg eures Produkts entscheiden.

Auch eure Betriebs- und Support-Abteilungen müssen die Installation eurer Lieferung planen und vorbereiten. Insbesondere wenn als Teil der Installation komplexere Konfigurations- und/oder Migrationsschritte durchzuführen sind, werden die entsprechenden Teams über eure Unterstützung dankbar sein. Das gilt selbstverständlich genauso und noch einmal mehr, wenn die entsprechenden Teams direkt bei eurer Kundschaft angesiedelt sind.

Wie viel Arbeit es für dich und dein Team im Rahmen all dieser Aktivitäten noch gibt, hängt natürlich stark davon ab, wie umfangreich die Änderungen in eurem Release sind, wie groß und komplex eure Anwendung und wie hoch der Automatisierungsgrad eurer Lieferprozesse ist. Mach dir bewusst, dass auch diese Unterstützung und Begleitung mit zu deinem Produkt gehört und darum mit in deine Verantwortung fällt.

Tipp: Stufenweise Roll-out-Strategien

Je nach Art eurer Anwendung und der Features, die ihr in Produktion bringt, kann es sinnvoll sein, nach Möglichkeiten zu suchen, auch das Roll-out iterativ zu gestalten. Sofern ein Parallelbetrieb möglich ist, könnt ihr die neue Version zunächst nur einer kleineren, ausgewählten Gruppe zur Verfügung stellen und dann schrittweise der gesamten Nutzerschaft. Wenn ihr über die Möglichkeit verfügt, Funktionalitäten einzeln im Betrieb freizuschalten, habt ihr eine weitere Option: Ihr könnt prüfen, ob es hilfreich ist, diese nur nach und nach freizuschalten, um so Fehler besser und schneller einkreisen zu können. Bereits der Betrieb ohne freigeschaltete neue Features, aber mit geänderter Software ermöglicht euch, zu erkennen, ob ihr nicht doch was kaputtgemacht habt im Zuge der Neuentwicklung.

Solche Strategien erfordern zusätzlichen Aufwand in der Entwicklung und bei Inbetriebnahme, minimieren aber das Risiko von Störungen. Wie immer gilt: Bestenfalls sind diese Aufwände unnötig, aber du wirst froh sein, diese Möglichkeiten zu haben, wenn es doch zu Problemen mit dem neuen Release kommt.

Im Webumfeld liefern Teams teilweise noch während des Entwicklungs-Sprints Features in Produktion und testen sie dort aus. Am anderen Ende des Spektrums – beispielsweise bei Embedded-Systemen und im regulierten Umfeld – kann die Auslieferung und Inbetriebnahme praktisch ein eigenes kleines Projekt sein. Keine der beiden Enden ist dabei richtig oder falsch, allerdings ergeben sich daraus natürlich Konsequenzen dafür, wie leicht ihr Dinge auch real austesten und Feedback bekommen könnt.

16.2.3 Augen und Ohren an der Kundschaft und auf den Daten

Sobald ihr geliefert habt, wird es spannend: Funktioniert tatsächlich alles wie gedacht, und wie kommt die neue Version bei eurer Kundschaft an? Nach den kleinen Feedback-Schleifen während der Entwicklung ist diese jetzt die wirklich entscheidende Feedback-Schleife. Rückmeldungen über die Zufriedenheit eurer Kundschaft und damit über den Erfolg eures Produkts bekommt ihr auf zwei Wegen: aus direkter Rückmeldung eurer Kundschaft und durch Beobachtung und Messungen des Nutzungsverhaltens.

Rückmeldungen bekommt ihr beispielsweise in Store-Bewertungen, über eure Support-Kanäle oder gegebenenfalls auch auf Social Media. Die Einordnung und der Umgang mit diesen Rückmeldungen sind auf diesen Wegen nicht ganz einfach, denn die Kommunikation ist nicht direkt und eher asynchron. So fällt es schwer, einen guten Einblick darin zu bekommen, was eure Nutzer*innen tatsächlich gemacht haben und was sie erreichen wollten. Such mit deinem Team daher nach Möglichkeiten, auch an dieser Stelle dem agilen Prinzip Rechnung zu tragen: *Die effektivste Art, Informationen zu übermitteln, ist die direkte Kommunikation von Angesicht zu Angesicht.* Idealerweise könnt ihr zumindest zeitweise als Team mit Anwender*innen direkt kommunizieren und sie unter Umständen sogar bei der Arbeit mit eurer Anwendung beobachten. Das kann ein echter Augenöffner sein!

Aus unserem Erfahrungsschatz: Zwei Vorstellungen der Welt

Das Team suchte schon länger die Ursache eines Fehlers, den wir im Test nie gesehen hatten und der ausschließlich in der Produktionsumgebung auftrat. Nach einer länglichen Analyse der Log-Dateien ergab sich für das Team das Bild, dass die Mitarbeitenden in der Produktionssteuerung anscheinend immer mal wieder manuell in bestimmte Abläufe eingriffen – was in der Folge später zu dem beobachteten Fehler führte. So weit, so gut: Wir waren also aus dem Schneider, unsere Anwendung machte genau das, was zu erwarten war. Aber warum griffen die Mitarbeitenden überhaupt auf diese Art manuell ein und nutzten nicht andere verfügbare Mittel? Gemeinsam mit zwei Mitgliedern aus dem Team machte ich mich auf, um mal wieder eine Schicht zu begleiten und direkt mit den Mitarbeitenden zu sprechen.

Nach einer in vielerlei Hinsicht sehr spannenden Zeit vor Ort waren wir alle schlauer. Die wichtigste Erkenntnis: Die Mitarbeitenden hatten eine ganz andere Vorstellung davon, wie wir in der Software die Abläufe abgebildet hatten. Mit dieser Vorstellung davon im Kopf, wie unsere Software arbeitet, hatten sie bei vermeintlichen Problemen in den Abläufen manuell eingegriffen, was aus ihrer Sicht auch erfolgreich war. Die Folgeprobleme konnten sie an der Stelle nicht sehen. Wir im Team wären nie darauf gekommen – wir wussten ja, wie die Software unter der Haube aussieht, wir hatten sie uns doch selbst ausgedacht!

Tatsächlich hatten wir anschließend mit den Mitarbeitenden länger diskutiert und abgewogen, was wir machen sollten. Ihre Sicht der vermeintlichen Funktionsweise war durchaus intuitiv und nachvollziehbar. Sie wäre auch ein praktikables Modell für die Realisierung gewesen. Letztlich hatten wir uns zusammen gegen eine Änderung der realisierten Abbildung und für eine Schulung der Mitarbeitenden entschieden. In unseren Gesprächen hatten diese uns schon signalisiert, dass sie mit dem Wissen, dass die Software anders realisiert war, gut würden arbeiten können. Das Team hatte wiederum Sorgen, welche Kreise ein Umbau ziehen könnte. Zusätzlich hatten wir dann noch die Darstellung leicht optimiert, damit die Mitarbeitenden die resultierenden Probleme selbst erkennen und beheben konnten.

Außer mit dem Ohr an den Nutzenden ist es auch wichtig, möglichst objektiv zu messen, wie eure Anwendung tatsächlich genutzt wird und wie sie sich auch unter Produktionslast verhält (und zu lernen, was tatsächlich die Produktionslast ausmacht). Dazu müsst ihr in eurer Anwendung Messpunkte vorsehen – entsprechende Frameworks gibt es für alle Plattformen. Sie ermöglichen euch, eine Vielzahl von Informationen zu erhalten, beispielsweise:

- Wird ein bestimmtes Feature benutzt und wie häufig?
- Wie lange benötigen eure Nutzerschaft und eure Anwendung, um bestimmte Funktionen auszuführen?
- Entlang welcher Pfade bewegen sich eurer Nutzer*innen durch die Anwendung?
- Wie häufig wird die Nutzung abgebrochen? An welcher Stelle genau?
- Wird ein Feature von der breiten Masse genutzt oder nur von einzelnen Personen?

Tipp: A/B-Tests

Nicht selten gibt es mehrere mögliche Realisierungsvarianten für ein Feature, und nicht immer ist während der Entwicklung schon abzusehen, welche sich im realen Betrieb als tauglicher herausstellen würde. Insbesondere beim Design von Oberflächen und bei der Gestaltung von Abläufen hat sich daher das Verfahren von *A/B-Tests* etabliert.

Bei A/B-Tests werden zwei Realisierungsvarianten eines Features implementiert und getrennten Testgruppen A und B vorgelegt. Anhand der Reaktion der Gruppen wird entschieden, welche Variante dauerhaft übernommen wird. A/B-Tests sollten stets gleichzeitig und mit getrennten Testgruppen erfolgen, um eine gegenseitige Beeinflussung der Testgruppen zu vermeiden.

A/B-Tests sind sinnvoll, wenn die Realisierung der Optionen relativ günstig ist und die potenziellen Effekte relativ groß. Insbesondere im Web- und im App-Umfeld werden sie daher häufig angewandt, aber das Prinzip ist natürlich übertragbar.

All diese Daten können euch helfen, eure Anwendung noch besser zu gestalten und Hinweise zu finden, wo Features nicht gut realisiert sind oder eure Anwender*innen Probleme bei der Nutzung haben. Allerdings ist die Verfolgung des Nutzungsverhaltens datenschutztechnisch schnell problematisch. Bereits bei der Entwicklung müsst ihr darauf achten, dass keine schützenswerten persönlichen Daten über diesen Weg einfach irgendwo auftauchen oder gar auf fremden Servern verarbeitet werden. Auch benötigt ihr in aller Regel die Einwilligung eurer Nutzer*innen dafür beziehungsweise müsst dies für Unternehmensanwendungen mit dem Betriebsrat klären.

In jedem Fall müsst ihr sehr sorgfältig mit solchen Daten umgehen. Beachte dazu auch unsere Hinweise zur DSGVO in Kapitel 11, »Tech für Anfänger*innen«. Dennoch helfen euch entsprechende Daten, euer Bauchgefühl hinter euch zu lassen und gezielter hinzuschauen.

16.3 Liefern ist kein Endpunkt

Als Scrum Team zu liefern, ist kein Endpunkt – es ist ein weiterer Schritt in der Produktentwicklung. Insbesondere für dich wird es jetzt nochmals interessant! Es gilt herauszufinden, wie sich euer Produkt im echten Leben schlägt. Welche Annahmen und Entscheidungen erweisen sich als richtig und funktional, wo braucht es Änderungen, und an welchen Stellen entdeckst du noch Lücken und neue Potenziale? Ein Produkt ist erst dann erfolgreich, wenn es die Bedürfnisse eurer Kundschaft trifft und sie es gerne und mit Freude nutzt. Ob das gelingt und was dazu noch fehlt, kannst du erst jetzt so richtig feststellen.

Lerne so viel wie möglich darüber, wie eure Kund*innen das Produkt tatsächlich nutzen, wo sie Schwierigkeiten haben und was sie bereits schätzen. Diese Informationen ermöglichen dir und deinem Team erst, euer Produkt bestmöglich weiterzuentwickeln und zu optimieren.

Aber was ist, wenn euer Produkt nicht (mehr) »funktioniert«? Deine Kundschaft so gar nicht begeistert scheint? Dann steht stehst du vor einer neuen schwierigen Entscheidung. Eine Entscheidung, vor der du dich nicht drücken solltest, sondern die du genauso mutig angehen solltest, wie alle anderen Entscheidungen bis hierher auch: Beendest du die Entwicklung oder machst du weiter? Siehe Abschnitt 9.10, »Den Sprint abbrechen«.

Denkst du, dass ihr mit dem im Zuge der Entwicklung Gelernten und den Rückmeldungen und Erfahrungen mit eurer Kundschaft jetzt doch noch ein erfolgreiches Produkt entwickeln könnt? In deiner Product-Owner-Rolle ist es deine Aufgabe, rechtzeitig und konsequent zu reagieren. Daher ist es wichtig, dass du versuchst, euer Produkt so früh wie irgendwie sinnvoll möglich zu eurer Kundschaft zu bekommen. Das verschafft dir den Handlungsspielraum, um Probleme zu lösen oder weitere Optionen auszuprobieren, gegebenenfalls ein *Pivot* zu wagen, sprich, deine Strategie und das Geschäftsmodell dahinter noch einmal signifikant zu verändern (siehe Kapitel 9, »Was liegt an? Planning und Daily«).

Genauso wichtig und richtig kann es sein, die Entwicklung zu stoppen. Je mehr Zeit, Geld und Energie bereits in eurem Produkt stecken, desto schwerer wird dir das fallen. Am Ego kratzt es auch noch. Aber zu erkennen, wann es Zeit ist, aufzuhören, gehört zu deiner Verantwortung. Blind weiterzumachen, verbrennt Ressourcen, die ihr für einen Neuanfang braucht, damit auch dieser Endpunkt keine Ende ist. Und wie bereits gesagt, all dies geschieht nie in Isolation, sondern ist ein komplexes Zusammenspiel. Daher lohnt es sich, in deiner Rolle auch gut zu verstehen, was all dies für dein Unternehmen bedeutet und welche Veränderungen sich hier parallel zu eurer Produktentwicklungsarbeit abspielen.

Kapitel 17

Umfeld und Unterstützung: die Sicht aufs Unternehmen

*50 % der Unternehmen in Deutschland mit mehr als 500 Mitarbeiter*innen setzen agile Methoden in Projekten ein, Tendenz steigend. Doch das Projekt ist nur die halbe Miete. Genauso wichtig ist die Frage, was im Umfeld, also im Unternehmen insgesamt, passiert.*

»Meiner Meinung nach sollte Ellen das alles aus einem Backlog steuern.« Tine lehnt sich zurück und atmet tief durch. »Ich weiß, dass das meinen Einfluss erst mal kleiner macht, aber ehrlich gesagt habe ich als Product Ownerin Infrastruktur mit der aktuellen Komplexität genug zu tun. Deswegen kann ich auch nicht noch ein Board und noch ein Meeting gebrauchen.« Benno schaut Richtung Ellen. Er wäre auch froh darum, endlich seine merkwürdige Multi-Rolle »Führungskraft-Product-Owner-Scrum-Master« für das Wartungsteam aufzulösen und kann sich mit der Idee anfreunden. »Ellen, was denkst du?«

*Ellen schaut für einen Moment aus dem Fenster in die Ferne, dann fängt sie langsam an zu nicken. »Doch, das klingt sinnvoll, damit hätten wir den größten Hebel, um endlich eine laufende Integration hinzukriegen und einen guten Link zu unseren strategischen Zielen herzustellen.« Jetzt schaut sie sich im Kreis um und nimmt Blickkontakt zu den anwesenden Entwickler*innen auf, die ihre Teams im Struktur-Workshop vertreten. Egon und Kim antworteten wie aus einem Munde: »Gute Idee, aber dann brauchen wir eine Abstimmungsrunde untereinander.« Rami ist aufgestanden und zum Flipchart gegangen. »Das klingt doch nach einem schönen Experiment. Ich fasse das mal zusammen …« Der Hintergrund dessen, was er jetzt in seiner schönsten Moderationsschrift zu Papier bringt, hat in den letzten Sprints für viel Unruhe gesorgt. ›Die besten Lösungen entstehen immer im Team‹, denkt er erleichtert.*

Viele Unternehmen nutzen agile Projekte, um eine agile Transformation im ganzen Unternehmen in Bewegung zu bringen. Sie fangen in kleineren Zusammenhängen an, agiles Vorgehen anzuwenden, und sammeln dabei Erfahrungen für die Weiterentwicklung der Gesamtorganisation. Das Umfeld für die agilen Teams zu gestalten, spielt dabei eine wichtige Rolle: Aus den Bedarfen der agilen Teams ergeben sich nämlich Hinweise, wo

Veränderungen im Umfeld notwendig sind, wo sie leicht vonstattengehen und wo sich erheblicher Widerstand zeigt.

So hat auch das, was hier am Ende eines Workshops steht, eine entsprechende Vorgeschichte. Immer wieder waren sich die verschiedenen Entwicklungsteams ins Gehege gekommen und hatten sich mit ihren unterschiedlichen Prioritäten blockiert, meistens unbeabsichtigt. Die Scrum Master*innen der Teams hatten das bemerkt und sich dazu ausgetauscht. Sie hatten Daten gesammelt, Hypothesen aufgestellt und dann den Teams einen sicheren Rahmen gegeben: einen Workshop, in dem sie die Lösung für eine bessere Organisation ihrer Zusammenarbeit selbst entwickeln konnten. Statt von außen vorzugeben, wie es zu sein hätte. Rami hat den Workshop als Scrum Master moderiert. Das war anspruchsvoll, weil es auch um Eigeninteressen und Macht ging und weil die Sorge bestand, dass die Teilnehmenden zu früh auf eine naheliegende, aber zu simple Lösung einschwenken könnten. Es war anders gekommen. Alle waren mit hoher Fachkompetenz und Ernsthaftigkeit bei der Sache, hatten ihre Motive und Bedürfnisse hinterfragt und verschiedene Strukturansätze mit in den Workshop gebracht. Jetzt ist ein ausgewogenes Experiment entstanden, gegen das es keine Einwände gibt. Sie konnten also anfangen, Erfahrungen zu sammeln und ihre Strukturen schrittweise weiterzuentwickeln.

In diesem Kapitel geht es um das Umfeld deines Projekts: die Strukturen und Abläufe, die Strategie und die Kultur der Zusammenarbeit. Wir beginnen mit einer Art Checkliste. Du kannst sie verwenden, um Bedarfe für die Organisationsentwicklung (OE) zu finden, die sich aus eurem Team heraus ergeben. Dann lernst du eine Auswahl von Rahmenwerken kennen. Unternehmen setzen solche Rahmenwerke oft als Best Practice ein, um das Zusammenspiel von vielen agilen Teams zu vereinfachen. Von diesen Rahmenwerken gibt es mittlerweile sehr viele. Unsere Auswahl ist Scrum-nah und pragmatisch. Sie soll dir helfen, Chancen und Risiken für dein Produkt zu erkennen, wenn so ein Rahmen bei euch im Unternehmen aufgebaut werden soll. Du bekommst einen ersten Überblick, mit dessen Hilfe du relevante Themen an anderer Stelle weiter vertiefen kannst, zum Beispiel im Austausch mit deinem*r Scrum Master*in oder eurem People Management. Zum Abschluss zeigen wir dir, wie du auch unabhängig von großen Change-Prozessen wirksame Veränderungen in deinem Umfeld auf den Weg bringen kannst.

17.1 Warum Organisationsentwicklung?

Als Product Owner*in bist du nicht dafür zuständig, den Aufbau oder die Abläufe im Unternehmen zu verändern oder den kulturellen Wandel zu gestalten. Diese Aufgaben gehören in den Bereich der *Organisationsentwicklung* (*OE*) und fallen aus Projektsicht der Scrum-Master-Rolle zu: Sie qualifiziert die Teammitglieder, vermittelt Haltung und Methodenwissen und unterstützt beim Aufbau von kompatiblen Strukturen im Teamumfeld. Deine Aufgabe ist die inhaltliche, produktbezogene Führungsarbeit.

Aber natürlich bist du von OE-Maßnahmen, die in eurem Produktumfeld eingeleitet werden, betroffen oder sogar an der Gestaltung direkt beteiligt, zum Beispiel wenn unternehmensweit neue *Unternehmenswerte* formuliert werden oder die Abläufe im *Produktdreieck* aus Marketing/Vertrieb, Produktmanagement und Produktentwicklung durch die Einführung einer *Produktorganisation* verbessert werden sollen.

Auch aus deiner täglichen Arbeit können sich OE-Bedarfe ableiten, die du im Unternehmen adressiert wissen willst oder aktiv mitgestalten möchtest. Beispiele sind die Koordination von Aufgaben mit anderen Produktteams, der Umgang mit Hindernissen, wenn (strategische) Ziele widersprüchlich scheinen, oder die Entscheidungsfindung mit Stakeholder*innen. Auch von außen können Change-Bedarfe an dich herangetragen werden, etwa weil der Infofluss in Richtung Stakeholderschaft noch nicht gut läuft, bestehende Strukturen und Entscheidungswege den Scrum-Konzepten entgegenstehen oder es schlicht mehr Menschen braucht, um das Produkt zu entwickeln.

Aus unserem Erfahrungsschatz: Transparente Abstimmung in Review 1

Vor einiger Zeit habe ich mit einer engagierten und leidenschaftlichen Führungskraft an agiler Führung gearbeitet. Sie hatte einen hohen Anspruch an sich selbst und ihre Mitarbeiter*innen, die in verschiedenen Projekten im Unternehmen mitarbeiteten. Dem wurde sie gerecht, indem sie im Hintergrund viel Netzwerkarbeit geleistet hat, um ihre Leute vor Überraschungen zu beschützen. Sie hat sich in alle Projektthemen im Detail eingearbeitet, um überall Ideen beisteuern zu können, und alle Mitarbeiter*innen in ein regelmäßiges 1:1-Meeting (sprich: *One-on-One-Meeting*) eingeladen, um informiert zu sein und auch um ihre Wertschätzung zu zeigen.

Das Team war groß, und so war damit ein hoher Zeitaufwand verbunden. Die Mitarbeiter*innen waren dementsprechend hin- und hergerissen. Einerseits schätzten sie das Sparring und auch die damit verbundene Aufmerksamkeit. Andererseits gab es Vorbehalte, weil die 1:1-Meetings als Kontrolle und Einmischung wahrgenommen und Botschaften auch unterschiedlich aufgefasst wurden. Eine große Gruppe der Mitarbeiter*innen war gleichzeitig in dem Projekt tätig, das ich als Agile Coach übernommen hatte. Aufgrund der Fülle der 1:1-Termine und weiterer Teamrunden schien es zunächst nicht möglich, Zeitfenster für die Scrum-Events zu finden. Der OE-Bedarf bestand darin, die Themen aus all diesen Meetings und die Abstimmungsschleifen im Hintergrund in das Review Meeting zu verlagern. Dabei war wichtig, Gespräche, die bisher vertraulich im Hintergrund stattgefunden hatten, behutsam in den Mittelpunkt des Reviews zu holen und gleichzeitig mit der Führungskraft ein neues Verständnis der eigenen Rolle zu erarbeiten.

Die folgenden Fragen helfen dabei, herauszufinden, ob du dich aktiv mit OE-Bedarfen auseinandersetzen musst:

1. Ist dein Entwicklungsteam eines der ersten oder eines der wenigen, die in eurem Unternehmen Scrum oder andere agile Vorgehensweisen verwendet?
2. Bist du eine der ersten Personen, die eine agile Product-Owner-Rolle ausfüllen?
3. Digitalisierst du mit deinem Team zentrale Geschäftsprozesse?
4. Entwickelst du mit deinem Team ein Produkt, das eine Ergänzung oder Erweiterung oder Revolution eures Geschäftsmodells ist?
5. Ist dein Produkt sogar ein wesentlicher Erfolgsfaktor für eure Unternehmensstrategie?

Wenn du mindestens eine dieser Fragen mit »Ja« beantwortet hast, liegt die Vermutung nahe, dass du dem Thema Organisationsentwicklung deine Aufmerksamkeit schenken solltest.

17.1.1 Ihr führt Scrum ein

Die ersten beiden Fragen weisen darauf hin, dass ihr gerade Scrum oder eine vergleichbare agile Vorgehensweise einführt, um eure Entwicklungsarbeit zu verbessern. Die Gründe dafür können vielfältig sein. Vielleicht habt ihr in der Vergangenheit viel Zeit und Geld investiert und keinen angemessenen Ertrag erwirtschaftet. Vielleicht bleibt die Produktqualität hinter eurem Anspruch oder dem eurer Kundschaft zurück. Oder vielleicht wird euer Produkt vom Markt noch nicht ausreichend angenommen. Vielleicht möchtet ihr auch die Arbeitsatmosphäre im Team verbessern und enger mit allen Beteiligten zusammenarbeiten. Unabhängig davon, ob ein konkreter Bedarf dahintersteht oder eine Kombination von verschiedenen Motivationen: Es wird euer Unternehmen verändern, auch wenn zunächst nur ein Team anders arbeitet. Die Einführung von Scrum bringt in der Regel schnell hervor, was alles nicht gut funktioniert. Dabei kommen Fragen wie diese in den Fokus:

- Weshalb bringen sich einzelne nicht ins Team ein?
- Warum werden Entscheidungen so langsam getroffen?
- Wieso arbeiten Abteilungen gegeneinander, die an einem Strang ziehen sollten?

- Wann haben wir zuletzt mit unserer Kundschaft darüber gesprochen, ob und wie sie das Produkt verwendet?
- Aus welchen Gründen brauchen wir über ein Jahr, um eine einfache Anforderung umzusetzen und auszuliefern?

Einen Teil der Antworten werdet ihr selbst geben können, etwa indem ihr sie euch in euren Retrospektiven erarbeitet und dann entsprechende Verbesserungsmaßnahmen auf den Weg bringt. Den anderen Teil wird euer Umfeld beantworten müssen. Es ist unter anderem Aufgabe der Scrum-Master-Rolle, dort die entsprechenden Fragen aufzubringen.

17.1.2 Ihr gestaltet die Zukunft eures Unternehmens

Die Fragen drei, vier und fünf haben sogar noch weitreichendere Konsequenzen: Offenbar trägt dein Produkt dazu bei, die Zukunft eures Unternehmens zu sichern. Und das bringt eine Reihe von Bedarfen für die Organisationsentwicklung mit sich. Erinnerst du dich an das Cynefin-Modell aus Kapitel 10, »Gemeinsam führen«? Da ging es darum, Situationen in ihrem jeweiligen Kontext – offensichtlich, kompliziert, komplex, chaotisch – zu betrachten und ein dem Kontext angemessenes Vorgehen zu wählen. Viele Business-Denker*innen und Autor*innen vereinfachen das Modell sogar noch weiter und sprechen von roter und blauer Unternehmensführung: Rot steht für komplexe Situationen mit hoher Dynamik, Blau für komplizierte Situationen mit weniger Dynamik und mehr Planbarkeit (Pfläging und Hermann, 2016). Das Industriezeitalter wird bis in die 1970-/1980er-Jahre als Beispiel für blaue Unternehmensführung herangezogen im Kontrast zum danach einsetzenden roten Informationszeitalter, dessen Ausprägung wir heute in Form vieler digitaler Transformationsprojekte erleben.

Diese Weltwahrnehmung wird oft mit dem Akronym *VUCA* beschrieben, das in den 1990er-Jahren an einer amerikanischen Militärhochschule formuliert wurde, um Wörter für die politische Situation der Welt nach dem Kalten Krieg zu finden. Es steht für *volatile* (unbeständig), *uncertain* (unsicher), *complex* (komplex) und *ambiguous* (mehrdeutig). Auch in Unternehmen wird es seither herangezogen, um die Dynamik der globalen Märkte zu beschreiben und für die Notwendigkeit einer fortlaufenden Anpassungsfähigkeit zu werben.

Und selbst dieses Denkmodell kommt im 21. Jahrhundert an seine Grenzen. Investor*innen, Unternehmer*innen, Führungskräfte und Mitarbeitende sehen sich mit einer zunehmenden Kopplung der globalen Risiken und der lokalen Auswirkungen konfrontiert. Der amerikanische Zukunftsforscher Jamais Cascio (2020) hat deswegen ein neues Akronym formuliert, das populär geworden ist: *BANI*. Die Welt wird darin als spröde (*brittle*), angstbehaftet (*anxious*), nicht linear (*non-linear*) und unverständlich (*incomprehensive*) beschrieben (siehe Abbildung 17.1). In dieser Weltsicht tragen die bestehenden Systeme und Strukturen nicht mehr hinreichend, sie sind spröde geworden. Die handelnden Personen müssen sich mit anspruchsvollen Gefühlen wie Angst, Panik und Orientierungslosigkeit auseinandersetzen. Sie befinden sich in einer Lage, in der sich Situationen koppeln, die für sich genommen schon herausfordernd genug wären. Vermeintlich vertraute Zusammenhänge lösen sich auf und werden durch kaum mehr nachvollziehbare Entwicklungen ersetzt.

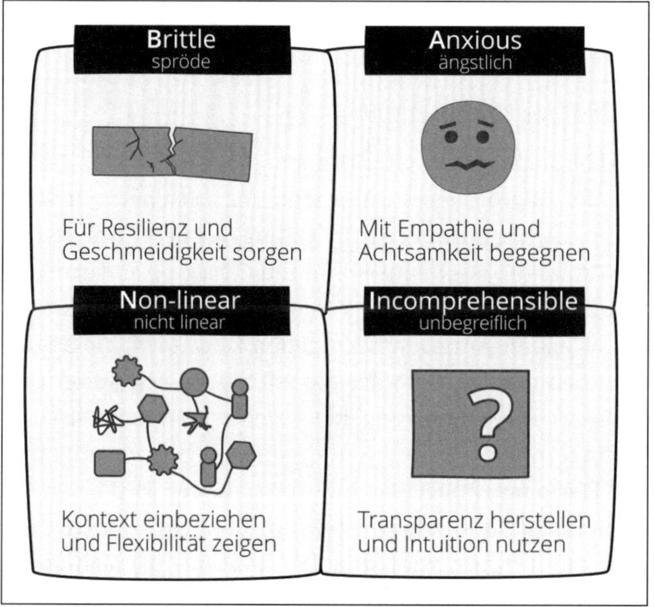

Abbildung 17.1 Handlungsstrategien für Situationen, die sich mit BANI beschreiben lassen

Damit wird ein anderer Umgang mit Menschen, Dingen und Situationen notwendig, der gewohnten Handlungsmustern zunächst widerspricht beziehungsweise über Jahrzehnte in unserem Kulturkreis kaum vermittelt wurde (Mattenberger, 2021).

Die Grenzen der Planbarkeit – BANI in der Praxis

Brittle – Unternehmen sind an vielen Stellen spröde. An diesen Stellen funktioniert es zwar in diesem Moment noch, würde aber zusätzlicher Belastung nicht oder nur bedingt standhalten. Im Start-up kann es die Erkenntnis sein, dass der vielbeschworene Start-up-Modus oder Start-up-Spirit zwar ein gutes Selbstwertgefühl vermittelt, aber nicht mehr geeignet ist, sobald das Unternehmen wächst und knappe Fähigkeiten (wie zum Beispiel die Zeit und die Kompetenzen, die die Gründerin zur Verfügung stellen kann) vermeintlich an vielen Stellen gebraucht werden. In etablierten Unternehmen wird dafür in Digitalisierungsvorhaben deutlich, wie umständlich die Unternehmensprozesse sind oder wie wenig die lang etablierten Strukturen zu den Anforderungen der Kundschaft passen. Der Ruf nach dem Ende der Bürokratie schallt da aus vielen Büros und Homeoffices – auch weil vielen klar ist, dass bei hoher Marktdynamik resilientere Herangehensweisen gefordert sind. Ganz im Sinne des Agilen Manifests geht es darum, einen guten Umgang miteinander zu finden, der von Offenheit, Optimismus und der Fähigkeit, sich zu erholen, geprägt ist und damit das Unternehmen insgesamt robuster macht.

Anxious – Angst ist das Gefühl, mit dem Lebewesen auf Bedrohung reagieren. Je bedrohlicher eine Situation wahrgenommen wird, umso stärker wirkt die Angst und verändert damit unsere Wahrnehmung der Situation beziehungsweise trübt sie ein. Der damit verbundene Stress aktiviert Ur-Muster: Wir greifen an, erstarren, fallen in Ohnmacht oder laufen davon. Diese Ur-Muster finden sich im Arbeitsalltag natürlich in abgeschwächter Form. Es wird um Aufmerksamkeit gekämpft, weil die Angst besteht, dass der eigene Bereich an Einfluss verliert. In kritischen Situationen wird nicht reagiert, obwohl längst klar ist, dass das Marktsegment wegbricht, wenn nichts passiert. Oder Menschen kündigen innerlich, weil sich ja eh nichts ändern lässt. Und natürlich bringen wir auch das, was uns privat oder gesellschaftlich beunruhigt, mit an den Arbeitsplatz. Was dann hilft, ist, diese Ängste anzuerkennen und achtsam und empathisch damit umzugehen.

Non-linear – Nichtlinearität bezieht sich hier auf dynamische Sachverhalte, deren Entwicklung unter Umständen von vielen miteinander wechselwirkenden Faktoren abhängt. Vorhersagen oder Planungen über längere Zeiträume sind damit schwieriger oder sogar unmöglich. Und damit werden für Unternehmen zwei Aspekte wichtiger: Kontextwissen und Flexibilität. Kontextwissen bedeutet, sich regelmäßig und breit gefächert mit den Entwicklungen im Kontext der eigenen wirtschaftlichen Tätigkeit vertraut zu machen und viele verschiedene Perspektiven einzubeziehen. Nicht umsonst sieht Scrum mit dem Review hierfür ein eigenes Event vor (siehe Kapitel 12, »Kurs anpassen: das Review«). Mit Flexibilität ist dann die Fähigkeit gemeint, sich zügig und angemessen an Entwicklungen im Kontext anzupassen und diese für den eigenen Wettbewerbsvorteil zu nutzen.

Incomprehensive – In Situationen, die per se unverständlich sind, helfen Transparenz und Intuition. Transparenz bietet die Möglichkeit, viele an Erkenntnisprozessen zu beteiligen. So kann zum einen Wissen und Verstehen aus vielen verschiedenen Perspektiven einbezogen werden und zu mehr Verständnis beitragen. Zum anderen hilft es auch, Entwicklungen in ihrem Kontext besser zu verstehen und einordnen zu können. Intuition bedeutet, Erkenntnisse zu erlangen oder Entscheidungen zu treffen, ohne darüber bewusst nachzudenken, sondern auf das unbewusste Wissen zu vertrauen (siehe Abschnitt 6.6.2, »Nach agilen Prinzipien entscheiden«). Gute intuitive Erkenntnisse setzen häufig voraus, dass die handelnden Personen dem erkenntniswürdigen Gegenstand Zeit und Aufmerksamkeit widmen und sich gut auskennen. Gute intuitive Entscheidungen erfordern häufig Mut und ein Umfeld, das auch mit Fehlern und Irrtümern wohlwollend umgeht.

Wo immer ihr als Unternehmen oder als Team einen Schritt in Richtung Zukunft tut – ihr werdet erfolgreich(er) sein, wenn ihr euch die Handlungsstrategien aus Abbildung 17.1 zu eigen macht. Als Pionier*innen seid ihr in eurem Unternehmen oder Marktumfeld unter Umständen die Ersten, die Arbeit anders definieren und gestalten. Arbeit bekommt damit einen erheblichen Lernanteil. Das bedeutet, ich muss (und kann!) nicht mehr alles wissen, wenn ich einen Job antrete oder eine Aufgabe übernehme. Vielmehr ist es so, dass individuelle und kollektive Fähigkeiten sich entwickeln, verfestigen und ins Unternehmen getragen werden müssen, während Zukunftsaufgaben gelöst werden (siehe Kapitel 6, »Zuhören, verstehen, ansprechen: dein Kommunikationsjob«).

17.1.3 Wir sind doch schon agil?!

Selbst wenn ihr ein ganz normales Produkt entwickelt, schon länger agil arbeitet und auch kein heißes Zukunftsthema am Wickel habt, gibt es eine Handvoll von Fragen, die darauf hinweisen, dass ihr eure Organisation entwickeln solltet:

- Ist allen klar, wie eure Produkte mit eurer Unternehmensstrategie zusammenhängen?
- Werden Erkenntnisse aus den Entwicklungsprojekten für die Unternehmensentwicklung genutzt?
- Kommen relevante Informationen auf direktem Weg zu dir als Product Owner*in?
- Hast du die Entscheidungsbefugnisse, die mit der in Scrum definierten Rolle einhergehen?
- Dürft ihr falsch liegen und daraus lernen?

Wenn du wenigstens eine dieser Fragen mit »Nein« beantworten musst, liegt es nahe, dass im Umfeld deines Produkts noch erhebliches Verbesserungspotenzial zu heben ist. Wie das in der Praxis aussieht und welche Rahmenwerke weiterhelfen, steht im folgenden Abschnitt.

17.2 Vom ersten Scrum Team zum agilen Unternehmen

Das folgende Beispiel zeigt einen Weg von vielen, den Unternehmen bewusst oder unbewusst wählen, um zunächst ihre Produktentwicklung und dann eventuell weite Teile des Unternehmens agiler zu machen.

Es beginnt damit, dass ein einzelnes Team entscheidet: Wir arbeiten nach Scrum – und dann damit loslegt. Häufig passiert das in der Softwareentwicklung, weil es naheliegend ist, dort eine Methode einzusetzen, die für Softwareprojekte entwickelt wurde. Und natürlich ist Scrum mittlerweile auch weit verbreitet: Gut die Hälfte aller deutschen Unternehmen mit mehr als 500 Mitarbeiter*innen setzt agiles Projektmanagement – und zwar überwiegend Scrum – zumindest im IT-Bereich ein, Tendenz steigend (Bitkom, 2018).

Die Mitarbeiter*innen dieses ersten Teams starten häufig mit Enthusiasmus in das Scrum-Abenteuer. Sie handeln aus, wer in welchen Rollen arbeitet, besuchen Trainings, investieren Zeit in gemeinsame Ausbildung und lassen sich vielleicht sogar durch Agile Coaching begleiten. Die neue Arbeitsweise fühlt sich zunächst noch ungewohnt an, aber von Woche zu Woche wächst das Zutrauen in die Methode: *Wir lernen dazu. Wir können unsere Arbeitsweise selbst bestimmen. Wir liefern schneller. Wir bekommen Feedback von außen.*

Gleichzeitig wird im Team der erste Frust mit dem »Rest« des Unternehmens spürbar. Die »neue« agile Vorgehensweise trifft auf die »alte« Kultur. Plötzlich wird messbar klar, wo Schnittstellen und Zusammenarbeit schon lange nicht mehr funktionieren, weil entsprechende Anforderungen das Team Backlog lange blockieren oder verschleppte Konflikte im Review zutage treten.

Manch eine wichtige Person aus dem Umfeld verweigert sich dem Vorgehen unter Umständen gänzlich und beharrt auf Berichts- und Entscheidungswegen, die durch die Backlogs, das Planning und das Review überflüssig geworden sind. Damit wird klar, dass auch im Umfeld des Scrum Teams Arbeit an den Rahmenbedingungen des Teams zu leisten ist.

Andere Teams werden auf das neue Vorgehen aufmerksam, etwa weil sie im Rahmen von Reviews miterleben, wie befruchtend die Arbeit mit Scrum sein kann. Dann beschließt ein weiteres Team, dass es auch nach Scrum arbeiten will. Es profitiert von den Erfahrungen des ersten Teams, guckt sich einiges ab und entdeckt vieles selbst. In der restlichen Organisation kommen jetzt noch mehr Menschen in Berührung mit dem agilen Vorgehen.

Aus unserem Erfahrungsschatz: Ihr spielt ja nur Karten ...

Ein Scrum Master hat mir mal gebeichtet, dass er sich ganz unwohl fühlt, wenn sie im Team Story Points für das Backlog pokern, und sich überlegt, damit aufzuhören. Grund dafür war, dass das (einzige!) Scrum Team im Unternehmen in einem Büro arbeitete, das durch große Glasfenster vom Flur aus gut einsehbar war und dass schon mehrmals andere Mitarbeitende sich beschwert hatten, dass dieses Scrum Team ja gar nicht richtig arbeitete und ständig Kartenspiele spielte.

Ich riet ihm stattdessen dazu, den anderen Mitarbeitenden zu erklären, was sie da genau machten. Er brachte in der nächsten Woche also die Pokerkarten in den Pausenraum und ließ die Anwesenden die Größe von Bundesländern erpokern. Im Anschluss erklärte das Scrum Team, worum sie am Arbeitsplatz genau pokerten, und sie luden alle ein, bei Gelegenheit nicht nur von außen ins Büro zu gucken, sondern auch mal reinzukommen und sich Dinge wie das Backlog und das Scrum Board erklären zu lassen.

Das hat gut funktioniert: Die Mitarbeitenden haben in Anschluss nicht nur akzeptiert, dass in Scrum ab und zu gepokert wird, sie haben sich einige Dinge gleich auch abgeschaut. Immer mehr Teams begannen, mit Boards und mit Backlogs zu arbeiten, und einige von ihnen haben auch eigene Pokerrunden eingeführt, beispielsweise um Prioritäten oder Verantwortlichkeiten zu klären.

Ein drittes agiles Team entsteht und stellt sich sein Vorgehen ein bisschen anders zusammen. Es leiht sich Elemente aus Scrum und deutet sie nach eigenem Bedarf um. Während die Scrum Master*innen in den ersten beiden Teams noch nah am Scrum Guide arbeiten und sich vor allem darum kümmern, gute Rahmenbedingungen zu schaffen, wird die Scrum-Master-Rolle im neuen Team eher als Koordinator*in und Moderator*in den Scrum-Events eingesetzt. Sie übernimmt außerdem die Pflege des Jira-Boards und hilft der Product-Owner-Rolle beim Nachhalten der Tickets auf dem Team-Board. Das dritte Team braucht kein Daily, weil sich von Tag zu Tag nicht so viel tut. Deswegen trifft es sich nun einmal die Woche für eine Stunde für ein Weekly. Die Transparenz, die durch das neue Jira-Board entstanden ist, tut allen gut. Und die gut moderierten Sprint-Wechsel helfen dabei, fokussierter umzusetzen, was wichtig ist. Qualität und Zuverlässigkeit steigen messbar.

Weil sich zeigt, wie flexibel sich agiles Vorgehen an die Bedürfnisse der Teams anpassen lässt, schließen sich weitere Teams an. Team vier etwa betreut drei Produkte parallel, und das auch schon ziemlich lange. Eher Wartung als Entwicklung. Deswegen übernimmt die Führungskraft einfach die Scrum-Master- und die Product-Owner-Rolle für alle drei Produkte in Personalunion. Das ist zwar nicht im Sinn von Scrum, funktioniert hier aber trotzdem. Nach drei Sprints verabschiedet sich Team vier auch von der Sprint-

Logik und stellt auf Kanban mit Scrum-Elementen um: Anforderungen fokussiert abarbeiten, täglicher Austausch und eine Retrospektive im Monat. Und auch das läuft gut.

Während die Teams mit Varianten von Scrum und Kanban Erfahrungen sammeln, ist das Thema »Agiles Arbeiten« bei der Bereichsleitung angekommen. Sie zeigt sich offen, weil sich schon eine Reihe von positiven Effekten eingestellt haben. Ein Team hat seine Lieferzeit sofort signifikant verkürzt. Marketing und Produktmanagement lagen lange im Clinch und haben über das Review wieder konstruktive Gespräche aufgenommen. Viele profitieren von der wachsenden Transparenz bei Aufgaben, Entwicklungsgeschwindigkeit und Ergebnissen. Außerdem erkennt sie die Chancen: Das Unternehmen könnte dadurch mittelfristig innovativer und anpassungsfähiger werden. Und attraktiver im Wettbewerb um die dringend gesuchten Fachkräfte. Die Bereichsleitung entschließt sich, das Thema aktiv zu sponsoren, zumal das Thema gerade anfängt, sich in andere Bereiche auszubreiten, die merken, dass sie so viel mit Digitalisierung zu tun haben, dass ein Scrum-ähnliches Vorgehen auch für sie passen könnte. An anderen Stellen nimmt sie auch Unverständnis für das neue Vorgehen oder sogar Widerstand wahr und muss vermittelnd eingreifen.

Spätestens jetzt ist die Einführung von Scrum oder agilem Vorgehen im Allgemeinen nicht mehr die Sache eines einzelnen Teams. Sie zieht vielmehr eine erhebliche Organisationsentwicklung nach sich. Natürlich kann ein einzelnes Team die eigene Arbeit mit Scrum oder Kanban lokal optimieren. Auf Dauer wird es das – wie im Beispiel – aber nicht unabhängig von seinem Umfeld tun wollen oder aufrechterhalten können. Das Umfeld muss sich mit verändern, das Unternehmen insgesamt agiler werden.

Scrum – ein Weg von vielen

Scrum ist ein Rahmenwerk, das für Softwareprojekte mit einem hohen Neuigkeitsgehalt entwickelt worden ist. Für diese Art von Projekten ist es sinnvoll, sich bei der Umsetzung am Scrum Guide zu orientieren und auch nicht einfach Elemente wegzulassen, weil sie auf den ersten Blick unbequem erscheinen.

Gleichwohl eignen sich die Scrum-Konzepte in angepasster Form für eine breite Gruppe von Projekten und auch Linientätigkeiten. Wichtig ist es, bei der Anpassung das große Ganze im Hinterkopf zu behalten und zum Beispiel anhand der agilen Prinzipien zu überprüfen, ob der selbst designte Arbeitsprozess diesen Prinzipien immer noch folgt.

Eine Veränderung wie diese zu gestalten, ist, wie eingangs bereits gesagt, keine primäre Product-Owner-Aufgabe. Dein Fokus ist und bleibt die Entwicklung deines Produkts unter Berücksichtigung des maximal möglichen Kundennutzens und optimaler Wertschöpfung. Gleichzeitig wirst du durch deine Arbeit an den Anforderungen Bedarfe aufdecken, wo die Organisation sich verändern kann, sollte oder muss. Noch vielschichtiger wird die Einführung agiler Methoden natürlich, wenn – wie im Beispiel – nicht nur eine Handvoll Softwareteams mit Scrum arbeiten wollen, sondern verschiedene Teams aus verschiedenen Fachbereichen und -disziplinen diesen Weg – mal mehr, mal weniger freiwillig – beschreiten. Hier sind drei typische Fragestellungen, die sich für Product Owner*innen in solchen Kontexten ergeben:

- Dein Produkt ist zu groß, um von einem Team allein entwickelt zu werden. Deswegen arbeitet ihr schon in Teilteams oder steht kurz davor, eine entsprechende Struktur aufzusetzen. Wie gestaltet ihr eure Abstimmung über viele Teams hinweg so, dass ihr ein integriertes Produkt liefern könnt und eure Schnittstellen nicht zum Flaschenhals werden?
- Dein Produkt ist Teil einer weitreichenden Digitalisierungsstrategie. Ihr entwickelt es zwar kompakt in einem Team, aber eure Ergebnisse verändern die Vorgehensweisen von vielen anderen Teams in eurem Unternehmen, die dabei selbst Entwicklungsarbeit leisten, die wiederum dein Produkt beeinflusst: Wie sorgt ihr unternehmensweit dafür, dass alle an einem Strang ziehen und ihr rechtzeitig mitbekommt, ob eure Digitalisierungsstrategie taugt?
- Für den Erfolg deines Produkts bist du auf die Kompetenzen vieler verschiedener Menschen angewiesen, musst Probleme rechtzeitig erkennen und zügig gute Entscheidungen treffen. Wie bekommst du das möglichst selbstbestimmt und hierarchiefrei hin?

Entsprechend gibt es eine Reihe von Rahmenwerken, die Best Practices zu diesen Fragestellungen anbieten und die als Ausgangspunkte für eigene Wege genutzt werden können. Wir konzentrieren uns hier auf diese drei:

- *Nexus* ist ein Projektmanagementansatz für komplexere Produkte. Es überträgt und ergänzt die Ideen von Scrum konsequent auf ein Entwicklungsvorhaben mit mehreren Teilteams. Der Fokus von Nexus liegt darauf, die Integration von Teillösungen innerhalb eines großen Vorhabens zu ermöglichen.
- *Objectives und Key Results* (*OKR*) ist ein Zielvereinbarungssystem, das die Ideen von Scrum auf die unternehmensweite Strategiearbeit anwendet. Hier geht es vor allem darum, ehrgeizige Ziele für das ganze Unternehmen zu finden, sie durch Kenngrößen überprüfbar zu machen und regelmäßige Reflexionsschleifen zu ziehen, um Anpassungen vorzunehmen – analog zu Planning, Review und Retrospektive.
- *Soziokratie 3.0* (*S3*) ist eine Sammlung von *Vorgehensmustern*, die helfen, die kollektive Intelligenz in einer Organisation zu kanalisieren und flexible Organisations-

strukturen zu etablieren. Während ihre Vorläuferin *Soziokratie* auf die Umwandlung der gesamten Organisation abzielt, können die S3-Vorgehensmuster auch einzeln eingesetzt werden, etwa um Verbesserungspotenziale in einem Unternehmen zu finden oder Entscheidungen so zu treffen, dass auch in komplexen Situationen Handlungsfähigkeit gewährleistet ist.

Wir haben sie aus der Vielzahl von agilen Frameworks als Anregung für dich ausgewählt, weil sie

- eine große Nähe zu Scrum haben und sich deswegen gut in Scrum-Kontexten anwenden lassen,
- sie zentrale Product-Ownership-Fragen adressieren- wie Produktintegration, Strategiebezug und Entscheidungsfindung- und deswegen auch wertvolle Impulse für die Arbeit innerhalb eines Teams bieten,
- sie aus unserer Sicht schlanke und pragmatische Ansätze darstellen, die sich mit relativ wenig Overhead gut schrittweise einführen lassen, Agilität also im besten Sinne selbst implementieren.

17.2.1 Nexus

Nexus ist ein Projektmanagementansatz für ein Produkt, das von mehreren Scrum Teams gleichzeitig entwickelt werden muss (Schwaber et al., 2021). Es dient dazu, Arbeit der Teilteams zu synchronisieren und eine kontinuierliche Integration der fertiggestellten Inkremente zu gewährleisten. Ein Nexus umfasst dabei

- drei bis acht Entwicklungsteams, die die Teilprodukte herstellen,
- sowie ein Nexus Integration Team, das sich um alle mit der Integration verbundenen Aspekte kümmert.

Während jedes Entwicklungsteam und das Integrationsteam durch eine eigene Scrum-Master-Rolle unterstützt werden und auch eigene Dailys und Retrospektiven veranstaltet, gibt es nur eine Product-Owner-Rolle pro Nexus und demzufolge nur

- ein teamübergreifendes Refinement,
- ein Planning Meeting und
- ein Review Meeting

für den gesamten Nexus. Das Nexus Integration Team hält ebenfalls Dailys und Retrospektiven ab, die einzelnen Entwicklungsteams ergänzen das teamübergreifende Refinement, soweit notwendig (siehe Abbildung 17.2).

Nexus hat den Vorteil, dass die Denkarbeit für das Gesamtprodukt weiterhin von einer Person zusammengeführt und priorisiert wird. Es stellt einen niedrigschwelligen Skalierungsansatz dar, etwa wenn dein Team über die empfohlene Scrum-Team-Größe hinauswächst und du die Arbeit in größere Themenblöcke zerlegen willst.

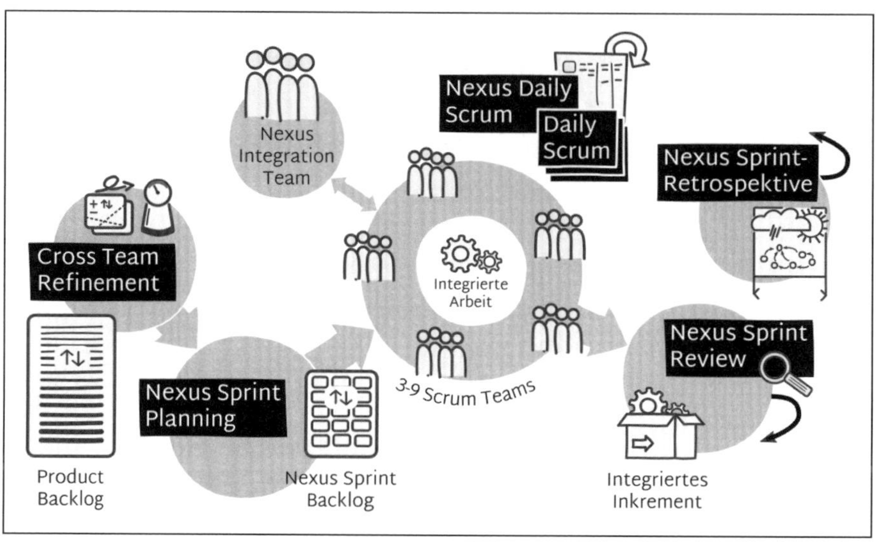

Abbildung 17.2 Das Zusammenspiel von Nexus und Scrum (nach Schwaber et. al, 2021)

Nexus erweitert Scrum damit so wenig wie möglich, um größere Vorhaben mit vielen Abhängigkeiten effizienter zu machen und um die Gefahr des Auseinanderdriftens bei verteilter Entwicklungsarbeit zu verhindern. Genau wie Scrum wurde Nexus für die Softwareentwicklung konzipiert und lässt sich entsprechend auch auf Produktentwicklungen jenseits der Softwareentwicklung übertragen.

Scaling Agile

Neben Nexus gibt es noch eine Reihe von weiteren Skalierungsansätzen, die dir in deiner Rolle begegnen könnten. Die bekanntesten Vetreter*innen sind:

- Scrum@Scale (SaS)
- Scrum of Scrums (SoS)
- Large Scale Scrum (LeSS)
- Scaled Agile Framework (SAFe)
- Disciplined Agile (DA)
- Enterprise Kanban

- Spotify-Modell
- Prince2 Agile

SaS, SoS und LeSS nutzen wie Nexus Scrum als Grundlage und ergänzen es um verschiedene Meetings, Rollen und Artefakte, die der Koordination in größeren (Projekt-)Zusammenhängen dienen.

Die anderen fünf zielen auf eine Agilisierung des ganzen Unternehmens ab und kombinieren verschiedene Sichten und Ebenen des Modells mit Elementen aus Scrum und Kanban und Aspekten der Unternehmenskultur.

Prince2 Agile nimmt dabei eine Sonderrolle ein, weil es eher für große agile Projektprogramme geeignet ist als für die Agilisierung eines ganzen Unternehmens.

Bei der Einführung von Rahmenwerken wie Nexus – egal ob es um Scrum für ein einzelnes Team oder ein agiles Rahmenwerk für eine gesamte Organisation geht – ist an verschiedenen Stellen Vorsicht geboten.

Die Einführung eines Rahmenwerks bewirkt erst mal nichts, außer dass je nach Eifer und Druck alle viel Zeit damit verbringen, herauszufinden, wie das neue Rahmenwerk denn nun eigentlich funktioniert und ob sie nicht doch irgendwie das Alte weitermachen können, weil es vertraut ist oder bisher vermeintlich funktioniert hat. Ein Rahmenwerk wird erst dann sinnvoll, wenn es einem wegweisenden Zweck für euer Unternehmen, euren Bereich oder euer Team dient und auch eine diesem Zweck angemessene Vorgehensweise anbietet.

Die Rahmenwerke definieren mit hoher Selbstverständlichkeit Meetings, Rollen und Artefakte, ohne dabei den jeweiligen Kontext zu beachten. Der Kontext hat sich aber erstens aus guten Gründen so entwickelt, wie er ist (und nicht so, wie beispielsweise Scrum ist), und er verändert sich auch nicht einfach durch die Einführung von Begriffen und Definitionen. Das bedeutet, dass alle Elemente der Frameworks individuell erläutert, erlernt, gewogen, ausgehandelt und adaptiert werden müssen, bevor du dich darauf verlassen kannst, dass alle doch eigentlich wissen müssen, was du als Product Owner*in darfst und bewirken sollst.

Skalierungsrahmenwerke helfen dabei, die agile Zusammenarbeit auch in größeren Zusammenhängen prozedural zu organisieren. Dafür stellen sie – ähnlich wie Scrum auf der Teamebene – Meetings, Rollen, Artefakte und Werte zur Verfügung. Im nächsten Abschnitt geht es darum, wie analog auch inhaltliche Themen, zum Beispiel die Unternehmensstrategie, auf agile Art und Weise umgesetzt werden können.

17.2.2 Objectives and Key Results (OKR)

Objectives and Key Results (*OKR*) ist ein Zielvereinbarungssystem, das in den 1970er-Jahren bei Intel entwickelt wurde (Doerr, 2018). Es dient dazu, der Leistung einer Gemeinschaft Richtung zu geben (*Objective*) und sie gleichzeitig messbar oder überprüfbar zu machen (*Key Result*). Dazu werden unternehmensweit ehrgeizige Ziele formuliert und dann in nachvollziehbare und erreichbare Kenngrößen übersetzt:

- *Ziel/Motivation*: Was will ich erreichen? Und warum?
- *Kenngröße/Überprüfungskriterium*: Was ist dann da, anders, neu? Und wie kann ich es messen beziehungsweise möglichst objektiv überprüfen?

Im Unterschied zu anderen Zielvereinbarungssystemen, die häufig top-down individuelle Jahresziele in den Vordergrund stellen und die Zielerreichung an ein Belohnungssystem koppeln, steht bei OKR die gemeinsame Arbeit an den gesetzten (oder auch gemeinsam gefundenen) Zielen im Mittelpunkt.

Deswegen ...

- ... sind OKRs transparent formuliert und allen zugänglich.
- ... zahlen OKRs darauf ein, zu verstehen, wie die Zielerreichung im Zusammenspiel aller funktioniert. Sie werden also nicht nur top-down, sondern auch bottom-up und vor allem horizontal ausgehandelt.
- ... werden OKRs ehrgeizig und herausfordernd formuliert.
- ... sollten OKRs nicht an Belohnungs- oder Verdienstsysteme gekoppelt sein.
- ... werden OKRs vierteljährlich überprüft.

zB

Beispiel für ein OKR

Ein städtischer Energiedienstleister stellt für seine Mitarbeiter*innen ein E-Bike zum Pendeln zwischen den Standorten bereit. Nun soll auch der technische Service das E-Bike für Besuche bei der Kundschaft nutzen. Das Team formuliert ein Objective für den nächsten OKR-Zyklus:

*Eine hohe Akzeptanz für das E-Bike bei den Mitarbeiter*innen im technischen Kundendienst schaffen.*

Um dieses qualitative Objective quantitativ messbar zu machen, bieten sich beispielsweise diese Key Results an:

KR 1: Die E-Bikes im Testgebiet werden zu 80 % ausgelastet.

KR 2: Der Spritverbrauch der Fahrzeugflotte im Testgebiet sinkt um 40 %.

KR 3: Defekte Fahrräder werden innerhalb von sechs Stunden repariert.

KR 4: 100 % der technischen Mitarbeiter*innen erhalten fahrradtaugliche Funktionskleidung.

KR 5: Die Mitarbeiter*innen vergeben im Mittel 4 von 5 Sternen für das Fahr- und Transporterlebnis in der Ausleih- und Wartungs-App.

Vor allem durch den Einsatz bei Google wurde OKR um ein Konzept ergänzt, wie du es auch aus Scrum kennst (Ibid.). So wird die Überprüfung der OKRs in vier Zyklen à drei Monaten vorgenommen. Für jeden Zyklus werden in Anlehnung an das Sprint-Ziel *Midterm Goals* (*MOALS*) formuliert. Und es gibt entsprechend insgesamt vier regelmäßig wiederkehrende Termine im OKR-Zyklus (siehe Abbildung 17.3):

- das *OKR Planning* zu Beginn des Zyklus, um festzulegen, an welchen Themen die nächsten drei Monate gearbeitet wird,
- das *OKR Weekly*, um den Teams zu helfen, zu überprüfen, ob sie an den richtigen Hebeln arbeiten, und Hindernisse sichtbar und damit überwindbar zu machen,
- das *OKR Review* zum Zyklusende der OKR-Phase, um den Erreichungsgrad der Key Results zu überprüfen und entsprechende Weichen für den nächsten Zyklus zu stellen,
- die *OKR Retrospektive* am Ende des Zyklus, um die Erfahrungen aus der Zusammenarbeit der Teams auszuwerten und kontinuierlich weiterzuentwickeln.

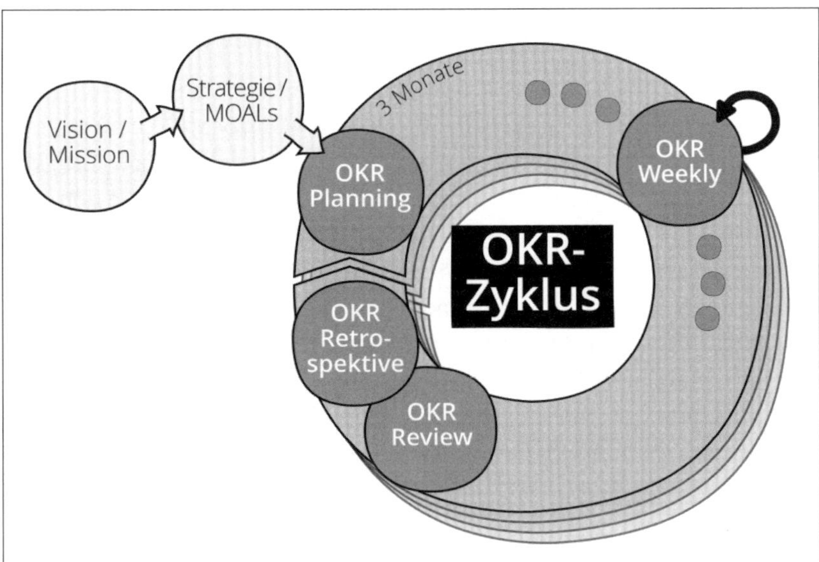

Abbildung 17.3 Der OKR-Zyklus im Überblick

Genau wie bei Scrum wird die methodische Umsetzung durch OKR-Master oder auch OKR-Coaches begleitet.

OKR ist keine Waffe, sondern ein Werkzeug

Andy Grove, Mitgründer von Intel und Erfinder der Methode, hat auch formuliert, was aus seiner Sicht eine gute OKR-Kultur ausmacht, und folgende Worte gewählt (Doerr, 2018):

- eine rücksichtslose intellektuelle Ehrlichkeit
- das Zurückstellen von Eigeninteressen
- Loyalität gegenüber dem Team

Ihm war wichtig, OKRs nicht als »Management-Waffe« einzusetzen, sondern als Werkzeug, mit dem Individuen in einem Unternehmen den eigenen Beitrag zum Ganzen kennen und messen können.

Für dich als Product Owner*in kann die Arbeit mit OKRs eine Menge Gutes bedeuten. Es ist ein Signal, dass auch dein organisatorisches Umfeld ein agiles Vorgehen bevorzugt und dazu eine Scrum-nahe Vorgehensweise wählt. Je besser der OKR-Prozess aufgesetzt wird, desto besser ergänzt er sich mit Scrum, schließlich ähneln sich die Meetings, Rollen und Artefakte sehr. Auch die Haltung hinter OKR, Dinge messbar und damit beobachtbar zu machen, den Fokus auf Teamwork und übergreifende Zusammenarbeit zu legen, und rigoroses Vertrauen in empirisches Vorgehen passen übergangslos zu Scrum und anderen agilen Vorgehensweisen.

Vergleiche zum Beispiel die Anforderungen an eine gute User Story mit einem OKR: In der User Story formulierst du eine Anforderung, indem du eine beobachtbare Tätigkeit beschreibst, die deine Anwender*innen mit deinem Produkt tun können, und den Nutzen, den sie damit bewirken. Zur Abnahme beschreibst du überprüfbare Akzeptanzkriterien. Analog beschreibt ein OKR ein motivierendes Ziel verbunden mit fünf messbaren Kenngrößen. Die Logik hinter diesen Systemen passt also gut zusammen und lässt sich etwa in Form eines Produktstrukturplans (siehe Abschnitt 2.5.1, »Der Produktstrukturplan: Was muss ich alles liefern?«) gut kombinieren. Darin liegt ein weiterer Vorteil, weil es durch OKR zu einem unternehmensweiten Verständnis von empirischem Vorgehen kommen kann, was dir dann wiederum im eigenen Entwicklungsprojekt weiterhilft.

Durch die Kopplung von Scrum und OKR entsteht aber noch eine weitere wichtige Chance: dass Produktentwicklung und Strategieentwicklung Hand in Hand gehen und relevante Informationen regelmäßig in beide Richtungen fließen, weil die OKR-Meetings Planning, Review und Retrospektive zusätzlich als Gelenk zwischen den Produkten und der Unternehmensstrategie dienen und den Effekt des Reviews auf der Ebene der einzelnen Produkte damit verstärken.

Alternativen zu OKR

OKRs sind nur eine Möglichkeit von vielen, Strategiearbeit auf agile Weise zu organisieren. Andere bekanntere Vertreter sind der *Lean Value Tree* oder die *Strategy Map*. Ähnlich wie OKRs wird die Strategie dabei für alle nachvollziehbar in eine Hierarchie gebracht, an deren unteren (Lean Value Tree) oder äußeren (Strategy Map) Rändern analog zu den Key Results entsprechende Wetten beziehungsweise Hypothesen über die künftige Entwicklung stehen, die dann systematisch überprüft werden. Beide Tools sind vom agilen Spirit in dem Sinne geprägt, dass sie auf regelmäßige Überprüfung und Anpassung unter Beteiligung der handelnden Personen setzen.

Natürlich können auch traditionelle Zielvereinbarungssysteme wie zum Beispiel die *Balanced Score Card* auf agile Art und Weise eingesetzt werden, indem sie

1. vergemeinschaftet werden, das heißt Betroffene an der Strategieentwicklung beteiligt werden,
2. iterativ-inkrementell weiterentwickelt werden,
3. einer regelmäßigen Überprüfung und Anpassung mit entsprechenden Meetings (Planning, Review, Retrospektive, Weekly) unterzogen werden.

Insgesamt kannst du erwarten, dass die Transparenz im gesamten Unternehmen steigen wird, wenn mit Instrumenten wie OKRs und Scrum gearbeitet wird. Das hört sich auf den ersten Blick gut an, erfordert aber in vielen Fällen eine Menge Arbeit und die Bereitschaft des Unternehmens, Zeit, Geld und Aufmerksamkeit zu investieren.

Die Sache mit der Transparenz

Transparenz ist zunächst eine Frage der Unternehmenskultur: Ist es erlaubt, zu sagen, wenn etwas nicht so läuft, wie es geplant wurde? Wenn ein Projekt über alle Maßen Ressourcen verbraucht ohne die Aussicht, das jemals wieder reinzuholen? Eine Person ganz offensichtlich an der Stelle, an der sie ist, nicht wirksam wird oder werden kann? Ist es erlaubt, Dinge zu beenden, wenn sie mehr schaden als helfen? Den unfrisierten Zahlen zu glauben und nicht mehr Partikularinteressen von mächtigen Personen im Unternehmen zu folgen? Ist das erlaubt?

Dem schließt sich unmittelbar die Frage an: Und wissen wir, wie das geht? Selbst wenn es erlaubt ist oder wir entschlossen und offen sind, uns eine entsprechende Kultur zu erarbeiten: Sind wir in der Lage, Transparenz konstruktiv auszuhalten? Können wir Kritik annehmen? Haben wir eine gute Art, Auskunft über Daten zu geben und Feedback wertschätzend und ehrlich anzubringen? Sind wir in der Lage, viele kleine Veränderungen kontinuierlich umzusetzen, oder begeben wir uns damit in einen Dauerstress, der uns nicht guttut? Und haben wir überhaupt den Freiraum zu verändern, was nicht gut funktioniert? Manchmal ist es schlicht leichter, Intransparenz zu dulden, weil sich eine Situation so besser aushalten oder bewältigen lässt.

Nicht zuletzt müssen IT-Systeme geschaffen werden, die ein sinnvolles Maß an Informationen für alle Beteiligten angemessen darstellen. Wenn es um echte, integrierte Produkt- und Strategieentwicklung geht, ist eine umfassende Datenstrategie vonnöten, die Expertise erfordert. Von denen, welche die Daten sammeln, kondensieren und bereitstellen, und von denen, die aufgrund der Lage dieser Daten Entscheidungen treffen und Handlungen initiieren – also von Menschen wie dir.

Methoden wie Nexus und OKR ermöglichen es, auch in größeren Zusammenhängen arbeitsteilig und gut abgestimmt vorzugehen und die Unternehmensentwicklung nach agilen Prinzipien zu gestalten. Sie machen aber keine Aussage darüber, wie die implizit geforderte *Selbstorganisation* vonstattengehen soll. Dafür kommt eine weitere Art von Rahmenwerken ins Spiel, die Ansätze für selbstbestimmteres und hierarchiefreieres Arbeiten bieten.

17.2.3 Soziokratie 3.0

Ob auf der Ebene eines einzelnen Produkts, eines Unternehmensbereichs oder einer ganzen Organisation: Agile Entwicklung hat viel mit Beteiligung zu tun. Dabei geht es nicht um Beteiligung um der Beteiligung willen, sondern darum, den Wissens- und Erfahrungsschatz von Expert*innen zusammenzuführen, weil die Aufgaben so komplex sind, dass einzelne sie faktisch weder überschauen noch bewältigen können. Praktisch heißt das auch, dass Entscheidungen vergemeinschaftet werden, mehr für die Selbstbestimmung und -verantwortung von Mitarbeiter*innen getan wird und Gespräche in Gruppen moderiert werden müssen.

Soziokratie 3.0 bietet dazu viele dienliche Ansätze. Im Ursprung ist Soziokratie ein Managementsystem, das konsequent auf Selbstorganisation setzt. Alle an der Organisation beteiligten Personen übernehmen dabei kollektiv Verantwortung – sowohl für die Organisation und für Ziele als Ganzes wie auch für den eigenen Einflussbereich. Dieses Managementsystem setzt sich aus 70 *Patterns* (zu Deutsch Vorgehensmuster) zusammen. Sie werden nach dem *Pull-Prinzip* eingeführt – wo es einen Bedarf gibt, wird versucht, die Situation mithilfe eines Patterns zu verbessern. Dazu werden zum Beispiel diese Themenfelder betrachtet (Sociocracy 3.0, online, siehe Abbildung 17.4):

- Mitgestaltung und Evolution
- effektive Meetings
- Arbeitsorganisation
- Organisationsentwicklung
- Organisationsstruktur

Abbildung 17.4 Die S3-Patterns sind nach neun Themenfeldern sortiert.

Ein zentraler Gestaltungsantrieb für das Pull-Prinzip ist das systematische Entdecken von Spannungen oder Treibern, die auf Veränderungsbedarfe hinweisen. Ein *Treiber* ist definiert als *das Motiv einer bestimmten Person oder Gruppe, in einer Situation zu handeln.* Ein Treiber kann zum Anlass werden, Ziele oder Visionen zu entwickeln, und sich mit der Zeit verändern. Die Organisation hat verschiedene Möglichkeiten, auf Treiber zu reagieren. Sie kann zum Beispiel unmittelbar handeln, sie kann den Treiber zum Anlass nehmen, die bestehenden Strukturen weiterzuentwickeln, oder ihn für grundlegende Weichenstellungen nutzen. Ähnlich wie OKRs können Treiber auch organisiert und sogenannten *Domänen* zugeordnet werden. Wird ein Treiber entdeckt, gilt es, diesen zunächst zu beschreiben und einen Lösungsvorschlag zu entwickeln.

Dabei regiert das Konsent-Prinzip (siehe Abschnitt 6.6.1, »Entscheidungsstrukturen und ihre Konsequenzen erkennen«): Eine Entscheidung wird nach offener Diskussion getroffen, indem Widerstände abgefragt werden. Wenn der Vorschlag *gut genug für jetzt und sicher genug zum Ausprobieren* ist und es keinen schwerwiegenden *Einwand* gibt, wird der Vorschlag ausprobiert, die Wirkung überprüft und gegebenenfalls angepasst.

Eine Methode aus dem 19. Jahrhundert?!

Soziokratie 3.0 ist eine Weiterentwicklung der Soziokratie, deren Grundideen bis ins 19. Jahrhundert zurückgehen. Soziokratie und ebenfalls Holakratie (eine parallele Weiterentwicklung zu S3) können auch als Alternative verstanden werden. Sie sind in sich geschlossener und werden meistens als Ganzes implementiert, während Soziokratie 3.0 sich auch schrittweise entwickeln kann.

Treiber und Einwände stellen nur einen kleinen Ausschnitt von Soziokratie 3.0 dar. Ein Unternehmen nach soziokratischen Prinzipien zu gestalten, ist ein weitreichender Change-Prozess, der sachlich betrachtet nur für eine kleine Gruppe von Organisationen sinnvoll ist. Gleichwohl steckt in Soziokratie 3.0 eine ganze Reihe von methodischen Ansätzen, die sich auch nur in einzelnen Bereichen einer Organisation – also beispielsweise in einem Scrum Team und dessen Umfeld – einsetzen lassen. Insbesondere die Entscheidungsfindung lässt sich damit gut gestalten, wie in Abschnitt 6.6, »Schneller entscheiden, statt immer zu warten«, ausführlich dargestellt.

17.2.4 Umgang mit bestehenden Strukturen

Skalierung, Strategieanbindung oder die Einführung von selbstbestimmteren und hierarchiefreieren Strukturen sind große Veränderungsvorhaben. Sie können nicht von heute auf morgen durch die Einführung eines Rahmenwerks bewerkstelligt werden, auch dann nicht, wenn dieses Rahmenwerk sorgfältig ausgewählt wurde und gut zur Situation passt.

Die Tücke liegt darin, dass in Rahmenwerken »doch alles klar« ist. Die Rollen und Entscheidungswege sind vermeintlich eindeutig beschrieben, die Meetings samt Agenda gesetzt und die Einbindung der Stakeholder*innen klar definiert. Das stimmt sogar. Aber leider nur auf dem Papier. In der Realität des Unternehmens gibt es beschriebene und gelebte Rollen, bestehende offizielle und inoffizielle Entscheidungswege, geliebte und ungeliebte Meetings, Machtspiele und Politik. Sie alle haben eine rationale, soziale und emotionale Existenzberechtigung, und das erstaunlich oft auch unabhängig von den handelnden Personen. Dieses *Unternehmenssystem* hat meistens ein großes Beharrungsvermögen. Diesem gilt es mit Entschlossenheit, Behutsamkeit oder einer Kombination aus beidem zu begegnen, um die gewünschte oder notwendige Veränderung herbeizuführen. Hierbei erweist es sich als hilfreich, aufmerksam zu beobachten, wie das System auf die Vorgaben aus dem Rahmenwerk reagiert:

- Wo macht es mit?
- Wo heißt es die Veränderung willkommen?
- Wo fügt es sich schnell?
- Wo zeigt es Widerstand?
- Wo zieht es sich zurück?
- Wo verschwindet es in Hinterzimmer?
- Wo plant es Revanche?

Du bist gut beraten, die Reaktionen zu kartieren, zum Beispiel mit den Visualisierungswerkzeugen aus Kapitel 2, »Alles im Blick: die Produktübersicht«, und möglichst neutral zu analysieren. Sie geben dir wichtige Hinweise dazu, wo du eingreifen musst und wie deine Intervention aussehen kann.

Aus dem Erfahrungsschatz: Transparente Abstimmung in Review 2

Die Mitarbeiter*innen aus dem Beispiel oben hatten sich schnell entschieden, dem Review eine Chance zu geben, und die 1:1-Meetings mit ihrer Führungskraft für die nächsten drei Sprint-Wechsel abgesagt. Das hatte sie Mut gekostet, aber der Nutzen des Reviews schien ihnen zu überwiegen. Die Führungskraft konnte es zunächst nicht einrichten, an den Terminen teilzunehmen, da ihr Terminkalender sehr voll war. Parallel dazu hatte der Product Owner des Teams Stakeholder*innen in das Review eingeladen, die bislang eher im Hintergrund gewirkt und bisher immer den Weg über die Führungsebene eingeschlagen hatten. Auch das war eine mutige Entscheidung. Nach drei Reviews konnte die besagte Führungskraft spontan doch am Review teilnehmen, weil ein Workshop in ihrem Kalender abgesagt wurde. Dahinter steckte auch, dass das Team und die Stakeholder*innen sie liebevoll, aber konsequent vom Informationsfluss abgeschnitten hatten. Sie wurde herzlich im Review in Empfang genommen. Damit war die Grundlage für eine neue Form der Zusammenarbeit gelegt.

Jenseits von Skalierungsframeworks, umfangreichen Transformationsprogrammen und klassischem Change-Management gibt es im agilen Kontext einen hilfreichen Satz zur Organisationsentwicklung.

Er ist eines der agilen Prinzipien und lautet wie folgt:

> *Errichte Projekte rund um motivierte Individuen. Gib ihnen das Umfeld und die Unterstützung, die sie benötigen, und vertraue darauf, dass sie die Aufgabe erledigen.*

Als Product Owner*in ist es dein Job, die Denk- und Ideenprozesse in deinem Team und eurem Umfeld so anzufachen, so zu kanalisieren und so zu manifestieren, dass ihr zusammen ein sinnvolles und Wert erbringendes Produkt herstellen und verkaufen könnt. Und daraus lässt sich unmittelbar ableiten, was du aus OE-Sicht tun kannst:

- Nimm deine Rolle als Produktbotschafter*in an und rede darüber, was dein Produkt alles leistet und welche Erfolge ihr verzeichnen könnt.
- Arbeite mit den Stakeholder*innen zusammen, schaffe einen Rahmen für relevante Reviews, die inspirieren.
- Reflektiere regelmäßig mit der Scrum-Master-Rolle, welche Impulse im gesamten Unternehmen gesetzt werden müssen.
- Committe dich zu 100 % psychologischer Sicherheit (siehe Abschnitt 13.3, »Psychologische Sicherheit«).
- Verändere dein Umfeld hypothesengeleitet und schaffe dir dafür eine Datengrundlage.

Auf dem Weg zur Produktorganisation

Mit der Einführung der Product-Owner-Rolle verfolgen Unternehmen häufig auch ein übergeordnetes Ziel: sich insgesamt stärker auf das Produkt zu fokussieren oder sogar eine sogenannte *Produktorganisation* aufzubauen. Unabhängig von dem gewählten Transformations- oder Skalierungsmodell hat das natürlich auch Auswirkungen auf deine Arbeit, weil du dich in jedem Fall mit anderen Produktmenschen abstimmen musst.

Mit Produktorganisation ist eine organisatorische Einheit innerhalb eines Unternehmens gemeint, die alle Belange des Produktmanagements bündelt. Sie dient dazu, Zuständigkeiten zu klären, Koordination und Kommunikation zu verbessern und eine marktorientierte Denk- und Handlungsweise im Unternehmen zu etablieren. Die Art und Weise ihres Aufbaus variiert von Unternehmen zu Unternehmen. Häufig geht es dabei darum, die Rollen im Produktdreieck miteinander in Einklang zu bringen (Benderoth, 2020):

- Marketing und Produktvertrieb
- Produktmanagement und -design
- Produktentwicklung und gegebenenfalls Wartung beziehungsweise Kundenservice

Meistens gibt es vor der Einführung einer Produktorganisation – wie auch bei anderen Optimierungsvorhaben – Hinweise, dass die Kommunikation im Produktdreieck nicht optimal läuft, insbesondere wenn das Unternehmen insgesamt mit einer höheren Komplexität im Marktumfeld konfrontiert ist, etwa durch neue Wettbewerber oder technologischen Wandel. Typische Beispiele sind:

- immer größer werdende Meetings und E-Mail-Verteiler
- schleppende Entscheidungsprozesse
- Forderungen nach besserem Projektmanagement
- Einmischungen von außen/von oben, die sich kaum nachvollziehen lassen
- sich häufende Beschwerden vonseiten der Kundschaft
- umsatzrelevante Abwanderungen zur Konkurrenz

Durch die Einführung einer neuen organisatorischen Struktur werden diese Themen selten gelöst. Unter Umständen führt dies sogar zu einer weiteren Verschlechterung, weil zusätzliche Reibung und Aufwände entstehen und die neue Struktur – zumindest anfänglich – nicht als Entlastung wahrgenommen wird.

In solchen Situationen helfen aus Sicht deines Scrum-Projekts verschiedene Strategien:

- Rechne mit den zusätzlichen Aufwänden sowohl in deiner eigenen Arbeit als auch im Entwicklungsteam. Abstimmung und Gewöhnung an neue Strukturen kostet Zeit – auch wenn alle das Gegenteil behaupten, weil doch jetzt alles schneller und besser wird.
- Nutze diese Zeit, um offene Gespräche zu euren Herausforderungen mit deinen Pendants im Produktdreieck zu führen. Nichts schweißt mehr zusammen als gemeinsam bewältigte Probleme oder gemeinsam erarbeitete Lösungen.
- Reflektiere regelmäßig, wie gut die neue Produktorganisation für euch schon funktioniert. Die Scrum-Master-Rolle ist dafür da, Impulse aus dem Team in die Gesamtorganisation zu tragen und zu helfen, diese weiterzuentwickeln. Das kann sie aber nur tun, wenn sie diese Impulse auch bekommt.

17.3 Hypothesengeleitete Entwicklung

Dieses Buch handelt vom hypothesengeleiteten Arbeiten. Du erkennst eine Anforderung, dein Team entwickelt eine Lösung dazu. Ihr testet die Lösung in der Praxis mit Kundschaft und Anwender*innen und leitet daraus ab, wie sich die Anforderung weiterentwickeln ließe oder welche neuen Anforderungen sich daraus ergeben. Lösung und Art der Zusammenarbeit entwickeln sich schrittweise aus den Erfahrungen, die ihr bereits gemacht habt.

Auf der Ebene der Organisation funktioniert das nicht viel anders. Auch hier geht es darum, durch systematisches Experimentieren herauszufinden, was funktioniert und was lieber beiseitegelassen werden sollte. Mit den vorgestellten Skalierungsrahmenwerken,

OKR und Ansätzen zur Selbstorganisation wie Soziokratie 3.0 können dazu verschiedenen Ebenen der Organisation gestaltet werden:

- Mit Skalierungsrahmenwerken lässt sich das produkt- oder teamübergreifende Vorgehen gestalten.
- OKRs helfen dabei, die strategische Arbeit inhaltlich zu koordinieren.
- Ansätze aus der Soziokratie befähigen dazu, die Art und Weise des Miteinanders in Teams, Gruppen und Gremien zielführend zu gestalten.

Allen drei Ansätzen ist gemein, dass sie im besten agilen Sinne Zusammenarbeit, Kommunikation und empirisches Vorgehen implementieren und genau wie Scrum Überprüfungs- und Anpassungsmechanismen vorsehen. Entsprechend übernimmst du als Product Owner*in auch Gestaltungsaufgaben in diesem größeren Zusammenhang vor allem dort, wo es um die strategische Richtung beziehungsweise die Produktstrategie insgesamt geht. Möglicherweise hast du auch Einfluss auf Personalentscheidungen, weil für dein Produkt bestimmte Kompetenzen benötigt werden oder entwickelt werden müssen. Unter Umständen leidest du auch unter den Managemententscheidungen anderer oder profitierst davon.

Um das agile Vorgehen auch für die Entwicklung eurer Aufbau- und Ablauforganisation nutzen zu können, ist es hilfreich, Entscheidungen auf der Grundlage von Daten zu treffen und zu messen, wie sich eure Entscheidungen auswirken. Dabei ist es unerheblich, ob du gerade eine lokale Verbesserung anstoßen willst oder das große Veränderungsrad mitdrehst.

17.3.1 Ein Dashboard für die Organisationsentwicklung

Auf der Ebene der Gesamtorganisation kommen dabei Metriken infrage, die Auskunft über den Umgang mit Informationen, mit Entscheidungen und mit Organisationsstrukturen geben. In Anlehnung an Pilster et al. (2022) findest du in Tabelle 17.1 Leitfragen, um ein entsprechendes Dashboard für deinen Kontext zusammenzustellen.

Informationen	▸ Wie viele Schnittstellen hat ein Team/haben Teams? ▸ Wie lange dauert es von der Eingabe einer Information bis zu einer sinnvollen Reaktion? ▸ Wie viele Personen haben Kontakt zur Kundschaft beziehungsweise zu Anwender*innen? ▸ Wie viele Teammitglieder dürfen gleichzeitig ausfallen?

Tabelle 17.1 Beispiele für Informations-, Entscheidungs- und Strukturmetriken

Entscheidungen	▶ Wie viele Personen haben das Recht, eine Entscheidung zu blockieren beziehungsweise ein Veto einzulegen? ▶ Wie lange dauert es, eine Entscheidung zu treffen – von der Identifizierung des Bedarfs bis zur Umsetzung? ▶ Wie viele Personen sind an Entscheidungen beteiligt?
Strukturen	▶ Wie viele Projekte werden gleichzeitig von einer Person bearbeitet? ▶ Wie lange verbleiben Personen in einem Team? ▶ Wie viele Personen können Einfluss auf die Umsetzung nehmen? ▶ Wie viele Organisationseinheiten (Bereiche, Abteilungen, Teams) sind an crossfunktionalen Projekten beteiligt? ▶ Wie viele Hierarchieebenen gibt es?

Tabelle 17.1 Beispiele für Informations-, Entscheidungs- und Strukturmetriken (Forts.)

So ein Dashboard hilft dem Managementteam, wichtige Indikatoren für ein agiles Umfeld im Blick zu haben. Es kann dir auch aus der Produktsicht Impulse geben, wo ihr handeln müsst, um zum Beispiel die Durchlaufzeit von Informationen zu erhöhen, das Treffen von Entscheidungen zu beschleunigen oder Wissensmonopole aufzulösen.

Insgesamt bieten dir diese Indikatoren Argumentationshilfe, um quantifiziert auf Hindernisse aufmerksam zu machen, die sich aus den Entscheidungen des Umfelds ergeben. Wenn alle Entwickler*innen in deinem Team in mehreren Projekten gleichzeitig arbeiten, wird das eure Entwicklungsgeschwindigkeit verlangsamen. Auch wenn ihr viele Schnittstellen habt, ist zu erwarten, dass ihr eine hohe Abhängigkeit von eurem Umfeld habt und die Umsetzungsgeschwindigkeit nur bedingt beeinflussen könnt. Eine ähnliche Auswirkung hat es, wenn sich von außen Menschen oder Gremien in deine Entscheidungen als Product Owner*in einmischen oder diese gar überschreiben. Oder wenn du als Product Owner*in nicht in relevante Informationsflüsse eingebunden bist. Hier ist es wichtig, dem Unternehmen zu helfen, Scrum und die darin bewusst enthaltenen Parameter herzustellen, zum Beispiel:

- Entwickler*innen sollen fokussiert in einem Team arbeiten.
- Das Entwicklungsteam sollte mit allen Kompetenzen ausgestattet sein, um in jedem Sprint unabhängig von anderen Teams ein wertvolles und benutzbares Inkrement herzustellen.
- Die gesamte Organisation muss deine Entscheidungen als Product Owner*in respektieren, weil du allein ergebnisverantwortlich für die Maximierung des Produktwerts bist.

Falls diese Voraussetzungen noch nicht gegeben sind, helfen dir Managementmetriken wie die aus Tabelle 17.1, deinem Umfeld überprüfbare Hinweise zu geben, wo es sich weiterentwickeln muss. Dein*e Scrum Master*in kann diese Impulse aufgreifen und nutzen, um euer Unternehmen insgesamt bei der Einführung von Scrum zu unterstützen.

Während diese Managementmetriken helfen, die größeren Veränderungen überprüfbar zu machen, empfiehlt sich ein entsprechendes Vorgehen auch bei kleineren Themen, die du verändern willst. Dazu stellen wir dir im letzten Abschnitt des Kapitels ein sehr vielseitiges Werkzeug vor.

17.3.2 Dein Schweizer Taschenmesser

Als Product Owner*in füllst du eine vielschichtige und spannende Rolle im Unternehmen aus. Scrum sieht dafür erhebliche Entscheidungsspielräume vor und verstärkt deinen Wirkungsgrad bei der inhaltlichen Produktführung durch ein ermächtigtes Entwicklungsteam und die Scrum-Master-Rolle als dienende Co-Führungskraft. Um deine Arbeit zu machen, schreibt Scrum dir keine Werkzeuge vor, sondern lädt dich vielmehr ein, im Rahmen deiner Rolle zu nutzen, was sinnvoll ist. Und die Quellen sind so vielseitig wie deine Aufgaben: Projektmanagement, Kreativitätstechniken, Moderationsmethoden, Mediation und Lean Management sind nur ein paar der Ansätze, die du in diesem Buch kennengelernt hast.

Ihnen allen ist gemeinsam, dass du dich neugierig auf ein komplexes, zeitweilig chaotisches Marktumfeld einlässt, um ein wirklich gutes und wertvolles Produkt für mögliche Anwender*innen und zahlende Kund*innen herzustellen. Im Scrum Guide (Schwaber & Sutherland, 2020) steht, dass du dazu Mut, Offenheit, Fokus, Commitment und Respekt brauchst. Der Weg zum Ziel heißt also: *Inspect & Adapt*, überprüfe und passe dein Vorgehen kontinuierlich an.

Dafür möchten wir dir zum Ende dieses Buchs noch ein echtes Schweizer Taschenmesser an die Hand geben: den *A3-Report* (siehe Abbildung 17.5). Der A3-Report ist ein visuelles Problemlösungsinstrument und geht auf das Toyota Management System zurück. Er dient dazu, alle Informationen auf einem A3-Blatt strukturiert zusammenzutragen, die du brauchst, um ein Problem zu verstehen, um es zu lösen und um die Lösung zu überprüfen. Diesem Blick sollen alle Beteiligten entnehmen können, worum es geht, weshalb das Problem wichtig ist und wie es gelöst wird. Dazu werden systematisch diese sechs Fragen beantwortet (Kniberg & Poppendieck, 2009):

- *Antrieb:* Weshalb ist das Thema wichtig? Warum sollten wir etwas ändern?
- *Aktuelle Situation*: Wie läuft es heute? Was ist das Problem
- *Ursachenanalyse*: Was sind die Ursachen für das Problem? Was steckt dahinter?

- *Ideen für den Probelauf*: Was könnten wir ausprobieren? Wie könnten wir zügig herausfinden, welche Änderung Erfolg zeigt?
- *Kenngrößen und Hinweise*: Woran merken wir, dass das Problem verschwindet? Was können wir dazu beobachten oder messen?
- *Team und Retrospektive*: Wer von uns macht mit? Wann wollen wir den Probelauf auswerten?

Überschrieben wird das A3-Blatt mit einem sprechenden Titel, der deine Idee kurz umreißt. Zum Ausfüllen solltet ihr euch 45 bis 60 Minuten Zeit nehmen und vor allem der Ursachenanalyse Zeit einräumen (siehe Abschnitt 2.9.3, »Vernetztes Denken«, und Abschnitt 4.8.2, »Warum, warum, warum, warum, warum?«).

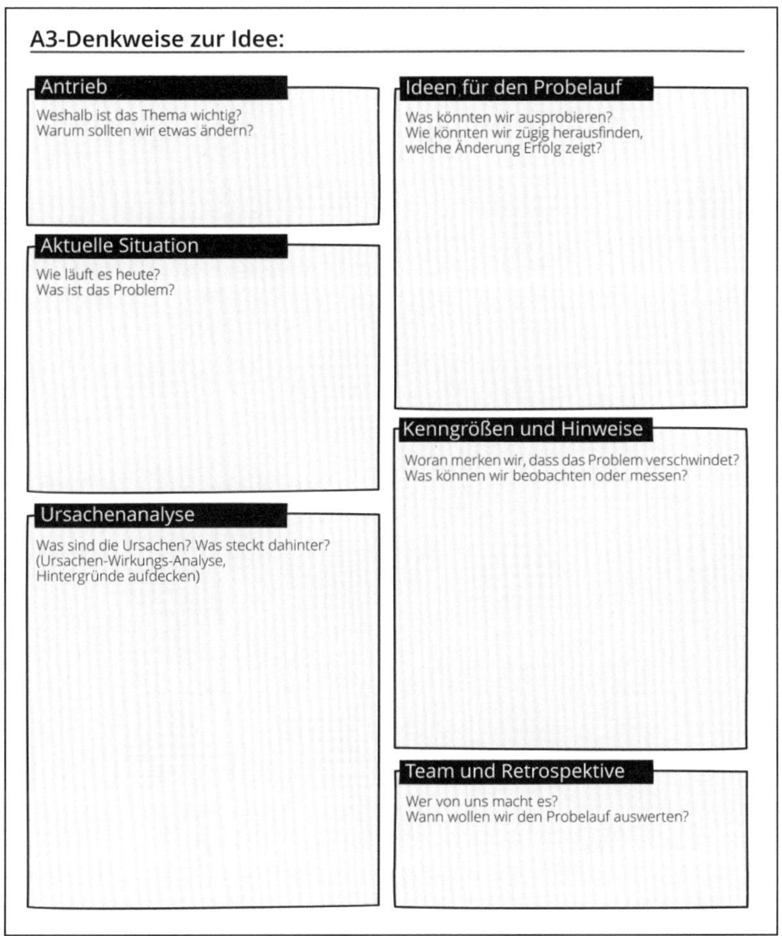

Abbildung 17.5 Der A3-Report – alle Infos auf einem Blatt (nach Kniberg & Poppendieck, 2009)

Tipp: Der Ort des Geschehens

Es bietet sich an, das A3-Blatt am Ort des Problemgeschehens aufzuhängen, um der Problemlösung auch einen Bezug zum realen Kontext zu geben. Das kann genauso ein physischer Ort sein wie eine Markierung im virtuellen Raum, etwa an einem Ticket.

Der A3-Report stellt damit eine unmittelbare Verbindung zu dem Treiber-Gedanken aus Soziokratie 3.0 her. Alle im Team können so Hindernisse und Spannungen aufgreifen, indem sie das Phänomen beschreiben und dabei möglichst schon in einer Gruppe von Beteiligten vordenken, wie die Lösung aussehen könnte und wie eine Umsetzung aussehen und überprüft werden kann.

Kapitel 18
Gut gemacht!

Gut gemacht! Genau wie Ellen bist du in der Product-Owner-Rolle angekommen und hast dir ein solides Handwerkzeug zugelegt. Deine täglichen Routinen stehen, und dein Fokus liegt auf dem Nutzen für deine Kundschaft und der Wertschöpfung für dein Unternehmen.

*Ellen und Rami haben sich zum Release-Wechsel etwas Besonderes ausgedacht. Alle sind da. Das ganze Entwicklungsteam und alle Stakeholder*innen: Anna, Bernd, Rhia, Kim, Egon, Ünal, Karla und Benno, Tine aus dem Infrastruktur-Team, der Vertriebsleiter Herr Olsson und sogar Frau Dr. Peters. »Steht doch alle mal auf.« Rami leitet den Endspurt des Release-Reviews ein. »Und stellt euch mit ein bisschen Abstand im Kreis auf.«*

»Und dann«, übernimmt Ellen, »klopft euch gegenseitig auf die Schulter und lobt euch was, das Zeug hält. Das haben wir nämlich alle zusammen richtig gut gemacht!« Plötzlich ist der Raum gefüllt von fröhlichem Stimmengewirr und Lachen. Rami schiebt die Metaplanwand zur Seite: »Und ein großes Danke, Frau Dr. Peters, für die kleine Spende zum Buffet! Guten Appetit.«

18.1 Probiere es einfach aus!

Die Themen in diesem Buch haben dir – hoffentlich – einen guten Eindruck von der Vielseitigkeit der Product-Owner-Rolle vermittelt. Von der Freude und Kreativität, die zur Produktentwicklung gehören, von den Strukturen und Methoden, die in komplexen Vorhaben besonders hilfreich sind, und von den vielen, vielen Kommunikationsaspekten – im Team, mit Stakeholder*innen, mit Kundschaft und Anwender*innen. Uns bleibt nur die für uns wichtigste Einladung noch einmal zu wiederholen: Probiere es aus!

Und wenn du magst, teile deine Erfahrungen mit uns: *fokus@smidig.de*.

18.2 Danke

Danke an alle Menschen, die uns in den letzten 20 Jahren ihre Projekte anvertraut haben und mit denen wir uns diesen umfassenden Wissens- und Erfahrungsschatz aneignen durften.

Danke an Almut Poll und Patricia Zündorf vom Rheinwerk Verlag, die dieses Buch mit uns entwickelt haben.

Wir danken Silke Barthel, Wolfgang Bremer, Lars Büsing, Georg Leimbach, Finn Lorbeer, Yvonne Milde, Nicole Salamon, Nestor Sierralta Espinoza, Christel Sohnemann, Anja Syrek, Julia Wissel, Stefan Zörner. Sie alle haben uns als gestandene Product Owner*innen, Agile Coaches, Projektmanager*innen, Texter*innen, Führungskräfte und Softwareentwickler*innen Feedback zu unseren Texten, Ideen und Modellen gegeben.

Ein besonderes Dankeschön gilt noch mal Julia Wissel und Lars Büsing. Julia und Lars haben uns ihre Zeit als Interviewpartner*innen geschenkt und Einblick in ihre tägliche Arbeit als Product Owner und Agile Coach gegeben. Die Interviews haben wir in leicht redigierter Form für die Kapitel 8, »Interview: Auf einen Kaffee mit Product Ownerin Jil« und Kapitel 14, »Guter Rat von Lennart« genutzt.

Vielen Dank an Karin Lausch, die das Interview mit Julia Wissel geführt und uns auch ihre umfassende Erfahrung in Sachen Feedback und Retrospektiven zur Verfügung gestellt hat. Auch Kerstin Wehner sei gedankt für den fröhlichen Fisch auf unserem Fischgrät-Diagramm.

Und ein großes Dankeschön an unsere Lieblingsmenschen, die auch bei diesem Buchprojekt an so manchen langen Wochenenden wieder nur leises Videokonferenzgemurmel aus unseren Homeoffices gehört und uns zuverlässig mit Kuchen oder auch gesünderen Leckereien versorgt haben.

Anhang A
Elefanten-Carpaccio (Beispiellösung)

Carpaccio-Scheiben sind hauchdünn, in realen Projekten würdest du deine Product-Backlog-Einträge sicherlich nicht so dünn schneiden. Dennoch ermöglicht das Beispiel, sich wesentliche Strategien für das Zerlegen von Anforderungen aus agiler Perspektive bewusst zu machen.

Wir haben im folgenden Beispiel-Backlog für jeden Eintrag die funktionale Änderung in der Anwendung beschrieben und auch, weshalb der Schritt wertvoll für die Entwicklung des Produkts ist. Während die ersten Einträge eher technisch getrieben sind, werden mit den Einträgen 4 und 5 fachliche Aspekte bedeutsamer.

#	Fachliches Scheibchen	»Wert« des Schritts
1	Die Anwendung starten und eine Meldung ausgeben können: »Hallo Welt!«	Bereitstellung der Infrastruktur und Aufsetzen der Arbeitsumgebung, Auslieferung durchdacht und aufgesetzt. Fachlich/funktional gibt es hier noch wenig (nichts) zu lernen, aber auch die grundlegenden Infrastrukturfragen, die für ein erstes Anwendungsgerüst geklärt werden müssen, können erstaunlich komplex sein.
2	Einen Wert (die Menge) eingeben und wieder ausgeben	Verarbeitung von Eingaben »lernen« und als Teil der Softwarearchitektur verankern (Formatierung von Zahlen bei Ein- und Ausgaben!).
3	Preis eingeben können; aus Menge und Preis einen Gesamtpreis errechnen und ausgeben	Geschäftslogik (Berechnungen) in der Softwarearchitektur verankert.
4	Mit einem festen Mehrwertsteuerwert die Mehrwertsteuer berechnen und mit ausgeben	Umsetzen der gesetzlichen Anforderung ermöglicht es, die Anwendung, zumindest in einem Land, in Betrieb zu nehmen und Erfahrungen aus dem produktiven Einsatz zu sammeln.

Tabelle A.1 Ein Beispielbacklog als Lösung des Elefanten-Carpaccios.

#	Fachliches Scheibchen	»Wert« des Schritts
5	Einen einfachen Rabatt geben (z. B. 3 %, wenn über 1.000 €)	Entscheidung der Product Ownerin/des Product Owners, erst fachlich mehr über Rabatte zu lernen, statt die Möglichkeit des Einsatzes in weiteren Ländern zu verfolgen. Ein fester Rabatt ist das Einfachste, was implementiert werden kann, und erfreut die Kundschaft schon mal ein wenig.
6	Die Rabatttabelle integrieren	Eine differenzierte Rabatttabelle erlaubt dem Marketing, mit Rabattstufen zu experimentieren, und macht Kunden hoffentlich noch zufriedener.
7	Mehrwertsteuer als Wert (z. B. 19 %) mit angeben	Die Mehrwertsteuer als Wert anzugeben, ist fehleranfälliger als die Zuordnung per Ländercode, aber technisch einfacher zu implementieren. Ein Betrieb in weiteren Ländern wird möglich.
8	Mehrwertsteuer aus Ländercode bestimmen	Zugewinn an Komfort und geringere Wahrscheinlichkeit, falsche Werte anzugeben.
9	Fehlerhaften Landercode behandeln	Zugewinn an Komfort und Robustheit.
10	Mengen und Preisangaben bei Eingabe überprüfen (Werte müssen größer 0 sein)	Zugewinn an Komfort und Robustheit.
11	Die Rabatttabelle pflegen können	Änderungen müssen nicht mehr programmiert werden, dadurch Senkung der Wartungskosten. Schnelleres Experimentieren mit der Rabattstaffelung möglich.
12	Die Mehrwertsteuersätze pflegen können	Ändern sich eher selten, daher Umsetzung erst nach der sich voraussichtlich öfter ändernden Rabatttabelle. Senkung der Wartungskosten.

Tabelle A.1 Ein Beispielbacklog als Lösung des Elefanten-Carpaccios. (Forts.)

#	Fachliches Scheibchen	»Wert« des Schritts
...	Mögliche weitere Ausbaustufen: ▶ Länderabhängige Rabatttabellen ▶ Unterstützung anderer Währungen	Ursprünglich nicht gefordert, erhöht die Flexibilität und Einsatzmöglichkeiten der Anwendung.

Tabelle A.1 Ein Beispielbacklog als Lösung des Elefanten-Carpaccios. (Forts.)

Sofern du selbst Programmiererfahrung hast, stell dir einmal vor, wie es wäre, dieses Product Backlog in einer dir noch völlig fremden Programmiersprache umzusetzen (wie wäre es mit Lisp, Ada, Perl, R oder Fortan?). Auf einmal musst du dir bei jedem Schritt auch Gedanken über Architektur und Design der Anwendung machen, und die einzelnen Schritte sind gar nicht mehr so klein, wie sie anfangs schienen. Es ist gut, sich darin zu üben, Product-Backlog-Einträge klein und fokussiert zu schneiden.

Du findest Teile unserer Beispiellösung in der ursprünglichen Beschreibung von Kniberg (2013). Wir haben in unsere Darstellung darauf geachtet, die Überlegungen hinter den einzelnen Schritten möglichst klar auszuarbeiten. Es ist sicherlich auch für dich lohnend, diese Art Überlegungen zu deinem Backlog festzuhalten, um sie in der Kommunikation mit allen, die am Refinement beteiligt sind, stets präsent zu haben.

Die Anforderungen sind doch völlig klar!

Ich habe diese Übung schon mit vielen Teams gemacht, bis eines Tages eine Teilnehmerin fragte: »Beziehen sich die Rabattstufen eigentlich auf den Brutto- oder den Netto-Preis?« Eine gute Frage und ein gutes Beispiel dafür, wie leicht es ist, zu glauben, dass Anforderungen doch völlig klar sind, bis jemand sich mit ihnen tiefer beschäftigt. Im amerikanischen Kulturkreis wäre die Erwartungshaltung sicher, dass der Rabatt sich ausgehend vom Netto-Preis berechnet. Im europäischen Raum hängt es vermutlich davon ab, ob sich die Preise an End- oder Geschäftskunden richten.

Anhang B
Literaturverzeichnis

Diese Liste enthält alle Bücher und Webseiten, die wir in diesem Buch zitieren, und noch einige mehr. Sie ist eine Auswahl von Texten, die wir bereichernd finden, wenn es um agiles Arbeiten geht. Alle Texte haben direkt oder indirekt zu diesem Buch beigetragen.

3M (2017): *Die Geschichte der Marke Post-it®*. [online]: *https://www.3mdeutschland.de/3M/de_DE/post-it-notes/contact-us/about-us/* [abgerufen am 13.12.2022].

Achor, Shawn (2020): *Das Happiness-Prinzip: Wie Sie mit 7 Bausteinen der Positiven Psychologie erfolgreicher und leistungsfähiger werden*. Kandern: Narayana.

Aerni, Matthias & Demarmels, Sascha (2021): *Agil entscheiden*. [online]: *https://agilentscheiden.ch/* [abgerufen am 13.12.2022].

Agile Manifesto (online): *Manifesto for Agile Software Development*. [online]: *http://agilemanifesto.org/* [abgerufen am 13.12.2022].

Team Asana (online): *19 Beispiele zum Vermeiden von Unconscious Bias für mehr Inklusivität*. [online]: *https://asana.com/de/resources/unconscious-bias-examples* [abgerufen am 26.01.2023].

Austin, John L. (1955): *How to do things with words*. Oxford: University Press.

Beaty, Roger E. (2020): *The Creative Brain*. In: *Cerebrum*, Jan–Feb: S. 2–22.

Benderoth, Sebastian (2020): *Fehler beim Aufbau der Produktorganisation*. [online]: *https://www.productmonkey.de/blog/productorganization/* [abgerufen am 14.01.2021].

Beneker, Daniel (online): *Knowledge Discovery in Databases* [online]: *https://fh-bielefeld-mif-sw-engineerin.gitbooks.io/klausurthemen/content/ai/knowledge-discovery-in-databases.html* [abgerufen am 28.02.2023].

Berne, Eric (1996): *Principles of Transactional Analysis*. In: *Indian J Psychiatry*, 38 (8): S. 154–159.

Bitkom (2018): *Scrum – König unter den agilen Methoden*. [online]: *https://bitkom-research.de/de/pressemitteilung/scrum-koenig-unter-den-agilen-methoden* [abgerufen am 02.01.2023].

Blake, Robert & Mouton, Jane (1964): *The New Managerial Grid. Key Orientations for Achieving Production Through People*. Houston: Gulf Publishing Company.

Brown, Tim (2009): *Change by Design: How Design Thinking Transforms Organizations and Inspires Innovation*. New York: Harper Business.

Cashdollar, Nathan (2013): *Alleviating Memory Impairment Through Distraction*. In: *The Journal for Neuroscience/Rapid Communications* 33 (48): S. 19012–22.

Cascio, Jamais (2020): *Facing The Age of Chaos*. [online]: *https://medium.com/@cascio/facing-the-age-of-chaos-b00687b1f51d* [abgerufen am 02.01.2023].

Cockburn, Alistair (2006): *Walking Skeleton*. [online]: *http://alistair.cockburn.us/Walking+skeleton* [abgerufen am 29.03.2017].

Consensa (online): *Stufen der Entscheidung*. [online]: *https://www.consensa.com/de/methoden/stufen-der-entscheidung* [abgerufen am 22.03.2023].

Csikszentmihalyi, Mihaly (2004): *Flow im Beruf*. Stuttgart: Klett-Cotta.

Dämon, Kerstin (2017): *Wer nicht aufpasst, dem fliegt das Projekt um die Ohren*. [online]: *https://www.wiwo.de/erfolg/management/agiles-arbeiten-wer-nicht-aufpasst-dem-fliegt-das-projekt-um-die-ohren/19988386.html* [abgerufen am 13.12.2022].

Datenschutz-Grundverordnung (online): *Datenschutz-Grundverordnung*. [online]: *https://www.bmj.de/DE/Themen/FokusThemen/DSGVO/DSVGO_node.html* [abgerufen am 13.12.2022].

de Bono, Edward (1989): *Die Sechsfarben-Denke. Ein neues Trainingsmodell*. Düsseldorf: Econ.

Dellnitz, Julia (2021): *Fang den PeOh remote – ein Mini-Abenteuerspiel für alle, die agil Produkte entwickeln*. [online]: *https://www.smidig.de/fang-den-peoh* [abgerufen am 13.12.2022].

Dellnitz, Julia et al. (2021): *Daily Play – Agile Spiele für Coaches und Scrum Master*. Bonn: Rheinwerk.

DeMarco, Tom & Lister, Timothy (2003): *Bärentango: mit Risikomanagement Projekte zum Erfolg führen*.

Demarmels, Sascha (2019): *Agilität & Kommunikation. Agile Kommunikation Und Kommunikation Im Agilen Kontext*. Zürich: Versus.

Demarmels, Sascha (2021a): *In die Beziehungsebene investieren*. [online]: *https://kommunikation30.ch/2021/02/23/in-die-beziehungsebene-investieren/* [abgerufen am 13.12.2022].

Demarmels, Sascha (2021b): *Schon mal an einen lila Elefanten mit grünen Punkten gedacht?* [online]: *https://kommunikation30.ch/2021/09/04/schon-mal-an-einen-lila-elefanten-mit-gruenen-punkten-gedacht/* [abgerufen am 13.12.2022].

Demarmels, Sascha (2021c): *Kommunikationsmodelle als Arbeitsinstrumente in der Praxis.* [online]: *https://kommunikation30.ch/2021/11/03/kommunikationsmodelle-als-arbeitsinstrumente-in-der-praxis/* [abgerufen am 13.12.2022].

Demarmels, Sascha (2022a): *Mit der Feedback-Canvas Rückmeldungen strukturieren.* [online]: *https://kommunikation30.ch/2022/01/19/mit-der-feedback-canvas-rueckmeldungen-strukturieren/* [abgerufen am 20.07.2022].

Demarmels, Sascha (2022b): *Collaboration – Ein Modell für synergetische Zusammenarbeit.* [online]: *https://vimeo.com/user89325221* [abgerufen am 04.01.2023].

Demarmels, Sascha et al. (2018): *Verständliche Vermarktung von Strom aus erneuerbaren Energien. Kommunikationsstrategien und Handlungsempfehlungen*. Wiesbaden: Springer Gabler.

Derby, Esther & Larsen, Diana (2006): *Agile Retrospectives. Making Good Teams Great.* Dallas et al.: The Pragmatic Bookshelf.

Dobelli, Rolf (2011): *Die Kunst des klaren Denkens: 52 Denkfehler, die Sie besser anderen überlassen*. München: Hanser.

Doerr, John (2018): *Objectives & Key Results: Wie Sie Ziele, auf die es wirklich ankommt, entwickeln, messen und umsetzen.* München: Vahlen.

Duhigg, Charles (2016): *What Google Learned From Its Quest to Build the Perfect Team.* In: *The New York Times Magazine*, 25. Februar 2016.

Dweck, Carol S. (2016): *Mindset: The New Psychology of Success.* New York, aktual. Aufl.: Penguin.

Eberle, Bob (1996): *Scamper: Games for Imagination Development.* [Ohne Ort]: Prufrock Press.

Edmondson, Amy (1999): *Psychological Safety and Learning Behavior in Work Teams.* In: *Administrative Science Quarterly* 44 (4): S. 350–383.

embroker (2023): *A 106 Must-Know Startup Statistics for 2023.* [online]: *https://www.embroker.com/blog/startup-statistics/* [abgerufen am 25.02.2023].

Esch, Franz-Rudolf (online) *AIDA-Regel* [online]: *https://wirtschaftslexikon.gabler.de/definition/aida-regel-29523* [abgerufen am 15.03.2023].

Frischherz, Bruno, Demarmels, Sascha & Aebi, Adrian (2017): *Erfolgreiche Gespräche. Vorbereiten – Führen – Auswerten.* 2. Aufl., Zürich: Versus.

Frischherz, Bruno, Demarmels, Sascha & Aebi, Adrian (2022): *Wirkungsvolle Reden und Präsentationen. vorbereiten – halten – auswerten.* 4. Aufl., Zürich: Versus.

Furnham, Adrian, Chamorro-Premuzic, Tomas & McDougall, Fiona (2003): *Personality, cognitive ability, and beliefs about intelligence as predictors of academic performance.* In: *Learning and Individual Differences* 14 (1), S. 47–64.

Geissler, Otto und Guggenberger, Stefan (2008): *Kostentreiber mit TCO identifizieren.* [online]: *https://www.industry-of-things.de/kostentreiber-mit-tco-identifizieren-a-1068427/* [abgerufen am 26.01.2023].

Gratton, Richard und West, Dave (2017): *Scrum Reboot. This Time with the Values.* [online]: *https://scrumorg-website-prod.s3.amazonaws.com/drupal/2017-12/Case-Study_Intarlinks-Reboot_July2017v3.pdf* [abgerufen am 13.12.2022].

Häußer, Dominik (2021): *Anforderungskonflikte – Gehasst? Geliebt? Gelöst!* In: Rupp, Chris & die SOPHISTen (Hgg.): *Requirements-Engineering und -Management. Das Handbuch für Anforderungen in jeder Situation.* 7., aktual. und erw. Aufl., München: Hanser, S. 277–292.

Highsmith, John (2004): *Agile Project Management: Creating Innovative Products.* [Ohne Ort]: Addison-Wesley Professional.

Hinshelwood, Martin (2021): *Getting Started with a Definition of Done (DoD).* [online]: *https://www.scrum.org/resources/blog/getting-started-definition-done-dod* [abgerufen am 13.12.2022].

Hobonichi Co. Ltd. (2021): *Frag Iwata. Weise Worte von Nintendos legendärem CEO Satoru Iwata*, 1. Auflage, München: FinanzBuch Verlag, S. 53.

Hoffmann, Sascha (Hgg.) (2020): *Digitales Produktmanagement. Methoden – Instrumente – Praxisbeispiele.* Wiesbaden: Springer.

Hohmann, Luke (2006): *Innovation Games: Creating Breakthrough Products Through Collaborative Play.* Upper Saddle River et al.: Addison-Wesley.

Horx, Matthias und Friebe, Holm (2015): *Synnovation: Die Innovation von morgen.* [online]: *https://www.zukunftsinstitut.de/artikel/synnovation-die-innovation-von-morgen/* [abgerufen am 26.01.2023].

HPI (online): *Was ist Design Thinking?* [online]: *https://hpi.de/school-of-design-thinking/design-thinking/was-ist-design-thinking.html* [abgerufen am 26.01.2023].

Jeffries, Ron (2001): *Essential XP. Card, Conversation, Confirmation.* [online]: *https://ronjeffries.com/xprog/articles/expcardconversationconfirmation/* [abgerufen am 16.10.2022].

Kanbanize (online): *Was bedeutet die gemeinsame Führung in Lean?* [online]: *https://kanbanize.com/de/lean-management-de/gemeinsame-fuehrung* [abgerufen am 13.12.2022].

Kerth, Norman L. (2001): *Project Retrospectives: A Handbook for Team Reviews.* New York: Dorset House Publishing.

Knapp, Jake und Zeratsky, John (2016): *Sprint: How to Solve Big Problems and Test New Ideas in Just Five Days,* New York: Simon & Schuster.

Kniberg, Henrik (mit Alistair Cockburn) (2013): *Elephant Carpaccio facilitation guide.* [online]: *https://blog.crisp.se/2013/07/25/henrikkniberg/elephant-carpaccio-facilitation-guide* [abgerufen am 13.12.2022].

Kniberg, Henrik und Poppendieck, Tom (2009): *A3 Problem Solving template and example.* [online]: *https://blog.crisp.se/2009/09/23/henrikkniberg/1253687880000* [abgerufen am 02.01.2023].

Koster, Raphael (2016): *Stimulus Novelty Energizes Actions in the Absence of Explicit Reward.* In: *PLOS ONE* 11 (7).

Kruspig, Sabine (2019): *Open-Source Software vs. Patente für Software.* [online]: *https://gi.de/themen/beitrag/open-source-software-vs-patente-fuer-software* [abgerufen am 13.12.2022].

Liberating Structures (online): *Innovation durch echte Zusammenarbeit.* [online]: *https://liberatingstructures.de/* [abgerufen am 13.12.2022].

Liberating Structures (online b): *1-2-4-ALL.* [online]: *https://liberatingstructures.de/liberating-structures-menue/1-2-4-all/* [abgerufen am 13.12.2022].

Lieberman, Matthew D. (2013): *Social. Why our brains are wired to connect.* Oxford: University Press.

Maltz, Marc & Krantz, James (1997): *A Framework for Consulting to Organizational Role.* In: *Consulting Psychology Journal: Practice and Research* 49 (1), S. 137–51.

Management 3.0 (online): *Delegation Poker.* [online]: *https://management30.com/practice/delegation-poker/* [abgerufen am 13.12.2022].

Martin, John (2000a): *Fishbone Diagram in B822.* In: *Technique Library: Creativity, Innovation and Change.* [Ohne Ort]: The Open University Business School.

Martin, John (2000b): *Rich Pictures in B822.* In: *Technique Library: Creativity, Innovation and Change.* [Ohne Ort]: The Open University Business School.

Martin, John N.T. (2004): *Managing Problems Creatively.* The Open University, Milton Keynes.

Mattenberger, Matthias M. (2021): Was bedeutet BANI? [online]: *https://fh-hwz.ch/news/was-bedeutet-bani/* [abgerufen am 14.02.2023].

Mayrshofer, Daniela & Kröger, Hubertus A. (2001): *Prozesskompetenz in der Projektarbeit.* [Ohne Ort]: Windmühle.

Morning Star Company (online): *Tomato: Morning Star's Radical Approach to Management.* [online]: *https://www.youtube.com/watch?v=qqUBdX1d3ok* [abgerufen am 13.12.2022].

Nachtrab, Oliver (online): Wie funktioniert ECHTE Product Discovery. [online]: *https://nachtrab.io/product-discovery/* [abgerufen am 23.01.2023].

Nonaka, Ikujiro & Takeuchi, Hirotaka (1995): *The knowledge creating company: how Japanese companies create the dynamics of innovation.* New York: Oxford University Press.

Ohno, Taiichi (1988): *Toyota Production System. Beyond Large Scale Production.* New York: Productivity Press

Owen, Harrison (1999): *Open Space Technology. Ein Leitfaden für die Praxis.* 2. Aufl., Stuttgart: Schäffer-Poeschel.

Owen, Harrison (2008): *The Spirit of Leadership: Führen heißt Freiräume schaffen.* Heidelberg: Carl Auer.

Pilster, Juliane, Bauer, Kai, Brosig, Christian, Eggert, Leonie & Neufer, Julia (2022): *Metriken im Kontext von Teamentwicklung.* Norderstedt: BoD – Books on Demand.

Pfläging, Niels & Hermann, Silke (2016): *Komplexithoden. Clevere Wege zur (Wieder)Belebung von Unternehmen und Arbeit in Komplexität.* München: Redline.

Pichler, Roman (2016): *Strategize.* [Ohne Ort]: Pichler Consulting.

Prokscha, Daniel (2019): *5 Tricks, die die Organisation deines Jira-Boards vereinfachen.* [online]: *https://blog.mayflower.de/7840-jira-backlog-organisation.html* [abgerufen am 14.10.2022].

Retromat (online a): *Die originalen Vier.* [online]: *https://retromat.org/de/?id=55* [abgerufen am 13.12.2022].

Retromat (online b): Finde Den Elefanten. [online]: *https://retromat.org/de/?id=130* [abgerufen am 13.12.2022].

Ries, Eric (2009): *The Lean Startup: How Today's Entrepreneurs Use Continuous Innovation to Create Radically Successful Businesses*. [Ohne Ort]: Currency.

Rock, David (2009): *Coaching with the Brain in Mind: Foundations for Practice*. [Ohne Ort]: John Wiley & Sons.

Rosenberg, Marshall (2012): *Gewaltfreie Kommunikation: Eine Sprache des Lebens*. 10. Aufl., Paderborn: Junfermann.

Sauerwein, Elmar (2000): *Das Kano-Modell der Kundenzufriedenheit*. Deutscher Universitäts-Verlag.

Schelle, H., Ottmann, R. und Pfeiffer, A. (2005): *ProjektManager* 3. Edition, GPM Deutsche Gesellschaft für Projektmanagement.

Schulz von Thun, Friedemann (2020): *Miteinander reden: 1. Störungen und Klärungen. Allgemeine Psychologie der Kommunikation*. 57. Aufl., Reinbek b. Hamburg: Rowohlt.

Schulz von Thun, Friedemann, Ruppel, Johannes, Stratmann, Roswitha (2007): *Miteinander reden: Kommunikationspsychologie für Führungskräfte*. Reinbek bei Hamburg: Rowohlt.

Schuurman, Robin (2017): *10 Tips for Product Owners on Stakeholder Management*. [online]: *https://www.scrum.org/resources/blog/10-tips-product-owners-stakeholder-management* [abgerufen am 13.12.2022].

Schwaber, Ken & Sutherland, Jeff (2020): *The Scrum Guide*. [online]: *https://scrumguides.org/docs/scrumguide/v2020/2020-Scrum-Guide-US.pdf* [abgerufen am 13.12.2022].

Schwaber, Ken et al. (2021): *Nexus Guide*. [online]: *https://www.scrum.org/resources/online-nexus-guide* [abgerufen am 02.01.2023].

Schwan, Ben (2016): *»1000 Songs in Deiner Tasche«: Der iPod wird 15*. [online]: *https://www.heise.de/mac-and-i/meldung/1000-Songs-in-Deiner-Tasche-Der-iPod-wird-15-3357138.html* [abgerufen am 13.12.2022].

Searle, John R. (1969): *Speech Acts. An Essay in Philosophy of Language*. London: Cambridge.

Seifert, Josef W. (2008): *Visualisieren. Präsentieren. Moderieren*. Offenbach: Gabal.

Sharma, Nagesh (2017): *3 Key Tactics for Scrum Teams to Connect with Customers!* [online]: *https://www.scrum.org/resources/blog/3-key-tactics-scrum-teams-connect-customers* [abgerufen am 13.12.2022].

Sierralta Espinoza, Dina (2019): *Fehlerkultur bringt uns nicht weiter.* [online]: *https://www.smidig.de/fehlerkultur-bringt-uns-nicht-weiter/* [abgerufen am 16.10.2022].

Snowden, David J. und Boone, Mary E. (2007): *A leader's framework for Decision making.* In: *Harvard Business Review.* [online]: *https://hbr.org/2007/11/a-leaders-framework-for-decision-making* [abgerufen am 11.08.2022].

Sociocracy 3.0 (online): *Evlove Effective Collaboration At Any Scale.* [online]: *https://sociocracy30.org/* [abgerufen am 13.12.2022].

Sociocracy 3.0 (online b): *Kunstvolle Teilnahme.* [online]: *https://patterns-de.sociocracy30.org/artful-participation.html* [abgerufen am 13.12.2022].

Sohnemann, Christel (2017): *Feedback geben: Wie sage ich es meiner Kollegin?* [online]: *https://www.smidig.de/wie-sage-ich-es-meiner-kollegin/* [abgerufen am 19.07.2022].

Spear, Steven (2004): *Learning to Lead at Toyota.* In: *Harvard Business Review.* [online]: *https://hbr.org/2004/05/learning-to-lead-at-toyota* [abgerufen am 27.07.2022].

sportschau.de (2022): *Born for this – mehr als Fußball.* [online]: *https://www.sportschau.de/fussball/frauen-em/fussball-em-england-born-for-this-100.html* [abgerufen am 13.12.2022].

Spunt, Robert, Falk, Emily B. und Liebermann, Matthew D. (2010): *Dissociable neural systems support retrieval of how and why action knowledge.* In: *Psychol Sci 21* (11): S. 1593–1598.

strategyzer (online): *Canvas, Tools & Guides.* [online]: *https://www.strategyzer.com/resources/canvas-tools-guides* [abgerufen am 30.01.2023].

Sullivan, Wendy und Rees, Judy (2008): *Clean Language. Revealing Metaphors and Opening Minds.* Carmarthen: Crown Hose.

Vigenschow, Uwe (2010): *Testen von Software und Embedded Systems – Professionelles Vorgehen mit modellbasierten und objektorientierten Ansätzen.* 2. Überarb. und aktual. Aufl., Heidelberg: dpunkt.verlag.

Vigenschow, Uwe (2015): *APM: Agiles Projektmanagement – Anspruchsvolle Softwareprojekte erfolgreich steuern.* Heidelberg: dpunkt.verlag.

Vigenschow, Uwe (2021): *Lernende Organisationen – Das Management komplexer Aufgaben und Strukturen zukunftssicher gestalten.* Heidelberg: dpunkt.verlag.

Wake, Bill (2003): *INVEST in Good Stories, and SMART Tasks.* [online]: *https://xp123.com/articles/invest-in-good-stories-and-smart-tasks/* [abgerufen am 16.10.2022].

Watzlawick, Paul, Beavin Bavelas, Janet & Jackson, Don D. (1962): *Pragmatics of Human Communication. A Study of Interactional Patterns, Pathologies, and Paradoxes.* New York/London: W.W. Norton.

Wirth, Jan V. und Kleve, Heiko (online) *Soziales Atom in Lexikon des systemischen Arbeitens* [online]: *https://www.carl-auer.de/magazin/systemisches-lexikon/soziales-atom* [abgerufen am 28.02.2023]

Wolf, Daniel (2015): *Expertenevaluation: Wie setze ich sie richtig ein?* [online]: *https://www.usabilityblog.de/Expertenevaluation-Wie-Setze-Ich-Sie-Richtig-Ein/* [abgerufen am 25.01.2023].

Zahne, Jasmine und Perlrine, Joseph (2019): *A psychologist's approach to enabling psychological safety. Scrum Gathering Vienna.* [online]: *https://video.ibm.com/recorded/116810800* [abgerufen am 10.01.2023].

Viele der Methoden in diesem Buch haben wir über die Jahre durch Kolleg*innen aus der agilen Community oder der Projektmanagement-Community (kennen-)gelernt. Nicht immer ließ sich eine Quelle finden oder eine Entwicklung zurück verfolgen. Deswegen möchten wir hier auch allen uns Unbekannten danken, die diesen Text mit inspiriert haben.

Das Team, das dieses Buch geschrieben hat

Julia Dellnitz ist Geschäftsführerin und Projekt-Expertin bei smidig. Seit 2004 berät und qualifiziert sie Führungskräfte, optimiert agile Projektstrukturen, hilft auf dem Weg zur Selbstorganisation und entwickelt Arbeitsspiele. Julia schreibt Fachbücher, ist im Fachkomitee der Java-Konferenz »JUG Saxony Day« und leitet den Arbeitskreis »Führung und Organisationsentwicklung« bei Life Science Nord.

Jan Gentsch ist Experte für Digitalisierung und IT-Großprojekte und hat schon während seines Studiums Mitte der 90er den Einstieg in die agile Welt gefunden. Seither hat er vor allem große Projekte geleitet und beraten. Jan tüftelt gern an neuen Methoden, um sein Know-how, seine Neugier und seine Lust auf Vielfalt in der Projektmanagement-Community weiterzugeben. Er ist Mitgründer und Geschäftsführer von smidig.

Dr. Sascha Demarmels unterstützt mit ihrem Unternehmen Kommunikation 3.0 Teams und Führungspersonen in der Verbesserung ihrer Zusammenarbeit. In den letzten zwanzig Jahren hat sie dazu Erfahrungen gesammelt, sowohl in der Projektleitung, in der angewandten Forschung als auch in Dienstleistungsprojekten. Sie lehrt als Dozentin an verschiedenen Hochschulen und ist als Referentin auf internationalen Fachtagungen unterwegs. Menschen und Zwischenmenschlichkeit stehen bei ihr im Zentrum.

Dina Sierralta Espinoza ist Agile Coach im Agile & New Work Center bei der Dataport AöR. Seit mehr als 20 Jahren sorgt sie für ein gutes Miteinander über Teamgrenzen hinaus. Als Agile Coach und Coworking-Expertin weiß sie, dass Raum und Haltung entscheidend für den Teamerfolg sind. Dina ist leidenschaftliche Gastgeberin und liebt es, wenn die richtigen Personen an einem Tisch zusammenkommen und ein Vorhaben dadurch so richtig Fahrt aufnimmt.

Uwe Vigenschow ist Abteilungsleiter bei Körber Pharma Software. Er ist seit über 30 Jahren in der Softwareentwicklung und seit über 20 Jahren als Führungskraft, Berater, Trainer und Coach in verschiedenen Firmen und Branchen für Agilität, Leadership, Wissenstransfer, Veränderungsprozessen und den Aufbau flexibler, dynamikrobuster Teams und Abteilungen verantwortlich. Uwe hat bereits mehrere Bücher u. a. über agiles Projektmanagement, Soft Skills oder lernende Organisationen geschrieben wie auch zahlreiche Artikel zu diesen Themen verfasst.

Index

I

J

K

L

M

N

O

P

Q

R

S

T

U

V

W

Z

Rheinwerk Seminare

Von den Besten lernen

Unsere Seminare bieten einen praxisnahen Zugang zu den Grundlagen des IT-Projektmanagements sowie fortgeschrittene Techniken. Kleine Gruppen ermöglichen intensives Lernen mit genug Raum für eigene Fragen. Alle Seminare können auch als firmeninterne Schulung gebucht werden.

Scrum Master

Scrum Product Owner

Masterclass Product Owner

Requirements Engineering

Alle aktuellen Termine erfahren Sie online.

Buchen Sie das Seminar, das zu Ihnen passt:

www.rheinwerk-verlag.de/seminare

Spiel für Spiel agil moderieren

Ein inspirierendes Buch für alle, die Workshops moderieren, sowie für Scrum Master und Coaches, die agile Spiele in ihren Trainings einsetzen möchten. Fördere Interaktion, Produktivität und nachhaltiges Lernen in deinen Teams. Das erfahrene Autorenteam zeigt in 25 Spielen, worauf es ankommt – mit ausführlichen Spielanleitungen, Hinweisen zu Vorbereitung, Moderation und Auswertung. Schärfe zudem deinen Blick für Ziele und entwickle ein gutes Gespür für Situationen, Teamprozesse und Möglichkeiten. So setzt du agile Spiele erfolgreich ein.

320 Seiten, broschiert, 19,90 Euro, ISBN 978-3-8362-7887-4

www.rheinwerk-verlag.de/5186

Für Produkte, die begeistern

Gute Usability und User Experience sind niemals Zufall. Dahinter stecken systematische Prozesse und Know-how aus verschiedenen Disziplinen. Im Fokus steht: Produkte zu schaffen, die Menschen nicht nur leicht bedienen können, sondern rundum schätzen. Unsere Spezialisten zeigen Ihnen, wie Sie praktisch vorgehen, um Ihre Produkte zu optimieren oder Ihre Kunden in Usability- und UX-Projekten zu unterstützen. Für B2C, B2B, verschiedene Branchen und Budgets: Mit diesem Handbuch haben Sie immer eine effiziente Methode parat!

752 Seiten, gebunden, 49,90 Euro, ISBN 978-3-8362-8720-3

www.rheinwerk-verlag.de/5426

Moderne Enterprise-Entwicklung mit Java

Enterprise-Anwendungen mit Java, ohne Ballast und voll auf der Höhe der Zeit? Willkommen in der Welt von Spring und Spring Boot! Hier gehören Test Driven Development, Cloud-native und Continuous Integration zum Alltagsvokabular. Dieses umfassende Handbuch zeigt Ihnen, was Sie über das Framework wissen sollten – zum Lernen und zum Nachschlagen. Denn mit dem richtigen Know-how im Rücken sind Sie bereit für professionelle und moderne Softwareentwicklung mit Spring und Java.

976 Seiten, gebunden, 49,90 Euro, ISBN 978-3-8362-9049-4

www.rheinwerk-verlag.de/5544